KB085015

독자가 보내온 추천의 글

♥ 아기들은 천사처럼 고요하게 잠만 자는 줄 알았습니다. 천사처럼 빙그레 웃음만 짓는 줄 알았습니다. 끊임없이 우는 아기를 달래기 위해 이 책, 저 책을 읽었습니다. 그러다 이 책을 만났습니다. 그리고 너무나 안타까웠습니다. 좀더 일찍 이 책을 읽었더라면 아기를 더 잘 이해할 수 있었을 텐데, 좀더 일찍 이 책을 읽었더라면 조바심을 내며 안달하지 않았을 텐데……

아직도 저는 아이와 힘든 일이 생길 때마다 이 책을 펼쳐 듭니다. 해결책을 찾기 위한 것만은 아닙니다. 아이의 말을 통역하는 법을 다시 배우기 위해서입니다. 참을성 있고 의식 있는 부모가 되는 법을 다시 배우기 위해서입니다. 전문가처럼 현재의 문제를 바라보는 법을 다시 배우기 위해서입니다. 그리고 저는 지금, 제 아이의 전문가가 되어 가고 있습니다.

이 현 주 ('아기와의 즐거운 속삭임 http://babywhisper.co.kr' 운영자)

♥ 아기를 낳을 때만 힘든 줄 알았습니다. 그런데 낳고 나니 그때부터 더욱 힘들더군요. 모유 수유도 힘들고, 아기 재우기도 힘들고, 제 몸도 힘들어 첫 달은 아기보다 제가 더 많이 울었습니다. 그러던 중에 《베이비 위스퍼》를 읽게 되었지요. 아기가 울면 어쩔 줄 몰랐는데, 아기의 울음을 의사 표현으로 이해하게 되니 마음에 여유가 생겼습니다. 또 아기의 하루 생활을 체크해 보며 아기가 피곤하지 않도록 먹이고 활동을 하고 재우면서 아기는 점점 천사가 되어 갔습니다. 잘 놀고 잘 먹고 잘 자는 아기가 되었고 아기의 변화무쌍한 6개월을 행복하게 동행할 수 있었습니다.

이제 《베이비 위스퍼 골드》가 저를 찾아왔습니다. 엄마들이 가장 힘들어 하는 부분을 뽑아 더욱 구체적으로 설명해 주고 있습니다. 6개월이 된 아기가 1돌, 2돌, 3돌이 될 때까지 읽고 또 읽으며 아기와 행복하게 속삭일 것입니다.

정 재 희 (만 9개월 김정유원의 엄마)

♥ 직장 맘으로 형주를 키운 지 겨우 15개월! 아기를 키우면서 직장을 다닌다는 게 얼마나 힘든 일인지 이제 조금 알 것 같기도 하다. (아직까지 초보 엄마지만.^^) 처음으로 엄마가 된다는 걸 알고 《베이비 위스퍼》 1권을 접했을 땐 그냥 참 좋은 책이구나! 그렇게만 생각하고 말았던 것 같다. 요즘은 예전처럼 형제자매가 많은 것도 아니고, 친구들도 다들 결혼이 늦은 편이라 주변에서 아기를 낳아서 키우는 걸 많이 못 봐서 그런지, 아이를 낳고 키운다는 것이 어떤 것인지 짐작조차 못했다. 웬 걸 실제로 아기를 낳아 보니 내가 생각하던 것과 정말 틀렸다. 남들이 하면 쉬워 보이고 내가 하면 힘든 것이 아이를 키우는 일인 것 같다. 정말로 쉬운 게 없었다. 처음 젖을 물리고 난 후, 유두염으로 3개월 동안은 울면서 젖을 먹여야 했고, 6개월까지는 낮 밤이 바뀐 아기가 밤마다 울어 대서 나의 인내심을 시험에 들게 했다.

그때 《베이비 위스퍼》 1권이 생각났다. 다시 E.A.S.Y.를 실행하고 형주를 관찰하기 시작하면서 나의 일상은 조금 편안해졌고 여유를 되찾기 시작했다. 나는 예민하고 씩씩한 엄마고, 형주는 모범생 아가다. 이 사실을 받아들이기 시작하면서부터 모든 것이 약간씩 쉬워지기 시작했다. 더 이상은 형주의 울음소리에 자다가 깜짝깜짝 놀라지 않기 시작했다. 그런데 《베이비 위스퍼》 때문에 모든 게 쉬워지긴 했지만 책을 읽어 보고 적용한다는 것이 쉽지 않았다. 읽고 또 읽고, 적용하는 시간이 필요했다.

《베이비 위스퍼 골드》를 읽으면서 진작 이런 책이 나왔어야 했는데 하고 땅을 쳤다. 내 또래의 초보 엄마들이 모두 비슷한 경험을 하고 있을 텐데……. 아이를 키운다는 게 마냥 즐겁지만은 않을 텐데……. 이 책에 나와 있는 경험들을 보면 정말 무릎을 탁 치며 어떻게 이렇게 똑같을까 싶은 게 많으니까. 앞으로 도움이 많이 될 것 같다. 내가 그동안 고민했던 모든 문제들을 해결해 주는 책 같았다. 《베이비 위스퍼》 1·2권이 교과서라면 3권은 백과사전 같다고 할까? 물론 책이 전부가 아니란 것, 즉 정말 중요한 것은 아이를 제대로 들여다보고 아이와 의사소통을 하는 것이란 것은 변함없는 진리다.

특히 《베이비 위스퍼 골드》는 사례별로, 개월 수별로 자세한 설명이 도움이 되기 때문에 권하고 싶다. 한 인간으로써 살아가면서 아이를 낳고 키운다는 건 정말 위대하고 즐겁고 새로운 경험이고, 분명히 힘들고 인내심과 용기가 필요한 길인 것 같다. 같은 길을 가고 있는 여러 맘님들께 박수와 갈채를! 나 자신에게도 격려와 기쁨의 박수를 선사하고 싶다.

김태영 (14개월 2주 서형주의 엄마)

♥ 동현이가 태어났을 때 3.0kg의 작은 아기가 얼마나 큰 책임감으로 다가왔던지, 지금 생각해도 그 무게감이 나를 누르는 것 같다. 하지만 잘해 주고 싶고 잘하고 싶었는데, 마음과 달리 아기가 울고 보챌 때면 어찌할 바를 모르고 발을 동동거리면서 새끼 새를 키우는 어미 새의 본능이 마냥 위대해 보이기만 했다.

그런 내게 초보 엄마의 모성 본능만으로는 도저히 알 수 없었던 아기의 세계를 보여 준 책이 바로 《베이비 위스퍼》다. 왜 진작 이 책을 알지 못했을까. 아기는 무수히 자신을 표현했는데, 그것을 잘 이해하지 못하고 지난 시간들이 너무나 안타까웠다. 어른들에게는 익숙한 세상이지만 아기에게는 처음 만난 낯선 세상이기에 아기의 입장에서 생각하고 이해하고 문제를 해결해 주어야 한다는 것을 이 책은 가르쳐 주었다. 여동생이 임신을 하면 가장 먼저 주고 싶은 선물이다.

구 영 주 (22개월 동현의 엄마)

♥ 예정일을 11일이나 지나서 유도 분만으로 처음 현우를 낳던 날이 생각납니다. 내가 잘 해냈다는 안도감과 함께 많이 지친 몸을 달래며 현우와 첫 만남을 했습니다. 곱게 잘 자던 아기가 얼마 후 눈을 뜨고 두리번거리더니 이내 얼굴이 빨개지면서 울어 버리는데……. 그때의 당혹감이 8개월이 지난 지금도 잊혀지지 않습니다. 솔직히 출산 전엔 아기를 낳고 나면 아기가 어디가 불편한지, 지금 뭘 원하는지, 무엇 때문에 울고 있는지 당연히 다 알 수 있을 것이라 생각했어요. 마치 텔레파시가 통하듯 말이지요. 열 달 동안 내 안에 품고 있던 아기인데, 뭔가 특별하게 연결될 거라고 생각했습니다.

그러나 현실은 그게 아니더군요. 그때 알았어요. 육아도 배우고 공부해야 한다는 사실을 말입니다. 이런 급한 마음에 둘러보다 읽게 된 것이 《베이비 위스퍼》였습니다. 다른 육아서와 조금 다른 내용이 참 신선했다고 해야 할까, 충격이라고 해야 할까요. 다른 육아서와 달리 '아기의 입장에서 아기를 존중하는 마음' 하나만 배운 걸로도 참 뿌듯하고 감사했습니다. 그 후에 아기가 만 4개월을 넘었을 때 '안아주기/눕히기'로 재우기도 성공했고요. 하지만 뭔가 좀 부족하다 싶게 아쉬운 부분은 있었습니다. 아기의 일정을 관찰하고 그 일정을 따라가면서도 아기가 힘들어 할 때는 정말 내가 안내하고 있는 일정이 맞는 건지, 오히려 부족한 지식으로 아이를 피곤하게 하고 있는 것은 아닌지 조바심도 나고 확인을 할 수 없어 많이 답답했습니다. 정말 가능하다면 트레이시를 초청하고 싶었지요.

그러던 중에 《베이비 위스퍼 골드》 얘기를 들었습니다. 이 책을 읽으면서 역시 기대대로 저의 그런 답답함을 많이 해소할 수 있었습니다. 각 월령별로 평균적인 일정들이 나와 있어서 우리 현우와 맞춰 가던 E.A.S.Y.를 다시 재점검할 수 있었는데, 이게 굉장히 큰 힘이 되더군요. 마치 든든한 지원군이 등 뒤에서 나를 받쳐 주고 있는 것처럼……. 여러 문제들에 대한 해결 방법과 실례가 다양하게 소개되어 있어 활용 가능한 tip들도 많이 챙겼습니다. 특히 대소변 훈련에 대한 부분은 아주 유심히 봤습니다. 역시 아이를 존중하면서 연습하는 방법이 있더군요. 아이가 보내는 신호를 열심히 관찰해야겠어요. 요즘 출산을 앞둔 친구들에게 《베이비 위스퍼 골드》를 열심히 추천하고 있습니다. 특히 아기 키우기가 너무 힘들어서 좌절하는 엄마들에겐 정말 꼭 읽어 보라고 권하고 있습니다. 아기 존중 육아를 접해 보면 아기의 성장과 발달을 이해하고 기다려 주고 격려해 주면서 행복하게 육아에 임할 수 있거든요.

방은정 (7개월 2주 서현우의 엄마)

♥ 서점에 가 보면 공부 잘하는 아이로 키우기, 언제 고개를 가누고, 뒤집고, 기는지를 기술한 책이 대부분이다. 모든 아기들이 똑같다는 전제 아래 쓰인 책들은 내 아기에게 딱 들어맞지 않았다. '이런 책 말고 없나?' 하던 중 발견한 책이 《베이비 위스퍼》였다! 표지에 쓰인 '행복한 엄마들의 아기 존중 육아법'이라는 말에 끌려 집어든 책. 내 아이를 인격체로 존중하면서 동시에 아이도 나를 존중하도록 하자는 육아 철학이 담겨 있고, 그것을 어떻게 실현할지 방법을 알려 주고 있다. 이 책을 읽으면서 아기의 목소리에 귀를 기울이고 대화하는 법을 배웠고, 건강한 생활 습관이 몸에 배게 하는 법을 터득했다.

《베이비 위스퍼》 1·2권에서 원칙을 발견했다면, 《베이비 위스퍼 골드》에서는 그것을 구체적으로 실천할 수 있는 방법을 찾을 수 있었다. 처음 아기를 안고 땀을 뻘뻘 흘릴 때, 임기응변식 육아로 길을 잃었을 때, 아기가 성장하면서 변화를 겪을 때 큰 도움이 될 것이다. 아기를 키운다는 것은 고개 넘어 또 고개인 어려운 일이다. 아기와 속삭이며 서로 소통하는 법을 알면 그 일을 좀더 여유롭고 행복하게 해낼 수 있을 것이다. 이 땅의 모든 엄마 아빠들에게 이 책을 권한다.

김서영 (17개월 임단하의 엄마)

♥ 처음 《베이비 위스퍼》 1권을 읽었을 때 아들 녀석이 만 4개월이 되어 가고 있었다. 그때 나는 이 책을 왜 진작 읽지 못했을까 무척이나 억울해 했다(나는 그때까지도 1시간 30분 간격으로 수유를 하고 종일 아이 우는 소리에 시달리고 있었지만, 이 책을 읽고 나서 아이를 4시간마다 먹이고 2시간씩 낮잠을 재울 수 있었다). 이제 막 만 16개월이 된 아들 녀석을 데리고 세 번째 책 《베이비 위스퍼 골드》를 읽으면서 드는 생각 역시 마찬가지다. 이 책이 진작 나왔더라면! 이제라도 읽었으니 다행이지만 그래도 아쉽다. 물론 전작들이 없었다면 저 녀석을 이만큼도 못 키웠을 것이 뻔하다. 그렇지만 이 책을 진작 읽었다면 '할 만하다 싶으면 모든 것이 변한다'는 그 시점마다 조금은 덜 당황하고 슬기롭게 대처하지 않았을까 싶다. 왜냐하면 이 책은 전작들보다 좀더 구체적으로, 월령별 기질별 상황별로 어떻게 재우고 먹이고 행동하게 할 것인가 하는 그 모든 것을 아주 친절하게 알려 주고 있고 심지어 지칠 엄마를 위해 격려까지 해준다!

아이는 할 만하다 싶으면 갑자기 밤에 깨기 시작하고 종일 보채기도 하고 어느 날 갑자기 잘 먹던 밥을 먹지 않겠다고 떼를 쓰기도 한다. 그때마다 엄마는 끊임없이 걱정하고 답을 찾고자 안달이지만 그 누구도(육아 전문가도 심지어 소아과 의사조차도!) 속시원히 해결해 주지 못하고 아이가 유별나다거나 엄마가 유난한 탓이라고 한다. 나 역시 그런 시기를 거의 이 책에서 제시하는 매 월령마다 겪어 왔고, 또 나와 같은 고민을 하는 무수히 많은 엄마들과 함께 고민하기도 했다. 그때 이 책이 있었다면 아마 좀더 아이에게 맞는 문제 해결책을 빨리 찾을 수 있었을 것이다. 아이는 좀더 쉽게 안정을 찾고, 나도 아이도 편안해져서 모두 행복할 수 있었을 것이다. 내가 생각하기에 《베이비 위스퍼 골드》가 다른 육아서들과 다르고, 엄마들이 꼭 읽어야 하는 이유는 바로 이 점이라고 생각한다. 아이를 끊임없이 관찰하고, 존중함으로써 궁극적으로 아기도 엄마도 함께 행복해지는 것. 육아는 결코 어렵고 힘든 것이 아니라 행복해지기 위한 것이라고 얘기해 주고 싶다. 그리고 그렇게 되기 위해 반드시 이 책을 읽기를 권한다.

최 정 림 (18개월 2주 정윤재의 엄마)

행복한 엄마들의 아기 존중 육아법

베이비 위스퍼 골드

트레이시 호그 · 멜린다 블로우 지음

노혜숙 옮김 / 김수연(아기발달전문가) 감수

THE BABY WHISPERER SOLVES ALL YOUR PROBLEMS
Copyright ⓒ 2005 by Tracy Hogg and Melinda Blau
Published by arrangement with the original publisher, Atria Books, A Division of
Simon & Schuster, Inc. All rights reserved.

Korean translation copyright ⓒ 2007 by Sejong Books, Inc.
Korean translation rights arranged with Atria Books, through Eric Yang Agency.

이 책의 한국어판 저작권은 에릭양 에이전시를 통한 Atria Books 사와의 독점계약으로
세종서적㈜에 있습니다. 저작권법에 따라 한국 내에서 보호를 받는 저작물이므로
무단전재와 무단복제를 금합니다.

베이비 위스퍼 골드

행복한 엄마들의 아기 존중 육아법

개정판 1쇄 발행 2019년 7월 10일
10쇄 발행 2024년 7월 30일

지은이 트레이시 호그, 멜린다 블로우 | 옮긴이 노혜숙
펴낸이 오세인 | 펴낸곳 세종서적(주)

주간 정소연 | 편집 이민애 | 표지 일러스트 키큰나무
마케팅 유인철 | 경영지원 홍성우

출판등록 1992년 3월 4일 제4-172호
주소 서울시 광진구 천호대로132길 15, 세종 SMS 빌딩 3층
전화 (02)775-7011 | 팩스 (02)776-4013
홈페이지 www.sejongbooks.co.kr | 네이버 포스트 post.naver.com/sejongbook
페이스북 www.facebook.com/sejongbooks | 원고 모집 sejong.edit@gmail.com

ISBN 978-89-8407-919-9 (03590)

• 잘못 만들어진 책은 바꾸어드립니다. • 값은 뒤표지에 있습니다.

감수자 추천의 글

아기의 생각과 마음을 읽는 육아 전문가 트레이시 호그의 세 번째 책
《베이비 위스퍼 골드》가 드디어 출간되었다. 트레이시는 《베이비 위
스퍼》 1·2권 이후 자신의 웹사이트에 올라온 수많은 상담 건을 접하
면서 아기 엄마들이 힘들어 하는 육아 문제를 스스로 분석하고 해결
점을 찾을 수 있도록 교과서적인 책을 우리에게 선물한 것이다.

그녀는 이번 책에서 아기 양육에 필요한 부모의 인내심patience과
의식consciousness에 대해 이야기하고 있다. 인내심이란 아기와 일
상적으로 상호 작용을 할 때 필요한 부모의 능력으로, 당장은 힘들더
라도 멀리 내다보는 여유라고 할 수 있다. 인내심을 갖고 있지 않으
면 임기응변식 육아를 택하게 되고 이러한 양육 습관은 나중에 더 큰
문제를 가져온다는 것이다. 특히 엄마는 아기의 행동 때문에 흥분하
게 되면 화가 나서 아기를 강제로 억누르고, 또 당장 해결할 수 있는
쉬운 방법을 순간적으로 취하게 되는데, 그러지 말고 인내심을 가지
고 잠시 문제의 원인과 해결 방법을 생각해 달라는 것이다.
다음으로 그녀가 강조하는 것은 의식이다. 부모는 사람들이 옆에
아기가 있다는 것을 인식하지 못할 때는 알려 줘야 하고, 아기가 옆

에 있을 때 부모는 자신의 행동이 아기에게 모범이 되는지, 그렇지 않은지를 의식하면서 행동해야 한다는 것이다. 특히 무엇보다 중요한 것은 아기가 부모를 필요로 할 때 부모는 항상 아기 곁에 있어야 한다고 그녀는 강조하고 있다.

또한 아기의 성장 발달 과정에서 나타나는 시기별 문제점 그리고 출생 이후부터 3세까지 먹이기, 재우기, 문제 행동 등을 분석하는 방법과 해결하는 방법을 자세히 볼 수 있다. 특히《베이비 위스퍼 골드》는 엄마들의 요청에 따라 연령별로 육아 방법을 정리했기 때문에 우리 아기에게 잘 맞는 자세한 양육 방법을 찾아볼 수 있다. 특히 엄마들을 힘들게 하는 잠재우기에 대해 많은 지면을 할애하고 있어 아기의 수면 문제로 힘들어 하는 엄마들에게 큰 도움이 될 것이다.

트레이시는 각각의 주제마다 풍부한 사례를 들어 아주 섬세하고 세세하게 설명을 하고 있어 한 번 읽는 것으로 모든 내용을 습득하기는 어려워 보인다. 나는 특히 임산부 시기에 엄마들이 함께 이 책을 읽으면서 스터디를 하면 좋을 것 같다. 그리고 이 방법을 예비 엄마와 현재 아기를 키우는 엄마 모두에게 적극 추천하고 싶다. 또한 엄마들끼리 모여서 우리 아기의 발달 시기별로, 혹은 해결해야 할 문제를 주제별로 나눠 함께 공부하는 것도 학습 효과를 높이는 좋은 방법이 될 것이다.

트레이시가 강조하는 인내심과 의식의 중요성 그리고 문제 상황에 대한 세세한 해결 방법을 읽으면서 우리네 할머니들의 전통적인 양육 방식이 생각났다.

우리네 할머니들은 손자 손녀를 돌볼 때 아기에게서 한시도 눈을 떼지 않았고(물론 밥은 며느리가 챙겼다), 아기에게 위험한 물건은 없는지 집 안 곳곳을 항상 살폈고, 아기가 문제 행동을 할 경우에는 화가 나지 않아도 "이놈~." 하면서 화가 난 척하며 아기가 자기가 한 행동을 돌아보도록 하였다. 유아기의 손자 손녀에게 할머니는 교육자 역할을 했던 것이다. 언제 무한한 사랑을 주고 언제 엄하게 가르쳐야 하는지가 인생을 오래 사신 할머니의 지혜 속에서 나왔다. 그래서 시어머니의 양육 방법을 옆에서 지켜본 며느리는 나이가 들어 손자 손녀가 생겼을 때 누가 가르쳐 주지 않아도 저절로 인내심이 발휘되고 아기와 자신의 모습을 객관적으로 인식할 수 있지 않았나 싶다.

그런데 우리 사회가 핵가족 중심이 되면서 트레이시 같은 분석적인 언어로 상황에 적합한 양육 방법을 알려 주는 전문가가 필요하게 되었다. 너무 일찍 아기 엄마들에게 '인내심'과 '의식'을 훈련시키는 것 같아 안쓰럽기도 하다. '인내심'과 '의식'은 핵가족이라는 독립성을 보장받기 위해 우리가 이전 세대보다 일찍 치뤄야 하는 훈련 과정일지도 모른다. 또 트레이시는 우리 자신을 돌아보는 방법의 하나로 엄마의 양육 태도를 유형별로 나눠 설명하고 있어 큰 도움이 된다. 자신감 있는 엄마, 책대로 따라 하는 엄마, 예민한 엄마, 활동적인 엄마, 완고한 엄마 가운데 자신의 양육 특성이 어떠한지 살펴보자.

트레이시의 양육 조언은 학자들이 시도하는 통계적인 연구 방법에 따른 것이기보다 그녀가 가진 영재성(《베이비위스퍼》 1권에서 밝힌 것처럼 할머니에게서 물려받은 영재성일 가능성이 크다)과 전문 과정을 통해 습득한 이론과 지식에서 나온 조언들이어서 우리가 빨리 적용할 수 있는 방법들이라는 특성이 있다. 그래서 그녀의 책들은 어떤 유명한 학자의 책보다 많이 읽히고 수많은 아기 엄마들의 사랑을 받고 있는 것이다.

그녀의 조언 중에 간혹 우리가 알고 있는 방법과 차이가 있는 경우도 있다. 예를 들어, 그녀는 모유 수유를 하면서 혼합 수유를 할 것을 적극 강조한다. 나 역시 모유 수유의 중요성에는 동의하지만, 모유 수유가 부족할 경우 아기가 면역질환이 없는 경우에만 혼합 수유를 할 것을 권하고 있다. 임상에서 모유 수유만으로 체중이 적절히 증가하기 어려운 아기들을 많이 보았기 때문이다.

또 하나, 대소변 훈련을 할 때 우리나라와 중국에서는 전통적으로 아기 옷을 벗겨 놓거나 혹은 밑이 뚫린 바지를 입히는 방법을 택해 왔는데, 트레이시는 이 방법을 매우 원시적이라고 반대하고 있다. 내 생각은 가능하다면 동서양의 전문가들이 모여서 심도 깊은 토론을 통해 문화에 따른 양육 방법의 차이에 대해 통일된 의견을 내놓을 수 있었으면 좋겠다.

트레이시는 자신의 조언이 모든 경우에 적합하다고는 말하지 않지만 많은 경우에 효과가 있을 것이라고 한다. 또 자신의 방법을 적용해도 해결이 잘 안 되는 경우가 있더라도 포기하거나 좌절하지 말고 문제 해결 방법을 적극적으로 찾아볼 것을 당부하고 있다.

아기에 대한 끝없는 열정과 풍부한 경험을 가진 트레이시의 책을 볼 때마다 그녀가 제시하는 방법들에 매번 경탄하지 않을 수 없다. 그럼에도 불구하고 궁극적으로 어떤 양육 방법을 선택할 것인가는 전적으로 아기 부모들의 몫이란 것을 기억하기 바란다. 그리고 우리 아기에게 적합한 양육 방법을 찾는 한 방법으로 《베이비 위스퍼 골드》를 정독해 보기를 권한다.

《베이비위스퍼 골드》에는 《베이비위스퍼》 1·2권의 내용도 일부 정리되어 있으니 혹시 1·2권을 읽지 않은 독자라면 이 책을 먼저 보는 것도 좋을 것이다. 또 1·2권은 소설처럼 속독이 가능하므로 이 책을 읽은 후에 정리하는 기분으로 1·2권을 보는 것도 좋을 것 같다.

그녀는 1·2권에서는 아기의 마음을 읽는 '베이비 위스퍼러'라고 자신을 정의했다면 세 번째 책에서는 스스로를 양육 문제의 '해결사'라고 칭하고 있다. 아마 수많은 상담을 접하면서 문제별로 어떻게 대처해야 하는지 해결 방법을 알려 줘야 할 필요를 강하게 느낀 것 같다. 육아 전쟁의 사령관이라 할 수 있는 트레이시의 전략과 전술이《베이비 위스퍼 골드》에 모두 공개되어 있으므로 아기 양육의 초보자이든 전문가이든 그녀의 방법을 정독해 보기를 적극 추천한다.

김수연 〈김수연아기발달연구소〉 소장

감사의 글

먼저 갓난아기나 유아를 키우는 사연을 보내 주고 나의 웹사이트에 계속해서 정보를 올리면서 협조를 아끼지 않은 부모들에게 감사를 드린다. 특히 공저자인 멜린다 블로우와 우리의 특별한 마스코트이며 천사 아기인 그녀의 손자 헨리에게 감사한다. 한때 헨리를 기니피그(흔히 '모르모트'라고 한다)라고 불렀다는 것은 비밀이다.

마지막으로 나의 가족과 헌신적인 친구들, 특히 끊임없는 사랑으로 가르침과 도움을 주면서 매일 나를 감동시키는 할머니께 감사를 드린다.

트레이시 호그

1999년 가을 로스앤젤레스 공항에 내려서 처음 트레이시 호그를 만났다. 그녀는 나를 차에 태우고 실리콘밸리에 있는 어느 소박한 집으로 데려갔다. 옷이 흠뻑 젖은 젊은 엄마가 문을 열어 주었는데, 그녀는 악을 쓰면서 우는 3주 된 아기를 다짜고짜 트레이시의 품에 안겼다. "젖꼭지가 아파서 죽을 지경이에요. 어떻게 해야 할지 모르겠어요." 그녀는 눈물을 뚝뚝 떨어트리면서 말했다. "1시간이 멀다 하고 젖을 달라고 해요." 트레이시가 아기의 귀에 대고 "쉬-쉬-쉬." 하는 소리를 내자 아기는 금방 조용해졌다. 트레이시는 젊은 엄마를 돌아보고 말했다. "자, 그럼 이제부터 아기가 엄마에게 뭐라고 하는지 가르쳐 줄게요."

지난 5년여에 걸쳐 나는 트레이시를 따라다니며 그녀가 아기나 유아를 살펴보고 곧바로 문제의 핵심에 도달하는 것을 수십 번 목격했다. 트레이시가 하는 일을 지켜보고, 글로 어떻게 옮겨야 할지 생각하고, 그 과정에서 그녀를 알아 가는 것은 기쁨과 놀라움의 연속이었다. 나를 자신의 세계로 초대하여 자신의 목소리가 되도록 허락해 준 트레이시에게 감사한다. 세 권의 책을 내는 동안 우리는 친구가 되었고 나 역시 꽤 유능한 베이비 위스퍼러가 되어서 때마침 태어난 손자 헨리에게 그동안 배운 것을 실습해 볼 수 있었다.

이 책은 저작권 대행사인 로웬슈타인 리터러리의 아일린 코프가 기획에서 마무리까지 놀라운 용기와 지혜로 우리를 이끌어 주지 않았다면 세상에 나오지 못했을 것이다. 바버라 로웬슈타인은 항상 옆에서 지도와 조언을 아끼지 않았고 가끔씩 좀더 잘하도록 등을 떠밀어 주었다. 또한 아트리아북스의 편집자인 트레이시 베아르에게도 신세를 졌다. 그녀와 의논을 한 덕분에 이 책은 더욱 훌륭하게 만들어졌으며 웬디 워커와 브룩 스텟슨은 우리가 궤도를 벗어나지 않도록 도와주었다.

항상 마지막에 언급하지만 어느 누구 못지않게 큰 힘이 되어 준 친지와 가족들에게 감사한다. 이름을 말하지 않아도 내가 누구를 말하는지 알 것이다.

멜린다 블로우

차례

문제 해결사 되기♥ 귀 기울이고 관찰하기♥ P. C. 부모가 되자♥ 그런데 왜 효과가 없을까?♥ 육아는 올림픽 경기가 아니다♥ 목적지는 어디인가?

E.A.S.Y.가 주는 선물♥ 기록하라!♥ E.A.S.Y.가 어렵게 느껴질 때♥ 출발하기 : 연령별 지침♥ 태어나서 6주까지 : 적응기♥ 체중별 E.A.S.Y.♥ 6주에서 4개월까지 : 자다가 깨는 아기♥ 4개월에서 6개월까지 : 4/4 일과와 임기응변식 육아의 시작♥ 6개월에서 9개월까지 : 일관성 유지하기♥ 9개월 이후의 E.A.S.Y.♥ 4개월 이후에 E.A.S.Y.를 시작할 때♥ 계획안

옛 친구를 방문하다♥ 아기의 정서 발달♥ 아기는 어떤 감정을 느끼는가?♥ 천성 : 아기의 기질♥ 일상적인 모습들 : 5가지 유형♥ 아기 기질 극복하기♥ 왜 어떤 부모들은 알지 못할까?♥ 부모와 아기의 궁합♥ 신뢰 : 정서 건강으로 가는 관문♥ 신뢰감을 무너트리다♥ 신뢰감 형성을 위한 12가지 요령♥ 만성적인 분리불안 : 애착이 불안감으로 변할 때♥ 혼자 놀기 : 정서 건강의 기본

일러두기

1. 온스oz.는 모두 미국의 단위를 기준으로 환산하여 바꾸었다. (1oz.=29.57353ml / 1oz.=28.35g) 온스가 부피를 나타낼 때는 cc로, 질량을 나타낼 때는 g으로 바꾸었으며, 소수점 첫째 자리에서 반올림하여 표기하였다.

2. 파운드pound는 g, kg으로 환산하여 바꾸었다. (1pound=453.6g)

3. 아기의 나이를 지칭할 때 '월령'과 '연령'을 함께 사용하였다. 월령은 태어나서 12개월 미만의 아기들 과 관련된 부분에서, 연령은 12개월부터 36개월까지 아기들과 관련된 부분에서 주로 사용하였다. 특히 'ㅇ살'로 표시된 연령은 서양식 나이(만) 기준을 따랐다.

베이비 위스퍼러에서
문제 해결사가 되기까지

나의 가장 중요한 육아 비법

문제 해결사 되기

사랑하는 엄마 아빠와 아기들을 위해 베이비 위스퍼러의 비장의 무기라고 할 수 있는 문제 해결 요령을 전할 수 있게 되어 무척 기쁘고 감회가 새롭다. 나는 부모가 아이를 좀더 잘 이해하고 보살피도록 도와주는 일에 자부심을 느끼며 가족들이 나를 필요로 할 때마다 더없이 영광스럽다. 나는 나의 일을 통해 사람들 사이에 오가는 정을 느끼고, 또 부모와 아기 모두가 행복해지는 모습을 보며 큰 보람을 느낀다. 정말이지 무엇과도 바꿀 수 없는 너무나 소중한 경험이다. 또한 책을 출판하고 나서 대중적으로 많이 유명해졌다. 2001년과 2002년에 책 두 권이 나온 뒤로는 요크셔 출신의 소녀로서는 상상도 못했던 모험과 놀라움의 연속이었다. 평소에 하는 개인 상담 외에 라디오와 텔레비전에도 출연했다. 미국의 각 도시와 세계를 여행하면서 가정과 마음의 문을 활짝 열어 주는 훌륭한 엄마와 아이들을 만났다. 수천 명의 사람들이 웹사이트로 보낸 이메일에 답장을 하고 채팅방에도 참여했다.

그렇다고 달라질 것은 없다. 새로운 세상을 알게 되었지만, 나는 지금도 예전과 다름없이 최전방을 열심히 지키고 있다. 바뀐 것이 있다면 이제 베이비 위스퍼러일 뿐 아니라 해결사라는 칭호도 얻은 것이다. 모두 여러분 덕분이다.

나는 여행을 하면서, 그리고 웹사이트와 이메일을 통해서, 내가 제안하는 방법을 시도한 부모들로부터 증언과 감사 편지를 받고 있다. 또한 나의 첫 번째 책을 뒤늦게 읽은 부모들로부터 도움 요청이 쇄도하고 있다. 어떤 부모는 규칙적인 일과를 시작하고 싶은데, 8개월이 된 아기에게 신생아를 대상으로 한 원칙을 적용해도 되는지 묻는다. 어떤 부모는 다른 아기들이 다 하고 있는 것을 자신의 아기는 아직 못한다고 걱정한다. 아니면 아기를 먹이고 재우는 문제가 어렵다거나 아기가 버릇이 없다고 고민한다. 어떤 문제가 있든지 간에 부모들이 마지막에 하는 질문은 대개 같다. "어디에서부터 시작해야 하죠, 트레이시? 처음에 어떻게 해야 하나요?" 또한 내가 제안한 방법들이 효과가 없는 것 같다며 의아해 하기도 한다(30~39쪽 참고).

지금까지 내가 상담한 사례 중에는 문제가 아주 심각한 경우도 많았다. 3개월이 된 쌍둥이 형제는 식도 역류가 너무 심해서 음식물을 거의 삼키지 못했고, 또 밤낮으로 잠을 20분 이상 자지 못했다. 19개월이 되도록 1시간이 멀다 하고 엄마젖을 먹으면서 고형식은 먹지 않는 아기도 있었다. 9개월이 된 어떤 아기는 분리불안이 너무 심해서 엄마 품에서 잠시도 떨어지지 않았다. 걸핏 하면 머리를 박고 떼를 써서 밖에 데리고 다닐 수 없는 2돌이 된 아기도 있었다. 이런 문제들을 해결하면서 나는 해결사로 알려졌다. 그리고 부모들에게 내가 앞서의 책에서 제안한 기본 전략 이상의 도움이 필요하다는 것을 알게 되었다.

이 책에서 나는 여러분의 걱정을 덜고 좀더 훌륭한 부모가 되는 법을 가르치고자 한다. 부모들이 하는 질문에 답할 뿐 아니라 베이비 위스퍼로 평생을 살면서 배운 것을 전하고 싶다. 물론 모든 문제점들을 빠짐없이 챙기려고 노력하겠지만, 아이나 가족들은 저마다 조금씩 다르다. 그래서 어떤 부모가 어떤 문제를 갖고 찾아오면 나는 그들이 지금까지 어떻게 해 왔는지, 실제로 어떤 일이 일어나고 있는지 알기 위해 이런저런 질문을 한다. 그런 다음에 적절한 행동 계획을 세운다. 나의 목표는 부모들이 나의 사고 과정을 배워서 스스로 질문하는 습관을 갖게 하는 것이다. 이 책을 읽는 부모들 역시 베이비 위스퍼러일 뿐 아니라, 최고의 문제 해결사가 되어서 스스로 문제를 해결할 수 있을 것이다. 다만 책을 읽으면서 다음 말을 기억하기 바란다.

문제란 관심이 필요한 일이거나 창의적인 해결을 요구하는 상황일 뿐이다. 적절한 질문을 하면 적절한 답을 얻을 수 있다.

귀 기울이고 관찰하기

나의 전작들을 읽었다면 이미 베이비 위스퍼러는 아기를 관찰하고 존중하고 함께 소통하는 것에서 시작한다는 것을 알 것이다. 즉, 아기를 있는 그대로 받아들이고 아기의 특성과 기벽(기분 나쁘게 생각하지 말기를! 사람은 누구나 기벽을 갖고 있다)에 맞춰서 육아 전략을 세워야 한다.

내가 듣기로는 아기의 입장에서 생각하는 육아 전문가는 별로 없는 것 같다. 그래서 부모들은 태어난 지 며칠밖에 안 된 아기에게 내소개를 하면 마치 미친 사람 보듯이 쳐다본다. 나는 태어난 지 8개월만에 갑자기 부모의 침대에서 쫓겨난 아기가 서럽게 울 때 그 울음을통역해 준다. "이봐요, 엄마 아빠. 도대체 내 생각은 조금도 안 하는군요. 왜 내가 여기서 혼자 자야 하는 거죠? 옆에 커다랗고 따뜻한 몸뚱이들이 없이 어떻게 잠을 자라는 건가요?" 그러면 부모들은 신기해하면서 입을 다물지 못한다.

이런 식으로 내가 '아기말'을 통역하는 이유는 부모 품에 안겨 있는 아기나 이제 막 걸음마를 배워서 열심히 돌아다니는 유아도 나름대로 감정과 생각이 있다는 사실을 상기시키기 위해서다. 다시 말해, 중요한 것은 아기가 필요로 하는 것이 무엇인가다. 나는 종종 이런 장면을 목격한다. 엄마가 아들에게 말한다. "자, 빌리야. 넌 애덤의 트럭이 필요하지 않아." 가엾은 작은 빌리는 말을 할 수 있다면 이렇게 대꾸할 것이다. "무슨 소리예요, 엄마. 필요하지 않으면 내가 뭐 하러 애덤의 트럭을 뺏으려고 하겠어요?" 하지만 엄마는 아이에게 귀를 기울이지 않는다. 엄마는 빌리를 윽박지르거나 살살 구슬려서 트럭을 돌려주게 만든다. "자, 착하지. 어서 트럭을 돌려줘라." 이 시점에서 나는 몇 초 만에 아이의 울음보가 터질지 알아맞힐 수 있다!

내 말을 오해하지 말기 바란다. 빌리가 원하면 애덤의 트럭을 빼앗아도 된다는 말이 아니다. 나는 폭군을 미워한다. 하지만 빌리가 폭군으로 변하는 것은 빌리의 잘못이 아니라고 믿는다(8장 참고). 내가 말하고 싶은 것은 아이에게 귀를 기울이라는 것이다. 아이가 부모가 듣고 싶지 않은 말을 한다고 해도.

내가 갓난아기의 부모에게 가르치는 기술—아기의 신체 언어를 관찰하고, 울음에 귀를 기울이고, 속도를 늦추고 무슨 일이 일어나고 있는지 이해하는 기술—은 아기가 걸음마를 배운 이후에도 똑같이 중요하다. (십대 아이는 실제로 덩치 큰 아기라는 것을 잊지 말자. 일찍 요령을 배워 두는 것이 현명하다.) 이 책에서 나는 엄마가 아기를 이해하고 서두르지 않게끔 도와주기 위해 내가 개발한 방법들을 다시 상기시킬 것이다. 나를 아는 사람들은 첫 번째 책에 나오는 E.A.S.Y.(Eat, Activity, Sleep, time for You)와 S.L.O.W.(Stop, Listen, Observe, What's up), 그리고 두 번째 책에 나오는 H.E.L.P.(Hold back, Encourage exploration, Limit, Praise)와 같은 머리글자들을 기억할 것이다.

나는 단지 멋을 부리기 위해 이런 머리글자를 고안한 것이 아니다. 그리고 어떤 근사한 표현이나 머리글자가 육아를 수월하게 해 준다고 생각하지도 않는다. 나 또한 아이들을 키워 본 부모로서 육아가 결코 쉽지 않다는 것을 누구보다 잘 알고 있다. 특히 잠이 부족한 산모들은 속수무책이다. 엄마들은 누구나 도움을 필요로 한다. 나는 단지 엄마들에게 제정신을 차리게 해 주는 도구를 주고자 한다. 예를 들어, E.A.S.Y.(1장의 주제)는 매일의 규칙적인 일과를 순서대로 기억하는 데 도움이 된다.

아기가 걷기 시작하고 동생이 생기면 생활이 점점 더 복잡해진다. 나의 목표는 아기의 일과를 안정된 궤도에 올려놓고 엄마가 자신의 시간을 가질 수 있도록—또는 적어도 발밑에서 거치적거리는 아이들을 데리고 쩔쩔매지 않도록—하는 것이다. 아기와 씨름을 하다 보면 마음먹은 것을 깜빡 잊고 오래된 습관으로 돌아가기 쉽다. 2돌이 된 오빠가 흐뭇한 미소를 지으며 동생 머리를 칠판 삼아 새 매직 펜을 시험할 때 아기가 자지러지게 우는 것을 보고 엄마들은 얼마나 침착하게 행동할 수 있겠는가? 이럴 때 나의 머리글자들을 기억한다면 아마 내가 옆에서 주의를 주는 것처럼 느낄 수 있을 것이다.

실제로 많은 엄마들이 대부분의 상황에서 여러 가지 베이비 위스퍼러의 전략들을 기억해 내고 침착하게 대처하는 데 나의 머리글자가 도움이 되었다고 말한다. 그래서 이번에는 P.C.라고 하는 또 하나의 비법을 소개하겠다.

P.C. 부모가 되자

여기서 P.C.는 인내심patience과 의식consciousness을 의미한다. 이 두 가지 조건은 아기의 나이와 상관없이 모든 부모에게 필요하다. 부모들은 보통 세 가지 문제(수면, 음식, 행동) 중 한 가지를 고민한다. 그리고 나의 처방에는 항상 이 두 가지 조건이 포함된다. 하지만 P.C.

육아는 문제가 있을 때만 필요한 것이 아니라 아기와 일상적으로 상호작용할 때도 필요하다. 놀이 시간에, 장을 보고 있을 때, 다른 아기들과 함께 있을 때, 그리고 다른 일상적인 상황에서 P.C.를 기억하면 항상 도움이 될 것이다.

언제나 P.C. 부모가 될 수는 없지만 연습을 하면 점점 나아진다. 이 책에서 나는 계속 P.C.를 상기시키겠지만 우선 각각의 머리글자에 대해 설명하겠다.

인내심(P)

부모 노릇을 잘 하려면 인내심이 필요하다. 당장은 언제 끝날지 모르는 힘든 길을 걷고 있지만 멀리 앞을 내다보는 여유가 필요하기 때문이다. 지금 겪고 있는 문제는 1달 후에는 먼 기억이 될 테지만 당장은 그런 생각을 하지 못한다. 나는 이런 경우를 자주 보았다. 임시방편으로 쉬운 길을 택하는 부모들은 결국 나중에 막다른 골목을 만나게 된다. 이것이 '임기응변식 육아'(나중에 좀더 설명하겠다)의 시작이다. 예를 들어, 얼마 전에 만난 엄마는 아기가 울 때마다 젖을 먹여서 달랬다. 이제 아기는 15개월이 되었지만 혼자 잠드는 법을 배우지 못해 밤에 4~6번씩 엄마젖을 찾고 있었다. 완전히 지친 엄마는 이제 젖을 뗄 준비가 되었다고 주장했지만 마음만 먹는다고 되는 일이 아니다. 변화를 위해서는 인내심이 필요하다.

아이를 키우다 보면 성가시고 힘들게 느껴지기도 한다. 그래서 적어도 아이가 어지르고 쏟고 손자국을 남기는 것을 견디는 인내심(그리고 불굴의 정신)이 필요하다. 안 그러면 아기가 첫 경험들을 통과할 때마다 어렵게 느껴질 것이다. 언제쯤 아기가 우유를 바닥에 흘리지 않고 마시게 될까? 처음에는 입에 들어가는 것이 거의 없겠지만 언젠가는 흘리지 않고 먹게 된다. 하지만 하루아침에 되는 일은 아니며 도중에 퇴보를 하기도 한다. 아기가 숟가락질을 하고, 물을 따르고, 혼자 씻는 법을 배우고, 집 안에서 무사히 돌아다닐 때까지 모든 것은 부모의 인내심을 필요로 한다.

　이 중요한 자질이 부족한 부모는 자신도 모르게 아주 어린 아기에게도 강압적인 행동을 할 수 있다. 내가 여행을 하면서 만난 2돌이 된 타라는 유난히 깔끔한 엄마 신시아에게서 단단히 훈련을 받은 것 같았다. 그 집에 들어섰을 때 아이가 있는 집 같지 않았다. 아니나 다를까, 신시아는 끊임없이 아기 주위를 맴돌고 뒤를 졸졸 따라다니면서 물수건으로 아기 얼굴을 훔치고, 아기가 흘린 것을 걸레로 닦고, 장난감을 내려놓으면 즉시 장난감 통에 다시 집어넣었다. 타라는 벌써 엄마한테 배워서 첫마디가 "더럽다."였다. 이것까지는 귀엽게 봐줄 수 있지만 문제는 아기가 혼자서 멀리 가기를 두려워하고 다른 아기들이 만지면 울음을 터트린다는 것이다. 극단적인 경우라고 할지 모른다. 그럴 수도 있지만 아기가 하고 싶은 것을 못하게 하는 것은 부당한 취급을 하는 것이다. 가끔은 더러워지기도 하고 장난도 치도록 허락하자. 내가 만난 어느 훌륭한 P.C. 엄마는 정기적으로 저녁 식탁에서 식구들이 수저를 사용하지 않고 "돼지처럼 먹는다."고 했다. 이때 신기한 일이 일어나는데, 마음대로 하도록 허락하면 아이는 우리가 우려하는 것처럼 멀리 빗나가지 않는다는 것이다.

　부모의 인내심은 특히 아이의 나쁜 버릇을 고치려고 할 때 필요하다. 아이가 자랄수록 당연히 버릇을 고치기가 힘들어진다. 사실 나이와 관계없이 버릇이 바뀌려면 시간이 걸리고 서두른다고 되지도 않는다. 단 알아 둘 것이 있다. 어릴 때 가르치는 것이 더 쉽다는 것이다. 자기 할 일을 스스로 하도록 가르칠 때 2돌이 된 아기와 십대 아이 중에 누가 더 쉽겠는가?

의식(C)

아기가 세상에 태어나 처음 숨을 쉬는 순간부터 엄마는 아기에 대해 알아야 한다. 항상 아이의 입장에서 생각해야 한다. 말 그대로 아이의 눈높이에 맞춰서 몸을 낮춰야 한다. 아이의 눈높이로 바라보는 세상은 어떤지 알아보자. 예를 들어, 아이를 데리고 처음 교회에 간다고 하자. 몸을 숙이고 아이가 앉아 있거나 서 있는 위치에서 바라보자. 공기를 들이마시자. 아기의 민감한 코에 향이나 양초 냄새가 어떻게 느껴질지 상상하자. 귀를 기울이자. 사람들이 웅성거리는 소리, 성가대의 노래 소리와 오르간 소리가 얼마나 크게 들릴까? 아기의 귀에 너무 크게 들리지는 않을까? 그렇다고 새로운 장소에 가지 말라는 것이 아니다. 아이들은 새로운 광경이나 소리, 사람들과 접촉하는 것이 필요하다. 하지만 의식 있는 부모라면 아기가 익숙하지 않은 자리에서 울 때 "이건 너무 부담스러워요. 좀 천천히 하세요." 또는 "이건 다음에 할래요."라고 말하는 것이 들릴 것이다. 의식을 하면 귀를 기울일 뿐 아니라 관찰을 하게 되고 시간이 흐르면서 직관력이 키워진다.

의식은 또한 미리 철저하게 생각하고 계획하는 것이다. 사고가 발생하기 전에 미연에 방지하는 것이 필요하다. 예를 들어, 놀이 그룹의 아이들이 계속하여 싸우고 늘 우는 것으로 끝이 난다면 엄마들끼리 아무리 마음이 맞는다고 해도 다른 놀이 그룹으로 바꾸도록 하자. 놀이 그룹은 아이들을 위한 것이다. 엄마가 친구를 만나러 나가고 싶다면 서로 맞지 않는 아이들끼리 어울리도록 강요하기보다 차라리 베이비시터를 구하자.

의식은 또한 부모가 말과 행동을 조심하고 일관성을 보여 주는 것을 의미한다. 부모가 일관성이 없으면 아이들은 혼란에 빠진다. 어느 날 "거실에서 먹지 마라."고 말했는데, 다음 날 저녁 아이가 소파에서 과자 봉지를 들고 먹고 있는 것을 보고도 그냥 둔다면 결국 부모가 하는 말에 권위가 없어진다. 이런 부모는 아이가 말을 듣지 않아도 야단칠 자격이 없다.

마지막으로, 의식은 아이가 필요로 할 때 항상 옆에 있는 것이다. 나는 아기나 어린아이들이 혼자 우는 것을 보면 마음이 아프다. 울음은 아이들의 첫 언어다. 우는 아이에게 등을 돌리는 것은 "너는 중요하지 않다."라고 말하는 것이다. 방치된 아기들은 결국 더 이상 울지 않을 것이고 또한 무럭무럭 자라지도 못할 것이다. 나는 부모들이 아이들을 강하게 키워야 한다고 생각해서 울게 내버려 두는 것을 보았다. ("버릇없는 아이로 키우지 않겠다." 또는 "어느 정도 우는 것은 건강에 좋다.") 또 어떤 엄마는 이렇게 말한다. "동생을 먼저 보살펴야 하니까 언니는 기다려야 한다." 그래서 아이를 기다리고 또 기다리게 만든다. 하지만 아이를 소홀히 하는 죄, 여기에는 그 어떤 변명도 있을 수 없다.

부모는 아이가 필요로 할 때 옆에 있어야 하고, 아이를 위해 강하고 현명해져야 하며, 아이에게 올바른 길을 가르치는 길잡이가 되어야 한다. 부모는 아이에게 최고의 스승이며, 태어나서 3년 동안은 유일한 스승이기도 하다. P.C. 부모가 되어 아이의 최선을 이끌어 낼 수 있어야 한다.

그런데 왜 효과가 없을까?

"왜 효과가 없을까요?"는 엄마들이 가장 많이 하는 질문 중의 하나다. 갓난아기를 한 번에 2시간 이상 재우고 있는지, 7개월이 된 아기에게 고형식을 먹이고 있는지, 다른 아이들을 때리지 못하게 가르치고 있는지 물으면 엄마들은 종종 "알아요. 하지만……."이라는 대답을 한다. "알아요. 낮에 아기를 재우지 말고 밤에 재우라는 것은 알고 있지만⋯⋯.", "알아요. 시간이 걸린다는걸. 하지만⋯⋯.", "알아요. 아이가 공격적이 되면 방에서 데리고 나가라는 거죠. 하지만⋯⋯."

베이비 위스퍼러의 방법들은 분명 효과가 있다. 내가 직접 수천 명의 아이들에게 사용했고 전 세계의 부모들에게 가르친 방법들이다. 나는 기적을 행하는 사람이 아니다. 단지 내가 하는 일을 알고 있고 경험이 풍부할 뿐이다. 어른과 마찬가지로 어떤 아기는 다른 아기보다 더 까다롭다. 또한 젖니가 나거나 두 돌이 될 때 흔히 그렇듯이 발달 과정에서 다소 반항을 하거나 잔병치레를 하는 시기가 있다. 하지만 원점으로 돌아가서 다시 시작하면 대부분의 문제를 해결할 수 있다. 문제가 지속되는 것은 보통 부모들의 행동이나 태도 때문이다. 냉정하게 들릴지 모르겠지만 나는 아기 편이다. 따라서 잘못된 습관을 변화시키고 화목한 가정을 다시 되찾고 싶어서 이 책을 읽는다면, 그런데 내가 제안하는 방법들이 효과가 없는 것 같다면 부모 자신에게 어떤 문제가 있는 것은 아닌지 진지하게 생각해야 한다. 만일 다음과 같은 문제가 있다면, 그리고 나의 육아 전략들을 사용하고자 한다면, 무엇보다 부모의 행동이나 사고방식부터 바꿔야 한다.

일과보다 아기를 따라가고 있다

만일 나의 첫 번째 책을 읽었다면 내가 규칙적인 일과의 확고한 신봉자라는 것을 알고 있을 것이다. (만일 읽지 않았다면 1장에서 E.A.S.Y.에 대해 알 수 있다.) E.A.S.Y.는 아기를 병원에서 집으로 데리고 오는 날부터 시작하는 것이 가장 이상적이지만, 8주나 3개월 또는 그 후에라도 시작할 수 있다. 하지만 시간이 지날수록 점점 더 어려워진다. 그래서 속이 상한 부모들이 나에게 전화나 이메일을 보낸다.

♥저는 8주 반이 된 딸 소피아를 키우고 있는 초보 엄마입니다. 소피아를 규칙적인 일과에 적응하게 만드는 것이 생각처럼 쉽지 않습니다. 소피아는 내키는 대로 아무 때나 먹고 자고 합니다. 조언을 부탁합니다.

이것은 엄마가 아기를 따라가고 있는 전형적인 사례다. 아기 소피아가 변덕을 부리는 것이 아니다. 방금 세상에 나온 아기가 무엇을 알겠는가? 내가 보기에는 8주 반밖에 안 된 아기를 엄마가 따라가고 있는 것이 문제다. 아기가 먹고 자는 것은 엄마가 가르쳐야 한다. 이 엄마는 말로는 일과를 지키고 싶다고 하지만 책임을 지지 않고 있다. (1장에서 어떻게 해야 하는지 설명하겠다.) 일과를 유지하는 것은 좀더 큰 아기에게도 똑같이 중요하다. 부모는 아기를 따라가는 것이 아니라 이끌어 가야 한다. 아기가 정해진 시간에 먹고 자도록 해야 한다.

임기응변식 육아를 하고 있다

나의 할머니가 항상 말씀하셨듯이 출발선을 잘 지켜야 한다. 부모들은 아기 울음을 그치게 하거나 떼쓰는 아기를 달래기 위해 당장 급한 대로 무엇이든 한다. 그리고 종종 그 '무엇'이 고치기 어려운 나쁜 습관이 된다. 이것이 소위 임기응변식 육아다. 예를 들어 보자. 10주가 된 토미가 낮잠 자는 시간을 놓치는 바람에 잠을 못 이루자 엄마는 아기를 안고 걸어 다니면서 흔들기 시작한다. 토미는 엄마 품에서 잠이 든다. 다음 날 토미가 낮잠 시간에 보채기 시작하자 엄마는 다시 아기를 달래려고 안아 올린다. 엄마 역시 이 의식에서 위안을 받고 있는지도 모른다. 보드라운 작은 아기를 품에 안고 있는 느낌은 달콤하다. 하지만 3개월도 안 돼서 이 엄마는 "우리 아기는 왜 자기 침대를 싫어하는지, 안고 흔들어 주기 전에는 왜 잠을 자지 않는지 모르겠다."고 속을 끓이게 될 것이다. 이것은 아기의 잘못이 아니다. 엄마가 아기로 하여금 안겨 있는 것과 잠이 드는 것을 연결 짓도록 만든 것이다. 이제 아기는 그렇게 자는 것이 정상이라고 생각한다. 엄마의 도움 없이는 꿈나라로 갈 수 없고 자기 침대에서 편안하게 잘 수 없게 된 것이다.

아기의 신호를 읽지 않는다

어느 엄마는 나에게 전화를 해서 하소연을 했다. "아기가 시간표대로 잘 하더니 이제는 뒤죽박죽입니다. 어떻게 해야 다시 제자리로 돌려놓을 수 있을까요?" 아기가 여태까지 잘 하다가 지금은 안 한다는 식의 이야기는 엄마가 아이에게 책임을 떠넘길 뿐 아니라, 아기보다 시간표(또는 자신의 필요)를 보고 있다는 의미다(47~49쪽에서 좀더 자세히 설명하겠다). 아기의 신체 언어를 관찰하고 있지 않을 뿐더러 울음에 귀를 기울이지 않고 있는 것이다. 부모는 아기가 말을 배우기 시작한 후에도 아기를 세심하게 관찰해야 한다. 예를 들어, 공격성이 있는 아기라고 해서 다짜고짜 친구들을 때리기 시작하는 것은 아니다. 흥분의 정도가 점차 강해지다 마침내 폭발하는 것이다. 현명한 엄마라면 그 징후를 미리 보고 문제가 일어나기 전에 아기의 관심을 다른 곳으로 돌릴 줄 알아야 한다.

어린아이는 계속 변한다는 사실을 염두에 두지 않고 있다

"지금까지 잘 했는데……."라고 말하는 엄마들은 아기가 변화할 시기가 되었다는 것을 모르고 있는 경우가 있다. 태어나서 3개월까지 일과표(1장 참고)를 잘 따르던 아기가 4개월이 되자 투정을 부린다. 6개월이 되자 움직임이 많아지면서 밤에 깨기 시작한다. 이제 고형식을 시작할 때가 된 것이다. 육아에서 유일하게 변하지 않는 사실은 아기는 변한다는 것이다(10장에 좀더 자세히).

쉬운 방법을 찾는다

한밤중에 깨어나 먹을 것을 찾거나 아니면 의자에 앉아서 얌전하게 먹으려고 하지 않는 등 임기응변식 육아 때문에 생긴 나쁜 습관은 아기가 자랄수록 고치기 힘들다. 그런데 많은 엄마들이 마법을 찾고 있다. 예를 들어, 일레인은 엄마젖을 물리다가 젖병으로 바꾸려고 상담을 받았지만 내 방법이 효과가 없다고 주장했다. 이럴 때 나는 맨 먼저 "얼마나 오래 해 봤나요?"라고 묻는다. 그러자 일레인은 고백했다. "아침에만 하다가 포기했어요." 왜 그렇게 빨리 포기를 했을까? 그녀는 즉각적인 결과를 기대했던 것이다. 나는 그녀에게 P.C.의 P를 상기시켰다. 인내심을 가져야 한다.

끝까지 열심히 하지 않는다

일레인의 또 다른 문제는 의지가 부족한 것이었다. "아기가 배가 고플 것 같았어요."라고 그녀는 변명을 했다. 하지만 종종 그렇듯이 또 다른 이유가 있었다. 그녀는 남편도 아기에게 수유를 할 수 있도록 하겠다고 말했지만 사실은 자신의 영역을 침범당하고 싶지 않았던 것이다. 어떤 문제를 해결하려면 마음먹고 끝까지 관철하는 결단력과 끈기가 있어야 한다. 계획을 세워서 꾸준히 실천해야 한다. 옛날 방식으로 돌아가거나 다른 방법으로 바꾸지 말아야 한다. 한 가지 방법으로 계속해야 효과가 있다. 내가 종종 강조하지만 새로운 방법에 충실하라는 것이다. 방법이 달라지면 어떤 아이는 기질상 다른 아이들보다 좀더 저항하기도 한다(2장 참고). 그런데 대부분의 아기는 일과를 바꾸면 쉽게 받아들이지 못한다(어른도 마찬가지다!). 그래도 꾸준히 시도하면 결국 새로운 방법에 익숙해진다.

어떤 엄마들은 2주 동안 '안아주기/눕히기P.U./P.D.(6장 참고)'를 시도해 봤지만 효과가 없다고 주장한다. 그럴 리가 없다. 왜냐하면 '안아주기/눕히기'는 어떤 기질의 아기라도 1주일 내에 효과가 나타나기 때문이다. 자세히 물어보니 아니나 다를까, 3~4일 동안 '안아주기/눕히기'를 시도해서 효과가 나타났는데, 며칠 후에 아기가 새벽 3시에 깨자 다시 방법을 바꾼 것이다. "이번에는 아기가 울어도 그냥 두기로 했습니다. 누가 그렇게 해 보라고 하더군요." 나는 아기를 혼자 울게 내버려 두라고 하지 않는다. 그러면 아기가 버림받은 것처럼 느낀다. 게다가 규칙이 다시 바뀌었기 때문에 혼란스럽고 겁이 날 것이다.

끝까지 하지 않으려면 아예 처음부터 시작하지 말자. 혼자 감당할 수 없을 것 같으면 남편, 친정어머니, 시어머니, 친한 친구에게 도움을 청하자. 안 그러면 아기가 우는 것을 참다못해 결국은 부모 침대로 데려가게 될 것이다(5~7장에서 좀더 설명하겠다).

부모의 성격이나 가족에게 맞지 않는 방법을 시도한다

규칙적인 일과나 나쁜 습관을 고치는 전략을 제안할 때 나는 보통 엄마나 아빠 중에 어느 쪽이 더 잘 할 수 있을지 알아맞힐 수 있다. 한쪽이 좀더 엄격하면 또 한쪽은 관대하거나 더 나쁘게는 '불쌍한 우리 아기' 신드롬에 빠져 있다(317쪽 참고). 어떤 엄마(또는 아빠)는 손사래를 치면서 말한다. "저는 절대 아기를 울릴 수 없습니다." 사실 나는 아기를 억지로 어떻게 하라는 것이 아니다. 아이를 울게 내버려 두면 안 된다는 것이 나의 신조다. 아무리 잠깐 동안이라도 아이 혼자 벌을 서게 하는 방법을 나는 좋아하지 않는다. 아이들은 어른의 도움이 필요하다. 하지만 임기응변식 육아의 결과를 만회해야 할 때는 부모가 좀더 강해져야 한다. 만일 어떤 방법이 불편하게 느껴진다면 아예 처음부터 시도를 하지 말거나, 엄마나 아빠 중에 좀더 마음이 강한 쪽이 잠시 맡아서 하거나, 친정어머니나 시어머니나 친구의 도움을 받자.

고장이 나지 않으면 고칠 필요가 없다

얼마 전 4개월이 된 아기의 엄마로부터 이메일을 받았다. "우리 아기는 잠은 잘 자고 있지만 기껏 하루 710cc밖에 먹지 않습니다. 당신의 책에서 보면 946~1,065cc는 먹어야 한다고 되어 있더군요. 어떻게 하면 좀더 먹일 수 있을까요?" 많은 엄마들이 밤새도록 오른팔에 아기를 안고 잔다! 이 엄마가 말하는 소위 문제라는 것은 아기가 먹는 양이 내가 책에서 말한 것과 다르다는 것이다. 아기는 평균보다 체구가 작을 수 있다. 모두가 샤킬 오닐의 가족처럼 크지 않다! 만일 소아과 의사가 아기 체중에 문제가 없다고 판단한다면 내가 할 수 있는 조언은 속도를 늦추고 아기를 관찰하라는 것이다. 아마 몇 주 후에는 밤에 깨기 시작할 텐데, 그때는 낮에 좀더 먹일 필요가 있을 것이다. 하지만 지금은 아무 문제가 없다.

비현실적인 기대를 한다

어떤 부모들은 아기에게 지나친 기대를 건다. 특히 성공하고 똑똑하고 창의적인 사람들이 그렇다. 그들이 부모가 되는 것을 인생에서 중대한 변화로 생각하는 것은 옳다. 하지만 그 변화는 지금까지와 매우 성격이 다른 것이기도 하다. 아기를 키우는 일은 엄청난 책임이 따른다. 일단 부모가 되면 아무 일도 없었던 것처럼 다시 옛날로 돌아갈 수는 없다. 갓난아기들은 밤에도 먹어야 한다. 아이들은 직장에서 하는 일과 달리 마음먹은 대로 되지 않는다. 아이들은 부모가 마음대로 조작할 수 있는 작은 기계가 아니다. 끊임없는 관심과 주의와 사랑을 요구한다. 도와주는 사람이 있다고 해도 부모는 자신의 아이를 알아야 하고 그러자면 시간과 에너지가 필요하다. 또한 아이는 좋건 나쁘건 계속 변화한다는 것을 염두에 두어야 한다. 이제 좀 익숙해졌다고 생각하고 한숨을 돌리면 모든 것이 달라져 있다.

육아는 올림픽 경기가 아니다

이 책은 많은 부모들이 요청해 쓰게 되었다. 부모들이 혼동하는 전략과 다양한 문제점에 대한 해결 방법을 좀더 분명히 설명하기 위해서다. 한편 많은 부모들이 특별한 연령별 지침을 원했다. 나의 전작들을 읽었다면 내가 연령별 표를 별로 좋아하지 않는다는 것을 알고 있을 것이다. 사실 아기들의 문제는 정확하게 연령별로 구분하기가 어렵다. 물론 언제쯤 어느 정도까지 성장 발달을 하는지 이에 대한 기준은 있지만 그 기준에 다소 미치지 못한다고 해도 대개는 문제가 없다. 그래도 좀더 분명하고 구체적인 조언을 원하는 부모들을 위해서 이번에는 태어나서 6주까지, 6주에서 4개월까지, 4개월에서 6개월까지, 6개월에서 9개월까지, 9개월에서 1년까지, 1년에서 2년까지, 2년에서 3년까지 연령별로 구분을 해 보았다. 내 의도는 부모들이 아기가 무슨 생각을 하고 세상을 어떻게 바라보는지를 좀더 분명하게 이해할 수 있도록 하는 것이다. 연령 구분은 주제에 따라 달라질 것이다. 예를 들어, E.A.S.Y.에 대해 설명하는 1장에서는 엄마들이 일과에 대해 알고 싶어 하는 5개월까지만 설명할 것이다. 반면에 4장의 고형식은 6개월부터 시작하겠다.

여기서는 연령 범위가 상당히 넓다는 것을 알게 될 것이다. 아이에 따라 차이가 많이 나기 때문이다. 나는 부모들이 마치 '올림픽 경기'에 참가하듯이 아기의 성장 발달과 문제점을 다른 아이들과 비교한다거나, 연령별 기준에 맞지 않는다고 해서 초조하게 생각하지 않기를 바란다. 나는 종종 같은 시기에 태어난 아기들로 구성된 놀이 그룹을 참관하곤 한다. 보통 산부인과 병동이나 분만 교실에서 알게 된 엄마들이 모여서 만든 그룹이다. 그들은 서로 담소를 나누고 있지만 눈으로는 자신의 아기를 다른 아기들과 비교하고 걱정하느라 바쁘다. 나는 그들이 입 밖에 내지는 않지만 무슨 생각을 하고 있는지 알 수 있다. "우리 클레어는 엠마누엘보다 겨우 2주 늦게 태어났는데, 왜 작을까? 그리고 엠마누엘은 혼자 일어나려고 하는데, 클레어는 아직 왜 못하는 걸까?" 무엇보다 태어난 지 3개월밖에 안 된 아기에게 2주는 아주 긴 시간이다. 평생의 1/6이나 된다! 둘째, 일반적인 연령별 기준과 비교하면 엄마의 기대치가 높다. 셋째, 아이들은 각자 장점과 능력이 다르다. 클레어는 엠마누엘보다 늦게 걷게 될지 모르지만(늦지 않을 수도 있다. 아직은 장담할 수 없다), 말은 더 빨리 시작할 수 있다.

나는 아기들의 모든 발달 단계를 읽어 두라고 권하겠다. 왜냐하면 초기의 문제가 지속될 수 있기 때문이다. 보통 2개월에 나타나는 문제가 5~6개월에 나타나는 경우도 드물지 않다. 게다가 어떤 면에서 다른 아기들보다 더 앞서 갈 수 있으므로 미리 어떻게 될지 알아 두는 것이 필요하다.

나는 또한 모든 일에는 '적당한 시기'가 있다고 믿는다. 밤에 깨지 않고 자도록 하거나, 엄마젖을 먹던 아기에게 젖병을 주거나, 유아용 식탁의자에 앉아서 먹게 하는 등 뭔가 새로운 시도를 하기에 적합한 시기가 있다. 어떤 것은 적당한 시기에 시작하지 않으면 아이와 힘겨루기를 해야 한다. 그래서 미리 준비하고 계획하는 것이 필요하다. 옷 입기와 대소변 훈련과 같은 과제들을 즐거운 경험으로 만들지 못하면 이후에도 새로운 변화를 시도할 때마다 계속 아기와 실랑이를 하기 쉽다.

목적지는 어디인가?

부모들이 부딪히는 모든 육아 문제에는 간단한 공식이 없다. 따라서 이 책의 각 장은 문제점에 초점을 맞추고 있지만 기초적인 지식 외에 내가 여러 가지 육아 문제를 바라보는 방식을 이해할 수 있도록 구성했다.

각 장마다 육아와 관련된 미신, 표, 중요한 정보를 요약한 상자글과 실례를 곁들였다. 사례와 이메일과 웹사이트 게시글을 인용할 때는 이름과 신원을 바꿔서 실었다. 그리고 부모들의 공통적인 관심사에 초점을 맞췄고, 실제로 무슨 일이 일어나고 있는지 알기 위해 내가 하는 질문들을 그대로 옮겨놓았다. 나는 부모들을 만나면 경영이 부실한 회사에 투입된 해결사처럼 누가 육아에 참여하고 있는지, 어떻게 행동하고 있는지, 특별한 문제가 관찰되기 전까지 어떻게 해 왔는지 질문한다. 그 다음에는 지금과 달라질 수 있는 방법을 제안한다. 내가 어떤 식으로 문제를 파악하고 계획을 세우는지를 알면 누구나 해결사가 될 수 있다. 앞서 말했듯이 나의 목표는 엄마들이 나와 같은 사고 과정을 거쳐서 스스로 문제를 해결하는 능력을 갖추도록 하는 것이다.

이 책에서는 부모를 주로 엄마로 지칭했다. 이메일과 웹사이트 게시글과 전화를 대부분 엄마들이 했기 때문이다. 만일 아빠가 이 책을 읽는다면 내가 고의로 무시를 하는 것이 아니라는 점을 알아주기 바란다. 고맙게도 요즘은 많은 아빠들이 발 벗고 나서서 육아에 참여하고 있고, 집에서 가사일을 하는 아빠도 20퍼센트나 된다고 한다. 이들 덕분에 아빠들은 육아책을 읽지 않는다는 말이 언젠가는 사라질 것이다.

이 책은 처음부터 끝까지 차례대로 읽을 수도 있고, 관심 있는 부분부터 찾아볼 수도 있다. 만일 나의 전작들을 읽지 않았다면 적어도 나의 기본적인 육아 방식에 대해 복습하고, 다양한 시기별로 나타나는 문제점들을 분석할 수 있도록 도와주는 1장과 2장을 먼저 읽어 보기를 강력히 권한다. 3~10장에서는 부모들이 가장 관심을 많이 갖는 음식과 수면과 행동 이 세 가지 문제를 좀더 심도 있게 다룰 것이다.

많은 부모들이 유익한 조언보다도 내 유머 감각을 더 많이 칭찬해 주었다. 이 책도 역시 재미있게 읽히기를 바란다. 무엇보다 아이를 키운다는 것이 결코 쉬운 일은 아니지만 잠깐씩이나마 아기와 함께 웃고 평화롭게 소통하는 특별한 순간들(5분 이상 가지 못한다고 해도)을 즐길 수 있다면 충분히 견딜 만하다고 느낄 것이다.

내가 제안하는 방법들이 정말 효과가 있는지 의구심을 가질지 모르겠지만 실제로 성공한 사례들이 많다. 그러니 믿음을 갖고 해 보기 바란다.

1장

E.A.S.Y.가
항상 쉽지는 않다

규칙적인 일과에 적응하기

E.A.S.Y.가 주는 선물

아마 여러분은 아침에 정해진 일과가 있을 것이다. 보통 매일 아침 일정한 시간에 일어나서 샤워를 하고 커피를 마시거나, 러닝머신 위에 올라가거나, 강아지를 데리고 나가서 산책을 할 것이다. 무엇을 하든지 매일 하루를 시작하는 방식은 거의 같을 것이다. 어쩌다가 무슨 일이 생겨서 일과에 방해를 받으면 그날 하루가 엉망이 될 수도 있다. 그 밖에도 다른 일과들이 있을 것이다. 정해진 시간에 저녁 식사를 한다거나, 밤에는 좋아하는 베개(또는 배우자!)를 끌어안고 달콤한 잠을 청하는 것처럼 특별한 의식을 할지도 모른다. 그러다가 갑자기 저녁 식사 시간이 바뀌거나 집이 아닌 낯선 장소에서 잠을 자야 한다고 하자. 잠에서 깨어났을 때 당황하고 불안하지 않겠는가?

물론 사람마다 규칙을 필요로 하는 정도는 다르다. 한쪽 끝에는 매일 정확하게 시간표대로 생활하는 사람들이 있다. 그리고 반대편 끝에는 아무렇게나 마음 내키는 대로 날아다니는 자유로운 영혼들이 있다. 하지만 아무리 '날아다니는 영혼'이라도 나름대로 정해진 생활 방식이 있다. 왜? 사람은 자신의 욕구가 언제 어떻게 충족이 될지, 다음에 어떤 일이 있어날지 알고 있을 때 안정감을 느끼고 자신감을 얻는다. 누구나 자신의 인생에 어느 정도 확신을 갖기를 원한다.

아기도 마찬가지다. 나는 산모가 아기를 병원에서 집으로 데리고 오면 곧바로 E.A.S.Y.라고 부르는 규칙적인 일과를 시작할 것을 제안한다. 이것은 '먹고Eat, 활동하고Activity, 자고Sleep, 엄마를 위한 시간time for You'으로 이뤄진, 주기는 짧지만 어른들의 생활처럼 예측 가능한 일과를 반복하는 생활을 의미한다. 하지만 시간표는 아니다. 아기를 시간에 맞출 수는 없다. 그보다는 체계적인 생활을 통해 가정의 안정을 도모하는 것이다. 이것이 중요한 이유는 아이든 어른이든 우리 모두는 예측이 가능해야 잘 해낼 수 있기 때문이다. 일과를 지키면 아기는 다음에 무엇을 하게 될지 안다. 그리고 엄마에게는 다른 자녀에게도 관심을 가질 수 있는 시간과 한숨 돌릴 여유가 생긴다.

나는 사실 E.A.S.Y.라는 이름으로 부르기 오래전부터 규칙적인 일과에 따라 아기들을 보살폈다. 20년 전 처음 아기들을 돌보기 시작할 때부터 규칙적인 일과가 도움이 된다고 생각했다. 부모는 아기가 일과를 따라 할 수 있도록 가르쳐 주어야 하고, 또 일과가 유지되도록 지도해야 한다. 그리고 가장 효과적인 학습 방법은 반복이다. 나는 부모들에게 규칙적인 일과의 중요성에 대해 설명하고, 내가 떠난 이후에도 규칙적인 일과를 계속 유지하도록 했다. 아기가 먹고 나면 곧바로 재우지 말고 노는 시간을 가지라고 주의를 주었다. 그래야만 아기가 먹는 것과 자는 것을 연결시키지 않기 때문이다. 생활이 예측 가능하고 안정이 되면 아기는 잘 먹고 혼자서 잘 놀고 잘 잔다. 상담을 했던 부모들과 계속 연락을 하면서 이야기를 들어 보면 아기들은 자라 걸음마를 배우고 유아원에 들어가서도 무럭무럭 잘 크고 있을 뿐 아니라, 또한 자신감과 부모에 대한 믿음을 갖고 있다고 한다. 또한 일찌감치 아기의 신체 언어를 관찰하고 울음소리에 귀를 기울이면서 아기를 이해하는 법을 배운 부모들은 어떤 어려움이 닥쳐도 헤쳐 나갈 수 있다고 느꼈다.

나와 공저자는 첫 번째 책을 쓰면서 부모들이 규칙적인 일과의 순서를 쉽게 기억하도록 E.A.S.Y.라는 간단한 머리글자를 생각해 냈다. 아기가 규칙 있게 먹고, 활동하고, 잠을 자면—자연스러운 생활 방식

왜 E.A.S.Y.인가?

E.A.S.Y.는 부모와 아이를 위한 합리적인 생활 방식이다. 각각의 문자는 주기적으로 반복된다. E와 A 그리고 S는 서로 관계가 밀접하다. 이 중에 어느 한 가지라도 변화가 생기면 보통 다른 것에 영향을 미친다. 아기는 하루가 다르게 변화하지만 각 문자의 순서는 변하지 않는다.

★ 먹는다 Eat 아기의 하루는 먹는 것으로 시작한다. 처음에는 유동식만 먹다가 6개월이 되면 고형식을 함께 먹을 수 있다. 일과를 지키면 아기가 너무 많이 먹거나 너무 적게 먹는 것이 아닌지 하는 걱정이 줄어든다.

★ 활동한다 Activity 갓난아기들은 엄마를 보면서 옹알이를 하거나 벽지 무늬를 응시하는 것이 노는 것이다. 하지만 아기는 자라면서 점차 주변 환경과 상호작용을 활발히 한다. 이때 일과를 지켜 나가면 아기가 자극을 지나치게 받지 않도록 보호할 수 있다.

★ 잔다 Sleep 아기는 자는 동안 큰다. 또한 낮잠을 잘 자면 밤에 더 오래 잔다. 심신이 편안해야 잠을 잘 자기 때문이다.

★ 엄마 시간을 갖는다 You 일과가 규칙적으로 이뤄지지 않고 매일 달라진다면 생활 자체가 예측 불허가 될 것이다. 아기도 힘들어 할 뿐 아니라 엄마 역시 잠시도 쉴 틈이 없게 된다.

이지만—보너스로 엄마를 위한 시간이 생긴다. E.A.S.Y.는 엄마가 아기에게 끌려가는 것이 아니라 아기를 이끌어 가는 것이다. 아기를 주의 깊게 관찰하고 신호를 이해하고 엄마가 앞장서서 아이를 부드럽게 유도하는 것이다. 그러면 아기는 잘 먹고, 적당히 운동하고, 충분한 잠을 자면서 건강하게 자랄 것이다.

E.A.S.Y.를 시작하면 아기 울음을 구분하는 법을 좀더 빨리 배우기 때문에 특히 초보 부모들은 자신감을 얻는다. 한 엄마는 이런 글을 보냈다. "육아교실에 나가면 다들 저를 부러워합니다. 6개월이 된 우리 아기 릴리는 밤에 잘 자고 낮에 아주 잘 놀아요." 엄마는 릴리가 10주가 되었을 때 E.A.S.Y.를 시작했다고 덧붙였다. 그 결과 "지금은 아기 신호를 금방 이해할 수 있고 규칙적인 일과에—시간표가 아니고—따라서 아기를 수월하게 돌보게 되었습니다." 라고 말한다.

E.A.S.Y. 일과를 시작하면 조만간 어느 시간에 아기가 무엇을 필요로 하고 또 원하는지 알게 된다. 예를 들어, 수유를 하고 (E), 15분간 놀게 한 뒤(A), 아기가 약간 보채기 시작하면 잠을 잘 때가 된 것이다(S). 아기가 1시간 정도 낮잠을 자는 동안 엄마는 약간의 휴식을 취한다(Y). 이것은 어림

짐작이 아니다. 아기가 깨어나면 울지 않더라도 틀림없이 배가 고플 것이다(아기가 6주가 되지 않았다면 아마 울 것이다). 그러면 E.A.S.Y.를 처음부터 다시 시작하면 된다.

기록하라!

아기의 모든 것을 기록하면 처음에 규칙적인 일과를 유지하기가 좀 더 수월할 것이다. 또한 아기를 보다 자세히 관찰할 수 있다. 기록을 하는 것은 성가신 일이지만(엄마가 할 일이 얼마나 많은가!) 상황을 훨씬 더 분명하게 이해할 수 있다. 생활 패턴을 좀더 수월하게 파악할 수 있고, 아기가 자고 먹고 활동하는 것이 어떻게 서로 연관이 있는지 알게 된다. 예를 들어, 아기가 잘 먹는 날에는 깨어 있는 시간에 덜 보채고 잠도 더 잘 자는 것을 알 수 있다.

E.A.S.Y.가 어렵게 느껴질 때

나는 이 책을 쓰기 시작하면서 지금까지 만난 수천 명의 아기들에 대해 기록한 파일을 읽고, 최근의 전화 통화나 이메일, 웹사이트를 통해 부모들로부터 받은 질문들에 대해 숙고했다. 부모들이 규칙적인 일과를 시작할 때 대체로 어떤 어려움을 겪는지 알아내기 위해서였다. 부모들은 보통 E.A.S.Y. 중 한 가지에 초점을 맞춰서 질문을 한다. "우리 아기는 왜 조금씩 자주 먹을까요?"(E), "우리 아기는 왜 싫증을 잘 내고 장난감에 관심이 없을까요?"(A), "우리 아기는 왜 밤에 몇 번씩 깰까요?"(S). 나는 이 책에서 이런 문제들에 대해 구체적인 해결 방법을 제시할 것이다. 3~4장은 먹는 문제, 5~7장은 수면 문제에 지면을 할애할 것이다. 우선 이 장에서는 세 가지 문제가 어떻게 서로 연결되어 있는지 알아볼 것이다. 먹는 것은 자는 것과 활동에 영향을 주고, 활동은 먹는 것과 자는 것에 영향을 주며, 자는 것은 활동과 먹는 것에 영향을 준다. 그리고 이 모든 것은 당연히 부모에게 영향을 준다. 예측 가능한 일과가 없다면 모든 것이 뒤죽박죽이 될 수 있다. 그 해결책은 항상 E.A.S.Y.다.

부모들은 E.A.S.Y.가 반드시 쉽지는 않다고 말한다. 다음은 22개월이 된 딸 나탈리와 1개월이 된 아들 칼을 키우는 엄마 캐시가 보낸 편지에서 발췌한 것이다. 이 글을 보면 부모들이 어떤 혼란과 어려움을 겪는지 알 수 있다.

> ♥우리 딸 나탈리는 아주 잘 잡니다(저녁 7시에서 다음 날 아침 7시까지 자고, 혼자 잠이 들고 낮잠도 잘 잡니다). 어떻게 그렇게 잘 자는 버릇이 들었는지 기억이 나지 않습니다. 칼은 모유를 먹고 있는데, 어쩌다 보니 계속해서 젖을 물려서 재우고 있습니다. 그리고 저는 칼이 울 때 배가 고픈 것인지 피곤한 것인지 배에 가스가 차서 그런지 구분을 하지 못합니다. 게다가 딸에게도 많은 관심을 줘야 하기 때문에 칼을 보살피는 시간을 어느 정도 정해 두는 것이 필요할 것 같습니다. 그래서 앞으로 몇 달 동안 칼에게 어떤 일과가 적당한지 견본이 필요합니다. 트레이시의 책에는 E.A.S.의 시간에 대해 전반적으로 설명하고 있지만 낮 시간과 밤 시간이 어떻게 다른지 잘 모르겠군요.

캐시는 한 가지 장점을 갖고 있다. 적어도 자신에게 일관성이 부족하고 칼의 신호를 읽지 못하는 문제가 있다는 것을 알고 있다는 것이다. 그녀는 규칙적인 일과가 해결책이라는 것을 간파하고 있다. 다만 E.A.S.Y.를 접한 많은 부모들이 그렇듯이 E.A.S.Y.에 대해 약간의 확신과 좀더 분명한 설명이 필요했다. 칼은 1개월밖에 되지 않은 어린 아기여서 새로운 일과에 금방 적응할 수 있었다. 또한 출생 때 체중이 3.2kg이어서 2시간 30분에서 3시간 간격으로 수유를 해도 문제가 없었다. 엄마는 E.A.S.Y.를 시작하자마자 아기에게 필요한 것이 무엇인지 좀더 쉽게 짐작할 수 있었다. (53쪽 '4주 이후의 아기를 위한 E.A.S.Y' 일과 참고)

어떤 아기들은 기본적인 천성 덕분에 좀더 쉽게 규칙적인 일과에 적응한다. 캐시의 첫 아기 나탈리는 아주 수월하고 적응을 잘하는 아기였다. 그래서 캐시는 나탈리가 어떻게 그렇게 잘 자는 버릇이 들었는지 기억할 수 없었다. 하지만 동생 칼은 좀더 예민한 아기였다. 칼은 1개월이 지나도록 빛이 너무 밝거나, 젖을 먹일 때 머리를 약간 낮게 안아도 당황했다. 2장에서 자세히 설명하겠지만 실제로 아기의 기질은 모든 면에 영향을 미친다. 어떤 아기는 조용한 환경에서 수유를 해야 하고, 자극적인 활동을 줄여야 하며, 좀더 어둑한 방에서 재워야 한다. 안 그러면 불안해 하고 규칙적인 일과에서 벗어날 것이다.

4개월 미만의 아기들은 출생 때의 특수한 조건—가령, 미숙아(55쪽 상자글 참고)나 황달(56쪽 상자글 참고), 또는 저체중(54~57쪽 참고) 등—에 맞춰서 E.A.S.Y.를 조정해야 한다. 어떤 부모들은 E.A.S.Y.를 조절할 줄 모른다. 예를 들어, '3시간 간격'이라는 말을 곧이곧대로 받아들여서 아기가 자다가 배가 고파서 깨어나거나 한밤중에 깨어나면 어떻게 해야 할지 몰라 걱정한다(그냥 재우면 된다. 오른쪽 상자글 참고).

또한 아기가 보내는 신호보다 시간에 초점을 맞추면 E.A.S.Y.가 어려워진다. 규칙적인 일과란 시간표가 아니다. 반복해서

E.A.S.Y.는 낮 시간을 위한 일과다

E.A.S.Y.는 밤에는 해당되지 않는다. 아기를 목욕시키고 자리에 눕힐 때 엉덩이에 기저귀 크림을 듬뿍 발라 주자. 아기가 밤에 깨어나 놀지 않도록 하자. 만일 배가 고파서 깬다면 수유를 하고 곧바로 재운다. 응가를 하지 않았다면 기저귀를 갈아 주지 말자.

말하지만, 아기를 시간에 맞출 수는 없다. 시간에 맞추려고 하면 엄마와 아기가 모두 힘들어진다. 오클라호마에 사는 엄마 멀리는 아기를 'E.A.S.Y. 시간표에 맞추는 데 실패'하고는 내게 편지를 보냈다. "우리 아기는 매일 시간표가 달라집니다. 내가 뭘 잘못하고 있는 걸까요?"

규칙적인 일과는 시간표와 다르다. 시간표는 시간을 지키는 것이지만 E.A.S.Y.는 일정한 순서에 따라 먹고 놀고 자는 것을 반복해 나가는 것이다. 아기를 통제하는 것이 아니라 안내하는 것이다. 아기들은 반복을 통해서 배우기 때문에 규칙적인 일과가 도움이 된다.

멀리와 같은 부모들이 '일과'라는 말을 오해하는 이유는 시간에 집착하는 경향이 있기 때문이다. 내가 4개월이 안 된 아기를 위해 3시간

E.A.S.Y. 일지

부모들이 병원에서 집으로 와서 E.A.S.Y.를 시작할 때 나는 아래와 같은 일지(나의 웹사이트 www.babywhisperer.com에서 다운로드할 수 있다)에 아기가 얼마나 잘 먹고 잘 놀고 잘 자고 있는지, 그리고 엄마는 자신을 위해 어떻게 하고 있는지 정확하게 기록을 하라고 제안한다. 4개월이 지난 아기의 경우는 이 차트에 '대변'과 '소변'을 적는 난을 추가할 수 있다.

몇 시?	수유(E)					활동(A)		수면(S)	엄마(Y)
	분유수유: 얼마 만큼 모유수유: 얼마나 오래	오른쪽 가슴	왼쪽 가슴	대변	소변	무엇을 얼마나 오래 했나?	목욕(오전 또는 오후 몇 시?)	얼마나 오래 잤나?	휴식? 다른 용무? 깨달음? 평가?

간격의 일과(예를 들어, 7시, 10시, 1시, 4시, 7시, 10시)를 적어 주면 시간표에 쫓기는 엄마들은 정확하게 시간을 지키려고 한다. 어제는 아기가 10시 15분에 낮잠을 잤는데, 오늘은 10시 30분에 잔다고 걱정한다. 하지만 아기를 시간에 맞출 수는 없다. 특히 첫 6주 동안은 변화가 심할 수 있다. 어느 날은 모든 것이 순조롭다가 다음 날은 그렇지 않다. 만일 엄마가 아기를 살피는 대신 시계를 보는 데 신경을 집중하면 아기의 중요한 신호들을 놓칠 수 있다(6주가 된 아기가 하품을 하거나 6개월이 된 아기가 눈을 비비는 것 같은 수면 신호, 233쪽에서 좀더 자세히 설명하겠다). 결국에는 아기가 너무 피곤해져서 쉽게 잠이 들지 못하고 일과를 거부하게 된다.

E.A.S.Y.에서는 아기의 신호(배고픔, 피로, 지나친 자극)를 읽는 것이 시간을 지키는 것보다 중요하다. 어느 날 아기가 '정해진 시간'보다 다소 일찍 배가 고프거나 피곤한 것 같으면 그 욕구를 해결해 줘야 한다. 시간 때문에 망설이지 말자. 상식이 먼저다. 아기의 울음과 신체 언어를 분명히 이해하면 아기를 좀더 능숙하게 다룰 수 있고, 어떤 문제도 수월하게 해결할 수 있다.

출발하기 연령별 지침

아기가 클수록 일과에 적응하기가 점점 더 어려워진다. 그리고 나의 첫 번째 책은 주로 첫 4개월 동안의 E.A.S.Y.에 초점을 맞췄기 때문에 더 큰 아기의 엄마가 읽으면 혼란을 느낄 수 있다. E.A.S.Y.에 대해 질문하는 부모의 절반 정도는 아기가 '달라고 할 때마다' 먹이는 식으로 느슨한 태도를 취하거나, 다른 종류의 일과를 시도했다가 실패한 경험을 갖고 있다. 그러다가 E.A.S.Y.에 대해서 알고 어떻게 시작해야 하는지 궁금해 한다.

아기의 성장 발육

아기는 처음에는 전적으로 의존하는 존재다. 그러다가 자라면서 점차 스스로를 통제할 수 있는 작은 사람이 된다. 아기의 일과는 일반적으로 머리에서 시작해서 발가락으로 가는 성장 발달 과정의 영향을 받는다.

★ 태어나서 3개월까지
입, 머리, 어깨 순서로 발달하면서 머리를 가누고 기대앉는다.

★ 3개월에서 6개월까지
윗몸, 어깨, 머리, 손을 포함해 허리 위쪽이 발달한다. 앞에서 뒤로 뒤집고, 손을 내밀어서 잡고, 거의 혼자서 앉는다.

★ 6개월에서 1년까지
다리를 세우고, 근육과 협응 기능이 발달하면서 혼자 앉고, 뒤에서 앞으로 뒤집고, 똑바로 서고, 배로 밀며 다니고, 네 발로 기어 다닌다. 1년이 지나면 걷기 시작한다.

아기가 크면 E.A.S.Y.도 함께 달라져야 한다. 67~75쪽에서 4개월 이상의 아기들을 위한 지침을 볼 수 있다. 아기들에게서 나타나는 문제는 정확한 범주로 나누기 어렵지만 '들어가는 말'에서 설명했듯이 특정한 시기마다 주로 나타나는 문제가 아기들마다 조금씩 다르다. 여기서는 다음과 같이 분류해서 설명하겠다.

- ♥ 태어나서 6주까지
- ♥ 6주에서 4개월까지
- ♥ 4개월에서 6개월까지
- ♥ 6개월에서 9개월까지
- ♥ 9개월 이후

이제부터 위의 각 단계에 대해 전반적으로 설명하고, 가장 두드러지는 공통적인 문제점과 그 원인에 대해 밝히겠다. 수유나 수면에 주로 문제가 있는 것처럼 보여도 가장 중요한 것은 규칙적인 일과를 확립하거나 기존의 일과를 조정하는 것이 필요하다. 문제의 '원인'에 나오는 괄호 안의 숫자들은 좀더 자세한 설명을 볼 수 있는 쪽을 가리킨다.

아기의 월령과 관계없이 모든 항목을 읽어 보기 바란다. 다시 말하지만, 오로지 나이만을 기준으로 해서 전략을 세울 수는 없다. 아기는 어른과 마찬가지로 독립된 개인이다. 3개월에 주로 나타나는 문제가 뒤늦게 6개월이 되어서 발생할 수 있다. (이 점을 계속 강조하지 않

으면 이 책이 출판되었을 때 부모들에게서 "우리 아기는 4개월인데, 당신이
설명한 것과 다르다."라고 항의하는 편지를 받을 것 같다.)

태어나서 6주까지 적응기

태어나서 6주까지 E.A.S.Y.는 3시간을 한 주기로 한다. 아기가 먹고 놀고 난 뒤 단잠을 잘 수 있는 환경을 마련해 주자. 아기가 휴식을 취하는 동안 엄마도 쉬자. 그러다가 아기가 깨어나면 주기를 처음부터 다시 시작하자. 그런데 첫 6주는 아기가 적응하는 기간이기도 하다. 한때는 아늑하고 따뜻한 엄마 뱃속에서 탯줄을 통해 음식물을 섭취했지만, 이제는 다른 사람들과 함께 소란스러운 환경에서 생활해야 한다. 또한 모유나 분유를 스스로 먹어야 한다. 엄마의 생활도 완전히 달라진다. 특히 초보 엄마는 아기만큼이나 혼란스럽다! 또는 다른 자녀들이 있으면 갑자기 모든 사람들의 관심을 독점해 버린 울보 아기를 질투할 것이다.

이 시기의 아기는 혼자서는 아무것도 하지 못하며, 먹고 자고 우는 것이 전부다. 울음이 아기의 유일한 의사 표현이다. 우는 시간을 모두 합치면 24시간 중에 보통 1~5시간까지 운다. 그리고 대부분의 엄마

아기가 울 때 생각해 보자

태어나서 6주가 될 때까지 아기가 언제 울었는지 상황을 생각해 보면 아기가 원하는 것을 짐작할 수 있다. 또 아기가 울 때 엄마들은 다음과 같은 질문을 해 보자.

♥ 수유를 할 시간인가? (배고픔)

♥ 기저귀를 갈아 줘야 하는가?
(불편함이나 추위)

♥ 같은 장소에 또는 같은 자세로 계속 있었는가? (지루함)

♥ 30분 이상 깨어 있었는가? (피곤함)

♥ 많은 사람들과 함께 있었거나 여러 가지 활동을 했는가? (지나친 자극)

♥ 얼굴을 찡그리고 다리를 가슴으로 끌어당기는가? (가스)

♥ 먹고 나서 1시간 정도 계속 우는가?
(식도 역류)

♥ 먹은 것을 올리는가? (식도 역류)

♥ 방이 너무 덥거나 춥지 않은가, 아니면 옷을 너무 많이 입히지 않았는가?
(체온)

들은 아기가 우는 1분을 5분처럼 느낀다. (엄마들에게 눈을 감게 하고 2
분 동안 아기 울음소리가 녹음된 테이프를 들려준 다음 얼마나 오래 들은 것
같은지 물어보면 대부분 2~3배나 길게 대답한다.)

아기 울음을 무시하거나 울게 내버려 둬서는 안 된다! 아기가 울음

공통적인 문제점	원인
우리 아기는 3시간 일과에 맞출 수 없다. 활동 시간 20분을 채울 수 없다.	출생 때 체중이 2.9kg 미만이면 처음에는 2시간마다 먹여야 할 것이다. (57쪽 '체중별 E.A.S.Y.' 참고) 억지로 아기를 깨워 두려고 하지 말자.
우리 아기는 종종 먹다가 잠이 들고 1시간만 지나면 다시 배가 고파지는 것 같다.	미숙아, 황달, 저체중, 단순히 잠이 많은 아기들은 좀더 자주 먹이고 먹는 동안 깨어 있게 해야 한다 (138~139쪽). 모유를 먹인다면 자세가 불편하거나 모유 공급에 원인이 있을 수 있다 (141~150쪽).
우리 아기는 2시간마다 먹으려고 한다.	아기의 체중이 2.9kg 이상이라면 먹는 요령이 없기 때문일 수 있다. '깨작이'가 되지 않도록 해야 한다 (137쪽). 만일 모유를 먹인다면 자세가 불편하거나 모유 공급에 원인이 있을 수 있다 (141~150쪽).
우리 아기는 하루 종일 입으로 젖꼭지를 찾고, 배가 고픈 것처럼 보이지만 한 번에 조금밖에 먹지 않는다.	젖꼭지를 빠는 것을 위안으로 삼는 것일 수 있다 (139쪽). 깨작이가 될 수 있다 (137쪽). 모유 공급이 충분한지 알아본다 (144~145쪽).
우리 아기는 제때 낮잠을 자지 않는다.	자극이 지나치면 불안정해질 수 있다 (257~261쪽). 또는 강보에 싸지 않거나 깨어 있는 상태에서 눕히는 경우다 (233~239쪽).
우리 아기는 낮에는 잘 자지만 밤에 자주 깬다.	밤낮이 바뀌고 낮잠이 밤잠을 앗아 가고 있다 (229~231쪽).
우리 아기가 울 때 무엇을 원하는지 모르겠다.	예민한 아기거나 심술쟁이 아기(2장 참고)거나, 그렇지 않으면 가스, 식도 역류, 산통(150~158쪽)과 같은 신체적 이상이 있을지도 모른다. 원인이 무엇이든 E.A.S.Y.가 도움이 된다.

E	7:00	수유
A	7:45	기저귀 갈기, 약간의 놀이와 대화, 수면 신호 살피기
S	8:15	보에 싸서 아기침대에 눕힌다. 첫 오전 낮잠을 재우기까지 15~20분이 걸릴 수 있다.
Y	8:30	아기가 낮잠을 잘 때 엄마도 같이 잔다.
E	10:00	수유
A	10:45	7:45과 동일
S	11:15	두 번째 오전 낮잠
Y	11:30	엄마도 같이 자거나 적어도 휴식을 취한다.
E	1:00	수유
A	1:45	7:45과 동일
S	2:15	오후 낮잠
Y	2:30	엄마도 같이 자거나 적어도 휴식을 취한다.
E	4:00	수유
A	4:45	7:45과 동일
S	5:15	목욕 전에 충분한 휴식을 취하도록 40~50분 정도 짧은 낮잠을 재운다.
Y	5:30	엄마 자신을 위한 시간
E	6:00	첫 번째 집중 수유
A	7:00	목욕하기, 잠옷으로 갈아 입기, 자장가 등 취침의식
S	7:30	또 한 번의 짧은 낮잠
Y	7:30	엄마의 저녁 식사
E	8:00	두 번째 집중 수유
A		없음
S		잠자리에 데려간다.
Y		엄마를 위한 저녁 시간!
E	10~11	꿈나라 수유!

♥ 주의 나는 위의 일과를 4개월까지 권한다. 시간은 융통성 있게 조절할 수 있다. 활동 시간은 점
차 길어진다. 또한 8주가 되면 두 번의 '집중 수유'를 합쳐 한 번(5시 30분에서 6시 사이)에
한다. 꿈나라 수유는 7개월까지 계속한다. (집중 수유와 꿈나라 수유는 133쪽 참고)

으로 무슨 말을 하고 있는지 잘 듣고 이해하기 위해 노력해야 한다. 아기 울음소리를 이해하지 못하면 E.A.S.Y.도 어려워진다. 물론 울음으로 모든 것을 표현하는 작은 이방인을 처음 만났기 때문에 그 언어를 이해하는 것이 쉽지는 않을 것이다.

아기의 울음은 보통 6주 무렵에 절정에 달하는데, 관찰력이 뛰어난 엄마라면 이즈음에는 아기의 언어를 이해하게 된다. 또한 아기의 신체 언어를 보고 울음이 터지기 전에 조치를 취하고 배가 고파서 우는지 피곤해서 우는지 구분할 수 있다. 배가 고플 때 아기는 처음에는 목구멍 안쪽에서 밭은기침 소리를 내다가 점점 "와– 와–." 하고 확실하게 운다. 피곤할 때는 세 번 짧게 흐느끼다가 크게 한 번 울고는 두 번 짧은 숨을 몰아쉰 뒤 더 길고 더 크게 운다. 그런데 똑같이 배가 고플 때라도 어떤 아기는 약간 보채기만 하고 또 어떤 아기는 배고픔을 느끼자마자 필사적으로 운다.

E.A.S.Y.를 빨리 시작하면 할수록 아기가 보내는 신호, 즉 우는 이유를 좀더 분명하게 판단하게 될 것이다. 예를 들어, 아기가 아침 7시에 먹는다고 하자. 그런데 수유를 한 뒤 10~15분 후에 아기가 울기 시작해서 수유를 다시 했는데도 울음을 그치지 않는다면, 아기는 분명 배가 고픈 것이 아니다. 그보다는 소화와 관련된 문제가 있는 것이므로 (150~158쪽 참고) 다른 조치를 취해야 한다. 이때 수유를 하면 아기는 점점 더 불편해질 뿐이다. 52쪽에서 공통적인 문제점들을 볼 수 있다.

체중별 E.A.S.Y.

6주가 안 된 아기의 엄마가 E.A.S.Y.가 어렵다고 말하면 나는 아기가 만삭아였는지 묻는다. 만약 그렇다고 하면 출생 때 아기 체중은 얼마였는지 또 묻는다. E.A.S.Y.는 체중이 2.9~3.6kg이고 수유 간격이 3시간 정도인 신생아를 위한 것이다. 만일 아기 체중이 그보다 많거나 적으면 E.A.S.Y.를 조정해야 한다. 57쪽의 '체중별 E.A.S.Y.' 표에서 보듯이 정상 체중의 아기는 먹는 속도에 따라 25분에서 40분 동안 먹는다. 잠이 드는 시간을 포함해서 활동 시간은 30분에서 45분이다. 낮잠 시간은 잠이 드는 시간 15분 정도를 포함해서 1시간 30분에서 2시간이다. 낮에는 7시, 10시, 1시, 4시, 7시에, 저녁에는 9시와 11시에 수유를 한다(새벽 2시 수유는 생략할 수 있다. 133쪽과 250쪽의 배 채우기 관련 참고). 이것은 단지 권장 시간일 뿐이다. 아기가 1시가 아니라 12시 30분에 일어나면 그때 먹이면 된다.

출생 때 체중이 평균 이상인 아기들은—예를 들어, 3.6~4.5kg—더 잘 먹고 더 많이 먹을 것이다. 하지만 체중이 더 나간다고 해도 3시간 일과를 유지한다. 체중은 별개의 문제다. 아기 체중이 3.6kg을 넘어도 아직은 3시간마다 먹어야 한다. 나는 이런 아기를 보살피는 것을 좋아하는데, 태어나서 2주까지 밤잠을 더 오래 재울 수 있기 때문이다.

미숙아가 아니더라도 출생 때 체중이 적게 나가는 아기들은 3시간 E.A.S.Y. 일과를 받아들일 준비가 되어 있지 않다. 엄마들이 아기를 병원에서 데리고 와서 E.A.S.Y. 일과를 시도해 보고는 대개 "20분의 활동 시간을 채울 수 없다." 또는 "먹다가 잠이 든다."라고 말한다. 그래서 아기를 깨워 두는 방법을 알고 싶어 한다. 답은 간단하다. 적어도 활동을 위해서는 깨워 두지 않아도 된다. 만일 억지로 깨워 둔다

특수 상황: 미숙아

대부분의 병원에서는 미숙아가 태어나면 체중이 2.3kg이 될 때까지 2시간마다 수유를 한다. 그래서 2.3kg이 되면 집으로 데려올 수 있다. 아기를 집에 데려올 때 이미 규칙적인 일과에 익숙해져 있다는 것은 다행스러운 일이다. 하지만 미숙아의 위장 기관은 너무 작고 제대로 발달되지 않았기 때문에 또한 식도 역류(아기 속쓰림, 153~156쪽 참고)와 황달(56쪽 상자글 참고) 같은 문제들이 발생하기 쉽다. 미숙아들은 당연히 모든 기관이 좀더 약하다. 먹다가 잠이 들지 않도록 한다. 그리고 잘 때는 태내와 같은 조건을 만들어 준다. 강보에 싸서 조용하고 따뜻하고 어둑한 방에 재운다. 너무 일찍 세상에 나온 미숙아는 잠을 자고 싶어 하며 충분히 자야 한다는 것을 기억하자.

면 지나친 자극을 받을 수 있고 울기 시작할 것이다. 울면서 에너지를 소모하면 다시 배가 고파진다. 그러면 이제 아기가 왜 우는지 알 수 없다. 배가 고픈가? 피곤한가? 가스가 찼나?

체중이 적게 나가는 아기들은 처음에는 기껏해야 4시간 정도 버틸 수 있다. 그래서 일반적으로 첫 6주 동안은 밤에 적어도 두 번 수유를 해야 한다. 하지만 3시간밖에 버티지 못한다고 해도 상관없다. 이런 아기는 음식이 좀더 필요한 것이다. 많이 먹고 많이 자서 살을 찌워야 한다. 아기 돼지들이 실컷 먹고 잠시 돌아다니다가 다시 잠이 드는 것을 생각하자. 아기 동물들은 모두 그렇다. 살을 찌워서 에너지를 보존할 필요가 있다.

출생 때 체중이 2.9kg 미만이면 처음에는 2시간마다 수유를 한다. 수유는 30~40분 정도 하고, 활동 시간은 5~10분 정도로 줄이고, 1시간 30분 정도 잠을 자게 한다. 깨어 있는 시간에도 자극을 최소한으로 줄인다. 2시간마다 먹이고 충분히 잠을 자게 하면 눈에 띄게 체중이 늘어날 것이다. 체중이 늘기 시작하면 수유 간격이 길어질 것이고, 점차 활동 시간이 늘어나면서 좀더 오랫동안 깨어 있게 된다. 처음 태어났을 때는 10분 이상 깨어 있지 못했지만 2.9kg이 되면 20분 정도, 3.2kg이 되면 45분 정도 깨어 있게 된다. 아기 체중이 증가하는 동안 2시간 일과를 점차 늘려 가다가 2.9~3.2kg이 되면 3시간 E.A.S.Y. 일과에 맞춘다.

특수 상황 : 황달

출생 때 체중에 따라 E.A.S.Y.가 달라져야 하는 것처럼, 아기가 황달에 걸렸을 때도 마찬가지로 조정이 필요하다. 황달은 빌리루빈(담즙의 적황색 색소)이 제거되지 않는 증세로, 피부, 눈, 손바닥, 발바닥까지 노랗게 변한다. 황달에 걸리면 마치 시동이 잘 걸리지 않는 자동차 엔진처럼 간의 기능이 저하된다. 아기는 매우 피곤해져서 잠을 많이 잔다. 이때 아기가 잘 잔다고 계속 재우면 안 된다. 2시간마다 깨워서 황달을 씻어 내기 위해 필요한 영양을 섭취하도록 해야 한다. 황달 증세는 3~4일 정도 지속되며 분유를 먹는 아기보다 모유를 먹는 아기들이 약간 더 오래간다. 아기 피부가 분홍빛을 되찾고 마침내 눈에서 노란색이 완전히 사라지면 안심을 해도 된다.

체중별 E.A.S.Y. : 태어나서 3개월까지

이 표는 출생 때 체중에 따라 아기 일과가 어떻게 달라져야 하는지 보여 준다(심각한 저체중아도 4개월 이후에는 수유 간격이 4시간까지 늘어날 수 있다).

간단히 하기 위해 'Y(엄마를 위한 시간)'는 생략했다. 만일 아기 체중이 3.6kg 이상이면 부모의 취침 시간은 머지않아 정상을 되찾을 것이다. 반면 아기 체중이 2.9kg이 안 되면 처음 6주 동안 엄마의 시간은 많지 않을 것이다. 3.2kg 정도 되면 아기가 혼자 놀기 시작하고 엄마도 여유가 생기면서 점점 수월해진다.

체중	2.3~2.9kg		2.9~3.6kg		3.6kg 이상	
	시간	주기	시간	주기	시간	주기
E 수유	30~40분	낮시간 일과는 2시간 간격으로 반복하다가 아기 체중이 2.9kg이 되면 3시간 간격으로 바꾼다. 밤에는 처음에 4시간 간격으로 먹여야 할 것이다.	25~40분	(평균 체중 미만의 아기들은) 낮시간 일과는 2시간 30분에서 3시간 간격으로 반복한다. 6주 후 밤에 4~5시간 자게 되면 새벽 1~2시의 수유를 생략한다.	25~35분	낮 시간 일과는 3시간 간격으로 반복한다. 6주가 되면 새벽 1~2시의 수유를 생략할 수 있고, 11시에서 새벽 4~5시까지 5~6시간 잔다.
A 활동	처음에는 5~10분, 2.9kg이 되면 20분, 3.2kg이 되면 45분까지 늘린다.		20~45분 (기저귀 교체, 옷 입기, 하루 한 번 목욕 포함)		20~45분 (기저귀 교체, 옷 입기, 하루 한 번 목욕 포함)	
S 수면	1시간 15분~ 1시간 30분		1시간 30분 ~2시간		1시간 30분 ~2시간	

6주에서 4개월까지 자다가 깨는 아기

첫 6주(전통적인 산후 조리 기간)를 보낸 아기는 다음 2달 반 동안은 훨씬 더 안정이 된다. 엄마도 자신감과 여유가 좀더 생긴다. 아기는 체중이 늘고―저체중아도 이때쯤이면 종종 정상 체중에 도달하는데―먹다가 잠이 드는 경우가 줄어든다. 낮 동안에는 아직 3시간마다 수유를 하지만 조금씩 간격이 길어지면서 4개월 일과에 가까워진다

공통적인 문제점	원인
우리 아기는 밤에 3~4시간 이상 재울 수 없다.	낮 동안에 충분히 먹지 못하고 있을지 모른다. 또한 자기 전에 '배를 채워서 재우기'가 필요할 것이다 (133쪽, 250쪽).
우리 아기는 밤에 5~6시간 잤는데, 지금은 자주 아무 때나 깨어난다.	급성장기일 수 있으므로(158~163쪽, 253~255쪽) 낮에 좀더 먹일 필요가 있다.
우리 아기는 30~45분 이상 낮잠을 자지 않는다.	아기 신호를 잘못 읽고 있거나 아기가 피곤한 신호를 처음 보일 때 침대로 데려가지 않고 있을 것이다 (233쪽). 또는 아기가 잠투정을 시작할 때 너무 성급하게 달려들어서 스스로 잠이 들 기회를 주지 않는 것이다 (243~244쪽).
우리 아기는 매일 밤 같은 시간에 깨어나지만 몇 cc 이상 먹지 않는다.	습관적으로 깨는 것은 배가 고픈 것과 거의 관계가 없다. 아마 습관성일 것이다 (244~246쪽).

(4개월에는 4시간 주기로 바뀐다. 60쪽 참고). 낮에 노는 시간이 늘어나고 밤에는 보통 11시에서 5~6시까지 잘 것이다. 울음은 6주 무렵에 절정에 이르지만 다음 2달 반 동안에 점차 잦아들기 시작한다.

위의 표는 이 단계의 엄마들이 일반적으로 말하는 문제점들이다.

이 시기에는 '수면' 문제가 많이 발생한다. 특히 규칙적인 일과가 없다면 수면이 불규칙하고 까다로워진다. 밤에 깨는 것은 보통 배가 고프기 때문이지만—아기들은 위가 비면 잠에서 깨지만—항상 그렇지는 않다. 아기가 잠에서 깨어났을 때 엄마가 대처를 잘 하지 못하면 임기응변식 육아가 될 수 있다.

아기가 어느 날 밤에 깨어났을 때 엄마가 젖을 물려서 재웠다고 하자. 아기가 금방 잠이 들자 엄마는 생각한다. '음, 이거 아주 괜찮은 방법이군.' 하지만 엄마의 이런 행동은 아기에게 다시 잠이 들기 위해서는 젖을 빨아야 한다고 가르치는 것이다. 6개월이 되어서 훨씬 더 무거워진 아기를 안고 여전히 밤에 몇 번씩 수유를 하게 되면 그제야

엄마가 직장에 다시 나가기 전에

출산 후 3개월에서 6개월 사이에 많은 엄마들이 직장에 다시 나가거나 파트타임으로 일을 하기 시작한다. 필요에 따라서든 스스로 원해서든 이러한 변화 때문에 E.A.S.Y. 일과가 궤도를 벗어날 수 있다.

♥ 엄마가 직장으로 돌아가기 전에 아기가 일과에 익숙해졌는가?
  내가 경험에서 배운 한 가지 원칙은 한 번에 너무 많은 변화를 만들지 않는 것이다. 만일 엄마가 직장에 다시 다닐 생각이라면 적어도 1달 전에 E.A.S.Y.를 시작하자. 만일 이미 직장에 다니고 있다면 2주 정도 휴가를 내서 그동안 아기를 일과에 적응시키도록 하자.

♥ 아기를 누구에게 맡길 것인가? 그 사람은 일과의 중요성을 이해하고 잘 지키고 있는가? 아기의 행동이 엄마와 있을 때와 어떻게 다른가?
  E.A.S.Y.는 충실하게 지키지 않으면 효과가 없다. 유모나 탁아소의 보모에게 일과를 적어 주고 지키도록 당부를 해야 한다. 하지만 엄마가 죄책감을 느껴 아기와 같이 있을 때 '아기와 조금만 더 같이 놀아야겠다.'고 생각해서 일과를 대충 넘어가는 수도 있다.

♥ 아빠를 육아에 참여시킬 준비가 되어 있는가?
  어떤 엄마들은 말로는 일과를 지켜야 한다고 하면서 실천은 하지 않는다. 오히려 집에 있는 시간이 더 적은 아빠들이 일과를 더 잘 지킨다.

♥ 가정에 다른 커다란 변화가 있는가?
  아기는 민감한 존재여서 알게 모르게 주변 환경의 영향을 받는다. 예를 들어, 엄마가 우울하면 아기도 더 많이 우는 경향이 있다. 직장을 바꾸거나 이사를 하거나 애완동물을 새로 들이거나 가족 중에 누가 아픈 것 같은 가정의 변화도 혼란을 줄 수 있다.

후회를 할 것이다. (두 돌이 되어도 밤에 몇 번씩 깨어나 엄마젖을 찾는 아기도 있다.)

4개월에서 6개월까지 4/4 일과와 임기응변식 육아의 시작

이제 아기는 의식이 또렷해지고 몇 달 전보다 주변 세상과 훨씬 더 활발하게 상호작용을 한다. 아기는 머리부터 발달한다는 것을 기억

3시간 E.A.S.Y.	4시간 E.A.S.Y.
E 7:00 아침 수유 A 7:30~7:45(수유 시간에 따라) S 8:30(1시간 30분 낮잠) Y 엄마의 자유 시간	E 7:00 아침 수유 A 7:30 S 9:00(1시간 30분~2시간 낮잠) Y 엄마의 자유 시간
E 10:00 A 10:30~10:45 S 11:30(1시간 30분 낮잠) Y 엄마의 자유 시간	E 11:00 A 11:30 S 1:00(1시간 30분~2시간 낮잠) Y 엄마의 자유 시간
E 1:00 A 1:30~1:45 S 2:30(1시간 30분 낮잠) Y 엄마의 자유 시간	E 3:00 A 3:30 S 5~6시 사이에 다음 수유와 목욕을 위해 충분히 휴식을 취하도록 짧은 낮잠(약 40분) Y 엄마의 자유 시간
E 4:00 수유 A* 4:30~4:45 S 5~6시 사이에 다음 수유와 목욕을 위해 휴식을 충분히 취하도록 짧은 낮잠(약 40분) Y* 엄마의 자유 시간 E 7:00(급성장기에는 7시와 9시에 집중 수유) A* 목욕 S 7:30 취침 Y 저녁은 엄마 시간!	E 7:00(급성장기에는 7시와 9시에 집중 수유) A 목욕 S 7:30 취침 Y 저녁은 엄마 시간!
E 10~11시 꿈나라 수유	E 11:00 꿈나라 수유(7~8개월까지, 혹은 고형식을 잘 먹을 때까지)

* 원서의 표에는 빠져 있지만 내용상 필요하다고 판단되어 편집자가 넣었습니다.

하자. 처음에 입을 움직이고, 다음에는 목과 등, 팔과 손, 그리고 마지막으로 다리와 발이 발달한다(50쪽 상자글 참고). 머리를 가누고 손으로 물건을 잡기 시작한다. 몸을 뒤집는다. 기대앉을 수 있다. 형태와 순서를 좀더 분명히 의식한다. 점차 어디서 소리가 들려오는지 구분하고, 원인과 결과를 이해하기 때문에 자기 손으로 움직일 수 있고 반응이 나타나는 장난감을 좋아한다. 기억력도 한층 향상된다.

이러한 발달이 급격히 일어나 일과의 변화가 불가피해진다. 이제부터 '4개월/4시간 E.A.S.Y.'를 의미하는 4/4 일과로 바꿔야 한다. 대부분의 아기들은 이 시점이 되면 3시간 일과를 4시간 일과로 바꿀 준비가 되어 있다. 낮에 노는 시간이 길어지고 밤에 더 오래 잘 수 있다. 전에는 아침이면 배가 고파서 깨곤 했지만 이제는 습관적으로—생체 시계에 따라—눈을 뜬다. 많은 아기들이 새벽 4~6시 사이에 눈을 뜨는데, 그냥 내버려 두면 잠시 종알거리면서 놀다가 다시 잠이 든다. 이때 엄마가 달려가면 임기응변식 육아가 시작된다.

또한 먹는 요령이 생겨서 젖병이나 엄마젖을 20~30분 정도면 비울 수 있다. E는 기저귀를 가는 시간까지 포함해서 길어야 45분 정도가 된다. 하지만 A는 다르다. 이제 아기는 훨씬 더 오래 깨어 있을 수 있다. 4개월이 되면 보통 1시간 30분 정도, 6개월이 되면 2시간 정도 깨어 있다. 낮잠은 오전과 오후에 1시간 30분에서 2시간 정도 잔다.

왼쪽 표에서 아기가 4개월이 되면 E.A.S.Y.가 어떻게 변하는지 비교해 볼 수 있다. 이제는 한 번에 더 많이 먹을 수 있으므로 수유는 한 차례 생략하고 세 번 자던 낮잠을 두 번으로 줄인다(늦은 오후의 짧은 낮잠은 유지한다). 자연히 깨어 있는 시간이 늘어난다. (만일 3시간 일과를 4시간 일과로 바꾸기 힘들다면 67~75쪽에서 좀더 자세한 설명을 볼 수 있다.)

표는 표준 일과이므로 모든 아기에게 꼭 맞지는 않다. 아기의 일과는 체중과—체중이 적게 나가는 아기는 4개월이 되면 3시간 30분 일과를 겨우 맞출 수 있고 보통 5~6개월이 되면 따라잡는다—기질의 영향을 받는다. 어떤 아기는 좀더 잘 자고 어떤 아기는 더 빨리 먹는다. 일과 시간이 여기저기서 15분 정도는 달라질 수 있다. 또한 어느 날은 오전 낮잠을 덜 자고 오후 낮잠을 더 자거나, 그 반대가 될 수도 있다. 중요한 것은 먹고 놀고 자는 순서를 지키는 것이다(이제는 4시간 간격으로).

예상대로 이 단계에서 자주 듣는 엄마들의 불만은 일과와 관련된 문제이다.

이 밖에도 좀더 일찍 해결하지 못한 문제들이 계속 일어난다. 초기

공통적인 문제점	원인
우리 아기는 너무 빨리 먹어 버려 충분히 먹고 있는지 모르겠다. 또 그 때문에 일과를 지키기도 어렵다.	문제는 E가 아닐지도 모른다. 이 무렵에 어떤 아기는 아주 잘 먹는다. 앞서 설명했듯이 아마 더 어린 아기를 위한 E.A.S.Y. 일과(4시간이 아닌 3시간 일과)를 아직 사용하고 있는지도 모른다. (일과를 전환하는 방법에 대해서는 67~75쪽 참고)
우리 아기는 먹거나 자는 시간이 일정하지 않다.	일과가 약간씩 변하는 것은 정상이다. 하지만 아기가 조금씩 자주 먹고 자주 깨는 것은 임기응변식 육아의 결과일 수 있다. 4개월 아기에게 적합한 일과가 필요하다(67~75쪽).
우리 아기는 아직 밤에 자주 깬다. 밤에 수유를 해야 하는 건지 모르겠다.	만일 밤에 불규칙적으로 깬다면 배가 고픈 것이므로 낮 동안에 좀더 많이 먹일 필요가 있다 (250~257쪽). 만일 습관적으로 깬다면 엄마가 어쩌다가 아기에게 나쁜 습관을 들인 것이다 (244~246쪽). 또한 4시간 일과가 아니라 3시간 일과를 적용하고 있는지도 모른다.
우리 아기는 밤새 자긴 하지만 새벽 5시에 깨어나 놀자고 한다.	아기가 보통 새벽에 깨어나 내는 소리에 너무 빨리 반응을 하기 때문일 수 있다 (243~244쪽).
우리 아기는 30~45분 이상 낮잠을 자지 않는다. 혹은 낮잠을 재울 수 없다.	지나친 자극을 받거나 (320~323쪽), 정해진 일과가 없거나, 아기에게 일과가 맞지 않기 때문이다 (288~296쪽).

에 아기에게 습관을 들인 임기응변식 육아의 씨앗들이 이제 먹고 자는 데서 문제로 드러나기 시작한다(앞에 나온 '6주에서 4개월까지'를 다시 읽어 보자). 하지만 엄마는 워낙 할 일이 많기 때문에 어떤 문제가 있는지 분명하게 파악하기 어렵다. 어떤 경우는 아기의 성장 발달에 E.A.S.Y.를 맞추지 않아서 문제가 생긴다. 3시간 간격의 수유에서 4시간 간격의 수유로 바꿔야 한다는 것을, 아기가 깨어 있는 시간이 길어졌다는 것을, 또는 낮잠이 밤잠만큼 중요하다는 것을 모르는 것이다. 아니면 부모들이 일관성이 부족한 탓에 책, 친구, 인터넷, 텔레비전에서 이런저런 정보를 수집하고, 이런저런 방법들을 시도하면서 끊임없이 규칙을 바꾼다. 아니면 준비를 충분히 하지 않고 다시 직장에 나간다(59쪽 참고). 가정의 이런저런 변화가 아기에게 혼란을 줄 수도 있다. 원인이 무엇이든 이 시기에 항상 문제가 악화되는 이유는 문제가 그만큼 더 오래되었기 때문이다. 아니면 많은 경우 처음부터 일과가 없었기 때문이다. 내가 4개월이 된 아기의 엄마에게 항상 하는 질문은 "규칙적인 일과를 시도한 적이 있는가?"이다. 만일 "아니요." 또는 "하다가 그만두었어요." 하고 대답하면 나는 E.A.S.Y.로 다시 시작해야 한다고 말한다. 이 장의 끝 부분에서 E.A.S.Y.로 전환하는 방법을 단계별로 설명하겠다.

6개월에서 9개월까지 일관성 유지하기

이 시기에는 아직 4시간 일과가 적당하지만 새로운 문제들이 발생한다. 또한 이전에 나타난 문제들이 지속되기도 한다. 6개월에도 중요한 급성장기가 있다. 고형식을 시작할 때가 되었기에 7개월이 되면 꿈나라 수유를 생략한다(168쪽 상자글 참고). 먹는 음식이 달라지면서 식사 시간이 길어지고 번잡해진다. 엄마들은 고형식에 대해 걱정하고 많은 질문을 한다(4장에서 대답하겠다). 처음에 아기는 먹는 기계와 같았지만 8개월 정도가 되면 신진대사가 변화하기 시작하고 축적되었던 지방이 빠지면서 날씬해진다. 이 단계에서는 먹는 음식의 양보다 질을 따지는 것이 중요하다.

또한 하루 두 번 1~2시간씩 낮잠을 자고, 초저녁의 짧은 낮잠을 자지 않는다. 이 무렵 아기들은 낮잠 자는 것을 좋아하지 않는다. 어느 7개월이 된 아기의 엄마가 말했다. "이제 세상을 인식하고 좀더 움직일 수 있기 때문에 자고 싶어 하지 않는 것 같다. 세상 구경을 하고 싶어 한다!" 아기는 이제 본격적으로 신체 발달이 진행된다. 몸을 가눌 수 있고—8개월이면 혼자 앉을 수 있다—또한 좀더 협응 기능이 능숙해진다. 특히 혼자 노는 법을 배우면서 독립적이 된다.

이 단계에서 나타나는 공통적인 문제점은 4개월에서 6개월까지 나타난 문제점과 상당히 유사하다. 다만 습관이 깊게 들어 고치기가 점점 더 어려워진다. 전에는 먹고 자는 문제를 며칠이면 고칠 수 있었지만 이제는 좀처럼 바뀌지 않는다. 그렇다고 고칠 수 없는 것은 아니다. 단지 시간이 좀더 걸릴 뿐이다.

이 시기의 가장 큰 문제점은 일관성을 유지하기 어렵다는 것이다. 어느 날은 오전에 낮잠을 오래 자고 다음 날은 오후에, 또 어떤 날은 오전이나 오후에 한 번만 자기도 한다. 어느 날은 맛있게 먹고 다음 날은 끼니를 거르기도 한다. 어떤 엄마는 이러한 고저장단에 느긋하게 대처하지만 어떤 엄마는 머리카락을 쥐어뜯고 싶어진다. 생존의 열쇠는 두 가지다. 아기가 일과를 지키지 못한다고 해도 적어도 엄마는 노력할 수 있다. 또한 "할 만하다 싶으면 모든 것이 바뀐다."고 엄마들이 흔히 하는 말을 기억하자(10장 참고). 병원에서 아기를 데려온 날부터 E.A.S.Y.로 키운 어느 7개월이 된 아기의 엄마가 말했다. "내가 그동안 배운 것은 실제로는 모든 아기가 다르기 때문에 엄마와 아기에게 맞게 일과를 조정해야 한다는 것이다."

내 웹사이트에 올라오는 글들을 읽으면서 느꼈듯이, 어떤 엄마에게는 악몽이지만 다른 엄마들에게는 엄살처럼 들릴 수 있다. 캐나다의 한 엄마는 8개월이 된 아기의 일과가 '엉망'이 되었다고 불평했다. 아기가 7시에 깨어나 모유를 먹고, 8시에 죽과 과일을 먹고, 11시에 모유를 먹고, 낮잠을 잔 뒤 1시 30분에 깨면 야채와 과일을 먹는다. 3시 30분에 모유를 먹고 5시 30분에 저녁 식사(죽, 야채, 과일), 7시 30분에 마지막으로 모유를 먹고 8시 30분경에 잠이 든다. 이 엄마가 걱정하는 것은 아기가 낮잠을 한 번밖에 안 잔다는 것이었다. 그녀는 다른 엄마들에게 호소를 했다. "어떻게 해야 좋을지 모르겠네요. 저 좀 도와주세요!"

나는 이 게시글을 두 번 읽었다. 뭐가 문제인지 알 수 없었기 때문이다. 아기는 점점 자라면서 깨어 있는 시간이 길어지고 있다. 하지만 낮에 충분히 먹고 밤에 10시간 30분이나 자고 2시간 30분 정도 낮잠을 잔다. 아기가 이렇게 잘 자라 주면 어떤 엄마는 어금니라도 뽑아 주려고 할 것이다. 사실 9개월이 되면 깨어 있는 시간이 길어지기 때문에 오전 낮잠을 생략하고 오후에 한 번(3시간까지)만 자는 것이 가능해진다. 먹고 놀고, 다시 먹고 좀더 놀고 잔다. 다시 말해, E.A.S.Y.는 E.A.E.A.S.Y.가 된다. 낮잠을 하루 한 번만 자도 아무 문제가 없다. 만일 낮잠을 못 자서 투정을 부리는 것 같으면 '안아주기/눕히기'를 사용해서 한 번 더 재우거나 낮잠 자는 시간을 늘릴 수 있다(320~323쪽 참고).

또한 아기가 더 어렸을 때 E.A.S.Y.나 다른 일과를 해 본 엄마들이 다시 E.A.S.Y.를 시작하기로 마음을 먹고는 다음과 같은 글을 게시판에 올린다.

♥아기가 2개월이었을 때 E.A.S.Y.를 해 보았지만 수면에 관한 부분이 어려웠고, 너무 자주 먹으려고 해서 그때마다 먹이다가 결

국 일과를 포기했습니다. 이제 아기가 좀더 자랐기 때문에 다시
해 보려고 하는데, 다른 아기들은 어떻게 하고 있는지 시간표 견
본을 보고 싶습니다.

나는 호기심에 6개월에서 9개월이 된 아기를 키우는 엄마들이 올
린 E.A.S.Y. 일과를 찾아서 비교를 해 보았다. 그랬더니 놀라울 정도
로 서로 흡사했다. 그들이 올린 일과는 대체로 다음과 같다.

이것은 평균을 낸 일과이고 실제로는 각기 조금씩 다르다. 이 시기

7:00	깨어나서 먹는다
7:30	활동
9:00 또는 9:30	오전 낮잠
11:15	모유나 분유(간식과 함께)
11:30	활동
1:00	점심(고형식)
1:30	활동
2:00 또는 2:30	오후 낮잠
4:00	모유나 분유(간식과 함께)
4:15	활동
5:30 또는 6:00	저녁(고형식)
7:00	활동, 목욕, 분유나 모유 먹기, 책 읽어 주기, 잠자리에 들기

의 어떤 아기는 여전히 5시에 일어나서 노리개젖꼭지나 젖병을 찾는
다. 어떤 아기는 낮잠을 1시간 30분이나 2시간보다 훨씬 못 미치게
자거나 하루 한 번만 잔다. 그래서 활동 시간에 투정을 부리고 엄마
를 힘들게 한다. 아직 밤에 몇 번씩 깨는 아기도 있다. 따라서 낮 시
간만 봐서는 알 수 없다. 반복해서 말하지만 E.A.S.Y.는 단순한 시간
표가 아니다.

9개월 이후의 E.A.S.Y.

9개월에서 1년 사이에 아기는 먹는 간격이 5시간까지 늘어나기도 한다. 다른 식구들처럼 하루 세 끼를 먹고, 중간에 간식으로 보충한다. 2시간 30분에서 3시간까지 놀고, 18개월이 되면 보통 오후에 한 번 낮잠을 잔다. 이제 E.A.S.Y.가 아니라 E.A.E.A.S.Y.에 가깝다. 하루 일과가 매일 정확하게 똑같지는 않지만 여전히 예측 가능하고 반복적이다.

4개월 이후에 E.A.S.Y.를 시작할 때

만일 4개월이 넘도록 일과가 없다면 이제라도 시작해야 한다. 이때의 일과가 어린 아기들과 다른 점은 크게 세 가지다.

1. 수유 간격은 4시간을 유지한다

때로 엄마들은 아기가 계속 자라고 있는데도 일과를 조정해야 한다는 생각을 하지 못한다. 그래서 아기가 더 많이 먹고 노는 시간이 점점 길어지는데도 여전히 3시간마다 수유를 한다. 이것은 시계를 거꾸로 돌리는 것이나 다름없다. 예를 들어, 다이앤과 밥의 6개월이 된 아기 해리는 갑자기 밤에 일어나기 시작했다. 아마 배가 고픈 것 같았다. 그들은 아기가 안쓰러운 마음에 밤에 수유를 했다. 그리고 낮에 좀더 많이 먹여야겠다고 생각해서 낮에 4시간마다 먹이는 대신 다시 전처럼 3시간마다 먹이기 시작했다. 아기가 급성장을 하고 있다고 생각한 것은 충분히 옳았다. 하지만 이것은 3개월이 된 아기를 위한 해결책이다. 6개월이 된 아기는 4시간마다 먹고 밤새 자도록 해야 한다(먹일 때 좀더 많이 먹여야 한다. 3장 163~166쪽 참고).

2. '안아주기/눕히기'를 사용한다

나는 4개월 이후에 수면 문제 때문에 일과를 유지하기가 어렵다고 고민하는 엄마들에게 '안아주기/눕히기'를 소개한다. 이 방법은 더 어린 아기에게는 권하지 않는다(6장에서 자세히 설명하겠다).

3. 항상 임기응변식 육아가 문제를 복잡하게 만든다

엄마들은 이런저런 방법을 시도해 보다가 아기를 혼란에 빠트린다. 대부분의 경우 아기는 이미 엄마젖을 물고 잠이 든다거나 밤에 계속 깨어나는 것 같은 나쁜 습관이 들어 있다. 그러므로 아기가 클수록 E.A.S.Y.를 시작하려면 더 많은 노력과 일관성이 필요하다. 적어도 태어나서 4개월 동안 이미 나쁜 습관이 들었다는 사실을 염두에 두어야 한다. 하지만 충실하게 계획대로 지킨다면 그렇게 오래 걸리지 않을 것이다.

아기는 독립된 존재이고 각 가정마다 상황이 다르다. 그래서 전략을 세우기 위해서는 지금까지 어떤 식으로 아기를 보살폈는지 정확하게 알아야 한다. 다음은 내가 일과를 가진 적이 없는 아기의 부모들에게 하는 질문이다.

★E에 관한 질문★ 아기가 얼마나 자주 먹고 있는가? 얼마나 오래 먹는가? 낮 동안에 몇 cc의 분유나 모유를 먹고 있는가? 만일 6개월이 가까웠다면 고형식을 먹이기 시작했는가?

단지 지침일 뿐이지만 '체중별 E.A.S.Y.'(57쪽 참고)와 '수유 101'(134쪽 참고)의 표를 참고해서 비교해 보자. 4개월 이상의 아기가 3시간 간격으로 먹는 것은 부적절하다. 조금씩 자주 먹는 습관이 들었거나, 먹는 시간이 오래 걸린다면 아기가 젖꼭지를 빠는 것으로 위안을 삼고 있는지도 모른다. 또한 낮에 너무 조금 먹으면 밤에 깨서 먹으려고 할 수 있다. 6개월이 넘으면 유동식 외에 고형식을 먹어야 한다. E.A.S.Y.를 시작하기 전에 3장도 읽기 바란다.

★A에 관한 질문★ 아기가 전보다 더 민첩해졌는가? 몸을 뒤집기 시작했는가? 낮에는 매트 위에서 놀고, '엄마와 나' 수업을 듣고, TV 앞에 앉아 있는 등의 활동을 하는가?

움직임이 활발한 아기일수록, 특히 지금까지 어떤 종류든지 규칙적인 일과를 접하지 못했다면, E.A.S.Y.에 적응하기가 좀더 어려울 것이다. 지나친 활동으로 먹고 자는 것에 지장을 주지 않도록 해야 한다.

★S에 관한 질문★ 적어도 밤에 6시간은 깨지 않고 자는가, 아니면 아직도 밤에 깨서 먹고 있는가? 아침에 몇 시에 일어나는가? 그리고 아기가 깨자마자 엄마가 달려가는가 아니면 침대에서 혼자 놀게 하는가? 낮잠은 얼마나 오래 자는가? 낮잠은 침대에서 재우는가 아니면 아기가 지쳐서 잠이 드는 곳에서 그대로 자게 하는가?

아기가 스스로 위안을 하고 혼자 잠이 들도록 가르치고 있는지, 취침의식을 하고 있는지, 아니면 아기를 따라가고 있는지 생각해 보자. 만일 아기를 따라가고 있다면 문제가 발생한다.

★Y에 관한 질문★ 엄마가 스트레스를 평소보다 더 받고 있는가? 몸이 아픈가? 우울한가? 배우자나 가족, 친구나 보모 등의 도움을 받고 있는가?

지금까지 자유로운 생활 방식을 즐기면서 살았다면 규칙적인 일과를 지키기 위해 더 많은 노력이 필요하다. 혼자 감당하기 힘들면 도움을 받자. 누가 옆에서 도움을 주고 그동안 엄마가 쉴 수 있다면 가장 좋겠지만 기대서 울 수 있는 어깨가 있는 것만으로도 큰 힘이 된다.

처음 일과를 시작할 때 하루아침에 기적이 일어나지 않는다는 것을 기억하자. 3일, 1주, 2주까지 걸릴 수 있다. 일과가 바뀌면 아기는 당연히 저항할 것이다. 아기를 E.A.S.Y. 일과에 따라오게 하려면 엄마가 마음을 단단히 먹어야 한다. 적어도 궤도에 오를 때까지 계속 점검하고 아기를 이끌어 가야 한다. 특히 일과를 처음 시작한다면 몇 주 동안 엄마를 위한 시간은 없을지도 모른다. 많은 엄마들이 이 부분에서 주춤거린다. 아기를 위해 "무엇이든 하겠다."고 마음은 먹었지만 궁금한 것이 많아진다. "그러면 매일 집에서 아기와 함께 있어야 하는 건가요? 아기를 데리고 나가 자동차 시트에서 낮잠을 재워도 될까요? 그동안 집에 있어야 한다면 언제쯤 밖에 데리고 나갈 수 있나요?"

조금만 더 멀리 앞을 내다보자. 일단 아기가 E.A.S.Y. 일과에 익숙해지면 엄마는 더 이상 포로처럼 느끼지 않게 될 것이다. 아기 시간에 맞춰서 용무를 보면 된다. 아기를 먹이고 나면 활동 시간에는 차에 태워서 데리고 다니면서 용무를 볼 수 있다. 아니면 자동차나 유모차에 태워서 재울 수 있다. (만일 자동차 엔진이 꺼지는 순간 잠을 깨는 아기라면 오래 재울 수 없을 것이다. 231~232쪽에 일과를 방해하는 것들에 대해 좀더 자세히 나온다.)

하지만 처음 일과를 시도할 때는 엄마가 2주나 적어도 1주 정도 집에 머물면서 아기가 새로운 일과에 익숙해지도록 하는 것이 필요하다. 변화를 위해서는 따로 시간을 내야 한다. 하지만 평생이 아니라 단 2주일만 견디면 된다. 아기는 일과에 적응하는 동안 좀더 보채고 울지도 모른다. 특히 처음 며칠은 쉽지 않을 것이다. 지금까지 길들여진 오래된 습관에서 벗어나야 하기 때문이다. 하지만 "고생 끝에 낙이 있다."는 속담처럼 어려움을 견디고 나면 E.A.S.Y.의 효과가 나타날 것이다.

이렇게 생각해 보자. 어느 날 휴가가 시작되면 처음에는 얼떨떨하다. 일에 대한 생각에서 완전히 벗어나려면 며칠이 걸린다. 아기도 마찬가지다. 아기는 오래된 일정에 익숙해져 있다. 뭔가를 바꾸려고 하면 아기는 이렇게 말할 것이다(울음으로). "지금 뭐 하는 거죠? 이런 식으로 하면 안 되는 거잖아요!"

다행히 아기의 기억력은 짧다. 새로운 일과를 꾸준히 유지하면 결국에는 익숙해진다. 며칠에서 몇 주만 고생을 하면 그 후에는 훨씬 수월해질 것이다. 아무 때나 먹으려고 하거나, 한밤중에 일어나거나, 까닭 모르게 우는 일은 줄어들 것이다.

나는 항상 엄마들에게 E.A.S.Y.를 시작할 때 적어도 5일 정도 따로 시간을 내라고 제안한다(연령별 예상 시간은 72쪽 상자글 참고). 어떤 아기는 1주일이 걸릴 수 있다. 다음 계획안을 읽으면서 내가 지금까지는 시계를 쳐다보지 말라고 하더니 여기서는 시간을 최대한 엄격하게 지키라고 말하는 것이 의아할지도 모른다. 하지만 이때만큼은 시간을 지키고 엄격해져야 한다. 일단 규칙적인 일과가 자리가 잡히면 30분 정도 융통성 있게 운영을 해도 되지만, 그 전까지는 가능하면 시간을 정확하게 지키도록 하자.

계획안

1~2일

이틀 동안 아기를 충분히 관찰한다. 내가 하는 질문들(68~69쪽 참고)을 다시 읽어 보고, 그동안 일과가 없이 지낸 결과를 분석해 보자. 수유 시간, 낮잠 시간, 취침 시간 등을 상세히 기록한다.

이틀째 저녁에는 아기가 잠을 잘 때 다음 날을 위해 엄마도 같이 잔다. 다음 며칠(아니면 더 오래)을 버티기 위해서는 충분한 휴식을 취

E.A.S.Y. 시작하기

다음은 추정 시간이다. 아기에 따라 좀더 걸리거나 덜 걸릴 수 있다.

★ 4~9개월
아기들은 이 시기에 중요한 발전을 하지만 대부분 2일 정도 관찰하고 3~7일에 걸쳐서 밤낮을 재조정하면 된다.

★ 9개월에서 1년
2일 정도 관찰하고 2일 정도 밤낮을 재조정하는 동안 아기가 자주 울 것이고, 2일 정도는 다시 원래대로 돌아가는 것이 아닌지 의심스러울지도 모른다. 하지만 계속 버티면 2주가 끝날 무렵에는 자리가 잡힌다.

해야 한다. 다른 일들은 잠시 제쳐 두자. 며칠 동안 힘들겠지만 아기가 일과에 적응한 후에는 충분히 그만 한 보람을 느낄 것이다.

3일째

아침 7시에 시작한다. 만일 아기가 아직 자고 있으면 깨운다. 아기가 먼저 5시에 일어나면 '안아주기/눕히기'(284~288쪽 참고)를 해서 다시 재우자. 만일 아기가 일찍 일어나는 것에 익숙해져 있거나 평소에 아기를 침대에서 꺼내 같이 놀아 주었다면 좀처럼 다시 자려고 하지 않을 것이다. 1시간 이상 '안아주기/눕히기'를 하다가 끝날 수도 있다. 아기를 부부 침대로 데려가지 말자. 아기가 일찍 깨어났을 때 많은 엄마들이 이런 실수를 한다.

아기를 침대에서 꺼내 수유를 한다. 그 다음에 활동 시간을 갖는다. 4개월이 된 아기는 보통 1시간 15분에서 1시간 30분 정도 논다. 6개월이 된 아기는 2시간, 9개월이 되면 2~3시간까지 논다. 어떤 엄마들은 주장한다. "우리 아기는 그렇게 오래 깨워 둘 수 없어요." 그러면 나는 벌거벗고 춤을 춰서라도 아기를 깨어 있게 하라고 말한다. 노래를 부르든지, 웃기는 얼굴 표정을 하든지, 휘파람을 불고 쿵쾅거리고 뛰어다니든지, 어떤 방법으로든 아기를 똑바로 앉혀 놓자.

60쪽의 4시간 E.A.S.Y. 일과를 따라 하기 위해서는 오전 낮잠 시간보다 20분 먼저, 이를테면 8시 40분경에 아기를 침대로 데려가는 것으로 시작한다. 아주 수월한 아기라면 20분 후에는 혼자 잠이 들어서

1시간 30분이나 2시간까지 낮잠을 잘 것이다. 하지만 일과라는 것이 없었던 아기는 대개 저항을 계속할 것이므로 '안아주기/눕히기'를 해서 재워야 한다. 꾸준히 올바른 방법(아이가 보채기를 멈추는 순간 침대에 눕히는 방법)으로 하면 20∼40분 후에는 마침내 잠이 든다. 물론 어떤 아기는 더 오래 걸릴 수 있다. 나는 1시간 내지 1시간 30분까지 해서 S 시간을 거의 써 버린 적이 있다. 하지만 "어둠이 깊으면 새벽이 온다."는 말을 기억하자. 결단력과 인내심, 그리고 하면 된다는 믿음이 필요하다.

'안아주기/눕히기'를 해서 재운다면 자는 시간이 40분밖에 남지 않는다(아기를 재우기까지 거의 그만큼 시간을 썼으므로). 그보다 일찍 깨면 다시 '안아주기/눕히기'를 해야 한다. 아기가 안쓰러워서 못할 짓이라는 생각이 들지도 모른다. 아기를 다시 재우기 위해 40분을 보내고 나면 10분밖에 남지 않는다. 하지만 일과를 따라가려면 어쩔 수 없다. 아기가 10분밖에 자지 못했다고 해도 11시가 되면 깨워서 먹여야 한다.

아기를 먹인 후에는 놀게 하고 1시 낮잠을 위해 20분 전인 12시 40분에 침대로 데려간다. 이번에는 다행히 20분 만에 잠이 들지도 모른다. 적어도 1시간 15분을 자지 못하면 다시 '안아주기/눕히기'를 한다. 그리고 3시가 되면 깨워서 수유를 한다.

이날은 엄마와 아기에게 무척 힘든 하루가 될 것이다. 오후가 되면 아기가 특히 더 피곤해 할 것이다. 아기가 먹고 놀다가 잠이 오는 신호를 지켜보자. 하품을 하면 5시와 6시 사이에 40분 정도 짧은 낮잠을 재운다. 그런데 자지 않고 활발하게 잘 놀면 7시가 아니라 6시나 6시 30분에 침대로 데

낮잠이 밤잠을 망친다는 것은 미신이다

4개월에서 6개월 사이에는 많은 아기들이 늦으면 오후 5시에도 30∼40분 짧은 낮잠을 잔다. 엄마들은 이렇게 추가로 낮잠을 자면 밤잠을 망칠 것이라고 걱정하지만 사실은 정반대다. 아기는 낮에 충분한 휴식을 취해야 밤에 더 잘 잔다.

려가서 재운다. 만일 9시에 깨면 '안아주기/눕히기'를 다시 한다. 10시와 11시 사이에는 꿈나라 수유를 한다(꿈나라 수유는 133쪽과 250~251쪽에서 자세히 설명할 것이다).

아기가 새벽 1~2시에 일어나면 다시 '안아주기/눕히기'를 한다. 이렇게 1시간 30분을 힘들게 재웠는데, 3시간 후에 다시 깰지도 모른다. 밤을 꼬박 새워야 할지도 모른다. 아침 7시가 되면 4일째가 시작된다.

4일째

아기가 7시가 되었을 때도 자고 있으면 엄마가 완전히 녹초가 되었다고 해도 아기를 깨워야 한다.

3일째와 똑같은 과정을 거쳐야 하지만 이번에는 '안아주기/눕히기'를 아마 30분 정도만 하면 될 것이다. 또한 아기는 좀더 오래 잘 것이다. 낮잠은 적어도 1시간 30분을 목표로 한다. 하지만 아기가 1시간 15분을 자고 깨어나 기분이 좋아 보이면 데리고 나오자. 하지만 1시간밖에 자지 않았다면 다시 '안아주기/눕히기'를 해서 좀더 재운다. 안 그러면 원래대로 돌아갈 수 있기 때문이다. 아기가 피곤해 하면 5시에 낮잠을 재운다.

5일째

5일째가 되면 순탄한 항해를 하게 될 것이다. 약간의 '안아주기/눕히기'를 해야 할지도 모르지만 이제는 시간이 훨씬 덜 걸린다. 6개월이 된 아기라면 이틀 동안의 관찰을 포함해서 1주일이 걸리고, 9개월이 된 아기라면 2주가 걸릴 수도 있다. 오래 걸린다.

5개월이 된 샘의 일과를 4일에 걸쳐서 바꾼 후에 베로니카는 저녁을 먹은 후 한가하게 남편과 와인잔을 기울일 수 있게 되었다면서 놀라움을 표시했다. "이렇게 금방 바뀌다니 믿기지가 않네요." 나는 축하와 함께 칭찬을 해 주었다. "엄마가 흔들리지 않고 끝까지 잘 했기 때문이죠." 하지만 때로, 특히 남자 아기들의 경우에(성별로 조사한 결과 남자 아기들이 여자 아기들보다 얕은 잠을 자는 경향이 있다), 아기가 1주일 동안 잘 하다가 다시 돌아가서 한밤중에 깰 수 있다고 경고했다. 이런 일이 일어나면 많은 엄마들이 실패를 했다고 생각한다. 하지만 그런 일이 있어도 계속 규칙적인 일과를 유지해야 한다. 다시 '안아주기/눕히기'를 하자. 아기가 이미 경험한 것이므로 다시 할 때는 시간이 덜 걸린다.

　일과가 핵심이다. 이 책에서 나는 E.A.S.Y.의 중요성을 계속 상기시킬 것이다. 내가 E.A.S.Y.에 많은 시간과 관심을 투자하는 이유는 대부분의 육아 문제에서 규칙과 일관성이 가장 중요하기 때문이다. 그렇다고 해서 일과를 지키기만 하면 아무런 문제가 일어나지 않는 것은 아니다(3~8장에서 자세히 설명할 것이다). 하지만 문제가 발생했을 때 해결하기가 훨씬 수월해진다.

2장

아기도 감정을 느낀다

태어나서 1년까지

옛 친구를 방문하다

8개월이 된 트레버는 거실 매트 위에 편안하게 누워서 놀고 있고, 엄마 세리나와 나는 6개월 동안 트레버가 얼마나 많이 자랐는지 이야기하고 있었다. 나는 트레버가 태어난 날 그들을 처음 만났다. 당시에 내가 한 일은 모유 수유가 순조롭게 진행되도록 돕는 것이었다. 트레버는 내가 모범생 아기라고 부르는 타입이어서 비교적 수월하게 E.A.S.Y. 일과를 시작할 수 있었다. 모범생 아기는 육아책에 나오는 연령별 설명과 거의 유사하게 발달한다. (모범생 아기에 대해서는 85~94쪽에서 좀더 설명하겠다.) 6개월에 걸쳐서 트레버는 단계적으로 신체와 지능 발달에서 정상 수준에 도달했다. 물론 정서 발달도 무난하게 진행되었다.

　세리나와 내가 이야기를 나누는 동안 트레버는 놀이 매트 위에 매달아 놓은 장난감들을 갖고 놀다가 10분 정도 지나자 가볍게 보채기 시작한다. 우는 것은 아니지만 엄마는 트레버에게 변화가 필요하다는 것을 눈치 챈다. "오, 우리 아기가 지루한가 보구나?" 세리나는 마치 아기의 생각을 읽은 것처럼 말한다. (그녀는 실제로 아기의 신호를 읽는다.) "의자에 앉혀 줄게." 트레버는 엄마의 관심을 받고 자리를 옮긴 것으로 만족해서 다시 다른 장난감을 갖고 논다. 세리나와 내가 대화를 계속하는 동안 트레버는 옆에 앉아서 무릎 위에 놓인 알록달록한 공을 만지면서 무슨 소리가 나는지 시험해 보고 있다.

세리나는 나에게 차를 마시겠냐고, 영국인이라면 거절할 수 없는 제안을 한다. 한 잔의 차보다 좋은 것은 없다. 세리나는 일어나서 주방으로 향한다. 그녀가 문으로 가자 트레버는 흐느끼기 시작한다. "글쎄 이런다니까요." 그녀는 아기가 우는 이유를 설명한다. "갑자기 우리 아기가 사는 세상이 저를 중심으로 돌아가고 있는 것 같아요. 내가 방을 나서려고 할 때마다 난리가 난답니다." 그녀는 나에게 사과를 하듯이 말한다.

7개월에서 9개월까지 아기의 세상은 자신을 돌봐 주는 사랑하는 사람(대개 엄마)을 중심으로 돌아간다. 정도의 차이는 있지만 대부분의 아기들은 엄마가 눈에 보이지 않으면 겁을 내기 시작한다. 트레버 역시 바로 그 시기가 되었다. 하지만 이 이야기는 단지 분리불안(117~121쪽에서 더 자세히 설명하겠다)에 대한 것만은 아니다. 분리불안은 아기의 정서 발달 과정에서 아기가 통과하게 되는 한 단계일 뿐이다.

아기의 정서 발달

내가 1돌이 안 된 아기의 정서 발달에 대해 이야기하면 많은 엄마들이 깜짝 놀란다. 엄마들은 아기가 잘 먹고 잘 자는지, 신체와 지능 발달이 정상 수준인지 점검하고 걱정한다. 하지만 정서 발달에는 주의를 덜 기울이고 관심도 적게 가진다. 아이는 정서 능력이 발달해야 비로소 스스로의 감정을 조절하게 되고 다른 사람들의 감정도 이해하게 된다. 즉, 남들과 관계를 맺으면서 살아가는 사회적 존재가 되는 것이다. 아이들의 정서 발달은 당연하게 여길 것이 아니라 부모가 가르쳐야 하는 것이다. 그리고 일찍 시작해야 한다.

아기의 정서를 돌보는 것은 아기에게 잠자는 법을 가르치고, 먹는 음식을 점검하며, 신체와 지적인 발달을 돕는 것과 똑같이 중요한 일이다. 아기의 기분과 행동에 대해 이야기할 때 사용하는 '정서 지능'이라는 용어는 심리학자인 댄 골먼이 1995년에 '정서 지능'을 제목으로 한 책을 출판하면서 대중화되었다. 골먼은 그 책에다 학습 능력 외에 여러 종류의 '지능'에 대한, 지난 몇 십 년 동안의 연구를 요약했다. 그 후로 많은 연구들이 모든 종류의 지능 중에서도 정서 지능이 가장 중요하며, 다른 능력과 기술의 바탕이 된다는 것을 증명하고 있다. 사실 정서 지능이 얼마나 중요한지 알기 위해서 굳이 학문적 연구를 들먹일 필요는 없다. 우리가 아는 사람들을 떠올려 보자. 우리 주변에는 지능은 월등히 높은데도 '정서 문제' 때문에 직장에 적응을 하지 못하는 사람들이 있다. 또는 재능을 타고난 예술가들이나 명석한 학자들이 대인 관계에 문제가 있는 경우를 본다.

6주나 4개월, 혹은 8개월이 된 아기의 엄마들은 "잠깐만요, 트레이시. 정서 활동에 대해 이야기하기에는 우리 아기가 너무 어리지 않나요?"라고 말할지도 모른다.

절대 아니다. 아기는 태어날 때 울음을 터트리는 것으로 감정 표현을 시작한다. 아기의 정서 능력(사건에 대한 반응, 일반적인 기분, 자제력, 활동 수준, 사교성, 새로운 상황에 대한 반응)은 신체 기능이나 지능과 함께 계속 발달한다.

아기는 어떤 감정을 느끼는가?

아기의 정서는 '감정뇌'라고도 알려진 작은 변연계邊緣系에 의해 조절된다. 해부학 강의를 하려는 것이 아니므로 걱정하지 말라. 솔직히 말해 나는 과학 이론을 읽으면 눈이 핑핑 돈다! 우리가 여기서 알아둘 것은 아기가 세상에 나올 때 감정 경험을 위해 필요한 두뇌 회로의 절반 가량을 이미 갖추고 태어난다는 것이다. 대뇌는 아래쪽에서 위쪽으로 발달하므로 밑에 있는 변연계가 가장 먼저 성숙한다. 이 부분에 속한 아몬드 모양의 편도扁桃는 감정 활동의 중심부로, 위협을 감지해서 뇌의 다른 부분에 경고를 보내는 역할을 한다. 다시 말해, 위협을 느끼면 '싸우기 아니면 도망가기'의 미숙한 감정 반응이 일어나면서 맥박이 빨라지고 아드레날린이 뿜어져 나온다. 위쪽의 변연계는 4개월에서 6개월 사이에 발달하기 시작하는데, 이때부터 의식이 감정을 인식하기 시작한다. 뇌는 십대가 된 후에도 계속 성숙하지만 여기서는 처음 1년 동안 어떤 일이 일어나는지 알아보기로 하자(8장에서는 유아기와 그 후에 대해 알아본다).

4개월 미만

어린 아기라고 해도 뇌는 작동을 한다. 이때 느끼는 감정은 가스가 차면 저절로 얼굴을 찡그리는 것처럼 무의식적이며 제어가 되지 않는다. 하지만 몇 주 내에 아기는 미소를 짓고 엄마 흉내를 내기 시작하는데, 이것은 아기가 이미 감정이입을 하고 있다는 신호다. 불편함이나 피로를 울음으로 나타내고 행복하거나 흥분하면 미소를 짓고 옹알이를 한다. 점점 더 오래 눈을 맞추게 되고 사람을 보면 웃고, 울면 누군가가 안아 주기를 기대하는 등 단순하지만 중요한 연결을 한다. 울음과 얼굴 표정으로 엄마가 반응을 하도록 만들 수 있다는 것을 알기 시작한다. 엄마의 반응에서 신뢰를 배우고, 엄마의 미소와 얼굴 표정에서 소통하는 법을 배운다.

울음은 아기가 감정과 욕구를 표현하는 유일한 수단이라는 것을 기억하자. 아기가 운다고 해서 나쁜 엄마가 되는 것은 아니다. 울음은 단지 아기의 언어일 뿐이다. "나는 엄마의 도움이 필요해요. 너무 어려서 혼자 할 수 없어요."라고 말하는 것이다. 초보 엄마들은 잘 모르겠지만 아기는 6주에서 8주 사이에 가장 많이 운다. 울음소리를 듣고 아기가 배가 고픈지, 피곤한지, 지루한지, 어디가 아픈지 알 수 있게 되려면 몇 주가 걸릴 것이다. 아기의 신체 언어를 알면 울음을 이해하는 데 도움이 된다. 그리고 1장에서 설명했듯이 규칙적인 일과를 지킨다면 아기의 감정에 대해 많은 것을 헤아릴 수 있다.

아기는 귀엽고 사랑스러운 모습을 보이기도 하고 울고 투정을 부릴 때도 있는데, 학자들은 아기가 실제로 감정을 느낀다는 것을 의심한다. 2~3개월이 된 아기를 대상으로 한 연구에서 식초를 탄 물이나 설탕을 탄 물을 아기들에게 조금 맛보였다. 아기들의 얼굴 표정은 분명 싫음(코를 찡그리거나 눈을 찌푸리거나 혀를 내미는 반응)과 좋음(입을 벌리거나 눈을 크게 뜨는 반응)을 나타냈다. 하지만 뇌 단층 촬영을 해 봐도 감정을 느끼는 대뇌의 변연 피질에는 변화가 거의 없었다.

아기의 울음이란 반사적일 뿐이고 고통도 기억하지 못한다고 생각하면 차라리 다행스럽다. 그렇다고 아기를 '울다 지치도록' 내버려두어도 된다는 것은 아니다. 절대 아니다. 그것은 나의 육아 철학에 위배된다. 나는 엄마가 아기에게 반응을 보여 주고, 아기 '목소리'에 귀를 기울여야 한다고 믿는다. 또한 이런 이유에서 나는 갓난아기들이 위안을 삼을 수도 있는 노리개젖꼭지를 종종 권한다(255쪽 참고). 하지만 무엇보다 중요한 것은 엄마가 아기 울음에 반응을 보여 주는 것이다. 연구에 따르면 엄마가 아기의 여러 가지 울음을 이해하고 반응하면, 아기는 12주에서 16주 사이에 울음이 아닌 다른 방법으로 의사 표현을 하기 시작한다. 이 무렵의 아기들 대부분은 안정을 찾고 울음 또한 줄어든다. 당연히 아기의 신호를 읽고 달래기도 쉬워진다.

4개월에서 8개월까지

위쪽의 변연계가 제대로 작동하면서 뇌의 기능이 비약적으로 발달한다. 아기는 익숙한 얼굴이나 장소, 물건을 알아보기 시작하고 주변 환경과 상호작용을 활발히 하며 다른 아기들에게 관심을 보인다. 애완동물에게 호기심을 가지며, 투정과 눈물보다 기쁨과 웃음이 많아지고, 울음뿐 아니라 얼굴 표정과 옹알이로 감정을 전달하기 시작한다.

아기의 정서 활동은 이제 좀더 복잡해진다. 어떤 아기는 이때 벌써 감정을 조절하는 기본적인 능력을 보이기 시작한다. 예를 들어, 낮잠을 잘 때 약간 칭얼거리다가 노리개젖꼭지를 빨거나 좋아하는 장난감이나 담요를 끌어안고 혼자서 잠이 든다면, 이미 스스로 위안을 하고 감정을 진정시키는 법을 배우기 시작한 것이다. 아기는 다른 정서의 발달과 동시에 자신을 위안하는 법을 배운다. 이때 부모는 아기의 손을 잡고 걸음마를 가르치듯 감정의 첫발을 내딛도록 도와줄 수 있다.

아기가 정말 감정 조절을 하는지 믿기지 않는다고 해도 적어도 아기를 달래기는 좀더 수월해진다. 아기는 엄마 얼굴을 보거나 목소리를 듣기만 해도 진정이 될 수 있다. 그리고 같은 장소나 같은 자세로 너무 오래 두면 지루해서 울기 시작한다. 장난감을 뺏거나 갑자기 장소를 옮기면 떼를 쓰기도 한다. 어떤 아기는 자기 주장이 강해진다. 소리를 지르면서 두 주먹을 불끈 쥐기도 하고, 벌써부터 꾀를 부릴 줄도 안다. 사람들의 주의를 끌기 위해 애교를 부리며 눈치를 살피다가 누군가 안아 주면 흐뭇한 표정을 짓는다.

점차 사회성과 감정이 발달한다. 특별한 음식, 활동, 사람을 좋아한다. 소리뿐 아니라 말의 억양까지 흉내를 내기 시작한다. 좁은 장소에서는 답답해 하고 유모차를 타거나 아기용 의자에 앉는 것을 싫어한다. 다른 아기들과 어울려 놀지는 못하지만 관심을 갖는다. 기질에 따라 활발한 아이들이나 낯선 사람을 무서워할 수 있다. 엄마 어깨에 얼굴을 묻는 것은 "여기서 나가고 싶어요."라고 말하는 것이다. 감정을 표시하고 상대방이 반응을 보여 주기를 기대한다(지금까지 엄마가 반응을 잘 보여 주었다면).

8개월에서 1년까지

이 시기의 아기는 표현할 수 있는 것 이상으로 느끼고 이해한다. 아기를 주의 깊게 살펴보면 하루 종일 감정이 끊임없이 변화하는 것을 볼 수 있다. 가족들에게 자신의 존재를 알리고 기쁨이 되어 준다. 누가 이름을 부르면 "왜요?" 하고 대답을 하는 것처럼 돌아본다. 자의식이 생긴다. 거울을 보여 주면 자신의 모습을 보며 웃고 손으로 두드리거나 입을 맞추기도 하면서 좋아한다. 가까운 사람들과 더욱 친밀해지는 반면 낯가림을 하기 시작한다.

아이와 어른을 구분한다. 흉내를 잘 낸다. 7개월과 10개월 사이에 두뇌의 해마라는 부분이 거의 완성되면서 기억력이 좋아진다. 그 결과 좋은 소식은 아기가 주변 사람들과 이야기를 기억한다는 것이고, 나쁜 소식은 만일 아기의 일과를 지금 바꾼다면 거센 저항을 받을 수 있다는 것이다. 또한 표현력이 생각을 따라가지 못하므로 짜증을 내고 투정을 부리기도 한다. 따라서 공격적이거나 자기 파괴적(예를 들어, 머리 부딪치기)이 될 수 있다.

돌이 가까워지면 감정이 풍부해진다. 하지만 욕구 불만을 조절하고, 스스로 위안을 하고, 다른 사람들과 함께 나눌 줄 아는 정서적 능력은 부족하다. 이런 능력은 부모가 가르쳐야 한다. 너무 늦게 시작하면 무조건 떼를 쓰는 습관이 들어서 고치기가 점점 어려워진다. 나중에 어떤 결과가 나타날지 생각하지 않고 대수롭지 않게 여기고는 당장 아이의 저항을 받지 않는 쉬운 방법을 택한다면 임기응변식 육아가 시작되는 것이다.

개에게 먹이를 줄 때마다 종을 울리면 나중에는 종소리만 들어도 자동적으로 침을 흘린다는 파블로프의 원리를 알고 있을 것이다. 아기도 그런 식이다. 아기는 자신들의 행동과 엄마의 반응을 재빨리 연결시킨다. 9개월이 된 아기가 바닥에 그릇을 엎었을 때 엄마가 웃어

넘기면 아기는 내일도 엄마가 웃기를 바라며 그런 행동을 다시 보일 것이다. 엄마가 손을 씻어 주려고 세면대에 데려가자 아기가 울음을 터트린다. 엄마는 "그래 알았어. 오늘은 손을 씻지 말자."라고 말한다. 하루 이틀 후에 슈퍼마켓에 갔다가 계산대 옆에 놓인 사탕에 아기가 손을 내밀자 엄마가 말한다. "안 돼." 하지만 이제 아기는 어떻게 하면 엄마가 양보하는지 그 방법을 알고 있다. 아기는 울기 시작하고 엄마가 항복할 때까지 점점 더 크게 운다.

아기의 정서 발달을 도와주는 것은 아기가 처음 기기 시작할 때나 처음 말을 하기 시작할 때 옆에서 응원하는 것과 마찬가지로 중요하다. 예를 들어, 아기가 투정을 부릴 때 엄마가 보이는 태도는 아기의 정서 발달에 영향을 미친다. 감정이 완전히 폭발할 때까지 기다리지 말라. 나의 할머니 말씀을 명심하자. 출발선을 잘 지켜야 한다. 다시 말해, 애초에 나쁜 습관을 들일 기회를 주지 말자. 이것이 말처럼 쉽지 않다는 것은 알고 있다. 아기들 중에 다루기가 좀더 힘든 아기도 있다. 하지만 부모가 올바른 행동을 가르칠 수 있다. 이때 각각의 아기에게 맞는 전략이 필요하다. 그러면 여기서 천성과 양육의 관계에 대해 알아보자

아기가 무엇을 원하는 걸까?

아기가 '아기 언어'를 하는 시기에는 엄마와 아기 모두 서로 힘들 수 있다. 아이에게 무엇을 원하는지 손으로 가리켜 보라고 하는 것이 가장 확실하다. 또한 규칙적인 일과를 지킨다면 많은 오해를 피할 수 있다. 만일 아기가 화가 나서 냉장고 문에 머리를 부딪칠 때 아침 식사를 한 지 4시간이 지났다면 배가 고픈 것이다!

천성 아기의 기질

모든 아기의 정서 기질은 적어도 일부 유전자와 두뇌의 화학 작용의 영향을 받는다. 우리 가족들을 생각해 보면 기질이 마치 일종의 바이

러스처럼 한 세대에서 다음 세대로 옮겨 간다는 것을 알 수 있다. 아기를 보면서 "나를 닮아서 애교가 많다." 또는 "아빠를 닮아서 수줍어한다."라고 말한 적이 없는지? 할머니는 손녀를 보고 말한다. "성격이 급한 걸 보면 할아버지를 닮았어." "고모처럼 심술꾸러기야." 분명 천성은 타고나는 것이다. 하지만 천성이 모든 것을 좌우하지는 않는다. 일란성 쌍둥이는 정확하게 같은 유전자를 타고나지만 어른이 되면 서로 다른 사람이 된다. 학자들은 천성과 함께 환경(양육) 역시 중요하다고 말한다.

유모, 탁아소 보모, 소아과 의사 그리고 나처럼 많은 신생아들을 본 사람들은 누구나 아기들이 태어날 때부터 다르다는 말에 동의한다. 어떤 아기는 예민해서 자주 보채고, 어떤 아기는 옆에서 무슨 일이 일어나도 끄떡하지 않는다. 어떤 아기는 양팔을 벌리고 세상을 맞이하고, 어떤 아기는 주위에 의심스러운 눈초리를 던진다.

나는 첫 번째 책에서 아기들의 기질을 천사 아기, 모범생 아기, 예민한 아기, 씩씩한 아기, 심술쟁이 아기의 다섯 가지로 분류했다. 3~4가지나 9가지까지 기질을 분류하는 학자도 있다. 어떤 학자는 적응력이나 활동성과 같은 특별한 렌즈를 통해 아기들을 바라본다. 또한 표현하는 용어도 제각각이다. 하지만 모든 연구자들은 기질(때로 성격, 천성 또는 성향으로 불린다)이 처음부터 아이들이 갖고 태어나는 원료라는 사실에 동의한다. 또한 기질에 따라 아기가 먹고 자고 주변 세상에 반응하는 방식이 달라진다.

기질은 피할 수 없는 현실이다. 아기를 수월하게 다루기 위해서는 기질에 대해 확실하게 알아야 한다. 내 머릿속을 뒤져 보면 다섯 아기의 파일을 찾을 수 있다. 다섯 아기를 앨리시아(천사 아기), 트레버(모범생 아기), 타라(예민한 아기), 사무엘(씩씩한 아기), 가브리엘라(심술쟁이 아기)라고 부르고 각각의 아기에 대해 간단히 설명하겠다. 당연히 어떤 아기는 좀더 다루기가 쉽다(또한 다음 절에서 다섯 아기가 각각 하루를 보내는 모습이 어떻게 다른지, 기분에 따라 어떻게 행동하는지 구체적으로 살펴보겠다). 이 설명은 아기에게서 나타나는 우세한 특성과 행동을 강조해서 설명했다는 점을 염두에 두자. 실제로는 한 가지 유형에 속하는 아이도 있지만 두 가지 유형의 중간쯤에 속하는 아기도 있다.

천사 아기

앨리시아는 지금 4살인데, 정확하게 엄마들이 꿈꾸는 아기다. 어떤 환경과 변화에도 쉽게 적응한다. 아기 때부터 잘 울지 않았고 울 때는 왜 우는지 쉽게 알 수 있었다. 엄마는 미운 3살(만 2살)을 기억하지 못한다. 한마디로 유순하고 얌전해서 돌보기가 수월하다.(어떤 연구자들은 이런 아기를 '수월한' 타입이라고 부른다.) 화가 났을 때에도 관심을 돌리거나 진정시키기가 어렵지 않다. 큰 소리나 밝은 빛에도 잘 놀라지 않는다. 어디에나 데리고 다닐 수 있다. 예를 들어, 아기가 투정을 부릴까 봐 걱정할 필요없이 쇼핑몰을 돌아다닐 수 있다. 앨리시아는 신생아 때부터 잠을 잘 잤다. 아기침대에 눕히면 노리개젖꼭지를 빨면서 혼자 잠이 들었다. 아침에 일어나면 누가 방에 들어올 때까지 봉제 인형들을 바라보고 종알거리며 혼자 놀았다. 18개월이 되었을 때는 어린이침대에 금방 적응했다. 아기 때부터 아무나 보고 미소를 지을 만큼 사교적이었다. 지금까지 새로운 놀이 그룹이나 다양한 환경에도 수월하게 적응한다. 작년에 남동생이 태어나면서 큰 변화가 생겼지만 엄마를 도와서 동생 보살피는 것을 좋아한다.

모범생 아기

이 장을 시작하면서 만났던 7개월이 된 트레버는 마치 시계처럼 정확한 성장 발달 속도를 보인다. 6주째에 급성장기를 거쳤고, 3개월이 되자 밤에 깨지 않고 잤으며, 5개월에는 몸을 뒤집고, 7개월에는 일어나 앉았다. 1년이 되면 틀림없이 걸음마를 할 것이다. 아기의 신호를 읽기가 쉽다. 대체로 육아책에 나오는 대로 유순하지만 까다로울 때도 있다. 하지만 진정시키고 달래기가 비교적 쉽다. 새로운 것이라도 천천히 점차적으로 시도하면―어떤 아기에게나 필요한 일반적인 규칙이지만―무난하게 따라온다. 처음 목욕을 하고, 처음 고형식을 먹고, 처음 보육원에 가고 했던, 지금까지의 첫 경험들을 모두 무사히 넘겼다. 트레버는 보통 20분이면 잠이 든다. 그리고 보챌 때는 다독거려 주면서 귀에 대고 "쉬-쉬-쉬." 하고 안심을 시키면 곧 안정이 된다. 8주부터 손가락이나 장난감을 갖고 놀면서 독립성이 점점 강해지고 혼자서 오래 놀게 되었다. 아직 아이들과 함께 어울리지는 못하지만 겁을 먹지는 않는다. 새로운 장소에 잘 적응하므로 어디든지 데리고 다닐 수 있다.

예민한 아기

지금 2돌이 된 타라는 태어날 때 정상 체중에 약간 못 미치는 2.7kg이었고 처음부터 무척 예민했다. 3개월이 되자 체중은 늘었지만 정서적으로 쉽게 흥분하고 긴장했다. 소음이 들리면 몸을 움츠리고 밝은 빛에는 눈을 깜박이면서 머리를 돌렸다. 뚜렷한 이유 없이 자주 울었다. 처음 몇 개월 동안은 강보에 싸서 따뜻하고 어둑한 방에서 재웠다. 작은 소음에도 불안해 했고, 쉽게 잠들지 못했다. 새로운 것을 시도할 때는 아주 천천히 점차적으로 진행해야 했다. 타라와 같은 아기들에 대해서는 많은 연구가 있다. '내성적', '예민한' 등의 수식어가 붙으며, 전체 아이들의 15퍼센트 정도가 해당된다. 연구에 따르면 이들은 체질적으로 다른 아이들과 다르다. 싸우거나 도망가기 등의 방어기제를 활성화하는 스트레스 호르몬인 코르티솔과 노르에 피네프린이 더 많이 분비된다. 실제로 두려움과 같은 감정들을 좀더 강하게 경험한다. 낯가림이 심하다. 타라는 지금도 수줍음이 많고, 겁이 많고 신중하다. 새로운 장소에 가면 엄마에게 달라붙어서 떨어지지 않는다. 놀이 그룹에서 몇몇 성격이 원만한 아이들과 조금씩 맘 편히 어울리기 시작했지만, 여전히 엄마를 방에서 나가지 못하게 한다. 아직 엄마의 관심과 인내가 많이 필요하다. 주의 집중력을 요구하는 퍼즐과 게임을 잘한다. 아마 학교에 가면 공부를 잘할 것이다. 예민한 아이들은 종종 공부를 잘하는데, 아마 운동장에서 친구들과 뛰어다니는 것보다 혼자 하는 것을 좀더 좋아하기 때문인 것 같다.

씩씩한 아기

4살인 사무엘과 알렉산더는 이란성 쌍둥이다. 사람들은 두 형제 중에 사무엘이 '좀더 장난꾸러기'라고 말한다. 그의 성격은 태어날 때부터 예견할 수 있었다. 분만 전에 한 초음파 검사에서는 사무엘이 알렉산더보다 더 위쪽에 있었는데, 어떻게 된 셈인지 알렉산더를 밀치고 먼저 세상에 나왔다. 이후에도 그런 식이었다. 공격적이고 시끄럽다. 요란하게 소리를 쳐서 "지금 엄마가 필요해요!"라고 알린다. 가족 모임이나 놀이 그룹에서도 다짜고짜 다른 아이가 갖고 노는 장난감을 뺏으려고 한다. 자극을 즐기고, 두드리면 소리가 나거나 튀어오르거나 번쩍거리는 장난감을 좋아한다. 잠을 오래 자지 않고 새벽 4시에도 자다 깬다. 음식을 잘 먹고 몸도 튼튼하다. 그런데 식탁에 오래 앉아 있지 못하고 끊임없이 그리고 무작정 기어오른다. 당연히 종종 위험한 상황에 처한다. 때로는 다른 아이들을 이로 물거나 밀어낸다. 원하는 것을 주지 않으면 떼를 쓴다. 사무엘과 같은 성격의 아이들은 15퍼센트 정도로 추정된다. 연구자들은 이런 아이들에게 '공격적인', '고삐 풀린', '과다 활동', '과다 반응' 등의 수식어를 붙인다. 씩씩한 아이는 다루기 어렵지만 장래에 훌륭한 지도자가 될 수 있는 재목이다. 고등학교에서 스포츠 팀의 주장이 될 수 있고 어른이 되면 남들이 엄두를 내지 못하는 곳에 용감하게 뛰어드는 탐험가나 사업가가 된다. 에너지를 바람직한 방향으로 돌리는 것이 필요하다.

심술쟁이 아기

가브리엘라는 3돌밖에 되지 않았지만 불만이 가득해 보인다. 아기 때부터 좀처럼 웃지 않았다. 옷을 입히고 기저귀를 갈아 주는 일이 항상 쉽지 않았다. 기저귀를 갈아 주는 동안에도 참지 못하고 조바심을 냈다. 처음 몇 달 동안은 강보에 싸여 있는 것이 싫어 한참을 울곤 했다. 다행히 병원에서 데려오자마자 규칙적인 일과를 지키기 시작했는데, 일과에서 조금만 벗어나도 요란하게 불편함을 표현했다. 수유 역시 힘들었다. 모유 수유를 했는데, 젖꼭지를 제대로 물리기가 힘들어서 6개월이 되었을 때 그만두었다. 가브리엘라는 고형식도 잘 먹지 않고 지금도 잘 먹는 편이 아니다. 음식 먹을 준비가 되어 있을 때 주지 않거나 뭔가 마음에 들지 않은 점이 있으면 짜증을 낸다. 편식을 해서 아무리 구슬려도 좋아하는 것만 먹는다. 기분이 내키면 사교적이 되지만 주로 뒤로 물러서서 구경을 한다. 혼자 노는 것을 더 좋아하고 자기 공간에 다른 아이들이 들어오는 것을 싫어한다. 가브리엘라의 눈을 들여다보면 마치 오래전에 와 본 적이 있는 이곳에 다시 오게 된 것을 못마땅하게 여기는 노인네가 들어앉아 있는 것 같다. 부모의 인내심을 시험한다. 쉽게 타협하지 않는다. 억지로 시키는 것은 하지 않으며 주관이 뚜렷하다. 자기 앞가림을 잘 할 뿐더러 독립적이고 혼자서도 잘 논다.

일상적인 모습들 5가지 유형

기질은 평상시의 생활 태도에 영향을 미치는 중요한 요인이다. 다음의 기질별 설명은 오랜 세월에 걸친 관찰에서 나온 것들이다. 하지만이것은 단지 참고 사항일 뿐, 특정한 방식으로만 행동하는 아기는 이세상에 없다.

천사 아기

★ 수유 보통 잘 먹는다. 새로운 음식(고형식)도 마다하지 않는다.

★ 활동 적당히 활발하다. 아기 때부터 혼자서 잘 논다. 변화에 잘 적응하므로 데리고 다니기가 쉽다. 또한 다른 아이들의 공격성에 주눅이 들지 않으며 사교성이 있어 잘 어울려 놀고 나누어갖기를 잘 한다.

★ 수면 수월하게 혼자서 잠을 청한다. 6주가 되면 오랫동안 잔다. 4개월 이후에는 오전에 2시간, 오후에 1시간 30분 정도 낮잠을 자며, 8개월이 되면 오후에 40분 정도 짧은 낮잠을 잔다.

★ 기분 보통 태평하고 명랑하며 자극이나 변화에 그다지 민감하지않다. 안정적이고 예측 가능하다. 감정 신호가 분명해서 이해하기 쉽다. 그래서 배가 고픈 것을 피곤한 것으로 잘못 아는일은 드물다.

★ 엄마들이 하는 말 순둥이다. 집에 아기가 있는지 모르겠다. 이런 아이라면 다섯 명도 키울 수 있다. 우리 부부는 정말 운이 좋다.

모범생 아기

★ 수유 천사 아기와 매우 비슷하지만 고형식을 잘 먹기까지 좀더 오

래 걸릴 수 있다.

★ 활동 적당히 활발하다. 모든 성장 발달이 제때 진행되므로 적절한 수준의 장난감을 고르기가 쉽다.

★ 수면 보통 잠들기까지 20분(아기들이 보통 잠이 드는 데 걸리는 시간) 이 걸린다. 지나친 자극을 받은 후에는 시간이 좀더 걸릴 수 있다.

★ 기분 천사 아기와 비슷하게 얌전하다. 배고픔, 수면, 과다 자극 등 의 신호에 주의를 기울이면 쉽사리 동요하지 않는다.

★ 엄마들이 하는 말 모든 것이 때맞춰 일어난다. 뭔가를 필요로 할 때를 제외하고 불만이 별로 없다. 수월하다.

예민한 아기

★ 수유 쉽게 짜증을 낸다. 모유의 흐름, 먹는 자세, 주변 환경 등의 영향으로 식욕을 잃을 수 있다. 모유를 먹더라도 착실하고 꾸 준하게 빨지 않는다. 엄마가 말을 조금만 크게 해도 먹는 것 을 거부할 수 있다. 고형식을 먹일 때 처음에는 잘 먹지 않아 엄마의 인내심이 필요하다.

★ 활동 새 장난감, 새로운 환경, 낯선 사람 등 변화에 적응할 수 있도 록 배려와 지원이 필요하다. 적극적이지 않아 참여를 시키려 면 격려가 필요하다. 보통 아침에는 덜 예민하고 여럿보다는 둘이서 잘 논다. 오후에는 놀이 그룹을 피하는 것이 좋다.

★ 수면 강보에 싸서 자극을 차단하는 것이 중요하다. 잠이 오는 시간 을 놓치면 잠이 들 때까지 시간이 두 배는 더 걸린다. 오전 낮 잠을 오래 자고 오후에는 잠깐 자는 경향이 있다.

★ 기분 태어났을 때 분만실의 밝은 조명에 놀랄 수 있다. 외부 자극 에 민감하게 반응하고 쉽게 흥분한다.

★ 엄마들이 하는 말 진짜 울보다. 사소한 일에도 동요한다. 낯을 가린
다. 결국에는 엄마 무릎으로 기어오르거나 다리에 매달린다.

씩씩한 아기

★ 수유 천사 아기와 매우 비슷하지만 모유를 먹는 아기들은 조급해
할 수 있다. 엄마젖이 느리게 나오면 마치 "이봐요, 무슨 일이
있어요?"라고 말하듯이 엄마젖을 흔든다. 젖이 잘 나오지 않
으면 분유로 보충을 하자.

★ 활동 에너지가 넘치고 원기 왕성하고 매우 활동적이다. 거의 모든
상황에 뛰어들 준비가 되어 있고, 충동 조절이 어렵다. 즉흥
적이며 또래 아이들에게 공격적이 될 수 있다. 아침에는 협조
를 좀더 잘 한다. 오후에는 놀이 그룹을 피하는 것이 좋다.

★ 수면 강보에 싸는 것을 싫어한다. 하지만 팔을 움직이게 두면 팔
그림자가 시각을 자극할 수 있다. 그래서 팔을 움직이지 않도
록 강보에 싸는 것이 필요하다. 세상이 궁금해서 자려고 하지
않는다. 오전에 덜 자면 오후에 충분히 재워야 밤에 잘 잔다.

★ 기분 뭔가를 원하면 당장 들어주어야 한다! 고집이 세고 시끄럽고
종종 말을 듣지 않는다. 감정 기복이 심하다. 활동을 좋아하
지만 지나쳐서 결국 지쳐 버릴 수 있다. 한번 떼를 쓰면 달래
기 어렵다. 변화에 저항한다.

★ 엄마들이 하는 말 다루기 어렵다. 항상 일을 저지른다. 엄마가 기
운이 딸려서 보조를 맞출 수가 없다. 겁이 없다.

심술쟁이 아기

★ 수유 매우 성급하다. 모유를 먹이면 젖이 나오기를 기다리지 못하

므로 분유를 먹이는 것이 나을지도 모른다. 무엇을 먹든지 시간이 오래 걸리므로 먹다가 지쳐 버린다. 고형식에 쉽게 적응하지 못하고 편식을 한다.

★ 활동 활동성이 가장 작고 혼자 놀기를 좋아하며 움직이는 것보다 눈과 귀를 사용해서 노는 것을 좋아한다. 방해받는 것을 싫어하므로 한 가지 활동을 끝내고 다른 것을 시작하기가 어렵다.

★ 수면 쉽게 잠이 들지 않는다. 종종 자지 않으려고 버티다가 결국 지쳐서 칭얼거리다가 잠이 든다. 선잠을 자는 경향이 있어서 길어야 40분밖에 자지 않아 악순환이 계속된다(320~323쪽 참고).

★ 기분 요크셔에서는 이런 아기들을 종종 '불평가'라고 말한다. 냄비가 언제 끓어 넘칠지 모르므로 감정 신호를 주시할 필요가 있다. 낮잠을 못 자거나 자극적인 활동을 하거나, 사람이 평소보다 많은 사소한 변화에도 동요한다. 일과에서 벗어나면 난리가 날 수 있다.

★ 엄마들이 하는 말 우거지상을 하고 있다. 혼자 노는 걸 좋아하는 것 같다. 항상 떼쓸 일이 없는지 궁리하는 것처럼 보인다. 자기 마음대로 해야 한다.

아기 기질 극복하기

기질은 종신형이 아니다. 경험 또한 타고나는 기질만큼이나 영향을 미친다. 즉, 아기의 정서 발달은 기질과 경험으로 형성되는 것이다. 아기의 뇌는 발달하는 중이므로 부모가 아기의 기질에 이로운 혹은 해로운 영향을 줄 수 있다. 많은 연구 결과를 보면 부모의 행동이 실제로 아기의 뇌 회로를 바꿀 수 있다. 예를 들어, 엄마가 우울하면 1

돌이 되지 않은 아기들도 불안해 하고 주눅이 들고 잘 웃지 않는다. 학대받은 아기의 변연계는 다른 아이들과 다르다고 한다.

위의 예들은 기질이 환경의 영향을 받을 수 있다는 것을 보여 준다. 이러한 뇌의 가소성可塑性은 또한 좀더 미묘한 방식으로 작용할 수 있다. 나는 예민한 아기들이 수줍음을 극복하고 의젓하고 사교적인 십대가 되는 것을 보았다. 심술쟁이 아기들은 자라서 특별한 분야에서 두각을 나타내기도 한다. 씩씩한 아이들은 말썽꾸러기가 아니라 믿음직한 지도자가 된다. 하지만 그 반대도 역시 가능하다. 부모가 아이의 욕구와 바람에 주의를 기울이지 않으면 아무리 타고난 성향이 훌륭해도 빗나갈 수 있다. 천사 아기가 불평가가 되고 모범생 아기가 폭군이 되기도 한다.

나는 "천사 같던 우리 아기가……."라고 시작하는 이메일을 많이 받는다. 무슨 일이 일어나고 있는 걸까? 얀시는 3.6kg의 우량아로 태어났다. 엄마 아만다는 30대 후반의 연예사업 전문 변호사로, 오늘날의 많은 여성들처럼 대학을 나와서 법률회사 파트너가 되기 위해 일에만 몰두하며 청춘을 보냈다. 꿈은 이뤄졌고 헐리우드의 최고 스타들을 고객으로 확보한 후 동료 변호사 매트를 만났다. 그들은 결혼했고 '언젠가' 아기를 갖고 싶어 했다. 37세에 임신을 했을 때 아만다는 모든 갈등을 접기로 했다. "지금 아니면 영원히 아기를 가질 수 없다."

아만다는 회사에서 소송을 처리하듯 빈틈없는 경영 기술을 육아 '프로젝트'에 적용했다. 아기 방을 아름답게 꾸미고 찬장은 분유와 젖병으로 채웠다. 모유를 먹일 계획을 했지만 만일을 위해 분유도 함께 먹이기로 했다. 그리고 6주의 출산 휴가 후에 직장으로 돌아갈 계획이었다.

다행히 얀시는 협조적인 아기였다. 처음에는 집에서 "우리 아기, 착하기도 하지."라는 말이 자주 들렸다. 얀시는 잘 자고, 잘 먹고, 대체로 원만한 사내 아기였다. 아만다는 계획대로 직장에 다시 나가면서 아침에 얀시에게 모유를 먹이고 낮에는 유모에게 분유를 주게 하고 퇴근해서 집에 오면 모유를 먹였다. 하지만 3개월 무렵 아만다는 미칠 지경이 되었다. "도대체 무슨 일인지 모르겠네요."라고 그녀는 어느 날 울먹거리며 전화를 했다. "아기가 예전처럼 잠을 잘 자지 않습니다. 11시에서 6시까지 자곤 했는데, 지금은 밤에 두세 번씩 깬답니다. 배가 고픈 것 같지만 분유를 주면 안 먹으니까 밤에 모유를 먹여야 합니다. 저는 너무 지치는데, 아기는 막무가내입니다."

아만다는 너무 빨리 직장으로 돌아갔기 때문에 아들과 좀더 시간을 보내지 못하는 것에 죄책감을 느끼고 있었다. 그래서 지금까지 해온 일과를 무시하고 유모에게 자신이 퇴근해서 집에 올 때까지 아기를 깨워 두라고 했다. 7시에 자던 아기는 이제 8시나 9시가 될 때까지 깨어 있었다. 일과가 바뀌면서 재우기 전에 먹이고, 자는 동안 또 한번 먹이는 '배를 채워서 재우기' 전략은 중단되었다. 또한 피곤한 상태에서 잠이 들기 때문에 밤새 편안하게 잘 수 없었다. 그리고 아기가 밤에 깨면 아만다는 급한 대로 가장 손쉬운 해결 방법(엄마젖)을 찾았다. 천사 아기는 이제 울음을 달랠 수 없는 심술쟁이 아기가 되었다. 일과는 궤도를 벗어났다. 얀시는 일단 밤에 일어나서 먹기 시작하자 으레 그래야 하는 줄로 알았다. 엄마가 없는 낮에는 분유를 거부하고 엄마젖을 기다리면서 버텼다. (어떤 아기들은 실제로 단식 투쟁을 한다. 173쪽 상자글 참고)

얀시는 원래 유순한 아기여서 일과를 회복하는 것은 어렵지 않았다. 아만다는 최소한 2주 동안은 일찍 퇴근하는 것으로 임기응변식 육아의 결과를 만회하기로 했다. 얀시는 자다가 깨는 시간이 불규칙해서 어쩌면 급성장기를 통과하고 있을지도 모른다고 나는 생각했다. 어쨌건 밤보다 낮에 섭취하는 칼로리를 늘리기로 했다. 그래서 저녁 5시와 7시에 집중 수유를 하고 11시에 꿈나라 수유를 하는 것으로 돌아갔다. 취침 시간을 7시로 돌려놓았다. 또한 낮잠을 하루에 2

시간 30분 이상 자지 않도록 해서 밤잠을 빼앗지 않도록 했다.

첫날 밤은 악몽이었다. 얀시가 자다가 깼을 때 수유를 하지 않기로 했기 때문이다. 우리는 얀시가 낮에 먹는 칼로리를 늘리고 자기 전에 좀더 먹여서 밤에 배가 고프지 않도록 했다. 하지만 밤에 세 번이나 일어났고, 그때마다 엄마는 노리개젖꼭지와 '쉬-쉬-다독이기' 방법 (237쪽 참고)을 사용해서 아기를 진정시켰다. 그날 밤은 아무도 잠을 제대로 자지 못했다. 하지만 이틀째에 아기는 낮에 충분히 먹고 충분히 잤으며 밤에는 딱 한 번 깼는데, 45분이 아니라 10분 만에 다시 재울 수 있었다. 사흘째 밤에는 한 번도 깨지 않고 내리 잤다. 천사 아기가 돌아왔고 가정에는 다시 평화가 찾아왔다.

물론 부모가 아기의 훌륭한 기질을 '망칠' 수 있는 것처럼 그 반대도 역시 가능하다. 아이가 수줍음을 극복하고, 공격성을 다른 방향으로 돌리고, 자제력을 키우고, 사회 상황에 좀더 자발적으로 참여하도록 도와주기 위해 부모가 할 수 있는 일들은 많다. 예를 들어, 베티는 셋째 아이 일라나가 예민한 아기와 심술쟁이 아기 사이에서 오락가락한다는 사실을 인정했다. 일라나가 분만실에서 첫 울음을 터트릴 때 나는 엄마를 보고 말했다. "심술쟁이 아기가 나온 것 같군요." 나는 분만실에서 많은 아기를 보았기 때문에 태어날 때 서로 어떻게 다른지 알고 있다. 예민한 아기와 심술쟁이 아기는 마치 세상에 나온 것이 못마땅한 것처럼 행동한다.

일라나는 자라면서 나의 예언대로 되었다. 언제 울음을 터트릴지 종잡을 수 없었고, 수줍어하고 종종 심술을 부렸다. 다른 자녀들을 키워 본 베티는 일라나가 명랑하고 낙천적인 아이가 아니라는 것을 알 수 있었다. 하지만 아기의 천성을 바꾸려고 하지 않고 있는 그대로 받아들였다. 규칙적인 일과를 유지하고 수면에 방해를 받지 않도록 했으며 감정의 기복에 주의를 기울였다. 낯선 사람을 보고 웃으라고 강요하거나 어떤 활동에 참여하라고 구슬리지 않았다. 새로운 시도에서 항상 꼴찌를 하거나 아예 거부를 해도 초조해 하지 않았다. 반면에 일라나가 창조적이며 명석하다는 것을 알고 그러한 특징들을 키워 주려고 노력했다. 아기와 함께 상상놀이를 많이 하고 끊임없이 책을 읽어 준 결과 일라나는 놀라울 정도로 풍부한 어휘를 구사하게 되었다. 베티의 인내심은 결국 보상을 받았다. 일라나는 아는 사람들과 함께 있을 때 기분이 좋아지면 아주 수다스러워지기도 한다.

일라나는 유치원에 갈 때가 되었다. 여전히 내성적이지만 편안한 자리에서는 자신을 스스럼없이 드러낸다. 일라나가 학교에 입학하면 베티는 1주일 정도 어려운 고비를 넘겨야 할지도 모른다. 하지만 자상하고 주의 깊은 엄마가 옆에서 응원을 하고 있기 때문에 잘 할 것이다.

나는 인내심과 의식을 가진 부모가 아이의 기질을 극복하고 훌륭하게 키우는 경우를 많이 보았다. 예를 들어, 릴리안은 카타를 낳기 전부터 활동적이고 주장이 강한 아기가 태어날 것이라고 짐작했다. 태내에서 카타는 마치 엄마에게 "내가 나갈 거니까 마음의 준비를 단단히 하고 있어요."라고 경고를 하듯 끊임없이 발길질을 했다. 세상에 나온 카타는 예상했던 대로 씩씩했다. 씩씩한 아기의 전형 카타는 엄마젖이 잘 돌지 않으면 즉시 울음을 터트렸다. 세상이 궁금해서 자는 것을 거부하고 강보에서 빠져나오려고 했다. 다행히 릴리안은 첫날부터 규칙적인 일과를 유지했다. 9개월이 되어 걷기 시작하자 엄마는 오전에 카타가 넘치는 에너지를 유익하게 사용할 수 있도록 해 주었다. 또한 남부 캘리포니아의 화창한 날씨 덕분에 많은 시간을 옥외에서 보낼 수 있었다. 오후에는 카타를 진정시키기가 어려워 가능한 조용한 놀이를 했다. 그런데 카타의 동생이 끼어들면 특히 힘들었다. 그래서 엄마의 관심을 독점하려는 카타를 위해 '언니'를 위한('아기는 못 들어가는') 특별한 장소를 만들어 둘만의 오붓한 시간을 가졌다. 지금 5살인 카타는 여전히 대담하고 모험심이 왕성하지만 예의 바르고 품행이 단정한 아이가 되었다. 자제력을 잃지 않도록 훈련을 받았기 때문이다. 또한 마음껏 뛰어다니고 공놀이를 하면서 자란 덕분에 운동 선수의 자질을 보이고 있다. 릴리안은 카타의 기질이 달라질 것이라는 환상은 갖지 않았으며 대신 재능을 살려 주었다. 나는 모든 부모들에게 릴리안과 같은 육아 전략을 채택할 것을 권한다.

왜 어떤 부모들은 알지 못할까?

카타 같은 아이는 키우기가 쉽지 않지만, 아이의 천성을 이해하고 인정하며 적절한 훈육을 하는 릴리안 같은 P.C. 엄마라면 어떤 아이라도 훌륭하게 키울 수 있다. 나는 이것이야말로 모든 부모들이 지향해야 할 육아 방식이라고 생각한다. 하지만 어떤 부모들은 현실을 보지 못하거나 보고 싶어 하지 않는다.

처음 아기를 집에 데려오면 때로 기대가 너무 지나쳐 부모들의 판단력이 흐려진다. 엄마가 임신을 하면 거의 모든 부부는 어떤 아이가 태어날지, 그 아이는 무엇을 잘 할 수 있을지 마음대로 상상을 한다. 보통 부모들이 아이에게 거는 기대에는 자신들의 희망이 반영되어 있다. 운동 선수 부모는 아이와 함께 축구를 하거나 테니스를 치는 상상을 한다. 유능한 변호사 부모는 똑똑한 아이로 키워서 명문대에 보내고 함께 토론을 하는 상상을 한다.

하지만 현실의 아이는 종종 부모가 상상하는 아이와 일치하지 않는다. 부모는 천사 아기를 상상하지만 현실에서는 발버둥을 치면서 울부짖는 작은 악마가 저녁 식사를 방해하고 밤마다 잠을 설치게 한다. 나는 부모들에게 상기시킨다. "아기들은 웁니다. 울음이 아기들의 유일한 의사소통이죠." 천사 아기나 모범생 아기나 모두 적응 기간이 필요하다.

아기가 점점 자라고 어떤 정서적 특성(심술궂음, 민감함, 원기 왕성함)이 뚜렷해지면서 엄마 자신이나 배우자나 대고모 틸리를 생각나게 한다. 만일 에너지가 많은 사람들과 잘 지내고 호감을 느끼는 엄마라면 아이의 활달한 면을 자랑할 것이다. "우리 찰리는 나처럼 주장이 강해요." 하지만 엄마가 씩씩한 아기가 가진 특성들을 두려워하거나 부담을 느낀다면 정반대의 이야기를 할 것이다. "오, 찰리가 아빠처럼 공격적이 되지 않기를 바랍니다. 폭군이 될까 봐 걱정이에요." 물론 아이에게서 다른 가족의 특성을 발견할 수 있지만 앞날은 알 수 없는 법이다. 엄마나 배우자나 어느 친척이 갖고 있는 못마땅한 특성이 아기에게서 보인다고 해도 미래에는 어떻게 될지 알 수 없다. 아기는 나름의 개성과 성향을 가진, 독립된 존재다. 그리고 무엇보다 중요한 사실은 씩씩한 아기도 감정을 조절하는 법을 가르치고 에너지를 좋은 방향으로 유도하면, 분명히 말하지만, 폭군이 되지 않을 수 있다.

부모가 현실을 제대로 보지 못하고 두려워하거나 상상하면서 행동한다면 아기를 힘들게 할 수 있다. 따라서 베이비 위스퍼러의 첫 번째 조건은 다음과 같다.

부모가 원하는 상상 속의 아이가 아니라 눈앞에 있는 아이를 보라.

수줍음이 많은 엄마 그레이스는 아기가 '낯가림'이 너무 심하다고 나에게 전화를 했다. 그녀는 7개월이 된 아기가 "자신을 닮았다."고 말했다. 하지만 내가 직접 본 맥은 처음 만나는 사람들에게 다소 겁을 먹지만 전형적인 모범생 아기였다. 얼굴을 익히자 아기는 내 무릎에 앉아서 편안하게 놀았다. "당신 무릎에 앉아 있다니 믿기지 않는군요."라며 그레이스는 놀라서 입을 다물지 못했다. "원래 우리 아기는 아무한테도 가지 않는답니다."

그레이스에게 자신의 행동을 솔직하게 돌아보라고 하자 진실이 밝혀졌다. 그레이스는 맥이 다른 사람에게 다가가도록 허락하지 않았다. 그녀는 예민한 성격이 얼마나 고통스러운지 잘 알고 있다고 생각해서 아들의 주변을 끊임없이 맴돌며 사람들을 가까이 하지 못하게 했다. 그녀의 생각에 아기를 보호하고 다룰 수 있는 사람은 자신뿐이었다. 아빠조차 찬밥 신세였다. 설상가상으로 그레이스는 근심이 많은 엄마들이 하는 것처럼 아기가 듣는 곳에서 아기에 대한 걱정을 이야기했다.

아기가 설마 말을 알아듣겠느냐고 할지 모른다. 엄마가 "우리 아기는 아무한테도 가지 않는다."고 하는 말이 무슨 뜻인지 알겠느냐고 말이다. 과연 그럴까? 아기들은 귀로 듣고 눈으로 보면서 배운다. 학자들도 아기가 언제 정확하게 이해력이 생기는지 모른다. 하지만 아기는 말을 하기 훨씬 전부터 보호자의 감정과 말을 감지한다. 왜 아기가 모든 것을 듣고 있다는 것을 생각하지 못하는가? 맥이 듣는 곳에서 "우리 아기는 아무에게도 가지 않는다."라고 말하는 것은 맥에게 다른 사람들은 위험하다고 가르치는 것이다.

부모들은 흔히 아이의 성향을 무시하고 억지로 뭔가를 시키려고 하다가 저항을 받는다. 이런 일은 아기들이 좀더 독립적이 될 때 자주 일어난다. 내 웹사이트에 올라온 다음 글이 좋은 예다.

• 우리 클로에는 안기는 것을 싫어합니다. 안으려고 하면 몸부림을 치며 바닥에 내려가려고 합니다. 이제는 기어 다니는 기술을 완전히 터득해서 항상 기어 다니고 싶어 합니다. 때로는 품에 안거나 무릎 위에 앉혀 놓고 음악을 듣거나 책을 읽어 주고 싶지만 클로에는 그런 것에 관심이 전혀 없답니다. '매달리는 아기'와는 정반대입니다. 매우 독립적이고 스스로 뭔가를 하려고 하죠. 이렇게 안기기를 싫어하는 아기를 가진 엄마가 또 있나요?

클로에는 지금 아마 9개월에서 11개월 사이인 것 같다. 분명 씩씩한 아기다. 문제는 씩씩한 아기는 혼자서 움직일 수 있게 되자마자 안기는 것을 답답하게 느낀다는 것이다. 엄마는 클로에가 다른 아기들처럼 엄마 무릎에 앉아서 보고 듣는 것만으로 만족하지 못한다는 것을 인정해야 한다. 아기와 좀더 접촉을 하고 싶다면 씩씩한 아기라도 차분해지는 시간인 취침 전에 책을 읽어 주자. 동시에 다른 시간에는 아기가 마음껏 세상을 탐험할 수 있도록 허락해야 한다.

5주가 된 예민한 아기의 엄마는 이런 글을 보내 왔다. "우리 부부는 사교적이어서 친구들 집에 놀러 가는 것을 좋아합니다. 하지만 우리 아기는 매번 투정을 부립니다. 방에 데리고 들어가서 달래도 울음을 그치지 않습니다. 어떻게 하면 좋을까요?" 내 생각에 아기가 그렇게 큰 일을 치르기에 너무 어린 것 같다. 아기의 관점에서 보면 그것은 분명 '큰 일'이다. 차를 타고 낯선 집에 가서 저녁 내내 커다란 사람들이 자신을 어르고 놀리고 하는 것을 견뎌야 한다. 아기는 겨우 5주밖에 되지 않았다. 때로 부모가 불편하고 제약을 받더라도 지금 당장은 아기를 배려해야 한다. 아기에게 마음의 준비를 할 시간을 주고 차츰 훈련을 시키자. 아기의 긍정적인 특성에 초점을 맞추고 장점을 살려 주자. 어차피 사교적인 아이가 있고 그렇지 못한 아이가 있다.

어떤 부모들은 아이들이 하는 행동을 감정적으로 받아들인다. 심술쟁이 아기인 에반은 엄마가 안아 주려고 할 때마다 때린다고 했다. 도라는 아기의 그런 행동을 자신을 거부하는 것으로 받아들이고 상처를 받았다. 예민한 엄마 도라는 그럴수록 아기를 안고 싶어 했지만 어떤 날은 배은망덕한 녀석을 때려 주고 싶기도 했다(아기는 겨우 7개월이었다).

"어떻게 하면 못된 버릇을 고칠 수 있을까요?" 그녀가 물었다. 사실 아기가 7개월이면 상황에 대한 이해력이 부족하다. 에반이 엄마를 때리는 것은 "나를 내려 줘요."라고 말하는 것이다. 그런 행동을 그냥 내버려 두라는 말은 아니다. 아기 손을 잡고 "때리면 안 돼."라고 말해야 한다. 하지만 아기가 상황을 '이해'하려면 6개월이 더 걸릴 것이다(8장에서 좀더 자세히 다루겠다).

부모와 아기의 궁합

에반과 도라의 이야기가 특별한 것은 아니다. 어떤 부모들은 아이의 기질이 자신의 정서와 맞지 않으면 이해를 하지 못한다. 예를 들어, 클로에의 엄마는 신체 접촉이 부족한 것이 늘 아쉬워 아기가 무엇을 필요로 하는지 분명히 볼 수 없었다. 사실 이 책을 읽는 부모들도 각자 기질을 갖고 있다. 엄마들도 한때는 아기였고 앞서 설명한 다섯 가지 유형 중 한 가지 혹은 두 가지 이상의 특징을 복합적으로 갖고 있었을 것이다. 그동안 이러저러한 인생 경험을 했더라도 기질(정서 유형)은 여전히 대인 관계와 상황 대처 방식에 중요한 요인으로 작용한다.

유명한 정신의학자 스텔라 체스와 알렉산더 토머스는 남들보다 앞서 1956년에 이미 아기들의 기질에 대해 연구를 했다. 그들은 부모와 아기가 얼마나 궁합이 잘 맞는지 설명하는 '적합도'라는 용어를 만들었다. 다시 말해, 아기의 건강한 성장 발달은 아기의 기질뿐 아니라 아기를 있는 그대로 보면서 엄마의 욕구가 아닌 아기의 욕구에 맞는 전략을 세우는 부모의 요구와 기대에 달려 있다. 나는 부모의 유형에 관한 확실한 연구 자료를 갖고 있지 않지만 그동안의 경험을 통해 정서 유형에 따라 부모와 아기가 서로 어떤 영향을 주고받는지에 대해 상당히 많은 것들을 알게 되었다.

♥ 자신감 있는 엄마는 편안하고 느긋해서 어떤 기질의 아기와도 궁

합이 잘 맞는다. 아기와 함께 찾아온 생활의 변화와 고저장단에 맞춰서 유연하게 대처한다. 육아에 대해서는 상당히 태평하며 직감을 믿고 아기의 신호를 능숙하게 읽어 낸다. 보통 인내심이 많기 때문에 심술쟁이 아기와도 잘 지내며, 예민한 아기를 위해서는 기다릴 줄 알고, 씩씩한 아기를 키우기 위해 필요한 정력과 창의성을 갖고 있다. 자신감 있는 엄마들은 어떤 아기라도 장점을 찾아낸다. 나름의 육아 철학을 갖고 있고 새로운 의견에도 마음의 문이 열려 있다. 자신이 아기에게 욕심을 부리고 있다면 이를 재빨리 자각한다.

♥ 책대로 따라 하는 엄마는 모든 것을 '책에 씌어 있는' 그대로 한다. 아기가 기준에서 벗어나지 않기를 바라기 때문에 가끔 크게 실망을 한다. 문제가 일어나면 책과 잡지와 인터넷을 뒤져서 해결책을 찾는다. 내 웹사이트에 들어와서 아기가 이런저런 것을 하지 않는다고 걱정한다. 단지 '기준'에 맞지 않기 때문이다. 이런 엄마들에게 이상적인 아기는 시간에 맞춰서 정확하게 성장 발육을 하는 모범생 아기다. 천사 아이도 적응을 잘하므로 문제가 없다. 하지만 시간표를 지키는 것에 급급해서 아기의 신호를 놓칠 수 있다. 그래서 극도로 예민한 아기나 체제를 거부하는 씩씩한 아기와 궁합이 맞지 않는다. 사소한 일에도 노심초사하고 책이나 전문가가 권하는 시간표와 전략을 시도한다. 새로운 변화에 저항하는 심술쟁이 아기와 궁합이 가장 안 맞을 것이다. 이런 엄마들의 장점은 문제점을 연구하고 해결하는 능력에 있다. 귀가 얇다.

♥ 예민한 엄마는 수줍음이 많아서 다른 엄마들과 어울리거나 도움받는 것을 어려워한다. 초반에는 종종 눈물을 짜고 무기력해진다. 예민한 아빠라면 아기를 안는 것을 무서워한다. 천사 아기나 모범생 아기와는 잘 지내지만 아기가 기분이 좋지 않으면 엄마 자신의 탓으로

돌린다. 소음을 잘 견디지 못하므로 아기가 울면 매우 심란해 한다. 그래서 예민한 아기나 심술쟁이 아기와 궁합이 맞지 않는다. 이런 엄마는 대체로 쉽게 좌절하고 울기를 잘한다. 심술쟁이 아기를 키운다면 아기의 행동을 감정이 있는 것으로 받아들이기 쉽다. 어떤 엄마들은 "아기가 나를 미워하는지 웃지를 않아요."라고 말한다. 자기 마음대로 하고 싶어 하는 씩씩한 아기에게 쩔쩔맨다. 눈치가 빠른 것이 장점이다.

‧ 활동적인 엄마는 항상 움직이고 뭔가에 참여한다. 가만히 앉아 있지 못하고 아기 때문에 속도가 느려진다고 속상해 한다. 성미가 급하다. 충고를 받아들이지 않는 경향이 있다. 어떤 해결책을 제안하면 계속해서 "그렇지만……", "만일……." 하면서 듣지 않는다. 아기를 여기저기 데리고 다니기 때문에 차분한 천사 아기나 모범생 아기까지도 지치게 만들고 혼란에 빠트릴 수 있다. 아기의 장점을 보지 못하기 때문에 예민한 아기에게 화를 내고, 심술쟁이 아기의 변덕이나 적응력 부족에 실망하고, 씩씩한 아기와 실랑이를 벌일 수 있다. 엄격한 편이며 아기를 재울 때 이해하고 기다리면서 인내하기보다 울다가 지쳐서 자게 하는 등 극단적인 방법을 택하는 경향이 있다. 엄마 자신의 필요에 맞추어서 모든 것을 흑백 논리로 보는 경향이 있다. '일과'를 시간표로 생각하기 때문에 E.A.S.Y.가 어려울 수 있다. 반면 진취적인 성격이어서 아기가 다양한 경험을 할 수 있도록 새로운 것을 시도하고 모험을 해 보도록 격려하는 장점이 있다.

‧ 완고한 엄마는 모든 것을 안다고 생각하고 아기가 자신의 기대와 다르게 반응하면 당황한다. 고집이 세서 타협을 하지 않는다. 항상 불평하고 투덜거린다. 천사 아기나 모범생 아기라도 못마땅한 점에 초점을 맞춘다. 예민한 아기의 울음을 견디지 못한다. 씩씩한 아기는

끊임없이 진정을 시키고 따라다녀야 하기 때문에 성가시게 여긴다. 그리고 심술쟁이 아기가 고집이 너무 세고 잘 웃지도 않고 또 아마도 자신의 단점을 닮았기 때문에 보고 있으면 화가 날 것이다. 간단히 말해, 어떤 아기를 키우든지 비판하고 흠잡을 데를 찾는다. 설상가상으로 아기가 듣는 곳에서 불평을 하고, 결국 아기는 엄마가 말하는 대로 된다. 완고한 엄마의 장점은 지구력이 강하다는 것이다. 일단 어떤 문제를 인지하면 조언을 받아들이고 어떤 어려움이 있어도 밀고 나간다.

위에 설명한 부모의 유형은 극단적인 특징을 묘사했다는 점을 염두에 두자. 그리고 정확하게 한 가지 유형과 일치하는 사람은 없으며 모든 유형에서 우리 자신의 일부를 볼 수 있다. 대체로 자신이 어떤 유형에 속하는지 알 수 있을 것이다. 또한 부모는 실수를 하면 안 된다는 말을 하려는 것이 아니다. 부모도 인간이다. 아이를 키우는 것 외에도 다른 생활에 관심을 갖고 있다(그리고 이것은 좋은 일이다). 내가 '궁합이 맞지 않는' 예를 보여 주는 이유는 부모의 유형이 아이의 정서 건강에 영향을 줄 수 있다는 사실을 부모들이 좀더 의식하도록 하기 위한 것이다. 부모의 욕심 때문에 아기를 제대로 파악하지 못하고 아기의 기질과 능력에 맞지 않는 기대와 요구를 한다면 아기의 정서 발달과 신뢰감 형성에 심각한 피해를 줄 수 있기 때문이다.

신뢰 정서 건강으로 가는 관문

아기의 정서는 처음에는 여러 가지 울음을 통해 부모와 상호작용을 함으로써 순수한 감정으로 표현된다. 아기는 의사소통과 접촉을 통해 점차 부모에게 애착을 갖는다. 아기가 옹알이를 하는 것은 부모를 참여시키고 연결을 유지하기 위한 대화를 시도하는 것이다. (학자들은 이것을 '원시 대화'라고 부른다.) 사회적이고 정서적인 소통을 위해서는 최소한 두 사람이 필요하며, 그래서 엄마의 반응이 중요하다. 엄마가 아기의 미소와 옹알이에 화답을 하거나 울음을 달래 줄 때 아기는 엄마가 자신을 위해 옆에 있다는 것을 알고 신뢰감을 갖게 된다. 거꾸로 생각해 보면, 아기의 울음은 엄마가 반응을 할 것이라고 기대한다는 의미다. 많은 연구들은 아기를 방치하면 결국 울기를 멈춘다는 것을 보여 준다. 아무도 위로를 하지 않거나 욕구를 해결해 주지 않으면 아기는 울어도 소용이 없다고 생각하게 된다.

정서 건강뿐 아니라 자신의 감정을 이해하고 조절하며 다른 사람들의 감정을 존중할 줄 아는 능력은 신뢰를 바탕으로 발전한다. 또한 정서적인 능력이 아이의 지능과 재능을 향상시키거나 방해할 수 있기 때문에 학습과 사회성 발달을 위해서는 신뢰가 기본 조건이다. 장기간에 걸쳐 실시한 연구들을 보면 성장기에 대인 관계에 신뢰감을 가진 아이들은 학교 생활을 하는 데 문제가 적을 뿐 아니라 자신감과 왕성한 호기심을 갖고 세상을 탐험한다. (넘어져도 잡아 주는 사람이 있다는 것을 알고 안심을 하기 때문이다.) 또한 어린 시절의 관계에서 신뢰감이 발달하면 사람을 믿을 줄 알고 친구나 어른과 원만한 관계를 맺게 된다.

신뢰 형성은 아기의 기질을 이해하고 인정하는 것에서 시작된다. 아이마다 스스로 느끼는 한계와 감정 반응이 다를 수밖에 없다. 예를 들어, 새로운 상황이 주어졌을 때 천사 아기, 모범생 아기 또는 씩씩한 아기는 금방 적응을 하지만 예민한 아기나 심술쟁이 아기는 당황하기 쉽다. 씩씩한 아기, 심술쟁이 아기, 예민한 아기는 감정을 스스럼없이 드러내고 크고 분명한 목소리로 알린다. 천사 아기와 모범생 아기는 비교적 금방 달랠 수 있지만 예민한 아기, 씩씩한 아기, 심술쟁이 아기는 때로 막무가내가 된다. 하지만 아기의 감정을 부정하거나 무시하면 안 된다("뭐가 무섭다고 그러니?"). 엄마들은 흔히 안쓰러운 마음에 아기가 강렬한 감정을 의식하지 못하도록 어물쩍 넘어가려고 한다.

하지만 신생아일지라도 아이가 느끼는 감정을 부정하지 말고 설명해 주는 것이 필요하다("우리 아기가 피곤해서 우는구나."). 아기가 말을 알아듣는지 아닌지에 대해서는 걱정할 필요가 없다. 언젠가는 알아듣는다. 마찬가지로 중요한 것은 적절한 방식으로 반응하는 것이다. 예민한 아기는 강보에 싸는 것이 좋지만 씩씩한 아기나 심술쟁이 아기는 답답해 한다. 엄마의 적절한 반응에서 아기는 신뢰감을 배워 간다.

아기가 울 때는 반응을 보이고 욕구를 해결해 주어야 하지만, 예민한 아기, 씩씩한 아기와 심술쟁이 아기는 좀더 까다롭다. 이들 세 가지 유형의 아기들을 보살필 때는 다음을 기억하자.

예민한 아기

아기의 공간을 보호하자. 주변 환경을 살피고 아기가 예민한 눈과 귀, 피부를 통해 느끼는 세상을 상상해 보자. 사소한 자극(예를 들면, 가려움증을 일으키는 옷의 라벨, 시끄러운 TV 소리, 번쩍이는 불빛)도 견디기 힘들 수 있다. 새로운 상황에서는 많은 도움을 주어야 하는데, 그냥 곁을 맴돌기만 하면 오히려 아기가 느끼는 두려움을 강화하게 된다. 아기가 말을 알아듣지 못한다고 해도 기저귀를 갈거나, 차에 태우거나, 뭔가를 하기 전에 설명을 해 준다. 언제나 엄마가 옆에 있다는 것을 알게 한다. 하지만 예민한 아기도 기회를 주면 선뜻 앞으로 나설 수 있다. 처음에는 원만한 아이들 한두 명과 놀게 한다.

씩씩한 아기

오랫동안 얌전히 앉아 있기를 기대하지 말자. 자세와 장소를 좀더 자주 바꿀 필요가 있다. 활동적인 놀이와 안전한 탐험의 기회를 제공하되 지나친 자극을 주지 않도록 배려한다. 지나치게 피곤하면 감정적이 되기 쉽다. 과부하 신호를 지켜보면서 떼쓰기를 미연에 방지하자. 한번 떼를 쓰면 멈추기가 힘들다. 폭발 직전이 되면 현장에서 데리고 나와서 진정을 시킨다. 친척과 다른 보호자들에게 아기의 씩씩한 기질을 이해시키고 양해를 구하자.

심술쟁이 아기

다른 아기들처럼 많이 웃지 않는다는 사실을 인정하자. 귀와 눈을 사용하는 놀이를 제공한다. 아기가 놀고 있을 때 끼어들지 말고 원하는 장난감을 선택하게 한다. 익숙하지 않은 장난감이나 상황을 만나면 짜증을 부리고 화를 낼 수 있다. 상황을 전환할 때는 충분한 배려가 필요하다. 한참 아기가 놀고 있는데, 낮잠 잘 시간이 되면 미리 예고를 해서 잠시 마음의 준비를 하게 한다. 처음에는 한두 명의 아이들과 놀게 한다.

신뢰감을 무너트리다

어느 날 오후 나는 어떤 놀이 그룹을 참관하러 갔다. 그 그룹은 1주일에 두 번씩 만나고 있었는데, 아기들끼리 잘 어울리지 못하는 것 같다고 했다. 엄마 마사와 폴라와 샌디는 서로 친한 친구였고, 그들의 아들 브래드, 찰리, 앤서니는 모두 10개월에서 12개월 사이였다. 물

신뢰감을 무너트리는 행동들

부모들에게서 흔히 볼 수 있는 다음과 같은 태도는 아이의 신뢰감을 무너트린다.

★ 아기의 감정을 존중하지 않고 무시한다.
"강아지가 뭐가 무섭다고 그러니. 그만 울어라."

★ 아기가 배가 부른데도 억지로 먹인다.
"조금만 더 먹어라."

★ 구슬러서 마음을 바꾸도록 한다.
"이제 같이 놀아라. 엄마 친구가 너와 같이 놀게 하려고 빌리를 데려온 거야."

★ 설명을 하지 않는다.
아기가 말을 하기 전부터 상황마다 설명을 해야 한다.

★ 놀이 그룹과 같은 새로운 상황을 제시하면서 무조건 아기가 좋아할 것이라고 생각한다.

★ 소동을 피하기 위해 몰래 나간다.
엄마가 직장에 가거나 저녁에 외출을 할 때 몰래 나가는 경우다.

★ 말과 행동이 다르다.
"사탕은 안 된다."고 말하면서 사탕이 먹고 싶어 아기가 울면 항복하는 행동은 아기에게 혼란을 일으킨다.

론 아기들은 서로 '어울려 노는' 것이 아니었다. 그보다는 엄마들이 담소를 나누는 동안 아기들끼리 모여 있는 것이었다. 이런 그룹은 나에게 작은 실험실과 같다. 아이들이 어떻게 상호작용을 하고 엄마들이 아이들을 어떻게 다루는지 관찰할 수 있기 때문이다.

브래드는 10개월이 된 예민한 아기로 다른 아기들과 잘 어울리지 못한다고 엄마가 내게 미리 귀띔을 해서 알고 있었다. 그는 계속 칭얼거리고 엄마에게 손을 내밀면서 엄마 무릎에 올라가려고 했다. 엄마는 아이의 감정을 무시했고("자, 브래드. 넌 찰리와 앤서니를 좋아하잖아. 같이 놀아라."), 그럴수록 브래드는 점점 더 크게 칭얼거렸다. 하지만 마사는 자신의 아기가 다른 두 아기와 어울려 놀기를 바라는 마음에 그 상황을 인정하지 않으려고 했다. 그녀는 다른 엄마들과 다시 담소를 나누었다. 하지만 브래드는 계속 칭얼거리다가 결국 울기 시작했다. 마사는 결국 그를 무릎에 올려놓았지만 이제는 울음을 달랠 수가 없었다.

씩씩한 아기 찰리는 잔뜩 흥분을 해서 이리저리 뛰어다니고 있었다. 그러다가 마침내 앤서니가 갖고 있는 공을 보고 뺏으려고 했다. 하지만 앤서니는 공을 있는 힘껏 잡고 놓지 않았다. 결국 찰리가 앤서니를 밀어냈고, 앤서니는 뒤로 넘어져서 브래드와 같이 이중창을 부르기 시작했다. 샌디가 달려가서 아기를 안고 달래며 다른 엄마들에게 "다시는 이런 일이 절대 있으면 안 된다."는 눈길을 보냈다.

찰리의 엄마 폴라는 기분이 상했다. 그녀는 전에도 분명 이런 식으로 창피를 당한 적이 있었다. 그녀는 찰리를 안아 올리려고 했지만 찰리는 말을 듣지 않았다. 제지를 하면 할수록 찰리는 반항을 하며 더 크게 울었고 몸을 비틀면서 빠져나가려고 했다. 아무리 타일러도 막무가내였다.

아기의 신뢰감이 어떻게 무너지는지 이야기해 보자! 무엇보다 브래드를 아이들 무리(브래드에게는 방 안 가득 아이들이 있는 것처럼 느껴진다)에 밀어 넣는 것은 수영을 할 줄 모르는 아이를 물 속에 던지는 것과 같다. 그리고 씩씩한 아이가 흥분해 있을 때 제지를 하거나 타이르는 것은 계란으로 바위 치기나 다름없다!

이 세 엄마는 이러한 상황에서 어떤 식으로 행동해야 하고 어떻게 하면 아이의 신뢰감을 회복할 수 있을까? 마사는 우선 브래드의 '문제'가 어느 날 갑자기 감쪽같이 사라지지 않는다는 것을 알아야 한다. 브래드의 기질을 인정하고 안심을 시켜야 한다("그래, 아가야. 준비가 되기 전에는 다른 아이들과 놀지 않아도 된다."). 마음의 준비가 될 때까지 엄마 무릎에 앉아 있도록 허락해야 한다. 아이를 가르치지 말라는 것이 아니다. 하지만 강요하거나 무시하는 대신 부드럽게 격려해야 한다. 엄마가 옆에 앉아서 브래드가 좋아하는 장난감이 어디 있는지 알려 줄 수도 있을 것이다. 다른 아이들과 어울려 놀기까지 6개월이 걸린다고 해도 브래드의 속도를 존중해야 한다.

나는 폴라에게 찰리가 매우 활발하고 흥분을 잘한다는 것을 알고 있다면 행동이 조금 거칠어지는 것이 보일 때 미리 개입을 해야 한다고 말했다. 아이들은 폭발하기 전에 보통 목소리가 커지거나 팔을 휘두르고 칭얼거리는 것으로 신호를 보낸다. 아기가 감정에 휘말릴 때까지 내버려 두지 말고 미리 방에서 데리고 나가서 진정 시키면 그 모든 소동을 피할 수 있을 것이다. 특히 씩씩한 아이는 한번 때를 쓰기 시작하면 타이르거나 제지를 해도 소용이 없다. 나는 아이를 방에서 데리고 나가는 것이 벌을 주는 것이 아니라 감정 조절을 도와주는 것이 되어야 한다는 점을 강조했다. 이 나이의 아기들은 아직 원인과 결과를 연결하지 못하기 때문에 말로 해서 들을 것이라고 기대할 수 없다. 살며시 찰리의 손을 잡고 방에서 데리고 나갔다가 돌아오는 편이 쉬울 것이다. "우리 침실로 가서 책을 읽자구나. 좀더 차분해지면 돌아와서 다른 아이들과 놀자."

예민한 브래드는 나이가 들면서 차츰 용감하고 활발해질 것이고 결국 다른 아이들과 어울리는 법을 배울 것이다. 하지만 아직은 안전하고 편안하게 느끼도록 배려해야 한다. 씩씩한 찰리는 통제하기 어려워지기 전에 제어를 해서 다른 아이들을 괴롭히면 안 된다는 것을 알게 해야 한다. 상황을 이해하려면 몇 개월이 더 걸리겠지만 지금부터 감정을 조절하는 법을 배우도록 해야 한다. 마사와 폴라는 아이를 나무라기보다 보호해야 한다. 어린아이는 자제력이 부족하기 때문에 엄마가 개입을 해서 상황을 수습해 주면 좀더 안전하다고 느낀다. 아이가 어떤 상황에서 겁을 먹거나 감당하기 힘들 때 엄마에게 의지할 수 있도록 하자.

무엇보다 나는 세 엄마, 특히 마사와 폴라에게 이 경험을 통해 무엇이 아이들의 감정에 반응을 일으키고, 어떻게 해야 진정시킬 수 있는지 배워야 한다고 말했다. 다음번에는 어느 아이든 폭발하기 전에 개입해야 한다. 하지만 가장 중요한 것은 아이의

혼자 벌을 세우지 말라!

감정이 격해 있는 아기를 혼자 내버려 두지 말자. 아기들은 감정을 조절할 수 없으므로 옆에서 도와주어야 한다. 만일 아기가 울고 때리고 발버둥을 치거나 어떤 방식으로 통제가 되지 않을 때, 특히 다른 아이들과 함께 있을 때는 현장에서 데리고 나가서 기분 전환을 시키는 것이 아기의 감정을 진정시키는 가장 효과적인 방법이다. 말을 알아듣지 못한다고 해도 아기가 느끼는 감정을 설명해 주자. 지금은 이해하지 못해도 언젠가는 알게 될 것이다.

감정에 동화되지 않는 것이다. 덩달아서 흥분을 하지 말고 상황을 해결하고 설명해 주어야 한다.

놀이 그룹은 오후보다는 오전에 휴식을 충분히 취한 후에 만나는 것으로 시간을 바꾸도록 하자. 또한 1년 미만의 아기라면 1주일에 한 번만 만나는 것이 나을 것이다. 덧붙이자면, 엄마들이 서로 친한 친구이기는 하지만 아이들끼리 얼마나 잘 맞는지, 그 모임이 자신의 아이에게 적절한지 생각해야 한다. 브래드와 같은 아이에게는 찰리처럼 활발한 아이가 버거울 수 있다. 모범생 아기인 앤서니와 찰리도 서로 맞지 않는다. 찰리를 위해서는 좀더 활동적인 아이들과 체육관이나 공원에서 만나 함께 뛰어다니면서 넘치는 에너지를 발산할 기회를 주는 것이 나을 것이다.

신뢰감 형성을 위한 12가지 요령

8장에서는 아이들의 모든 긍정적인 성향과 재능을 한순간에 압도하는 '감정 폭발'이 사전에 진정되도록 도와주는 방법에 대

병원은 무서워!

많은 아기들이 병원 문을 들어서는 순간 울음을 터트린다. 아기들이 우는 것은 당연하다. 아기들에게 병원은 너무 밝은 방에서 옷을 벗기고 주삿바늘로 찌르는 곳이다. 아기가 운다고 의사에게 사과하지 말자. "이런, 평소에는 이러지 않아요. 정말 선생님을 좋아해요." 이런 거짓말은 아기의 감정을 무시하는 것이다. 다음은 좀더 나은 접근 방법이다.

★ 처음 예방 접종을 하기 전에 몇 번 병원을 방문한다.
★ 사실대로 설명한다. "네가 이곳을 싫어하는지 알고 있지만, 엄마가 옆에 같이 있을 거야."
★ 간호사에게 언제 의사가 와서 진찰을 할 것인지 물어보고 마지막 순간에 옷을 벗긴다. 의사가 들어올 때까지 안고 있다.
★ 의사가 진찰을 하는 동안 옆에서 아기에게 말을 건넨다.
★ 주사를 맞을 시간이 되면 사실대로 말한다. "병에 걸리지 않으려면 주사를 맞아야 한다."
★ 만일 아기에게 말을 하지 않고, 눈도 마주치지 않는 등 아기를 물건 취급을 하는 의사라고 느껴지면 주저하지 말고 병원을 바꾸자.

해 이야기했다. 아이가 자신의 감정을 이해하고 조절하는 정서적 능력은 부모에 대한 안전한 애착에서 시작된다. 다음은 아기가 부모를 신뢰하게 하는 방법을 12가지로 정리한 것이다.

1. 귀를 기울인다

아기 울음과 신체 언어를 해석해서 아기가 왜 우는지, '기분'이 어떤지 이해한다. "나는 우리 아기에 대해 알고 있는가?"를 생각하자. 우리 아기는 활동적인가, 민감한가, 우울한가, 잘 우는가, 대체로 뿌루퉁해 있는가? 평소와 다른 반응을 보이는가? 만일 아기의 감정을 정확하게 짚어 낼 수 없다면 아기가 보내는 신호에 충분한 관심을 기울이지 않고 있는 것이다. 따라서 아기의 욕구를 해결하지 못하고 있다는 의미기도 하다.

2. E.A.S.Y. 계획을 따라 한다(1장 참고)

아기는 생활이 예측 가능하고 평화로울 때 무럭무럭 자란다. 특히 예민한 아기, 씩씩한 아기, 심술쟁이 아기에게는 규칙적인 일과가 중요하다. 매일 순서에 따라 생활하면 식사, 낮잠, 취침, 목욕, 장난감 치우기 등 아기가 다음에 무엇을 할지 알고 준비를 하게 된다.

3. 아기와 대화를 나눈다

아기에게 일방적으로 이야기하기보다 대화를 주고받는다. 눈을 마주보고 이야기한다. 아기는 아직 대답을 하지 못해도 모든 것을 감지하고 옹알이와 울음으로 '반응'을 보일 것이다.

4. 아기의 물리적 공간을 존중한다

아기가 아직 말귀를 못 알아듣는다고 해도 항상 다음에 무엇을 할 것인지 설명해 준다. 예를 들어, 기저귀를 갈기 전에는 "이제 네 다리를 올리고 새 기저귀를 채울 거야." 산보를 갈 때는 "이제 공원에 나 갈 거니까 따뜻한 겨울 코트를 입어라."라고 설명한다. 특히 병원에 갈 때는 무슨 일이 일어날 것인지 말하고 안심을 시킨다. "의사 선생님이 너를 진찰할 거다. 내가 옆에 있을 테니까 걱정하지 마라."(113쪽의 상자글 '병원은 무서워!' 참고)

5. 아기 울음을 무시하지 말고, 아기의 감정을 말로 설명해 준다

아기는 느낌을 울음으로 표현한다. 그래서 아기에게 아기가 우는 이유를 대신 설명해 주면 감정 언어에 일찍 익숙해질 것이다.("너는 배가 고픈 거야. 3시간 동안이나 안 먹었으니까." 또는 "피곤해서 졸린가 보구나.")

6. 아기의 감정을 알고 적절하게 행동한다

예를 들어, 예민한 아기가 머리 위에 매달린 모빌이 돌아갈 때마다 울기 시작한다면, "너무 자극적이에요."라고 말하는 것이다. 모빌에서 나오는 음악을 끄고 바라보면서 놀 수 있도록 한다.

7. 어떤 방법이 아기를 달랠 수 있는지 알아낸다

대부분의 아기는 강보에 싸는 것이 좋은데, 심술쟁이 아기와 씩씩한 아기는 답답하게 느끼고 더욱 흥분한다. '쉬-쉬-다독이기' 방법(237쪽 참고) 역시 다른 아기들을 재울 때는 도움이 되지만 예민한 아기는 귀에 거슬려 한다. 특히 씩씩한 아기, 심술쟁이 아기, 예민한 아기를 진정시키려면 자극적인 환경에서 벗어날 필요가 있다.

성공하는 아이로 키우는 H.E.L.P. 육아법

부모는 항상 아이를 안전하게 지켜 주는 동시에 탐험을 하도록 허락해야 한다. 나는 부모들이 이러한 균형을 유지하도록 하기 위해 H.E.L.P.를 기억하라고 말한다.

★ 물러선다 Hold back
서둘러 덤벼들기 전에 잠시 왜 아기가 우는지 또는 왜 아기가 죽어라고 엄마에게 매달리는지 생각한다.

★ 탐험을 격려한다 Encourage exploration
아기 스스로 자기 손가락이나 침대에 놓여 있는 새 장난감에 흥미를 느끼게 하자. 엄마가 필요해지면 울음으로 알릴 것이다.

★ 경계를 정한다 Limit
아기는 엄마가 가장 잘 알고 있다. 자극의 강도, 깨어 있는 시간, 장난감 수, 선택의 종류를 제한하자. 지나친 자극이 과부하가 되기 전에 미리 개입을 하자.

★ 칭찬한다 Praise
아기 때부터 결과보다는 노력을 칭찬한다 ("팔을 소매에 넣을 줄도 아는구나!"). 하지만 지나친 칭찬은 하지 말자. (엄마에게는 아기가 아무리 똑똑해 보여도 '세상에서 가장 똑똑한 아기'는 아니다.) 적절한 칭찬이 자긍심과 자신감을 길러 준다.

8. 아기가 처음부터 잘 먹을 수 있도록 미리 준비한다

만일 모유 수유에 문제가 있다면 즉시 수유 전문가의 도움을 받도록 하자. 엄마가 수유하는 데 서툴면 천사 아기나 모범생 아기도 힘들어 할 수 있다. 하물며 예민한 아기, 씩씩한 아기, 심술쟁이 아기는 말할 것도 없다.

9. 낮잠 시간과 취침 시간을 지킨다

아기가 충분히 잠을 자면 어떤 문제가 생겨도 좀더 수월하게 넘어갈 수 있다. 특히 예민한 아기라면 안전하고 조용한 장소에 침대를 놓고 낮잠을 잘 때는 방을 어둡게 한다.

10. 노심초사하지 말고 아기가 탐험과 독립을 즐기도록 한다

아기가 놀고 있을 때는 머리글자 H.E.L.P.(왼쪽 상자글 참고)를 기억하자. 아기를 이해하고 아기의 속도를 존중하자. 엄마 무릎으로 기어오르고 싶어 하면 허락하자. 예민한 아기나 심술쟁이 아기라도 필요할 때 엄마가 옆에 있다는 것을 알면 좀더 과감하게 모험을 한다.

11. 아기의 컨디션이 최상인 시간에 활동한다

어떤 아기라도 지나치게 피곤하거나 자극을 받으면 감정적이 되기 쉽다. 일정을 계획하거나, 친척을 방문하거나, 다른 엄마들과 만날 때 아기의 기질과 시간을 감안하자. '엄마와 나' 수업은 아기의 낮잠 시간과 너무 가깝게 잡지 말자. 특히 예민한 아기는 지나치게 활발한 아기와 짝을 지어 주지 말자.

12. 아기를 보살피는 사람들이 아기의 기질을 이해하고 인정하게 한다

만일 아기를 돌봐 주는 사람을 고용한다면 며칠 동안 함께 지내면서 아기가 그 사람에게 어떻게 반응하는지 살펴보자. 아기가 낯선 사람에게 익숙해지려면 시간이 필요하다. (494쪽 낯가림 관련 참고)

만성적인 분리불안 애착이 불안감으로 변할 때

아기가 신뢰감을 갖도록 하고 아기가 필요로 하는 것이 무엇인지 귀를 기울이는 것이 중요하다. 하지만 많은 엄마들, 특히 아기의 분리불안 때문에 찾아오는 엄마들은 자상한 보살핌과 조바심을 혼동한다. 보통 엄마들이 하루를 어떻게 보내고 있는지 들어 보면 좋은 엄마란 아기를 항상 안고 다니고 부모 침대에서 재우고 절대 울리지 않는 것이라고 믿는 것 같다. 이런 엄마들은 아기가 조금만 소리를 내거나 울면 그 이유를 생각할 겨를도 없이 즉각적으로 반응을 한다. 아기를 품에 안고 있지 않을 때는 주위를 맴돌면서 전전긍긍한다. 그래서 아기는 엄마가 잠시라도 눈에 보이지 않으면 울음을 터트린다. 결국 엄마는 잠도 못 자고 자유와 친구를 모두 잃어버린 후에 내게 전화를 한다. 그리고 지금까지의 상황을 합리화하면서 마치 독실한 신도처럼 말한다. "그래도 저는 애착양육attachment parenting을 믿습니다."

물론 아이들은 안정감과 소통을 필요로 하며 자신의 감정을 이해하고 사람들의 얼굴 표정을 읽는 법을 배워야 한다. 하지만 애착양육은 때로 걷잡을 수 없는 상황으로 발전할 수 있다. 아이들은 자신을 이해해 주는 사람에게 애정을 느낀다. 하지만 아이를 항상 끼고 있다가는 십대가 되어도 함께 데리고 자야 할지도 모른다. 반면에 아무리 항상 안고 다니고 응석을 받아 준다고 해도 아이의 특성을 인정하지 않고, 귀를 기울이지 않고, 필요로 하는 것을 주지 않는다면 아이는 안전하게 느끼지 못한다. 실제로 엄마가 과보호를 하면 아이가 정서적으로 불안정해진다는 연구 결과도 있다.

아기들은 보통 7개월과 9개월 사이에 분리불안을 겪는다. 이 시기의 아기들은 기억력이 발달하면서 엄마가 얼마나 중요한지 알게 되는 동시에 엄마가 눈앞에서 사라지면 영원히 다시 못 볼 것처럼 느낀다. 하지만 엄마가 쾌활한 목소리로 아기를 안심시키고("자, 괜찮아. 엄마 여기 있다."), 약간의 인내심을 가진다면 일반적인 분리불안은 보통 한두 달 후에 사라진다.

부모가 노심초사하면서 끊임없이 아이 주위를 맴돌면 어떤 일이 일어날까? 아이는 스스로 위안하는 법을 배울 기회가 없다. 또한 부모가 항상 아기를 즐겁게 해 주려고 하면 아기 혼자서 노는 법을 배울 기회가 없다. 아이가 정상적인 분리불안을 느끼기 시작할 때 부모가 매번 아이를 구출하러 달려가면 오히려 아기가 느끼는 두려움에 부채질을 할 수 있다. 게다가 이런 부모들은 아기가 느끼는 두려움이 반영된 목소리로 초조하게 말한다. "엄마 여기 있다. 엄마 여기 있어." 이렇게 한두 주 이상 계속하면 만성적인 분리불안으로 발전한다.

대표적인 예로 9개월이 된 티아가 있다. 영국에 거주하는 티아의 엄마 벨린다는 절실하게 내 도움을 청했다. 그 가족을 만나 보니 아기의 만성적 분리불안은 심각한 상태였다. 간단히 말해 티아는 엄마 한테 매달려서 잠시도 떨어지지 않았다. 엄마가 설명했다. "우리 아기는 눈만 뜨면 내가 안고 다녀야 합니다. 혼자서는 기껏해야 2~3분 밖에 놀지 않습니다. 잠깐만 내려놓아도 집이 떠나가라고 웁니다." 엄마는 티아를 데리고 할머니 댁에 갔다가 돌아오던 날을 기억했다. 자동차 시트에 앉혀 놓자마자 티아는 울기 시작했다. 차를 세우고 달래도 소용이 없었다. "집에 도착해서 보니까 온통 토해 놓았더군요."

엄마는 친구에게 티아를 안고 있게 하고 방에서 나가는 시도를 했다. 하지만 엄마가 2분만 보이지 않아도 티아는 미친 듯이 울기 시작했다. 벨린다는 결국 굴복을 하고 평소에 하던 식으로 돌아갔다. "내가 안아 주면 언제 그랬느냐는 듯이 울음을 뚝 그칩니다."

설상가상으로 티아는 아직도 밤에 깼다. 밤에 한두 번 깨면 '양호한' 편이었다. 아빠가 도와주려고 했지만 티아는 엄마만 찾았다. 티아는 엄마 품에 안겨 있지 않으면 하루 종일 울었다. 엄마는 기진맥진 했고, 아무 일도 할 수 없었으며, 더구나 3돌이 된 큰 아이를 위한 시간을 낼 수 없었다. 더군다나 부부가 함께 평화롭고 오붓한 시간을 갖는 것은 생각할 수도 없었다.

잠시 엄마와 이야기를 나눈 뒤 엄마가 티아와 상호작용하는 것을 지켜보았다. 그리고 아기가 울면 엄마가 자기도 모르게 달려들어 '구출'을 하는 바람에 오히려 티아의 두려움을 부추기는 것을 볼 수 있었다. 엄마는 아기에게 '그래 네가 맞다. 엄마가 안 보이면 무서울 거야.'라고 말하고 있었다. 수면 문제도 있었지만 우선 심각한 분리불안부터 해결해야 했다.

나는 엄마에게 티아를 바닥에 내려놓고 싱크대 앞에서 일을 하며 계속해서 이야기를 하라고 시켰다. 그리고 방에서 나갈 때는 티아가 엄마의 목소리를 들을 수 있도록 큰 소리로 말하라고 했다. 또한 아이를 불쌍히 여기는 목소리로 말하지 말도록 했다. 대신 쾌활하고 믿

아기가 7개월에서 9개월 무렵에 엄마가 방에서 나가면 갑자기 울기 시작하거나, 낮잠과 밤잠에 문제가 생긴다면 분리불안이 시작된 것일 수 있다. 많은 아기들이 엄마와 떨어진다는 것을 처음 인식하면서 분리불안을 겪는다. 분리불안이 고질적인 문제가 되지 않으려면 다음과 같이 한다.

★ 아기가 울면 눈높이를 맞추고 말과 포옹으로 달래되 안아 올리지 않는다.
★ 아기의 울음에 편안하고 쾌활한 태도로 반응한다.
★ 아기를 걱정하는 듯한 목소리로 말하지 않는다.
★ 아기가 다소 진정되면 관심을 다른 곳으로 돌린다.
★ 수면 문제를 해결하기 위해 '퍼버법'에 의지하지 말라. 퍼버법은 아기의 믿음을 무너트리고 버림받은 기분이 들게 한다.
★ 까꿍 놀이를 해서 엄마가 잠시 보이지 않아도 다시 돌아온다는 것을 알게 한다.
★ 아기를 잠시 혼자 두고 동네를 한 바퀴 돌고 온다.
★ 집을 나설 때 배우자나 보모가 아기를 문까지 데리고 나오게 해서 인사를 나눈다. 아기가 계속 울 수 있다. 아기가 엄마에게 의존하는 것은 당연하지만 엄마가 다시 돌아온다는 것을 신뢰하도록 가르쳐야 한다.

음직한 어조를 연습하게 했다. "여기 있다. 엄마 여기 있어. 티아야. 엄마는 아무 데도 가지 않는다." 티아가 울면 안아 주지 말고 엎드려서 눈높이를 맞추라고 했다. 안아 올리지만 않으면 아기를 위로하고 보듬는 것은 상관없다. 이것은 또 다른 방식으로 '괜찮아. 엄마가 여기 있다.'라고 말하는 것이다. 그리고 일단 티아가 진정되기 시작하면 장난감을 주거나 노래를 불러 주의를 다른 데로 돌릴 수 있다.

나는 6일 후에 다시 찾아가기로 했다. 하지만 그들은 3일 만에 전화를 해서 내가 제안한 방법이 효과가 없는 것 같다고 말했다. 엄마는 전보다 더 지쳐 있었고 티아의 관심을 돌릴 방법도 더 이상 생각나지 않는다고 했다. 큰아이 재스민은 자기가 점점 더 방치되는 것처럼 느껴 엄마의 관심을 조금이라도 받아 보려고 떼를 쓰기 시작했다. 하지만 두 번째로 방문했을 때 나는 티아가 전보다 나아진 것을 볼 수 있었다. 또한 엄마가 주방에서 바쁘게 일할 때 티아가 여전히 보채는 이유를 알 수 있었다. 거실에서는 여러 가지 장난감을 갖고 놀 수 있었지만 주방에서는 보행기에만 앉아 있어야 했기 때문이다. 티아는 이미 보행기에 달린 장난감에 싫증이 났고 보행기에 앉아 있는 것을 답답해했다. 엄마와 떨어져 있는 데다 자기 마음대로 움직일 수가 없었다.

나는 주방에 놀이매트를 깔아 주고 티아가 좋아하는 장난감들을 갖다 놓으라고 제안했다. 티아는 새로 산 장난감 피아노와 전화기를 좋아했기 때문에 관심을 돌리기가 쉬워졌다. 결국 집중력 시간이 점차 길어지면서 혼자 놀 수 있게 되었다.

아직 수면 문제가 남아 있었다. 티아는 지금까지 잠을 수월하게 잔 적이 없었다. 엄마 가슴에 올려놓고 재우지 않으면 잠이 들지 않았다. 엄마는 티아가 잠이 들었다고 생각하면 일어나서 조심조심 아기를 침대로 옮겼는데, 그 침대는 부부 침실에 있었다. 낮에도 엄마와 떨어지지 않으려는 티아가 한밤중에는 어떻게 생각할까요? '내가 어떻게 여기 있지? 그 편안한 엄마 가슴은 어디 있는 거야? 엄마는 다시 돌아오지 않을 거야.'라고 생각하지 않을까요?

우리는 티아의 침대를 아기 방으로 옮기고 아빠에게 '안아주기/눕히기' 요령을 가르쳤다(284~288쪽 참고). 그리고 '안아주기/눕히기'를 할 때 계속 "괜찮다. 금방 잠이 들 거야."라고 말하게 했다. 티아는 며칠 동안 많이 울었지만 아빠는 꿋꿋이 견뎌 냈다.

며칠에 걸쳐 티아를 안심시키고 혼자 잠이 드는 법을 가르친 끝에 (6장에서 좀더 자세히 설명할 것임) 티아는 밤에 한 번만 깨게 되었고, 어느 날은 놀랍게도 한 번도 깨지 않았다. 오전과 오후의 낮잠도 수월하게 잤다. 이제 지나치게 피곤해지는 일도 없었고 분리불안은 훨씬 줄어들었다.

한 달 후에 갔을 때는 마치 다른 집에 있는 것 같았다. 엄마는 하루종일 티아를 달래느라 진땀을 빼지 않았고 재스민과 좀더 많은 시간을 보낼 수 있었다. 한때 육아에 속수무책이던 아빠는 이제 유능한 육아 팀원이 되었다. 무엇보다 그는 마침내 작은딸에 대해 알아 가고 있었다.

혼자 놀기 정서 건강의 기본

엄마들은 종종 "아기와 어떻게 놀아 줘야 하나요?"라고 묻는다. 아이에게 세상은 그 자체로 경이롭다. 아이는 부모가 무심코 어른에게 의지해서 놀게끔 만들지 않는 한 '지루해' 하지 않는다. 요즘은 흔들리고 딸랑거리고 진동하고 삑삑거리고 노래 부르고 말을 하는 장난감들 때문에 아기들이 지루해 하기보다 지나친 자극을 받고 있다. 여기서도 균형을 유지하는 것이 중요하다. 적절한 자극과 함께 평온하고 편안한 시간을 보낼 수 있도록 해 줘야 한다. 아기는 언젠가는 스스로 피곤함을 느끼는 때를 알게 되는데—물론 이것은 정서 건강에서 중요한 능력이다—처음에는 지도가 필요하다.

아기가 혼자 놀기 위해 필요한 정서를 발달시키기 위해 부모는 아이를 도와주는 것과 주변을 맴도는 것 사이에서 아슬아슬한 줄타기를 해야 한다. 아기에게 안전하게 탐험하고 실험할 기회를 마련해 주면서 동시에 오락부장 노릇을 하지 않도록 조심하자. 다음은 그 선을 지킬 수 있도록 도와주는 연령별 지침이다.

태어나서 6주까지

이 시기에 아기가 하는 일은 먹고 자는 것이다. 수유를 할 때 아기가 먹다가 잠이 들지 않도록 부드럽게 말을 걸자. 다 먹은 후에 15분 정도 깨어 있게 해서 먹는 시간과 자는 시간을 구분하게 한다. 처음에는 겨우 5분 정도 깨어 있을 테지만 점차 깨어 있는 시간이 길어질 것이다. 주로 사람 얼굴을 보면서 노는 것을 좋아한다. '활동'이라고 해야 할머니를 방문하거나 엄마 품에 안겨서 집 안에 있는 물건들이나 바깥 세상을 구경하는 정도가 전부다. 하지만 아기가 말을 알아듣는다고 생각하고 대화를 나누자. "자, 이것은 오늘 저녁에 먹을 닭고

기다." "저 밖에 있는 멋진 나무를 봐라." 선물로 받은 아름다운 그림 책들은 아껴 두자. 대신 창문 옆에 데리고 가서 밖을 보여 주거나 침 대에 누워서 모빌을 보면서 놀게 한다.

6주에서 12주까지

이제 혼자 15분 이상 놀 수 있지만 지나친 자극을 주지 않도록 조심한다. 예를 들어, '지미니 놀이 기구' 아래에 10~15분 이상 놓아두지 말자. 유아용 의자에 앉는 것을 좋아해도 진동 의자는 사용하지 말자. 가만히 앉아서 주변을 관찰할 수 있게 하자. 텔레비전 앞에 앉혀 놓는 것은 너무 자극을 주는 것이다. 세탁을 하든 요리를 하든 책상에 앉아서 이메일을 읽든 엄마는 아기에게 계속 이야기를 들려주자. 다음에 무엇을 할 것인지 설명하고 아기를 존중해 준다. ("어머니? 조금 피곤해 보이는구나.") 휴식이 좋은 것임을 알게 하자.

3개월에서 6개월까지

아기는 이제 1시간 20분 정도 깨어 있다(수유 시간 포함). 15분에서 20분 정도 혼자 놀 수 있다. 그 후에 보채기 시작하면 낮잠 잘 시간이 된 것이므로 침대에 눕히고 진정을 시킨다. 이 무렵이 되어도 아기가 혼자 놀지 못한다면 보통 임기응변식 육아로 자극에 의존하게 만들었기 때문이다. 그러면 엄마가 힘들 뿐 아니라 아이도 독립심을 배우지 못하고 정서가 불안정해질 수 있다.

과다 자극을 주지 않도록 조심한다. 이제 아기의 반응을 볼 수 있다. 미소를 짓고 우스꽝스러운 얼굴을 보여 주면 아기가 따라서 미소를 짓고 소리 내어 웃기 시작한다. 그러다가 갑자기 울음을 터트리면, '이제 나 혼자 있게 해 주거나 침대로 데려가 주세요.'라고 말하는 것이다. 머리와 윗몸을 가누고 팔을 움직여서 물건에 손을 뻗친다. 하지만 손을 입에 넣거나 귀를 잡아당기거나 얼굴을 할퀴고 찌르기도 한다. 이때 엄마가 기겁을 하고 달려가서 황급히 안아 올리면 오히려 아기를 놀라게 할 수 있다. 아기의 입장에서 보면 순식간에 땅바닥에서 엠파이어스테이트 빌딩 꼭대기로 올라가는 것과 같다. '불쌍한 우리 아기' 신드롬의 함정에 빠지지 말자(317쪽 참고). 대신 아기가 아파하는 것을 인정하면서 "그러면 안 된다! 그렇게 하면 아프단다!" 하고 설명해 준다.

6개월에서 9개월까지

이제 수유 시간을 포함해 2시간 정도 깨어 있다. 30분 이상 혼자 놀 수 있지만 자세를 바꿔 주자. 이를테면 유아용 의자에 오래 앉아 있었으면 이번에는 누워서 모빌을 보고 놀게 한다. 혼자 앉을 수 있으면 보행기에 태운다. 손으로 움직일 수 있는 장난감을 좋아한다. 또한 장난감 인형의 머리를 포함해서 아무거나 입으로 가져간다. 이제 그림책을 꺼낼 시간이 되었다. 동시를 낭송하고 동요를 불러 준다.

인과 관계를 처음으로 이해하기 시작하면서 나쁜 습관이 생길 수 있다. 6개월에서 9개월 사이의 아기가 5분에서 10분 정도 놀고 나서 안아 달라고 울면 나는 안아 주지 말라고 한다. 이때 안아 주면 아기는 무의식적으로 자신이 울면 엄마가 안아 준다고 생각하게 된다. 하지만 적어도 아직까지는 '어떻게 하면 엄마가 나를 안아 주는지 알고 있다.'라고 생각해서 꾀를 부리지는 않는다. 아기에게 달려가서 안아 올리는 대신 옆에 앉아서 안심을 시키자. "자, 자, 괜찮아. 엄마 여기 있어. 넌 혼자 놀 수 있어." 장난감을 주고 관심을 돌리자.

또한 아이가 우는 이유가 피곤하기 때문인지 주변의 지나친 자극(진공청소기, 형제들, 텔레비전, 게임기, 장난감) 때문인지 알아본다. 만일 피곤해서 우는 것이라면 침대로 데려간다. 만일 자극이 지나치다면 조용한 방에서 쉬게 하거나 밖으로 데리고 나가 이야기를 들려준다.("저 나무들 좀 봐. 정말 예쁘구나.") 종종 밖에 나가서 신선한 공기를 마시게 하자. 겨울에는 외투를 입히거나 담요로 감싸서 데리고 나간다.

이제 다른 아기들과 어울릴 때가 되었다. 실제로 아이들과 어울려 노는 것은 아니지만 놀이 그룹에 참여할 수는 있다. 아기들이 서로를 관찰하는 것은 좋은 경험이 된다. 하지만 다른 아기들과 나눠 갖거나 친해지려면 아직 좀더 기다려야 한다.

9개월에서 12개월까지

이제 독립심이 매우 커져서 적어도 45분 정도 혼자 놀 수 있고, 보다 복잡한 과제를 해결할 수 있다. 학습 능력이 비약적으로 발전한다. 기둥에 고리를 걸거나 블록을 구멍에 밀어 넣을 수 있다. 물놀이와 모래놀이 또한 훌륭한 학습 방법이다. 상자, 베개, 주방 기구 등은 재미있는 장난감이 될 수 있다. 아기가 혼자 놀 수 있게 될 무렵이면 엄마가 눈에 보이지 않아도 다시 돌아온다는 것을 알게 된다. 이 시기에는 아직 시간 개념이 없어 일단 안심을 하면 엄마가 나간 뒤 5분이 지났는지 5시간이 지났는지 잘 모른다.

어느 엄마가 "우리 아기는 혼자 놀지 않아요." 또는 "우리 아기는 나를 꼼짝도 못하게 해서 집안일을 할 수 없어요." 또는 "내가 다른 아기 근처에만 가도 난리가 납니다."라고 말하면, 나는 몇 달 전부터 임기응변식 육아가 시작되었을 거라고 추측한다. 아기가 울면 혼자 놀도록 유도하는 대신 즉시 안아 올린 것이다. 간단히 말해 아기가 독립심을 기르도록 허락하지 않았을 것이다. 집에서만 지내면서 놀이 그룹에 참여한 적이 없다면 다른 아이들을 무서워할지도 모른다.

아니면 직장 때문에 아기를 다른 사람에게 맡기는 것에 대해 죄책감을 느껴 자신도 모르게 아기를 의존적으로 만들 수 있다. 집에서 나갈 때, "미안하다. 아가야. 엄마는 일을 하러 가야 해. 엄마가 없어서 어쩌니?"라는 식으로 말하면서 죄인처럼 행동하지 말자.

만일 아기가 돌이 되도록 아직 혼자 놀지 못한다면 작은 놀이 그룹에 참여시키자. 또한 장난감을 정리할 때가 되었다. 아이들은 일단 터득한 장난감에는 흥미를 잃어버린다. 장난감에 싫증이 나면 어른에게 놀아 달라고 할 것이다. 아이가 여전히 분리불안을 갖고 있다면 독립심을 키우도록 단계적으로 훈련을 시킨다(120쪽 '달래기와 관심 돌리기' 참고). 또한 엄마 자신의 태도를 돌아보자. 엄마 대신 아기를 돌보는 아빠나 유모, 할머니를 믿을 수 있는 사람으로 인정하는가, 아니면 다른 사람은 엄마보다 못하다는 인식을 은연중에 아기에게 심고 있지 않은가? 엄마가 아이에게 유일한 보호자가 되면 결국 서로 힘들어진다.

놀이는 아기에게 중요한 일이라는 것을 기억하자. 정서 건강은 학습 능력의 바탕이 된다. 혼자 노는 시간을 점차 늘려 가는 것은 정서적 능력(스스로 즐길 줄 알고, 용감하게 탐험하고 실험하는 능력)을 훈련하는 것이기도 하다. 아기들은 놀이를 통해 물건을 조작하는 법과 인과 관계를 배운다. 또한 뭔가가 마음대로 되지 않을 때 좌절하지 않고 인내하면서 다시 도전하는 정신을 배울 수 있다. 한 발짝 뒤에서 아기가 세상에 대해 알아 가는 모습을 지켜보며 격려하면 엄마에게 "심심하다."고 조르지 않고 혼자서도 잘 노는 미래의 모험가나 학자가 될 것이다.

3장

유동식

태어나서 6개월까지 수유 문제

음식, 고마운 음식!

태어나서 6개월까지 아기는 유동식(모유나 분유, 또는 두 가지를 함께 먹이는 혼합 수유)을 먹는다. 먹는 것이 아기에게 중요하다는 것은 말할 나위도 없다. 모든 생물체는 생존하기 위해 먹어야 한다. 고객 방문 기록, 이메일, 웹사이트 게시판을 훑어보면 수면에 관한 문제 다음으로 부모들의 큰 관심사는 아기를 먹이는 문제에 관한 것이다. 그리고 지금까지 이 책을 계속해서 읽었다면 아기의 수면 문제가 먹는 문제와 관련이 있다는 것을 알고 있을 것이다. 아기들은 잘 자면 잘 먹고, 잘 먹으면 잘 잔다.

운이 좋으면 아기가 태어나서 며칠 안에 순조로운 출발을 할 것이다. 아기는 처음에는 먹는 기계여서 하루 종일 먹는다. 대부분의 아기들은 6개월 무렵에 성장 발달이 안정권에 접어들어 유동식을 덜 먹기 시작한다. 엄마들은 걱정을 한다. "3시간마다 먹던 아기가······.", "1,065cc씩 먹던 아기가 710~769cc밖에 안 먹어요." 아기는 자라는 중이다! 아기가 자라면 당연히 일과에도 변화가 온다. 4개월이 되면 E.A.S.Y.의 E가 낮 동안에 4시간 간격으로 바뀐다는 것을 기억하자 (60쪽 참고).

모유를 먹이거나 분유를 먹이거나 엄마들은 궁금한 것이 많다(특히 처음에). 우리 아기가 충분히 먹은 건지 어떻게 알 수 있죠? 배가 고픈지 아닌지 어떻게 알죠? 얼마나 먹으면 충분한 건가요? 먹은 지

1시간 후에 배가 고픈 것처럼 보이면 어떻게 하죠? 모유를 먹이면서 분유도 같이 먹이면 아기가 혼란스러워 할까요? 먹고 나서 우는 것은 무슨 이유일까요? 산통과 가스와 식도 역류는 어떻게 다르고, 우리 아기가 그런 문제를 갖고 있는지 어떻게 알 수 있죠? 이번 장에서는 이런 질문들을 포함해서 먹는 문제에 대한 부모들의 질문에 답을 할 것이다. 1장에서 소개한 공통적인 문제점들에 대해 무엇이 잘못되었는지 원인을 알아보고 해결책과 더불어 여러 가지 실전 전략과 요령을 제시하겠다.

우리 아기는 충분히 먹고 있을까?

부모들은 아기에게 얼마나 많이, 얼마나 오래 먹여야 하는지를 구체적으로 알고 싶어 한다. 134쪽의 '수유 101'은 아기가 9개월이 될 때까지의 지침이며, 이후에는 유동식 외에 여러 가지 고형식을 먹여야 한다.

맨 처음 아기를 집에 데려왔을 때 엄마들은 E.A.S.Y.의 E에서 종종 시행착오를 겪으며, 때로 2보 전진 1보 후퇴를 한다. 만일 젖병으로 먹인다면 모양과 크기가 다양한 젖꼭지들을 시도해 보고 아기 입에 가장 잘 맞는 것을 골라야 한다. 아기가 젖병으로 먹은 것을 뿜어내거나 사레들리면 내용물이 천천히 나오는—그리고 아기 스스로 흐름을 통제할 수 있

선택의 자유

수유 방법은 엄마가 선택하는 문제다. 나는 모유 수유를 원하는 여성들을 지지하고 모유의 장점을 믿지만, 힘든 것을 억지로 하는 것보다 수유 방법에 대해 신중하고 현명하게—그리고 죄책감에서 자유롭게—결정해야 한다는 의견에 찬성한다. 어떤 엄마들은 당뇨병, 항우울제 복용, 다른 신체적 이유 때문에 모유를 먹일 수 없다. 아니면 단지 모유 수유를 원하지 않을 수 있다. 엄마의 성격과 맞지 않거나 사정이 여의치 않거나 모유 공급이 원활하지 않을 수 있다. 또 어떤 엄마들은 첫아기 때 힘든 경험을 해서 다시 또 하고 싶지 않을 것이다. 이유가 무엇이든 상관없다. 요즘 분유는 아기에게 필요한 영양소를 모두 갖추고 있다.

분명 모유 수유가 널리 유행하고 있다. 《페디아트릭스Pediatrics》 잡지에서 실시한 2001년 조사에 따르면 산모의 70퍼센트가 병원을 떠날 당시에는 모유 수유를 한다. 그 중 절반 정도는 6개월이 되면 모유 수유를 중단하고 어떤 엄마들은 1년이나 그 이상 모유 수유를 계속한다. (148쪽에서는 내가 분유와 모유를 함께 먹이는 혼합 수유를 선호하는 이유를 설명하겠다.)

아기 체중이 걱정된다면

아기 체중을 매일 달아 보면서 노심초사하지 말자. 태어나서 처음 2주일 동안 10퍼센트까지 체중이 줄어드는 것은 정상에 속한다. 태내에서 탯줄을 통해 지속적으로 영양분을 섭취하다가 외부의 공급원(엄마)에 의지해야 하기 때문에 나타나는 현상이다. 하지만 다음과 같은 경우 의사의 검진을 받거나, 만일 모유 수유를 하고 있다면 수유 상담사에게 조언을 구하자.

★ 출생 때보다 체중이 10퍼센트 이상 줄어들었다.
★ 2주 이내에 출생 때 체중으로 돌아가지 않는다.
★ 2주 동안 출생 때 체중에 머물러 있다(발육부진).

는—것으로 바꿔야 한다. 모유를 먹인다면 아기가 제대로 빨고 있는지, 모유가 충분히 나오는지 확인해야 한다. 모유든 분유든 갓난아기를 먹이는 것은 쉽지 않다.

엄마들의 최우선 관심은 "우리 아기가 충분히 먹고 있는가?" 하는 것이다. 한 가지 확실한 방법은 체중 증가를 살피는 것이다. 영국에서는 산모가 퇴원할 때 체중계를 주면서 3일에 한 번씩 아기 체중을 재라고 한다. 일반적으로 아기의 체중은 하루에 14g에서 57g까지 증가한다. 아기의 체격이 원래 작을 경우는 하루에 7g밖에 증가하지 않기도 한다. 하지만 가장 확실한 것은 정기적인 검진을 받는 것이다.(왼쪽 상자글에서 위험 신호에 대해 알아보자.)

아기들의 체중 증가는 정해져 있는 것이 아니다. 성장발육표는 평균적인 아이들을 위해 만들어진 것임을 기억하자. 실제로는 더 큰 아기도 있고 더 작은 아기도 있다. 1950년대에 처음 만들어진 오래된 성장발육표는 분유를 먹는 아이들을 기준으로 한 것이다. 모유를 먹는 아기들은 적어도 처음 6주 동안은 분유를 먹는 아기들만큼 체중이 많이 늘지 않는다. 분유는 영양분이 일정하지만 모유는 엄마의 건강 상태와 먹는 음식에 따라서 분유보다 지방이 적을 수 있다. 반대로 엄마가 탄수화물을 충분히 먹지 않으면 모유에 지방이 많아진다. 또한 출생 때 체중이 2.7kg이 되지 않았다면 다른 아기들보다 체중 증가가 더딜 것이다.

1장에서 설명한 것처럼, 더 작은 아기들은 조금씩 먹기 때문에 처음에는 더 자주 먹어야 한다. 57쪽에 나오는 '체중별 E.A.S.Y.' 표에서 출생 때 체중을 따른답시고 아기를 무조건 많이 먹이려고 하지 말자. 미숙아나 2.9kg 미만의 아기들은 배가 작아서 한 번에 많이 먹을 수 없으므로 2시간마다 먹어야 한다. 이들 아기가 먹는 모유나 분유와 동일한 양의 물을 비닐봉지에 채우면 아마 30~59cc 정도가 될 것이다. 이 봉지를 아기의 배 곁에 대어 보자. 더 이상 들어갈 자리가 없다는 것을 알게 될 것이다. 3.2kg 아기와 똑같이 먹기를 기대하지 말자.

물론 출생 때 체중과 관계없이 아기는 하루가 다르게 먹는 양이 늘어날 것이다. 또한 아기 때 성장 발달과 활동량을 감안해야 한다. 1개월이 된 아기를 4개월이 된 아기와 비교하지 말자!

이 표는 일반적인 지침이라는 것을 기억하자. 어느 날 밤잠을 잘 자지 못했거나 자극이 지나쳤거나 하는 요인들이 아기의 식욕에 영향을 줄 수 있다. 아기도 어른처럼 어떤 날은 다른 날보다 배가 더 고프고 더 많이 먹는다. 어떤 날은 피곤하거나 입맛이 없어서 덜 먹는다. 한편 보통 6주에서 8주 사이에 나타나는 급성장기(158쪽 참고)에는 더 많이 먹을 것이다. 또한 연령별로 나누는 것은 큰 의미가 없다. 만삭아라도 6주 아기가 8주 아기, 4주 아기와 먹는 양이 같을 수 있다.

다음은 어느 엄마가 나의 웹사이트 게시판에 올린 글이다. 괄호 안의 글은 내가 하는 말이다!

♥ 우리 아들 해리는 지금 6주이고 5.1kg입니다. 3시간 간격으로 분유 177cc를 먹고 있습니다. 그런데 너무 많이 먹는 거라고 하네요.(누가 그랬는지 궁금하군요. 친구들, 옆집 아줌마, 슈퍼마켓 점원? 설마 의사라고는 말하지 않겠죠?) 체중과 상관없이 많이 먹어야 946cc라고 말입니다.(어떻게 아기 체중을 고려하지 않을 수 있을까요?) 그런데 우리 아기는 1,124~1,183cc를 먹고 있습니다. 해리가 음식으로 위안을 삼지 않도록 하려면 어떻게 해야 하나요?

이 엄마는 다른 사람들의 말에 지나치게 귀를 기울이고 있다. 아기가 음식으로 위안을 삼지 않도록 해야 한다는 생각은 옳지만, 엄마는 친구들이 아니라 아기에게 귀를 기울여야 한다. 내가 보기에 해리에게 1,124~1,183cc는 그렇게 많은 양이 아니다. 출생 때 체중이 얼마였는지는 모르지만 성장발육표와 비교하면 지금 체중은 75퍼센트 정도 더 나가는 것 같고, 그 정도 체격이면 누군가 엄마에게 말한 것보다 177~237cc 더 먹어도 충분히 소화를 할 수 있다. 그리고 수유 간격이 3시간이므로 아기가 깨작거리는 것은 아니다(137쪽 상자글 참고). 아마 8주가 가까워지면 237cc온스씩 먹을 수도 있다. 또한 좀더 일찍 고형식을 먹어야 할지도 모른다(191쪽 상자글 참고). 이 엄마에게 나는 이렇게 말하겠다. "엄마와 아기는 지금 잘 하고 있습니다. 다른 사람들 말은 더 이상 듣지 마세요!"

결론은 아기를 보라는 것이다. 책과 표(134쪽에 있는 표를 포함해서)에는 평균적인 숫자가 나온다. 엄마들은 숫자와 다른 사람들의 의견에 너무 매달려서 때로 판단력을 잃어버릴 수 있다. 모든 규칙에는 예외가 있듯이 어떤 아기는 좀더 느리게 먹거나 빠르게 먹을 수도 있고, 좀더 많이 먹거나 적게 먹을 수 있다. 어떤 아기는 좀더 튼튼하고 어떤 아기는 좀더 약하다. 수유 간격이 3시간이고 체중이 75퍼센트나 더 나가는 아기라면 당연히 좀더 먹어야 하지 않겠는가? 수유 간격이 3~4시간이라면 먹는 양에 대해서는 크게 걱정하지 않아도 된다. 아기에게 귀를 기울이고 일반적인 경우와 비교해서 아기가 서 있는 위치를 가늠한다면 각자 자신의 아기에게 무엇이 최선인지 알게 될 것이다. 자신감을 갖자!

배를 채워서 재우기

아기가 충분히 먹도록 하는 한 가지 방법은 밤 11시 이전까지 낮에 먹는 양을 늘리는 것이다. 내가 '배를 채워서 재우기'라고 부르는 방법으로 아기를 배불리 먹여서 밤에 깨지 않고 더 오래 자도록 하는 것이다. 이 방법은 아기가 2~3일 동안 평소보다 더 많이 먹는 급성장기에도 필요하다(158~163쪽 참고).

배를 채워서 재우기는 두 부분으로 구성된다. 초저녁인 5시와 7시, 6시와 8시에 2시간 간격으로 하는 집중 수유와 10시와 11시 사이에 하는 꿈나라 수유다. 꿈나라 수유는 말 그대로 자고 있는 아기를 먹이는 것이다. 아기에게 말을 걸지도 말고 불을 켜지도 말자. 아기 입에 젖꼭지를 넣고 흔들어서 빠는 반사를 유도해야 하므로 젖병을 사용하는 것이 더 쉽다. 모유 수유를 한다면 젖을 물리기 전에 엄마 새끼손가락이나 노리개젖꼭지로 아기 아랫입술을 건드려서 빨기 반사를 자극한다. 꿈나라 수유가 끝나면 트림을 시키지 않고 그대로 재운다.

나는 아기를 병원에서 데려오는 날부터 배를 채워서 재우기를 권하지만 처음 8주 내에는 언제라도 시작할 수 있으며, 꿈나라 수유는 7~8개월까지 할 수 있다(7~8개월에는 177~237cc씩 먹고 고형식도 꽤 잘 먹는다). 집중 수유가 어려우면 꿈나라 수유에 초점을 맞춘다. 예를 들어, 6시에 수유를 하고 목욕과 취침의식을 한 뒤 7시에 또 먹이면 아마 몇 cc밖에 먹지 않을 것이다. 그리고 10시에서 11시 사이에 (만일 엄마나 아빠가 평소에 이때까지 자지 않는다면) 꿈나라 수유를 하고 이후에는 먹이지 않는다. 하루 이틀 해 보고 안 된다고 포기하지 말자. 3일 이내에 버릇을 고치기는 어려우며, 1주일까지 걸릴 수 있다. 이 문제에서는 기적이 일어나지 않으므로 인내심이 관건이다.

수유 101

이 수유 표는 출생 때 체중이 2.7~2.9kg 이상인 아기를 위한 것이다. 또한 모유 수유를 하고 있다면 다른 문제가 없다는 것을 전제로 하고 있다. 미숙아의 경우에도 이 표를 참고할 수 있지만 예정일을 감안해서 생각해야 한다. 예를 들어, 1월 1일이 예정일이었는데, 12월 1일에 태어났다면 1개월을 늦춰서 생각해야 한다. 출생 때 체중이 더 적었다면 나이가 아니라 체중을 고려하자.

연령	분유 수유를 한다면 얼마나 많이?	모유 수유를 한다면 얼마나 오래?	얼마나 자주?	평가
처음 3일까지	2시간 간격으로 59cc(총 473~532cc)	첫날 : 5분씩 둘째 날 : 10분씩 셋째 날 : 15분씩	첫날 : 아기가 원할 때마다 하루 종일 둘째 날 : 2시간 간격 셋째 날 : 2시간 30분 간격	모유 수유를 한다면 첫 3일 동안 모유가 나오도록 하기 위해서 좀더 자주 수유를 해야 한다. 넷째 날에는 한쪽 수유로 바꾼다 (142쪽 참고).
6주까지	59~148cc씩 (하루 7~8번 수유. 총 532~710cc)	45분까지	낮에는 2시간 30분에서 3시간 간격. 초저녁에 집중 수유(133쪽). 밤에는 아기의 체중과 기질에 따라 4~5시간까지 잘 수 있다.	처음에는 모유 수유 아기가 분유 수유 아기보다 자주 먹는다. 모유 수유에 문제가 없다면 보통 3~4주경에는 수유 간격이 같아진다.
6주에서 4개월까지	118~177cc씩(6번 수유. 꿈나라 수유. 총 710~946cc)	30분까지	3시간~3시간 30분 간격. 16주가 되면 밤에 6~8시간 깨지 않고 잘 수 있다. 8주가 지나면 집중 수유를 중지한다.	4개월이 되면 낮 동안 수유 간격을 4시간으로 늘린다. 하지만 급성장기에 있고 모유 수유를 한다면 '배를 채워서 재우기'(133쪽)나 잠시 3시간 일과로 돌아가는 것이 필요할 수 있다.
4~6개월	148~237cc씩(5번 수유. 꿈나라 수유. 총 769~1,124cc)	20분까지	4시간 간격. 밤에 10시간까지 깨지 않고 잘 수 있다.	4~6개월 사이에는 젖니가 나오고 움직임이 활발해져서 식욕이 달라질 수 있으므로 아기가 덜 먹는다고 해도 놀라지 말자.

연령	분유 수유를 한다면 얼마나 많이?	모유 수유를 한다면 얼마나 오래?	얼마나 자주?	평가
6~9개월	고형식을 포함해서 하루 5번 먹는다. 유동식은 총 946~1,420cc를 먹는다. 고형식을 먹기 시작하면 같은 양만큼 유동식 섭취를 줄인다. 예를 들어, 유동식을 1,183cc 먹었으면 이제 444cc의 고형식과 739cc의 유동식을 먹는다. 주의 : 고형식 2큰술=유동식 30cc. 과일이나 야채를 으깨서 만든 유아식 2큰술=118cc 병의 1/4	고형식을 먼저 주고 다음에 10분 동안 분유나 모유를 먹인다. 이 무렵에는 유동식을 매우 빨리 먹어 10분이면 예전에 30분 동안 먹은 양보다 더 많이 먹을 수 있다.	7:00 유동식(148~237cc, 분유나 모유) 8:30 고형식 아침 식사 11:00 유동식 12:30 고형식 점심 식사 3:00 유동식 5:30 고형식 저녁 식사 7:30 자기 전에 모유나 분유	어떤 아기는 처음에 고형식에 잘 적응하지 못한다. 만일 콧물이 나오고 뺨이 붉어지고 엉덩이가 짓무르고 설사를 한다면 음식 알레르기일 수 있으므로 소아과 의사에게 검진을 받는다. 젖니가 나오는 중이 아니라도 침을 흘릴 수 있다. 4개월 무렵에 침샘이 발달하면서 침을 흘리기 시작한다. 고형식을 먹기 시작하면 (4장 참고) 유동식 먹는 양이 줄어든다. 고형식 59cc를 더 먹을 때마다 유동식 59cc를 줄인다.

태어나서 6주까지 식습관 문제

아기가 체중이 늘고 있어도 첫 6주 동안 음식과 관련해서 다른 문제들이 생길 수 있다. 다음은 이 시기에 부모들이 흔히 이야기하는 문제점들이다.

- 우리 아기는 먹다가 잠이 들고 1시간만 지나면 다시 배가 고픈 것 같다.
- 우리 아기는 2시간마다 먹으려고 한다.
- 우리 아기는 하루 종일 젖을 찾고 계속 배가 고픈 것 같지만 매

번 조금씩밖에 먹지 않는다.

●우리 아기는 먹다가 울거나 먹고 나서 운다.

이런 식습관과 관련된 문제들은 아기의 출생 때 체중에 알맞는 일과에 따라 먹이면 대부분 해결된다. 또한 배가 고파서 우는 울음과 다른 이유로 우는 울음을 구분하는 법을 배워서 아기가 '깨작거리지' 않고 한 번에 충분히 먹도록 유도하는 것이 중요하다. 식도 역류, 가스, 산통과 같은 문제가 있다면 너무 많이 먹여서 증상을 악화시키지 않도록 해야 한다.

산모들은 잠이 부족해 문제점을 분명하게 판단하여 적절한 조치를 취하기는 쉽지 않다. 이제부터는 아기에게 어떤 일이 일어나고 있고, 또 어떻게 해야 하는지를 분명히 알기 위해, 내가 부모들에게 어떤 질문을 하고, 또 어떤 방법을 제안하는지 설명하겠다.

아기의 출생 때 체중은 얼마였는가?

나는 엄마들에게 항상 아기의 출생 때 체중과 분만 도중이나 직후에 어떤 일들이 있었는지 묻는다. 만일 아기가 미숙아나 저체중아였다거나 다른 건강상의 문제가 있었다면 2시간마다 수유를 해야 할 것이다. 반면 출생 때 체중이 2.9kg 이상인데, 수유 간격이 2시간을 넘지 못한다면 뭔가 다른 문제가 있는 것이다. 한 번에 충분히 먹지 않고 아무 때나 조금식 먹는 '깨작이'(137쪽 상자글 참고)가 되고 있을지 모른다.

분유를 탈 때는 사용법을 지킬 것!

나는 젖병에 분유를 추가로 넣는 엄마들을 알고 있다. 분유를 진하게 타서 아기에게 갑절의 영양분을 주고 싶은 것이다. 그래서 물 59cc에 1순가락이 아니라 2순가락을 넣는다. 하지만 분유는 사용법에 따라 타야 한다. 물이 적으면 아기가 설사를 하거나 변비에 걸릴 수 있다.

분유 수유인가, 모유 수유인가?

분유 수유를 하면 아기가 얼마나 먹고 있는지 눈으로 볼 수 있다. 아기 체중이 2.9kg 이상이고, 분유를 59~148cc씩 먹고 있는데도 1시간 후에 다시 배가 고픈 것처럼 보인다면 십중팔구는 단지 빨고 싶어 하는 것이다. 노리개젖꼭지를 물리자. 그래도 여전히 배가 고픈 듯이 보이면 한 번에 충분히 먹지 않는 것이다.

모유 수유를 한다면 수유 시간으로 먹는 양을 짐작하는 수밖에 없다. 6주까지는 대부분 적어도 매번 15~20분 정도 먹는다. 그보다 적게 걸린다면 아마 깨작거리는 습관이 든 것이다. 아기가 제대로 빨고 있는지, 그리고 모유 공급이 충분한지 확인한다(모유 수유에 대한 자세한 정보는 141~150쪽 참고).

얼마나 자주 먹는가?

체중이 평균 이상이면 처음에 2시간 30분에서 3시간 간격으로 먹여야 한다(또한 저녁에 배를 채워서 재운다. 133쪽 참고).

"우리 아기는 1시간이 멀다 하고 배고파 한다."는 것은 수유 시간이 너무 짧거나, 한 번에 충분히 먹지 않는 것이므로 좀더

우리 아기는 깨작이?

깨작이는 아기가 한 번에 충분한 양을 먹지 않고 조금씩 먹는 습관을 말한다.

♥ 무엇이 원인인가?
만일 규칙적인 일과를 지키지 않는다면 아기의 빨고 싶은 욕구를 배가 고픈 것과 혼동할 수 있다. 그래서 중간에 노리개젖꼭지를 주지 않고 엄마젖이나 젖병을 준다. 이런 일은 태어나서 6주 사이에 시작되며, 아기에게 습관이 들리면 몇 달 동안 지속될 수 있다.

♥ 어떻게 알 수 있나?
체중이 2.9kg 이상이지만 수유 간격이 2시간 30분~3시간이 되지 않거나 분유를 몇 cc밖에 안 먹거나 모유를 10분 이상 빨지 않는다.

♥ 어떻게 해야 하나?
아기가 제대로 젖을 빨고 있는지, 모유 공급이 충분한지(144~145쪽 참고) 확인해서 문제점을 해결한다. 그리고 한 번에 한쪽 가슴을 완전히 비울 때까지 먹여서 나중에 나오는 영양이 풍부한 모유를 먹게 한다(143쪽 참고). 만일 아기가 2시간 후에 울기 시작하면 노리개젖꼭지를 물린다. 첫날은 10분, 둘째 날은 15분, 점차 수유 간격을 조금씩 늘려 간다. 이렇게 하면 모유 공급도 늘어난다. 3~4일 후에는 잘 먹는 아기가 될 것이다. 특히 6주 이내에 이렇게 하면 쉽게 문제가 해결된다.

먹여야 한다. 분유를 먹인다면 해결 방법은 간단하다. 수유할 때마다 30cc씩 더 먹인다. 만일 모유를 먹인다면 엄마젖이 부족하거나 아기가 제대로 빨지 못하는 것이다. 또한 아기가 제대로 빨지 않으면 2~3주에 걸쳐서 점차 모유 양이 줄어들 수 있다. 만일 아기가 10분 동안만 먹는다면 엄마의 몸은 그 이상의 모유가 필요하지 않다고 판단해서 공급을 계속 줄이다가 결국은 중단한다(모유 공급에 대해서는 141~150쪽 참고). 또한 아기가 급성장기여서 그럴 수도 있지만 대개 첫 6주 전에는 일어나지 않는다(158~163쪽 참고).

얼마나 오래 먹는가?

태어나서 6~8주까지 평균 체중의 아기가 먹는 시간은 20~40분이다. 예를 들어, 10시에 먹기 시작하면 10시 45분에는 끝나고 11시 15분이 되면 잠자리에 들어서 1시간 30분 정도 잠을 잔다. 분유를 먹는 아기도 먹다가 잠이 들 수 있지만 체중이 2.9kg 이상이 되면 먹다가 잠이 드는 일이 줄어든다. 모유를 먹는 아기들은 수유를 시작해서 10분 정도 지나면 잠이 드는 경향이 있는데, 그 이유는 수면제 효과가 있는 호르몬인 옥시토신이 풍부한 모유가 전반부에 나오기 때문이다(143쪽 상자글 '만일 모유에 성분표를 붙인다면?' 참고). 미숙아와 황달에 걸린 아기도 먹다가 잠이 드는 경향이 있다. 이런 아기들은 잠을 충분히 자는 것이 절대적으로 중요하지만 그래도 깨워서 먹여야 한다.

아기가 가끔씩 먹다가 잠이 든다고 해서 세상이 끝나는 것은 아니다. 하지만 먹다가 잠이 드는 경우가 3번 이상 연속되면 깨작이가 될 가능성이 있다. 또한 아기가 빠는 것을 자는 것과 연결하게 되면 혼자 자는 법을 배우지 못한다. 또한 규칙적인 일과가 어려워진다.(모유 수유 아기들에게 이러한 악순환이 어떤 식으로 진행되는지는 146~149쪽 참고)

먹은 후에는 단 5분이라도 깨어 있게 하자. 손바닥을 살살 문지르거나(발은 간질이지 말고), 똑바로 앉혀 놓는다(인형처럼 눈을 동그랗게 뜰 것이다). 아니면 아기를 눕히고 기저귀를 갈아 주거나 몇 분 동안 말을 건넨다. 팔을 둥글게 돌리고 다리를 잡아서 자전거 타기 운동을 시킨다. 이렇게 10~15분 정도 아기를 깨워 두면 그동안 옥시토신이 분해가 된다. 그 다음에 E.A.S.Y의 S 부분으로 옮겨 간다. 그리고 다음 수유에서 다시 시도한다. 인내심을 갖자. 우리는 아기에게 잘 먹는 법을 가르쳐야 한다.

여기서 문제는 엄마들이 아기가 안쓰러워 깨우지 않는 것이다. "아기가 피곤한 것 같은데, 그냥 자게 해야겠다. 어제 밤새 잠을 제대로 못 잤으니 졸릴 만도 하다." 아기가 왜 밤새 잠을 자지 못할까? 낮 동안에 먹지 못한 음식을 보충해야 하기 때문이다. 만일 이런 식으로 계속하면 아기는 깨작이가 되고 4개월이 되어도 밤새 깨지 않고 자는 것이 어려워진다.

수유 시간 외에 빠는 시간을 주고 있는가?

아기들은 특히 처음 3달 동안은 빠는 시간이 필요하다. 나는 많은 엄마들이 노리개젖꼭지를 사용하는 것을 꺼림칙하게 생각한다는 것을 알고 있다. 나도 물론 2돌이 된 아이가 노리개젖꼭지를 물고 걸어 다니는 것을 보고 싶지 않다. 하지만 우리는 지금 갓난아기에 대해 이야기하고 있다. 노리개젖꼭지 사용(255쪽 참고)은 아기가 엄마젖(또는 젖병)에 매달리지 않게 해 준다. 수유 시간 외에 노리개젖꼭지를 물리면 수유 간격이 점차 늘어나면서 깨작이가 되지 않는다. 또한 엄마젖을 다 비우고도 더 빨고 싶어서 기웃거리지 않게 된다.

먹은 후에도 아기가 자꾸 우는가?

배가 고픈 아기는 수유를 하면 울음을 그친다. 원하는 것(음식)을 구한 것이다. 그래서 수유 도중이나 직후에 우는 것은 배가 고파서 우는 것이 아니다. 뭔가 다른 문제가 있는 것이다. 모유가 잘 안 나와서 짜증을 내는 것일지도 모른다. 만일 모유가 잘 나오고 있다면 어디가 아프거나 가스가 찼거나 식도 역류(153~156쪽 참고)가 있을 수 있다.

아기 활동 시간은 얼마나 되는가?

지금 우리는 6주 전의 아기에 대해 이야기하고 있다는 것을 기억하자. 이 시기에 특히 작은 아기들은 먹고 나서 5~10분밖에 깨어 있지 못한다. 로렌은 출생 때 체중이 평균에 못 미치는 2.7kg이었고 이제 3주가 되었는데, 엄마는 아직도 어쩔 줄 모르고 있었다. "며칠 동안 E.A.S.Y. 일과를 시도했습니다. 하지만 우리 아기는 10분 만에 모유 수유가 끝납니다. 그리고 30분쯤 놀다가 지쳐서 잠을 잡니다. 그리고 20~30분 만에 다시 깨어납니다. 겨우 1시간 30분이 지났는데, E.A.S.Y. 일과에 따라 또 먹여야 하는지요?"

베이비 위스퍼러로서 당신의 능력을 시험해 보자. 이 엄마의 이야기를 들어 보면 아기 로렌이 충분히 먹고 있지 않다는 것을 알 수 있다. 엄마는 모유 수유를 하고 있으므로 모유가 잘 나오고 있는지 산출을 해 볼 필요가 있다(144~145쪽 참고). 또한 30분의 활동 시간은 3주밖에 안 된 아기에게 너무 길다. 아기가 지치는 것은 당연하다. 하지만 지쳐서 잠이 들어도 배가 고파서 20~30분 후에 다시 깨어날 것이다. 어른이라고 생각해 보자. 버터 바른 빵 한 조각만 먹고 러닝머신 위에서 뛰고 나면 배가 고파서 잠이 잘 오지 않을 것이다. 로렌도 마찬가지다. 충분히 먹지 않아서 배가 비었기 때문에 제대로 낮잠을 자지 못하는 것이다. 로렌의 경우는 원점으로 돌아가서 수유 시간을 늘리고 깨어 있는 시간을 줄여야 한다. 그러면 좀더 많이 먹고 더 오래 잘 것이다.

모유 수유 엄마가 경계해야 할 것
잘못된 젖 물리기와 부족한 모유

여성의 몸은 신비롭다. 건강한 여성이 임신을 하면 모유를 생산하기 위한 준비에 들어가서 출산 후에는 모든 신체 구조가 아기가 필요로 하는 영양을 공급할 수 있게 된다. 이것은 자연적인 과정이지만 모든 여성과 아기가 즉시 모유 수유에 적응하는 것은 아니다. 많은 여성이 어려움을 겪는다. 병원에서 모유 수유 상담을 받은 산모도 집에 오면 애를 먹는다.

첫 6주 동안―공식적인 '산후 조리 기간' 동안―엄마들이 도움을 호소하는 소위 모유 수유 문제는 보통 아기가 엄마젖을 제대로 빨지 못하는 것과 모유 공급이 부족한 문제로 압축이 된다. 이 두 가지 문제는 물론 서로 관련이 있다. 아기가 야무지게 젖꼭지를 물고 빨기 시작하면 엄마의 몸은 뇌로 신호를 보낸다. '아기가 배가 고프다. 부지런히 모유를 생산하라.' 이 메시지가 전달되지 않으면 모유 공급이 부족해진다.

'수유 101'(134쪽 참고)에서 보듯이, 처음 며칠 동안 엄마젖은 초유를 분비한다(143쪽 상자글 참고). 아기에게 초유를 최대한 많이 먹이기 위해서는 첫날은 수시로 양쪽 가슴을 5분씩 물린다. 둘째 날에는 2시간마다 양쪽 가슴을 10분씩, 그리고 셋째 날에는 2시간 30분마다 15~20분씩 먹인다. 아기가 초유를 먹을 때는 빠는 데 힘이 많이 든다. 초유는 진해서 작은 구멍으로 꿀이 지나가는 것과 같다. 2.7kg이 되지 않는 아기들은 특히 더 힘들 것이다. 하지만 처음에 자주 빨게 하는 것이 중요하다. 모유가 빨리 나올수록 유방 울혈(젖몸살)이 생길 가능성이 적어진다.

일단 모유가 돌면 한쪽 수유를 한다

아기가 한쪽 가슴을 다 비우면 다른 쪽으로 바꾼다. 나는 엄마젖을 10분마다 번갈아 가면서 먹이라는 의견에 동의하지 않는다. 그 이유는 상자글을 참고하자. 모유는 세 부분으로 구성된다. 모유를 젖병에 담아서 30분 동안 놓아두면 바닥에 물과 같은 액체가 가라앉고, 중간에는 푸르스름한 흰 액체가, 그리고 진하고 노란 크림 같은 물질이 위로 떠오르는 것을 볼 수 있다. 수유를 시작하면 처음 10분 동안 물젖이 나온다. 그래서 10분 후에 젖을 바꾸면 옥시토신 때문에 아기는 잠이 올 뿐 아니라 물젖만 2배로 먹게 된다. 즉, 다음에 나오는 영양이 풍부한 크림 같은 부분을 못 먹는 것이다. 양쪽을 번갈아서 먹이는 엄마들은 '수프'만 주고 주 요리는 내놓지 않는 것과 같다. 그래서 아기는 1시간만 지나면 다시 배가 고프고 결국 깨작이가 된다. 또한 먼저 나오는 모유에는 복통을 일으킬 수 있는 유당이 많아서 소화가 잘 안 된다.

어느 쪽이더라?

어떤 엄마들은 묻는다. "먼젓번에 어느 쪽 가슴으로 먹였는지 자꾸 헷갈립니다. 어떻게 하죠?"
잠이 부족한 산모가 어떻게 모든 것을 다 기억하겠는가? 안전핀을 옷이나 수유 브라에 꽂아서 표시를 하자. 또한 나는 일지를 기록해서 어느 쪽으로 얼마나 오래 먹였는지 기록하라고 제안한다. 일지를 보면 문제가 생겼을 때 무슨 일이 일어나고 있는지 좀더 분명히 알 수 있다.

아기가 젖꼭지를 제대로 물고 있는지 확인한다

둥글고 작은 일회용 반창고를 한 박스 산다. 직경이 2.5센티미터 정도 될 것이다. 수유를 하기 전에 젖꼭지 위로 2.5센티미터 거리에 하나를 붙이고 아래쪽으로 2.5센티미터 거리에 또 하나를 붙여서 '과녁'을 만든다. 단단한 베개나 특별히 모유 수유를 위해 만든 쿠션으로 받치고 아기를 가슴과 같은 높이로 안아서 아기가 목에 힘을 주지 않도록 한다. 위쪽 과녁에 엄지손가락, 아래쪽 과녁에 집게손가락을 놓고 젖을 누른다. 젖꼭지를 아기 입에 살짝 밀어 넣는다. 거울에 비춰 보거나 배우자나 친정어머니(모유 수유를 한 적이 없어도)나 친구에게 아기가 제대로 젖을 물고 있는지 봐 달라고 한다. 아기 입술이 젖꼭지와 젖꽃판 주위를 감싸고 있어야 한다. 젖을 제대로 물지 않으면 아랫입술이 입 안으로 말려 들어가거나 젖꼭지 끝만 물게 된다. 만일 엄마 손가락이 과녁에 놓이지 않으면 아기 입에 젖꼭지가 완전히 들어가지 않을 수 있다.

아기가 젖을 제대로 빨지 못하고 있다는 것을 알 수 있는 가장 확실한 신호는 엄마의 몸에서 찾을 수 있다. 나는 모유 수유를 하는 엄마들이 젖꼭지가 짓물러서 피가 나는데도 젖을 먹이기 위해 사투를 벌이는 것을 보았다. 엄마들은 아기를 위한 것이기에 참아야 한다고

만일 모유에 성분표를 붙인다면?

분유는 성분표를 보면 무엇이 들어 있는지 알 수 있다. 하지만 모유는 아기가 자라면서 성분이 변한다. 모유의 성분은 다음과 같다.

★ 초유 : 첫 3~4일 동안 아기는 노란색 스포츠 음료처럼 진하고 노란 초유를 먹게 된다. 아기 건강에 필요한 모든 항체들이 들어 있다.

★ 물젖 : 처음 5~10분 동안 유당의 함유량이 높으면서 갈증을 해소해 주는 물젖이 나온다. 또한 수면제와 같은 효과가 있는 옥시토신이 풍부하다. 그래서 아기(엄마도 같이)가 10분 정도 먹다가 잠이 들기도 한다.

★ 전반부 : 5~10분 후에 나오는 모유는 고단백이므로 뼈와 두뇌 발달에 좋다.

★ 후반부 : 15~18분이 지나면 지방이 풍부하고 걸쭉한 모유가 나온다. 칼로리가 높아서 아기의 몸무게를 늘려 준다.

생각한다. 아마 세상에서 가장 훌륭한 엄마가 되고 싶을 것이다. 하지만 안타깝게도 그것은 아기가 제대로 먹지 못하고 있다는 신호다. 모유 수유가 올바르지 않으면 엄마 몸에 이상이 나타난다. 처음 2~3일 동안 젖꼭지가 약간 아픈 것은 정상이지만 점점 더 심해지면 뭔가 잘못된 것이다. 아기가 젖을 빨 때 통증을 느낀다면 젖을 잘못 물리고 있는 것이다. 젖꼭지에 물집이 생기면 엄마의 손 위치가 잘못된 것이다. 몸이 아프거나—열, 오한, 식은땀이 나고—가슴에 어떤 식으로 통증이 있거나 부어오르는 것은 모두 문제가 있다는 신호다. 유방 울혈이 생기거나 유관이 막히면 유선염으로 발전할 수 있다. 만일 열이 나거나 그 외의 증세가 1주일 이상 계속되면 의사의 도움을 구하거나 수유 상담사에게 젖 물리는 법을 배우도록 한다.

출생 때 체중이 2.7kg 미만이었다면 첫 4일이 지난 후에도 자주 먹인다

아기가 작으면 모유 공급에 문제가 생기기 쉽다. 엄마의 몸은 2.9kg 이상의 아기를 먹이도록 되어 있기 때문이다. 아기가 충분히 강하게 빨지 못하거나 충분히 먹지 않으면 엄마의 몸은 거기에 맞춰서 모유 공급을 줄인다. 해결 방법은 2시간마다 수유를 해서 아기 체중도 늘리고 모유도 잘 돌게 하는 것이다. 나는 아기가 미숙아나 2.3kg 미

모유 공급을 늘리는 방법

요령은 젖짜기를 하거나 아기에게 빨려서 젖샘을 자극하는 것이다.

★ 젖짜기를 원하지 않으면 : 며칠 동안 아기에게 2시간마다 젖을 물려서 모유가 돌게 한다. 아기가 빨면 젖샘이 자극이 되어 뇌에 모유를 생산하라는 신호가 전달된다. 아기가 적절한 양을 먹고 있다면 수유 간격은 2시간 30분~3시간까지 갈 수 있다. 만일 4일 이내에 저절로 수유 간격이 늘어나지 않으면 아기가 깨작이가 되고 있는 것은 아닌지 확인하자 (137쪽 참고).

★ 젖짜기를 하는 방법 : 수유 직후나 1시간 정도 후에 젖짜기를 해서 젖을 완전히 비운다. 아기가 2시간 간격으로 먹고 있다면 먹고 나서 젖짜기를 하라는 것이 이상하게 들릴 수 있다. 하지만 젖짜기를 해서 젖을 완전히 비우면 엄마 몸에 모유를 좀더 생산하라는 신호를 보낼 수 있다.

위의 두 가지 방법 중 어느 쪽을 선택하든지 3일 후에는 모유 공급이 증가할 것이다.

만의 저체중아, 또는 다른 건강상의 문제로 계속 입원을 하고 있더라도 엄마가 수유 중간에 젖을 짜서 모유의 양이 줄어들지 않도록 하라고 제안한다(144쪽 상자글 참고). 힘들지만 모유 수유를 계속하기 위해서는 어쩔 수 없다.

모유 공급에 대해 걱정이 된다면 산출량을 알아본다

아기가 깨작거리고 있는 것인지, 모유가 잘 나오고 있는지 모른다면 나는 '산출'을 해 보자고 제안한다. 하루 한 번, 수유를 하기 15분 전에 젖을 짜서 얼마나 나오는지 알아본다. 젖을 짜서 59cc가 나오면 아기가 89cc를 먹고 있다고 생각할 수 있다.(아기가 빨면 짜는 것보다 많이 나온다.) 그리고 짜낸 모유는 젖병에 넣어서 마저 먹인다.

엄마가 충분히 자고 잘 먹는다

분유의 장점은 구성 성분이 한결같다는 것이다. 하지만 모유는 엄마의 생활 방식에 따라 달라질 수 있다. 엄마가 잠을 너무 적게 자면 모유의 공급량뿐 아니라 칼로리까지 줄어든다. 물론 엄마가 먹는 음식도 관계가 있다. 수분 섭취를 2배로 늘여서 하루에 물이나 음료를 16잔 정도 마시자. 엄마는 모유를 생산하고 공급하기 위한 에너지를 보충하기 위해서 하루에 500칼로리(탄수화물에서 50퍼센트, 지방과 단백질에서 각각 25~30퍼센트)를 추가로 섭취해야 한다. 또한 엄마의 나이와 체중과 키도 감안해서 그보다 더 먹거나 덜 먹을 필요가 있다. 잘 모르면 산부인과 의사나 영양학자에게 상담을 받자. 최근에 나는 35세에 첫아기를 낳은 마리아의 전화를 받았다. 아기가 3시간 간격으로 먹었는데, 8주가 된 지금 1시간 30분마다 먹고 있다고 했다. 알고 보니 그 원인은 엄마의 저탄수화물 다이어트에 있었다. 그녀는 하루 2시간씩 운동을 했다. 내가 엄마젖이 말라 버린 것 같다고 했더니 그녀는 모유 공급을 늘리는 방법을 배우고 싶어 했다. 하지만 그녀는 생활 방식 자체가 수유를 하는 엄마로서는 지나치게 활동적이었다. 좀더 휴식을 취하고 탄수화물을 섭취해서 모유의 질을 개선할 필요가 있었다.

필요하면 분유로 보충한다

패트리샤는 의사로부터 앤드류가 체중이 늘지 않으며 활기가 없고 반응이 느리다는 이야기를 들었다. 우리는 모유 공급에 대해 알아보기 위해 산출을 했다(144~145쪽 참고). 모유를 짜 보니 30cc밖에 나오지 않았다. 패트리샤는 무척 당황한 눈치였지만 계속 모유를 먹이겠다고 고집했다. 그래서 우선 모유 공급이 늘어날 때까지 분유로 보충을 하기로 하고 유축기로 젖짜기를 했다. 1주일 안에 모유 공급이 늘어나서 분유를 줄이고 모유를 좀더 먹일 수 있었다. 둘째 주에는 모유 수유로 돌아갔는데, 나는 아빠도 수유를 할 수 있도록 젖짜기를 계속해서 젖병에 넣어서 먹이라고 제안했다. (내가 항상 하는 제안이다. 148쪽 참고)

기억할 것! 어떤 엄마들은 '만약'을 위해서 모유를 짜서 '비축'해 둔다. 엄마가 수술을 하거나 수유를 할 수 없는 상황이 아니라면 3일치 이상은 짜 두지 말자. 아기가 성장하고 변화하는 것에 따라 모유의 내용도 변한다. 지난달의 모유가 이번 달에는 아기에게 적합하지 않을 수 있다!

수유 시간이 보통 10~15분보다 적다면 경계를 해야 한다

모유 수유 엄마가 "우리 아기는 6주가 되었는데, 10분씩밖에 안 먹어요."라고 말하면 내 머릿속에서 빨간 불이 켜진다. 하지만 성급하게 결론을 내리기 전에 먼저 아기가 제대로 젖을 빨고 있는지, 모유 공급이 충분한지를 알아보는 질문을 한다. 모유가 얼마나 나오는지 산출을 해 보았는가? 젖꼭지가 쓰린가? 젖몸살이 있는가? 두 번째와 세 번째 질문 중 하나라도 "그렇다."고 대답하면 아기가 제대로 젖을 빨지 못하는 것이 원인일 수 있다. 엄마는 아파도 억지로 웃으며 참고 있지만 유관이 막혔을지도 모른다. 그러면 나는 수유 상담사를 추천하거나 직접 방문한다.

모유 수유 엄마들은 첫 6주 동안 자칫 길을 잘못 드는 수가 많다. 그들은 아기가 젖을 충분히 먹을 때까지 진득하게 기다리지 않는다. 아주 어린 아기나 특히 작은 아기는 이런 식으로 계속하면 심각한 문제가 생길 수 있다. 야스민은 4주가 된 링컨이 온갖 문제점은 다 갖고 있다고 나에게 전화를 했다. 체중이 늘지 않았고 낮잠은 길게 자면 45분, 대부분은 20~25분 정도 자며 규칙적인 일과는 꿈도 꾸지 못한다고 했다. "날뛰는 야생마를 타고 있는 기분입니다. 트레이시, 언제 떨어질지 모르겠어요. 감당할 수가 없습니다."

나는 야스민의 집에 가서 오전을 보내기로 했다. 나는 야스민에게 내가 거기 없는 것처럼 생각하고 평소처럼 행동하라고 했다. 1시간도 안 되어 문제의 원인을 분명히 알 수 있었다. 수유를 한 지 10분 정도 지나자 링컨의 눈이 감기기 시작했다. 그러자 엄마는 아기가 다 먹은 줄 알고 재울 준비를 했다. 엄마는 아기가 전반부 모유만 먹었고 15분 뒤부터 나오기 시작하는 후반부의 기름진 모유를 먹지 못했다는 것을 모르고 있었다. 아기는 옥시토신 때문에 일종의 혼수상태에 빠졌다가 10분 후에 깨어났다. 옥시토신이 분해가 되자 먹은 것이 별로 없어서 배가 고파졌기 때문이었다. 아기는 탈지유를 한 잔 마시고 잔 것과 같았다. 그러자 야스민이 이상하다는 듯이 말했다. "이런, 조금 전에 먹었는데 왜 이러는지 모르겠네." 그녀는 기저귀를 확인하고 강보에 감싸고 다독거리고 달래서 아기를 다시 재우려 했다. 하지만 링컨은

베이비 위스퍼러가 권하는 최선의 방법
"혼합 수유!"

항상 나는 모유 수유를 하는 엄마들에게 분유를 같이 먹이라고 말한다. 아기가 올바로 젖을 빨게 되고 모유가 잘 나오려면 대부분 2~3주 걸리는데, 그 후에 바로 혼합 수유를 시작하라고 권한다. 적어도 하루 한 번 오후에 분유를 준다. 이 시기에는 분유에 잘 적응한다. 아마 지금까지 모유 수유만 하라거나 적어도 6개월 후에 분유를 주라는 조언을 들었을 것이다. 더 일찍 시작하면 소위 유두 혼동을 일으키거나 엄마젖이 말라 버릴 수 있다고 경고한다. 허튼 소리다! 나도 우리 집 아이들을 키웠지만 그런 문제는 전혀 없었다.

게다가 아기 건강만 중요한 것이 아니다. 엄마의 생활 방식을 감안해야 한다. 어떤 엄마들은 모유 수유를 좋아할 수 있다. 하지만 좀더 앞을 내다보자. 다음과 같은 질문을 자신에게 해 보고 하나라도 "그렇다."는 대답이 나오면 혼합 수유를 고려할 필요가 있다. (만일 이미 시기를 놓쳤다면 169~174쪽의 '모유에서 분유로'를 참고하자.)

♥ 다른 사람(아빠, 할머니, 유모)이 아기를 먹일 수 있기를 원하는가?
혼합 수유를 하면 다른 사람도 아기를 먹일 수 있다. 그들에게도 아기를 안고 대화하고 가까워질 기회를 주자.

♥ 아기가 1돌이 되기 전에 직장에 다시 나가거나 파트타임으로 일할 계획인가?
만일 엄마가 다시 직장에 나가는데, 아기가 모유와 분유 모두에 익숙하지 않으면 단식 투쟁을 할 수 있다(173쪽 상자글 참고).
아기가 1돌이 되기 전에 보육원에 맡길 계획인가? 대부분의 시설에서는 분유를 먹지 않는 아기를 받지 않는다.

♥ 모유 수유를 계속하기를 원하는 것이 확실한가?
나는 어느 시점(6주, 3개월, 또는 6개월)에 모유 수유를 중단해도 되는지 '허락'을 구하는 엄마들의 이메일을 수없이 많이 받는다. 하지만 젖떼기에 적당한 시간이란 없다. 엄마가 모유 수유를 그만두겠다고 결정할 때 아기가 이미 분유에 익숙하다면 바꾸기가 좀더 수월할 것이다.

♥ 1년 가까이 모유 수유를 할 계획인가?
8개월이나 10개월에 분유를 처음 먹인다면 아기의 저항이 좀더 심할 것이다.

20~30분이 지났는데도 여전히 울고 있었다. 왜? 배가 고프니까. 야스민은 아기를 안고 걸으면서, 흔들면서 달래려고 했다. 20~30분 동안 울고 난 아기는 지쳐서 다시 잠이 들었지만 20~30분 뒤에 다시 깨어났다. 엄마는 이제 어떻게 해야 좋을지 몰라서 난감해 했다.

"수유한 지 1시간밖에 안 지났어요. 3시간이나 적어도 2시간 30분은 자야 하는데 말이에요." 그녀가 신음했다. "트레이시, 제발 도와주세요." 나는 그녀의 행동을 되돌아보게 하면서 링컨에게 젖을 충분히 먹이지 않았기 때문에 문제가 생겼다고 설명했다. 마침내 그녀는 어떻게 된 일인지 이해하고 링컨이 먹다가 졸면 깨우기로 했다(138~139쪽 참고). 링컨은 제대로 먹기 시작하더니 체중도 늘었고 당연히 잠도잘 잤다.

이 이야기의 교훈은 수유 시간을 충분히 가지라는 것이다. 하지만 먹는 데 걸리는 시간이 아기마다 다르다는 것도, 다시 한 번, 기억하기 바란다. 어떤 아기는 처음부터 아주 잘 먹는다. 다음은 미시건의 수가 보낸 글이다.

• 우리 아기는 3주가 되었고 한 번에 5분 정도(양쪽 젖에서) 먹고 있습니다. 수유 간격이 3시간 정도지만 적어도 10분 동안 먹어야 한다고 들었습니다. 얼마나 오래 먹어야 하는지 알려 주세요.

수의 아기는 젖을 잘 빨고 있을 것이다. 나는 45분 동안 빈둥거리면서 젖을 물고 있는 아기부터 단숨에 뚝딱 먹어치우는 아기까지 보았다. 수유 간격이 3시간이란 점에서 아기가 깨작이가 아니란 것을 알수 있다. 특별히 저체중이 아니라면 충분히 먹고 있다고 생각할 수 있다. (하지만 나는 수에게 양쪽 수유를 하지 말라고 제안한다. 142쪽 참고)

말할 것도 없이 처음 6주는 모든 아기에게 아주 중요하며, 특히 모유 수유를 한다면 더욱 방심할 수 없다. 이런 문제들은 계속 지속되거나 사라졌다가도 나중에 다시 나타날 수 있다. 따라서 문제가 있으면 지금 바로잡아야 한다.

고통스러운 위장 장애

아기는 완전한 인간이 되어서 세상에 나오는 것이 아니다. 아기의 소화 기관은 아직 덜 자란 상태다. 또한 일련의 사건들과 감정이 문제를 점점 어렵게 만든다. 어떤 부모들은 문제가 뭔지 몰라서 무력감에 빠진다. 부모로서 자격에 대해 회의를 갖기 시작하면 이러한 불안감은 행동에 영향을 미친다. 그래서 긴장을 하게 되고 아기를 먹이면서 전전긍긍해 한다.

부모들이 "아기가 하루 종일 운다."고 말하면 나는 우선 가스, 식도 역류(속쓰림)와 같은 위장 장애나 또는 산통(앞의 두 가지 증상을 때로 산통으로 오해하기도 한다)을 의심한다. 갓난아기의 소화 기관은 아직 미숙하다. 태내에서 9개월 동안 탯줄을 통해 영양 공급을 받다가 이제 독립적으로 먹고 소화를 시켜야 하므로 처음 6주까지는 불안정한 시간이 될 수 있다.

가스, 식도 역류, 산통은 각기 다른 증상이지만 초보 부모들은 이세 가지를 혼동하기 쉽다. 설상가상으로 소아과 의사들은 때로 이 세가지 증상 모두에 '산통'이라는 포괄적인 용어를 쓰는데, 그 이유는 무엇보다 연구자들 사이에서도 무엇이 산통인지에 대해 의견이 분분하기 때문이다. 다음의 설명은 세 가지 증상을 이해하는 데 도움이 될 것이다.

울음으로 알 수 있다

나는 아기에게 어떤 문제가 있는지 판단하기 위해 아기 울음에 대해 질문한다. 물론 울음 외에 체중, 수유, 활동, 수면 습관에 대해서도 질문을 해 보면 아기가 우는 이유가 배가 고파서인지, 피곤해서인지, 자극이 지나쳐서인지 알 수 있다.

♥ 아기가 보통 언제 우는가?
만일 먹고 난 후에 운다면 아마 가스나 식도 역류가 문제일 것이다. 만일 매일 정확하게 같은 시간에 운다면 산통일 수 있다(가스나 식도 역류가 원인이 아닌 경우). 만일 울음이 불규칙하다면 아기의 기질이 문제일 수 있다. 어떤 아기들은 좀더 많이 운다.

♥ 어떤 모습을 하고 우는가?
다리를 가슴으로 끌어 올린다면 아마 가스 때문일 것이다. 만일 몸을 뻣뻣하게 하고 뒤로 등을 휜다면 가스 역류일 수 있지만 또한 외부 자극을 차단하려는 것일 수도 있다.

♥ 어떻게 하면 울음을 그치는가?
가스가 차서 울 때는 트림을 시키거나 다리를 잡고 자전거 타기 동작을 하면 도움이 될 수 있다. 만일 똑바로 앉혀야 울음을 그친다면—이를테면 자동차 시트나 그네에 앉히면—식도 역류일 수 있다. 산통이 원인이라면 안고 다니거나, 흐르는 물소리, 진공청소기 소리를 들려주는 것으로 잠시 주의를 돌릴 수 있을지 몰라도 어떤 방법이든지 큰 효과는 없다.

가스

가스란 무엇인가?

가스란 수유를 할 때 아기가 삼키는 공기를 말하다. 어떤 아기는 삼키는 감각을 좋아해서 먹고 있지 않을 때도 공기를 삼킨다. 하지만 배에 가스가 차면 어른도 그렇지만 아기에게 매우 고통스러울 수 있다. 공기가 장 속에 갇혀서 빠져나가지 못하면 통증을 유발한다. 방귀나 트림으로 배출해야 한다.

무엇을 살펴야 하는가?

배에 가스가 찼을 때 어떤 느낌인지 생각해 보자. 아기는 다리를 가슴으로 끌어 올릴 것이다. 얼굴을 찌푸린다. 또한 울음소리에 어떤 분명한 높이와 음조가 있다. 끊어졌다 이어지는 단속적인 울음을 울고 마치 불만을 토하듯이 헐떡거린다. 또한 울음을 우는 사이사이에 눈을 굴리면서 미소처럼 보이는 표정을 짓는다(그래서 할머니들은 종종 갓난아이의 미소를 보고 가스가 찼기 때문이라고 주장한다).

어떻게 해야 하나?

트림을 시킬 때 손바닥(손목 가까운 부분)으로 아기의 왼쪽 배를 위쪽으로 살며시 쓸어 올린다(왼쪽 늑골 아래 말랑말랑한 부분에 위가 있다). 그래도 안 되면 아기 팔을 엄마 어깨 위로 넘기고 다리는 아래로 내려트려서 안고 벽지를 바를 때 공기 방울을 내보내는 것처럼 위쪽으로 등을 문지른다. 또는 똑바로 눕혀서 다리를 잡고 천천히 자전거 타기 동작을 시킨다. 아니면 아기를 뒤로 안고 엉덩이를 두드려서 힘을 주게 한다. 복통을 완화시키기 위해 아기를 한쪽 팔 위에 엎드리게 해 놓고 손바닥으로 복부를 지그시 누른다. 목욕 타월을 10센티미터 너비로 접어서 아기 배에 복대처럼 감아 주면 같은 효과를 볼 수 있다. 너무 바짝 조이지 않도록 조심한다.

식도 역류

식도 역류란 무엇인가?

속이 쓰리고 때로 구토를 동반한다. 심하면 합병증이 생기고 피가 섞인 위액이 올라온다. 식도 역류는 어른에게도 고통스럽지만 아무 것도 모르는 아기는 더 말할 나위도 없다. 소화 기관이 제대로 움직이면 식도괄약근(위를 열고 닫는 근육)이 규칙적인 연동 운동으로 적절하게 열리고 닫히면서 음식물을 위로 내려 보내서 머물게 한다. 하지만 괄약근이 미성숙하면 열린 후에 제대로 닫히지가 않게 되고 위의 내용물과 함께 위산이 올라와서 식도에 염증을 일으킨다.

무엇을 살펴야 하는가?

아기가 한두 번쯤 토하는 것은 그렇게 놀랄 일이 아니다. 어떤 아기든지 먹은 후에 식도 역류가 일어날 때가 있다. 그리고 민감한 아기에게 좀더 자주 일어난다. 나는 식도 역류가 의심되면 다음과 같은 질문들을 한다. "먹은 것을 뿜어 올리는가? 아이를 낳을 때 아기 목에 탯줄이 감겨 있었는가? 미숙아였는가? 황달이 있었는가? 저체중아였는가? 제왕절개를 했는가? 가족 중에 누가 식도 역류 질환이 있는가?" 질문 중에 하나라도 "그렇다."라고 대답하면 식도 역류일 가능성이 높다.

식도 역류가 있으면 아기는 먹는 동안 힘들어 한다. 식도괄약근이 닫혀 있으면 음식이 내려가지 못하고 다시 올라온다. 또는 음식이 위로 내려간 다음 식도괄약근이 닫히지 않아서 몇 분 후에 다시 올라오거나 뿜어져 나온다. 때로 위경련이 일어나면 1시간쯤 지난 후에 흐물거리는 치즈처럼 보이는 내용물이 식도를 거슬러 올라오기도 한

아기가 먹은 것을 올리지 않아도 식도 역류일 수 있다

예전에는 식도 역류에 먹은 것을 계속 올리고 뿜어내는 증상이 포함되었다. 요즘은 식도 역류라도 이런 증상이 반드시 나타나는 것은 아니라고 한다. 이 때문에 혼란이 생겨 아직도 식도 역류를 산통으로 잘못 진단하기도 한다. 지금도 많은 소아과 의사들이 식도 역류를 산통으로 보는 경향이 있고, 일부 구식 의사들은 아기가 뚜렷한 이유 없이 울면 무조건 '산통'이라고 말한다(156쪽 참고). 또 어떤 의사들은 식도 역류가 산통의 일종이라고 주장한다. 그래서 산통이라고 진단을 받았는데도 4개월경에 증상이 '감쪽같이' 사라지는 경우도 있다. 4개월이 되면 식도괄약근이 강해지므로 식도 역류가 사라지고 좀더 잘 먹고 소화도 잘 시킨다.

다. 설사를 동반할 수도 있다. 또한 공기를 삼켜서 가스가 찰 수도 있지만 식도 역류가 있는 경우에는 조그맣게 삑삑거리는 소리가 나고 트림이 잘 나오지 않는다. 또 아기가 앉아 있거나 똑바로 안겨 있을 때 편안하게 느끼고, 눕혔을 때 자지러지게 울면 문제가 있다는 신호다. "우리 아기는 그네에 앉혀 놓으면 제일 좋아해요." "우리 아기는 자동차 시트에 앉혀 놓아야 잠이 들어요."라는 말을 들으면 내 머릿속에서 빨간 불이 켜진다.

식도 역류가 있으면 아기는 긴장을 하게 되고, 우는 정도가 심할수록 위경련이 잘 일어나 위산이 역류하는 악순환이 되풀이된다. 달래려다가 아기를 더 힘들게 할 수도 있다. 아기를 위아래로 흔들면 위산이 식도를 타고 올라오는 증상이 심해진다. 트림을 시킨다고 등을 두드리는 것도 미성숙한 식도괄약근 위로 위산을 밀어 올리게 될 수 있다. 산통이나 가스로 생각해서 이것저것 해보다가 아기를 점점 더 울리고 불편하게 만들 수도 있다. 결국 쩔쩔매다가 일과는 뒤죽박죽이 된다. 아기는 우느라 많은 에너지를 소모하고 나면 다시 배가 고파져서 먹으려고 한다. 하지만 먹고 나면 다시 불편해지고 토하는 등 악순환이 계속된다.

어떻게 해야 하나?

만일 소아과 의사가 산통이라고 말하면 소화기 전문의를 찾아가서

2차 소견을 들어 보자. 특히 위장 장애가 있는 가족이 있다면 식도 역류는 유전일 수 있다. 대부분은 건강 내력과 진찰만으로 충분히 문제가 진단되지만 증상이 심한 경우나 다른 합병증이 의심되면 엑스레이 촬영, 초음파 검사, 내시경 검사, 식도 pH 검사 등을 실시할 것이다. 또한 정말 식도 역류인지, 얼마나 심한지, 얼마나 오래 지속될지 판단해서 약을 처방해 줄 것이다.

식도 역류의 일반적인 치료는 제산제와 이완제를 복용하는 것이다. 이 부분은 의사의 판단에 달려 있다. 하지만 아기를 자동차에 태우거나 몹쓸 자동그네에 중독이 되게 하는 것 말고 부모가 할 수 있는 일들이 있다.

★ 침대 매트리스를 올린다

쿠션이나 책 몇 권을 밑에 놓고 매트리스를 45도 각도로 올려서 머리 쪽을 높여 준다. 식도 역류가 있는 아기는 강보에 싸서 기대 놓는 것이 좋다.

★ 트림을 시키면서 등을 두드리지 않는다

등을 두드리면 다시 토하거나 울기 시작할 수 있다. 등의 왼쪽을 둥그렇게 원을 그리듯 쓰다듬는다. 등을 두드리면 염증이 있는 식도 부위에 자극을 줄 수 있다. 엄마 어깨 위로 아기 팔을 올려서 식도가 똑바로 되도록 안는다. 3분 내에 트림을 하지 않으면 중단한다. 만일 공기가 찼다면 아기가 보챌 것이다. 아기를 뒤로 안아 올리면 아마 가스가 나올 것이다.

★ 수유에 주의를 기울인다

너무 많이 또는 너무 빨리 먹지 않도록 한다(특히 젖병으로 먹일 때). 만일 분유 수유가 20분이 안 걸린다면 젖꼭지 구멍이 너무 큰지도 모른다. 천천히 나오는 젖꼭지로 바꾼다. 수유 후에 보채기 시작하면 노리개젖꼭지를 주어서 달랜다. 다시 또 먹이면 더 힘들어진다.

★ 고형식을 너무 일찍 시작하지 않는다

어떤 전문가들은 아기가 식도 역류가 있을 때는 6개월 이전에 고형식을 주라고 하지만 나는 동의하지 않는다(188쪽 참고). 너무 많이 먹으면 속쓰림이 더 심해진다.

★ 엄마가 마음을 편안하게 먹어야 한다

8개월경이 되면 식도괄약근이 좀더 성숙해지고 고형식을 먹으면서 식도 역류가 점차 개선되는 경향이 있다. 대부분은 1년 안에 식도 역류 증세가 사라지는데, 드물지만 심하면 2년까지 계속될 수 있다. 적어도 당장은 아기가 정상적인 수유 패턴을 따라갈 수 없다는 것을 인정하고 아기를 편안하게 하는 조치를 취해야 한다. 그러다 보면 언젠가 식도 역류가 사라진다.

산통

산통이란 무엇인가?

의사들도 산통이 무엇인지, 어떻게 정의를 해야 하는지에 대해 의견이 분분하다. 대부분은 어딘가 아프고 불편해서 요란한 울음을 그치지 않는 복합적인 증상이라고 생각한다. 그 원인은 소화기 문제(음식 알레르기, 가스, 식도 역류), 신경 계통의 문제(신경과민이나 민감한 기질), 불편한 환경 조건(신경질을 잘 내거나 무심한 부모, 집안의 긴장감)에 있는 것으로 여겨진다. 산통은 이런 증상들 중 일부 혹은 모두를 포함할 수 있지만 그렇다고 해서 각각의 증상이 반드시 산통은 아니다. 일부 소아과 의사들은 아직도 3주 연속으로, 1주일에 3일, 하루 3시간을 쉬지 않고 운다는 그 옛날 '3/3/3 법칙'을 적용해서 진단을 하며 통계에 따르면 20퍼센트 정도의 아기들이 산통을 겪는다고 주장한다. 소아과 의사 배리 레스터는 《그치지 않는 울음에 대해For Crying Out Loud》라는 책에서 산통을 '혼란스러운 울음'이라고 표현했다. 간단히 말하자면, "뭔가가 아기를 이상한 방식으로 울게 만들고, 그것이 무엇이든 나머지 가족들에게 영향을 준다."는 것이다. 레스터는 진짜 산통(분명한 이유가 없이 매일 같은 시간에 몇 시간을 계속해서 자지러지게 우는 것)은 약 10퍼센트에 불과하다는 의견에 동의한다. 산통은 특히 첫아기에게 많이 나타나며, 보통 출생 후 10일에서 3주 사이에 시작해서 3~4개월이 되면 저절로 사라진다.

무엇을 살펴야 하는가?

아기에게 '산통'이 있는 것 같다고 하면 나는 먼저 가스와 식도 역류부터 해결하라고 한다. 가스와 식도 역류는 산통에 포함이 되긴 하지만 적어도 조치를 취해서 증세를 완화시킬 수 있다. 산통과 식도 역류의 중요한 차이는 산통이 있는 아기는 체중이 늘어나지만 식도 역류가 있는 아기는 체중이 줄어든다는 것이다. 또한 식도 역류가 있으면 아기는 울 때 등을 뒤로 휘는 경향이 있고, 가스가 찼으면 다리를 가슴으로 끌어 올린다. 이 두 가지 증상은 주로 수유를 하고 나서 1시간 이내에 일어나지만 산통은 수유와 관계없이 일어날 수 있다. 요즘 어떤 연구들은 산통이 복통과 전혀 관계가 없다고 말한다(산통colic이라는 영어 단어는 대장colon이라는 그리스어에서 유래되었다). 아기가 자극들을 감당하기가 어려울 때 스스로 위안을 할 수 없어서 나타나는 증상이라는 것이다.

어떻게 해야 하나?

문제는 아기가 우는 것이다. 아기는 배가 고프거나 혼란스럽거나 일과가 바뀔 때도 운다. 나는 아기에게 산통이 있다고 하는 부모들에게 우선 규칙적인 일과를 지키게 하고, 아기 울음을 이해하는 법을 가르치고, 필요하면 수유 방법을 교정하고(젖병의 고무젖꼭지를 바꾸거나 수유할 때 자세나 트림을 시키는 방법을 바꾼다), 음식 알레르기를 해결하도록 한다(분유를 바꾼다). 하지만 이러한 조치들은 '치료'에 도움을 줄 수는 있어도 실제로 산통을 해결하는 것은 아니다.

소아과 의사는 약한 진정제를 처방할 수도 있고, 아기를 너무 지치게 하지 말라고 조언하거나, 흐르는 물, 진공청소기, 헤어드라이어 등을 사용해서 아기의 관심을 돌리는 여러 가지 묘책을 제안하기도 한다. 어떤 의사는 좀더 자주 먹이라고 하는데, 나는 절대 동의하지 않는다. 아기의 소화기에 문제가 있다면 많이 먹는 것은 상황을 더 악화시킬 뿐이다. 어쨌든 진짜 산통은 '치료법'이 없다. 참고 견디는 수밖에 없다. 어떤 부모들은 좀더 잘 헤쳐 나간다. 만일 '자신 있는' 부모가 아니라면(103~106쪽 참고) 아기의 산통을 견디기 힘들 것이다. 이때 부모는 인내심을 가져야 하고, 한계에 도달하지 않도록 최대한 도움을 받으면서 휴식을 충분히 취하는 수밖에 없다.

6주에서 4개월까지 급성장

이제 초기의 수유 문제들이 상당수 사라진다. 위장 장애가 있거나 환경에 아주 민감한 아기라도 좀더 안정적으로 먹고 자고 할 것이다. 엄마도 아기의 기질과 신호를 좀더 잘 이해할 것이다. 또한 어떻게 수유를 하고 어떻게 아기를 편안하게 해 주어야 하는지 알 수 있게 된다.

이 시기의 엄마들은 다음 두 가지 불만을 가장 많이 이야기한다.

- ♥ 우리 아기는 밤에 3~4시간 이상 자지 않는다.
- ♥ 우리 아기는 밤에 5~6시간씩 잤는데, 이제는 자주 아무 때나 깬다.

엄마들은 이것을 단지 수면 문제라고 생각하지만, 이 시기에 생기는 수면 문제들은 음식과 관련이 있다. 8주가 되면 많은 아기들이 적어도 5~6시간을 내리 잔다. 또한 출생 때 체중과 기질에 따라 다르긴 하지만, 6주 후에는 밤에 깨지 않고 잘 수 있도록 해야 한다. 그리고 더 오래 자던 아기들이 밤에 깨는 것은 급성장(주로 1~2일 정도 걸리며 아기의 몸은 좀더 많은 음식을 요구한다)을 하고 있기 때문이다. 《베이비 위스퍼》 1·2권에 이런 상황에 대처하는 몇 가지 요령이 나와 있다.

만일 아기 체중이 평균 이상이고 3~4시간 이상 잠을 자지 못한다면 나는 맨 먼저 "낮잠을 몇 번 그리고 얼마나 오래 자는가?"라고 묻는다. 낮잠이 밤잠을 훔치고 있는지도 모르기 때문이다(229~230쪽에서 나는 낮잠을 한 번에 2시간 이상 재우지 말라고 했다). 하지만 만일 낮잠을 오래 자지 않는데도 밤에 3~4시간 이상 자지 않는다면, 낮에 좀더 많이 먹이고 자기 전에 배를 채워서 재워야 할 것이다(133쪽과 249쪽 참고).

두 번째, 5~6시간씩 자던 아기가 갑자기 아무 때나 깨어난다면 아마 급성장을 하고 있을 것이다. 급성장은 태어나서 6~8주에 처음 나타나서 1달에서 6주 간격으로 일어난다. 5~6개월에 오는 급성장은 대개 고형식을 먹일 때가 되었다는 신호다.

몸이 큰 아기들은 급성장이 좀더 일찍 이뤄지기 때문에 엄마들에게 혼란을 줄 수 있다. 어느 엄마는 전화를 해서 말한다. "우리 아기는 4개월이고 8.2kg이며 수유 때마다 237cc씩 먹고 있지만, 여전히 밤에는 한두 번씩 깹니다. 아직 고형식을 주면 안 되겠죠?" 이럴 경우 엄마가 판단해야 한다. 유동식으로 부족하고 먹을 것이 좀더 필요하다면 고형식을 먹일 수밖에 없다.

모유를 먹는 아기의 경우에는 젖을 제대로 빨지 못한다거나 모유 공급이 부족한 것과 급성장을 혼동하지 말아야 한다. 이 두 가지 문제는 보통 출생 후 6주 이내에 생기는데, 밤에 깨어나는 원인이 될 수 있다. 나는 아기가 급성장을 하고 있는지 판단하기 위해 "아기가 매일 밤 같은 시간에 일어나는가, 아니면 아무 때나 일어나는가?"라고 묻는다. 만일 후자라면 보통 급성장이 원인이다. 다음 이메일에서 그 대표적인 예를 볼 수 있다.

• 우리 올리비아는 7주가 되었고 E.A.S.Y.를 막 시작했는데, 아주 잘 하고 있습니다. 그런데 밤잠은 오히려 더 불규칙해졌습니다. 전에는 새벽 2시 45분에 깨곤 했는데, 요즘은 밤에 아무 때나 깹니다. 낮에 대개 같은 시간에 먹고 자는데도 말이지요. 일지를 기록해 보니 어느 날은 1시에 깨고 어느 날은 4시 40분에 깨는 등 매일 밤 깨는 시간이 달라집니다. 왜 그러는지 이유를 모르겠습니다. 전처럼 2시 45분에 깨도록 할 수 있을까요?

이 경우는 분명 급성장이다. 왜냐하면 아기가 아주 잘 먹고 잘 자고 있으며 규칙적인 일과를 지키고 있기 때문이다. 문제는 아기가 보통 새벽 2시 45분에 깨곤 했지만 'E.A.S.Y.를 시작하고 나서 밤잠이 오히려 불규칙해졌다'는 것이다. 이 엄마는 아기가 밤에 깨는 것이 E.A.S.Y.를 시작한 시기와 우연히 일치했기 때문에 일과를 바꾼 것이 원인일지도 모른다고 생각하고 있다. 하지만 실제로 아기는 단지 배가 고픈 것이다.

원래 잠을 잘 자지 않는 아기를 예로 들어 보겠다. 아기는 아직 밤에 두 번씩 깬다. 이런 아기가 급성장을 할 때 밤에 수유를 하면 상황은 더 악화된다. 그러면 그 차이를 어떻게 알 수 있을까? 한 가지 단서는 깨어나는 시간이다. 습관적으로 깨는 아기는 매일 밤 거의 같은 시간에 깬다. 반면에 불규칙하게 깨는 아기는 보통 배가 고파서 깨는 것이다. 먹는 양을 보면 확실하게 알 수 있다. 아기가 급성장을 하고 있다면 몸이 음식을 더 많이 원하므로 양껏 먹는다. 하지만 조금 먹다가 그만둔다면 배가 고픈 것이 아니라 수면 습관이 잘못 들었다는 결정적인 증거다(습관적으로 깨는 것에 대해 244~246쪽 참고).

급성장을 위한 처방은 언제나 같다. 낮에 좀더 먹이고 밤에 꿈나라 수유를 하는 것이다. 분유를 먹인다면 낮에 수유를 할 때마다 30cc씩 추가한다. 모유를 먹인다면 수유 시간을 늘려야 하므로 좀더 까다롭다. 수유 간격을 3시간에서 2시간 30분으로 줄이는 방법도 있다. 4/4 일과(60쪽 참고)를 하던 아기는 3시간 30분으로 돌아가면 된다. 플로리다에 사는 엄마 조안나는 나에게 말했다. "다시 돌아가는 것 같아요. 이제 겨우 4시간 일과에 적응을 했는데." 나는 급성장일 때 잠시 동안만 그렇게 하면 된다고 설명했다. 수유를 자주 하면 엄마 몸이 좀더 많은 모유를 생산한다. 며칠 지나자 4개월이 된 매튜에게 필요한 양만큼 모유가 나왔다.

급성장은 밤잠뿐 아니라 낮잠도 일과에서 벗어나게 할 수 있다. 급성장이 주기적으로 일어난다는 것을 아는 부모들조차 아기가 잠을 잘 못 자거나 침대를 무서워하는 것이 실제로 음식과 관련이 있다는 것을 모른다. 6주가 된 데이비드의 엄마는 3일 동안 E.A.S.Y를 시도했다. "이틀 동안은 신통하게 효과가 있었습니다. 우리는 일과를 유지했고 아기가 침대에서 노리개젖꼭지를 물고 잠드는 것을 보면서 흐뭇해 했죠. 하지만 오늘(셋째 날)은 오전에 낮잠을 재우려고 아기 방에 데리고 들어가자 울기 시작했어요. 어젯밤부터 더 자주 먹는 것을 보니 급성장을 하고 있는 것 같은데, 잠을 자지 않으려고 하는 것이 급성장과 관련이 있나요?"

물론 관련이 있다. 데이비드는 "나는 자고 싶지 않아요. 좀더 먹고 싶어요. 그러니 먹을 것을 주세요."라고 눈물로 호소를 하고 있다. 이때 수유를 하지 않으면 아기는 배고픔과 침대를 연결할 것이다. 아기는 단순한 동물이지만 또한 아주 빨리 연결을 한다. 좀더 먹고 싶은데, 재우려고 하면 자고 싶지 않은 것이 당연하다! 침대는 무서운 곳이 된다.

만일 아기가 꿈나라 수유를 거부한다면 낮 동안에 어떻게 먹고 있는지 돌아볼 필요가 있다. 크리스찬은 9주가 되었는데, 갑자기 밤 11시에 먹던 꿈나라 수유를 거부했다. 이제 거의 4.1kg이 되었으므로 11시에 배가 고프지 않을 수 있다. 하지만 새벽 1시에 배가 고파서 깼다. 우리는 초저녁에 하는 수유를 조정하기로 했다. 5시에 208cc를 주는 대신 59cc만 주고, 8시 수유를 7시로 1시간 앞당기고 237cc 대신 177cc를 주었다. 다시 말해, 저녁에 먹는 양을 207cc 줄였다. 그 다음에는 활동(목욕)을 시키고 마사지를 한 다음, 강보에 싸서 재웠다. 그리고 11시에 꿈나라 수유를 했더니 237cc를 다 먹었다. 그리고 낮에 수유를 할 때마다 30cc씩 더 먹였다. 이후로는 꿈나라 수유를 하고 나서 밤새 자고 새벽 6시 30분에 깨어났다.

밤 11시 이후에는 꿈나라 수유를 하지 않도록 하자. 밤에 먹이는 것은 되도록 피

꿈나라 수유를 너무 늦게 한다면

재닛은 아들이 매일 새벽 4시 30분이나 5시에 깬다고 나에게 전화를 했다. "하지만 꿈나라 수유를 하고 있어요."라고 그녀는 강조했다. 문제는 4개월이 된 케빈을 12시에서 1시 사이에 먹이고 있는 것이었다. 케빈의 체중(출생 때 3.6kg)과 연령이면 적어도 밤에 5~6시간을 자야 한다. 하지만 꿈나라 수유를 너무 늦게 하는 바람에 밤 잠을 설치고 있었다.

아기는 어른과 마찬가지로 동요하거나 너무 피곤하면 수면 패턴이 영향을 받는다. 자다가 깨면 다시 곤히 잠들지 못하고 뒤척이게 된다. 설상가상으로 재닛은 아기가 자다가 깨면 수유를 하는 것으로 버릇을 강화했다. (기억하자! 시계처럼 깨는 것은 습관이고, 아무 때나 깨는 것은 배가 고픈 것이다.) 나는 점차 꿈나라 수유를 10시에서 10시 30분으로 옮기고 아기가 새벽에 깨어나면 수유를 하지 말라고 제안했다. 또한 낮에 수유를 할 때마다 30cc씩 더 먹이라고 했다.

해야 한다. 왜냐하면 밤에 먹는 양만큼 낮에 덜 먹게 되고 밤에 배가 고파서 깨는 습관이 들기 때문이다. 그러면 6주가 된 아기의 일과로 다시 돌아가는 결과를 낳는다.

4개월에서 6개월까지 큰 아이처럼 먹기

아기가 규칙적인 일과에 적응을 했다면 이제 아기를 먹이는 일이 비교적 수월해진다. 하지만 초기의 문제점들이 아직 남아 있다면 점점 바로잡기가 더 어려워질 수 있다. 아기는 울음으로 배가 고프다는 표현을 하지만, 기질에 따라(그리고 엄마가 어떻게 반응하느냐에 따라) 울음이 덜 절박해진다. 어떤 아기는 아침에 눈을 뜨면 "밥 주세요!"라고 우는 대신 혼자 놀기도 한다.

다음은 이 시기에 부모들이 종종 하는 걱정들이다. 세 가지 문제는 서로 다른 것처럼 보이지만 규칙적인 일과를 수립하고 또 조정하면서 아기가 성장하고 변화하는 모습을 지켜볼 수 있다면 해결할 수 있다.

- 우리 아기는 같은 시간에 먹지 않는다.
- 우리 아기는 너무 빨리 먹기 때문에 충분히 먹고 있는지 모르겠다. 그래서 시간표를 지키지 못한다.
- 우리 아기는 더 이상 먹는 것에 관심이 없는 것 같다. 먹는 것을 귀찮아 한다.

이제 짐작하겠지만, 이런 이야기를 들으면 나는 제일 먼저 "아기가 규칙적인 일과에 적응을 했는가?"라고 질문한다. 만일 대답이 "아니다."라면 아기 탓을 할 수 없다. 아기의 생활을 부모가 관리해야 한다. 물론 일상은 가끔 달라질 수 있다. 하지만 만일 아기가 항상 아무 때나 먹는다면 잠을 잘 자지 않을 것이다. 아기에게는 규칙적인 일과가 필요하다. (67~75쪽 '4개월 이후에 E.A.S.Y.를 시작할 때' 참고)

규칙적인 일과에 적응했다고 하면 나는 다시 "수유 간격은 얼마인가?"라고 묻는다. 만일 2시간마다 먹는다면 깨작거리는 습관이 생긴 것이다. 왜냐하면 4개월 이후의 아기는 그렇게 자주 먹지 않기 때문이다. 마우라에게 그런 문제가 있었다. 거의 5개월이 되어 가는 마우라는 심지어 밤에도 2시간마다 깨어나 먹었다. 한 친구는 마우라의 엄마에게 '아기가 밤새 자도록 하려면' 젖병에 죽을 넣어서 먹여 보라고 했단다. 나도 그런 이야기를 들은 적이 있다(190쪽 '미신' 참고).

하지만 고형식을 먹어 본 적이 없는 마우라는 죽을 먹고 변비가 생겼고 여전히 밤에 깨어나 엄마젖을 찾았다. 나는 마우라를 6시와 8시, 10시에 배를 가득 채워서 재우고 밤에는 절대 먹이지 말라고 했다. 무엇보다 마우라는 갓난아기가 아니었다. 엄마가 자주 조금씩 먹도록 가르친 것이 원인이었다. 첫날 밤에 마우라는 당연히 10시와 5시 사이에 몇 차례 울면서 깨어났지만 '안아주기/눕히기'를 해서(6장 참고) 다시 재웠다. 그날 엄마와 아기는 서로 힘든 밤을 보냈다. 특히 엄마는 아기를 굶기는 것 같아서 마음이 아팠다. 하지만 다음 날 아침에 벌써 효과가 나타났다. 오랜만에(아마 생전 처음으로) 마우라는 새벽 5시에 깨어나 30분 동안 젖을 양껏 먹었다. 또 그날 낮에는 4시간마다 열심히 먹었다. 둘째 날 밤은 더 나아졌다. 밤에 두 번 깼지만 다시 잠이 들어서 다음 날 아침 6시까지 잤다. 이후로는 밤새 잘 잤다. 나는 고형식으로 바꾸는 6개월이 될 때까지 꿈나라 수유를 계속하라고 제안했다.

만일 이 시기에 여전히 3시간마다 먹는다면, 그리고 깨작이가 아니라면 아주 어린 아기에게 맞는 일과를 계속하고 있는지도 모른다. 이제는 수유 간격을 4시간으로 늘릴 때가 되었다. 하지만 점차적으로 해야 한다. 어느 날 갑자기 1시간씩이나 더 기다리게 하는 것은 부당하다. 하루 15분씩 4일에 걸쳐서 늘려 간다. 이 무렵에는 수유 간격을 늘리기가 좀더 쉬워진다. 장난감을 주거나 얼굴을 보면서 놀아 주거나 공원에서 산책을 할 수 있다. 노리개젖꼭지는 좀더 어린 아기에게 사용하는 것이 좋다.

반면에 아기가 '너무 빨리' 먹는다고 걱정하는 부모들은 아기가 자라고 있다는 것을 잊고 있을 수 있다. 아기는 이 시기에 먹는 요령이 생겨서 짧은 시간에 많이 먹을 수 있다. 물론 모유를 먹을 때는 더 빨리 먹고, 분유를 먹을 때는 더 많이 먹는다.

만일 분유를 먹인다면 아기가 양껏 먹고 있는지 아닌지를 쉽게 알 수 있다. 며칠 동안 아기가 먹는 양을 측정해 보자. 4시간 간격으로 148~237cc씩 먹을 것이다. 밤에 먹는 꿈나라 수유까지 합치면 하루에 769~1,124cc를 먹는다.

모유를 먹는 아기라면 수유 시간이 이제 20분 정도면 끝날 것이다. 전에는 148~177cc의 모유를 먹으려면 45분씩 걸렸지만 이제는 단숨에 해치운다. 하지만 확실히 하고 싶으면 산출을 해 보자(144~145쪽 참고). 이즈음에는 보통 모유 공급과 관련된 문제는 더 이상 없다.

어떤 경우든지 아기가 6개월이 되어 가면 고형식을 시작할 시간이다. 아기의 활동량이 많아져 이리저리 돌아다니기 시작하면 아기의 체력을 유지하는 데 유동식만으로 부족하기 때문이다(4장 참고).

이 시기에 아기가 더 이상 먹는 것에 '관심이 없는 것처럼 보이는' 것은 활동량과 관계가 있는 것 같다. 4~6개월의 아기들은 비약적인 발전을 한다. 호기심이 왕성해지고 좀더 많이 움직인다. 주변 세상을 탐험하기 시작하면서 가만히 앉아 있는 것

아기가 날씬해진 이유는?

종종 아기는 활동량이 많아지면서 먹는 것에 대한 관심이 줄어들고 활동 증가로 인해 살이 빠지기 시작한다. 아기 살이 빠지기 시작하면 큰 아이처럼 보이는데, 부모에게 물려받은 체형에 따라 아기의 통통한 뱃살이 줄어들 수 있다. 아기가 건강하면 걱정할 필요는 없다. 만일 걱정이 된다면 병원에서 검진을 받아 보자.

을 지루해 한다. 한때는 먹는 것이 전부였다. 이제는 침대 위에 걸린 작은 모빌을 쳐다보는 것으로 만족하지 않는다. 머리도 돌릴 수 있고 물건을 집을 수 있게 되어 먹는 것이 더 이상 우선이 아니다. 1~2주 정도는 아기를 먹이는 것이 어렵거나 불가능할지도 모른다. 약간의 예방 조치를 취하자. 아기의 주의를 산만하게 하는 것이 없는 곳에서 수유를 한다. 아기 팔을 엄마 겨드랑이에 끼워서 휘두르지 못하게 하자. 아기의 아랫도리를 강보에 싸서 꿈틀대는 것을 줄인다. 무늬가 화려한 천을 엄마 어깨에 걸치면 아기에게 볼거리를 제공할 수 있다. 하지만 때로는 아기가 작은 사람이 되어 가는 경이로운 과정을 그냥 지켜보는 것 외에 달리 방법이 없다.

6~9개월과 이후 임기응변식 육아의 위험

아기는 장족의 발전을 한다. 적어도 먹는 문제에 관한 한 바깥세상으로 나갈 준비가 된다. 아직 유동식 섭취와 관련된 해결되지 않은 문제점들이 남아 있을 수 있지만 이제 고형식을 시작할 때가 되었다. 죽으로 시작해서 잘게 조각을 낸 음식을 거쳐 마침내 어른이 먹는 모든 음식물을 씹어 삼키는 법을 배우게 될 것이다. (다음 장에 이유식에 대한 자세한 정보가 나온다.)

나는 아기가 고형식을 먹기 시작하면 7개월 무렵에 꿈나라 수유를 중단하라고 제안한다(168쪽 상자글 참고). 꿈나라 수유를 계속하면 고형식을 먹는 데 방해가 될 수 있다. 유동식을 덜 먹는 만큼 고형식을 더 많이 먹을 것이다. 하지만 상자글에서 보듯이, 꿈나라 수유를 중단하면 낮에 먹는 양을 그만큼 추가해야 한다. 안 그러면 밤에 깨어나 먹으려고 할 것이다.

이 시기에 부모들은 흔히 다음과 같은 문제점들을 이야기한다.

- 우리 아기는 아직도 밤에 배가 고파서 깬다.
- 우리 아기는 젖병으로 절대 먹지 않는다.
- 우리 아기는 물이나 오렌지 주스만 시피컵(두껑에 주둥이가 있는 컵)으로 마신다.

6개월 이후에 나타나는 많은 문제점들은 주로 임기응변식 육아 때문에 생긴 버릇들이다. 처음부터 출발을 잘못했거나 문제를 대수롭지 않게 생각하고 내버려 둔 것이다.

첫 번째 문제에 대해 생각해 보자. 아기가 6개월인데, 아직도 밤에 깨어나 먹는다면―19개월이 되도록 밤에 깨는 아기도 있지만―엄마가 처음부터 아기가 밤에 깨면 무조건 먹이는 것으로 반응했기 때문이다. 앞서 말했듯이 아기가 밤에 불규칙하게 깨는 것은 배가 고프기 때문이다. 6개월에 급성장을 하지 않거나 고형식을 먹을 때가 되지 않았다면 밤에 깨는 경우는 드물다. 또 아기가 같은 시간에 깨는 것은 보통 임기응변식 육아와 관계가 있다. 6개월 이후에 아기가 밤에 깼을 때 수유를 하면 깨작이가 되기 쉽다. 밤에 먹이면 자연히 낮에 덜 먹는다. 이 경우는 수면 문제가 아니라 수유 문제다. 밤에는 수유를 하지 말고 '안아주기/눕히기' 방법을 사용해서 다시 재워야 한다(6장 참고). 다행히 좀더 큰 아기들은 수유 간격을 견딜 수 있을 만큼 체지방을 충분히 갖고 있으므로 버릇을 고치기가 쉬울 것이다.

두 번째와 세 번째 문제 역시 임기응변식 육아가 원인이다. 나는 부모들에게 2주부터 일찌감치 분유를 함께 먹이라고 제안한다(148쪽 상자글 참고). 하지만 어떤 엄마들은 친구들의 충고나 책에서 읽은 정보 등을 이유로 2주가 '너무 이르다'고 생각한다. 그러다가 아기가 3개월, 6개월, 혹은 10개월이 되었을 때 하소연을 한다. "밖에 나갈 수가 없습니다. 저 말고 다른 사람들은 아무도 아기를 먹일 수 없답니다." 또는 "1주일 후에 직장에 다시 나가야 하는데, 아기가 굶을까 봐 걱정

꿈나라 수유를 중단하려면?

꿈나라 수유를 생략하는 방법은—보통 7개월 무렵에 필요한데—3일 간격으로 점차적으로 아기가 밤에 먹던 양을 낮에 보충한다.

★ 1~3일째 : 낮에 첫 수유에서 30cc를 추가하고 그날 밤 꿈나라 수유에서 30cc를 줄인다. 모유를 먹인다면 다시 집중 수유를 한다. 11시에 하던 꿈나라 수유를 30분 일찍 10시 30분에 (이제 30cc 적게) 한다.

★ 4~6일째 : 낮의 첫 번째와 두 번째 수유에 각각 30cc를 추가하고 꿈나라 수유에서 60cc를 줄인다. 꿈나라 수유는 10시에 (60cc 적게) 한다.

★ 7~9일째 : 낮의 첫 번째, 두 번째, 세 번째 수유에서 각각 30cc를 추가하고 꿈나라 수유에서 90cc를 줄인다. 꿈나라 수유는 9시 30분에 한다.

★ 꿈나라 수유를 10~13일째는 9시에, 14~16일째는 8시 30분에, 17~19일째는 8시에, 20일째부터는 7시 30분에 한다. 이렇게 3일 간격으로 낮에 더 먹이고 꿈나라 수유에서 같은 양을 계속 줄여 가면 결국 7시 30분에 몇 cc만 먹게 될 것이다.

입니다." 이런 일들이 일어나기 때문에 나의 할머니는 출발선을 잘 지키라고 하셨다. 잠시 멈춰서 생각하자. '음—, 몇 달 후에 내가 어떻게 생활하고 있기를 바라는가? 우리 아기가 시피컵으로 먹을 때까지 내가 집에서—아니 세상에서—아기를 먹일 수 있는 유일한 사람이 되고 싶은가?'

시피컵으로 먹게 하는 것도 주의가 필요하다. 많은 엄마들이 처음에는 시피컵에 모유나 분유가 아니라 주스 같은 음료를 담아 준다. 아기가 심심한 분유보다 달콤하고 색다른 맛이 나는 음료를 원할 것이라고 생각하기 때문이다. 아니면 당분이 없는 물을 준다(이 점에는 나도 동의한다). 그런데 아기들은 파블로프의 개와 같다. 몇 달 동안 컵으로 '다른' 음료를 먹은 후에 우유를 주면 "이봐요, 엄마. 이게 뭐죠? 여기에는 이런 걸 담아 주면 안 되잖아요."라는 표정을 짓는다. 그리고 단호하게 마시기를 거부한다(177~178쪽 참고).

엄마가 이렇게 곁길로 너무 멀리 가기 전에 이 책을 읽고 있다면 다행이다. 다른 엄마들도 이런 함정에 빠지지 않도록 가르쳐 주자. 하지만 이미 아기와 실랑이를 하고 있다고 해도 아직 끝난 것은 아니다.

모유에서 분유로 젖떼기의 첫 단계

모유를 분유로 바꿀 때는 두 가지 요인이 영향을 미친다. 아기와 엄마의 반응, 그리고 엄마의 몸과 마음에 주는 충격이 그것이다. 엄마는 젖을 뗄 준비가 되었거나 아니면 모유 수유 대신 한두 번 분유 수유를 해서 좀더 편해지고 싶을 수 있다. 어느 쪽이든 위의 두 가지 요인을 감안해야 한다. 만일 아기가 모유만 먹는다면 시간이 갈수록 분유로 바꾸기가 어려워진다. 반면에 아기가 커 갈수록 엄마 몸의 모유는 금방 말라 버리기 때문에 젖떼기가 쉬워진다(아래 상자글 참고).

모유 수유 줄이기

모유를 완전히 끊든지 아니면 단지 줄이든지 간에, 많은 엄마들은 수유를 중단하면 당장 가슴이 어떻게 될지 걱정한다. 다음의 계획은 아기가 기꺼이 분유를 먹고 엄마는 아침과 퇴근 후에 하루 두 번씩 모유 수유를 계속하기를 원하는 경우이다. 만일 완전히 끊으려면 계속 모유 수유를 줄여 가면 된다. 엄마의 몸은 협력을 하겠지만 도움이 필요할 것이다.

♥ 수유를 생략하는 대신 젖짜기를 한다.
유방 울혈을 피하기 위해 다음 12일 동안 계속해서 아침저녁으로 모유를 먹인다. 낮에는 원래 수유를 하던 시간에 젖을 짠다. 처음 3일 동안 15분씩 짠다. 4일에서 6일까지는 10분 동안 짠다. 7일에서 9일까지는 5분, 그리고 10일에서 12일까지는 2~3분만 짠다. 이제 엄마젖은 두 차례의 수유를 위해서만 채워질 것이고, 더 이상 짜내지 않아도 된다.

♥ 수유를 하지 않을 때는 몸에 꼭 맞는 스포츠 브래지어를 착용한다.
몸이 모유를 재흡수하는 데 도움이 될 것이다.

♥ 매일 3~5차례 공을 던지는 동작으로 팔을 휘두르는 체조를 한다.
이것도 역시 재흡수를 돕는다. 통증을 참기 힘들면 4~6시간마다 진통제를 복용한다. 아기가 8개월이 넘으면 유방 울혈은 잘 생기지 않으며 모유 생산도 좀더 빨리 중단된다.

하지만 많은 엄마들이 모유 수유의 횟수를 줄이거나 완전히 끊는 것에 대해 죄책감과 아쉬움을 갖는다.

먼저 아기를 생각하자. 나는 아기에게 젖병으로 먹인 적이 없거나 아기가 젖병으로 먹는 법을 잊어버렸다고 하는 엄마들에게서 많은 이메일과 전화를 받는다. 내 웹사이트에 올라온 글을 소개하면 다음과 같다.

♥ 안녕하세요. 저는 6개월이 된 아기의 엄마입니다. 젖병으로 먹이는 것에 대해 조언해 주세요. 저는 젖을 떼고 싶지는 않지만 휴식이 필요합니다. 우리 아기는 젖병으로 먹으려고 하지 않습니다. 그래서 지난 12주 동안 온갖 방법을 시도했습니다. 시피컵, 젖병, 모유, 분유 등.

12주라니! 이 엄마는 아기와 정말 오랫동안 씨름을 했다. 아마 당장 급하지는 않은 모양이다. 하지만 만일 엄마가 직장에 다시 나간다고 상상해 보자! 예를 들어, 바트의 엄마 게일은 처음 3달 동안 모유를 먹이다가 나에게 전화를 했다. "3주 후에 직장으로 돌아가야 하는데, 아침과 늦은 오후와 저녁에 모유 수유를 하고 나머지는 분유 수유를 하고 싶습니다."

분유로 바꾸고 나서 다시는 모유를 먹이지 않을 계획이거나 하루 몇 번만 분유를 먹일 계획이건 간에, 내 조언은 엄마가 한두 번의 저항에 흔들리지 않도록 마음을 단단히 먹으라는 것이다. 물론 아기가 6개월이 넘었다면 곧장 시피컵을 사용하고 젖병을 생략하는 것도 생각할 수 있다. 하지만 일단 젖병을 주기로 결정을 한다면 다음과 같이 시작하자.

엄마 젖꼭지와 가장 비슷한 고무젖꼭지를 찾는다

일부 모유 수유 전문가는 3~6개월 이전에는 젖병을 주지 말라고 하면서 그 이유로 '유두 혼동'을 이야기한다. 하지만 아기를 당황하게 만드는 것은 젖꼭지가 아니라 흐름이다. 아기가 일단 한 가지 젖병에 익숙해지면 더 이상 바꾸지 말자. 아기가 먹다가 숨이 막히거나 뿜어내거나 흘리거나 한다면 젖꼭지를 빠는 힘의 세기에 따라 반응하도록 만들어진 젖병을 구입한다. 일반적인 젖병의 젖꼭지는 아기가 빨기를 중지해도 계속 나오게 되어 있다.

첫 젖병 수유는 아기가 가장 배가 고플 때 시작한다

나는 젖병으로 주기 시작할 때는 아기가 배가 고프지 않을 때 시작하라는 의견에 동의하지 않는다. 배가 고프지 않은데, 젖병을 받아들이고 싶겠는가? 처음에는 아기가 젖병에 저항하고 불편해 할 것이므로 엄마가 마음을 단단히 먹어야 한다.

젖병을 강요하지 말자

아기 입장에서 생각하자. 몇 달 동안 엄마의 따뜻한 젖꼭지를 빨다가 갑자기 고무젖꼭지가 입에 들어오면 어떨지 상상해 보자. 젖병을 엄마 체온과 비슷하게 따뜻한 물로 덥힌다. 고무젖꼭지를 아기 입에 살며시 넣고 아랫입술을 흔들어서 빠는 반사를 자극한다. 5분 이내에 아기가 빨지 않으면 중단하자. 억지로 먹이려고 하면 거부감을 줄 수 있다. 1시간 정도 기다렸다가 다시 시도한다.

젖병으로 먹기에 아기가 너무 컸다?

엄마들은 종종 1년이나 늦어도 18개월이 되면 젖병을 없애라는 충고를 듣는다. 하지만 나는 2년까지는 괜찮다고 생각한다. 아기가 엄마 아빠 무릎에서 젖병을 물고 잠시 안겨 있다고 세상이 끝나는 것은 아니다. 그냥 내버려 두면 대부분 2돌 무렵에 스스로 젖병을 포기한다. 이후에도 계속 젖병에 매달리는 것은 대개 젖병으로 위안을 삼는 버릇이 들었기 때문이다.

예를 들어, 엄마나 아빠가 사람들 앞에서 아기가 울지 못하게 하려고 미봉책으로 입에 젖병을 물려주거나 낮잠이나 밤잠을 재울 때 젖병을 물려서 재운 것이다. 어떤 부모들은 침대에 젖병을 놓아두고 혼자서 먹으면서 자게 하는데, 이것은 습관이 될 뿐 아니라 자면서 먹다가 숨이 막힐 수 있으므로 위험하다. 그리고 하루 종일 젖병을 빨게 하면 물로 배를 채우게 되어 고형식을 먹지 않는다.

만일 아기가 2년이 지나도록 젖병을 들고 다닌다면 개입을 해야 한다.

♥ 젖병에 대한 규칙을 만든다. 자기 전이나 침실에서만 젖병을 준다.
♥ 간식을 준비해 가지고 다니면서 아기를 달랠 때 젖병에만 의지하지 말고 간식을 주는 등 다른 방법으로 대처한다(8장 참고).
♥ 젖병에 흥미를 잃게 만든다. 고무젖꼭지의 구멍을 0.6~0.9센티미터 길이로 자른다. 4일 후에 다시 교차하도록 자른다. 1주일 후에 두 개의 삼각형 구멍이 생기도록 자른다. 마지막으로 나머지 두 개의 삼각형을 다 잘라서 커다란 구멍을 만들면 아기가 빠는 재미를 잃어버릴 것이다.

첫날은 매시간 시도한다

인내심을 갖자. 12주 동안 시도를 했다는 엄마는 아마 꾸준히 시도하지 않았을 것이다. 많은 엄마들이 하루 이틀 하다가—아니면 몇 분 동안 하다가—그만둔다. 그러다가 다시 구속을 받는 기분이 들거나 아기를 보모에게 맡기는 것이 불안해지면 다시 시도한다. 하지만 매일 충실하게 계속하지 않으면 효과가 없다.

처음에 엄마가 주는 젖병을 먹기 시작한 후에 아빠나 할머니, 친구 또는 유모에게 맡긴다

어떤 아기는 다른 사람이 주는 젖병은 먹으면서 엄마가 주면 완강하게 거부한다. 이것은 젖병 수유를 처음 시작할 때는 상관이 없지만 결국 엄마가 원하는 것은 아니다. 젖병으로 주는 것은 융통성을 갖기 위해서다. 엄마가 사정이 생겨 모유 수유를 할 수 없을 때마다 아빠나 할머니를 불러서 아기를 먹일 수는 없다.

단식 투쟁을 각오하자

아기가 젖병을 거부해도 엄마젖을 꺼내지 말자. 나는 엄마들이 걱정하는 것처럼 아기가 굶어 죽는 일은 없다고 장담한다. 아기는 엄마젖을 3~4시간 동안 못 먹으면 적어도 30~59cc 정도의 분유를 먹을 것이다. 하루 종일 젖병을 거부하면서 엄마가 집에 오기를 기다리는 아기도 있지만, 실제로 그런 경우는 드물다(그래도 굶어 죽지 않는다). 참고 견디면 젖병이 주는 충격은 24시간 내에 끝난다. 좀더 큰 아기들 중에서 보통 심술쟁이 아기의 경우는 2~3일까지 갈 수 있다.

젖병으로 바꾸기

텔레비전 프로듀서인 재나는 7개월이 된 아기 저스틴에게 모유를 먹이기 위해 직장에서 매일 30분씩 차를 타고 집에 간다. 하지만 이제 한계를 느껴 젖병으로 먹일 수 있기를 간절히 바랐다. 나는 재나에게 출근하기 전에 한 번 수유를 하고 낮 동안 유모가 먹일 수 있도록 모유를 짜 두라고 제안했다. 하지만 저스틴은 젖병을 거부하고 단식 투쟁을 계속했다. 재나가 궁금해서 집으로 전화를 걸면 저스틴의 우는 소리가 들렸다. "우리 아기가 굶고 있습니다. 하루 종일 나보다 아기가 더 고생하고 있습니다." 오후 4시에 집에 가면 저스틴은 아직도 엄마젖을 찾으며 울고 있었다. 어느 날 그녀가 젖병을 주었는데, 아기가 거부를 하자 조용히 말했다. "좋아, 지금은 배가 고프지 않나 보네." 6시가 되자 아기는 젖병으로 열심히 먹었다. 재나는 나중에 나에게 전화를 해서 말했다. "오늘 밤에는 모유 수유를 하고 싶습니다." "안 됩니다." 나는 단호하게 말했다. "내일 또 아기가 단식 투쟁을 하기를 원하는 것은 아니겠죠?" 나는 2일 동안 계속해서 젖병으로 먹이라고 했고, 48시간 후에 재나는 아기가 자기 전에 모유 수유를 다시 할 수 있었다.

이후로는 적어도 하루 한 번은 반드시 젖병을 준다

엄마들이 흔히 하는 실수는 적어도 하루 한 번은 젖병으로 주는 것을 지키지 않는 것이다. 아기는 언제라도 원래의 수유 방법으로 돌아갈 준비가 되어 있다. 예를 들어, 모유 수유로 시작을 했다가 엄마가 병원에서 1주일 입원을 해야 하는 일이 생겨서 그동안 젖병으로 먹였다고 하자. 그래도 아기는 다시 모유 먹는 법을 금방 터득할 것이다. 또 흔한 경우는 아니지만, 젖병으로 시작을 했다가 모유를 먹이면, 젖병으로도 잘 먹는다. 단, 젖병으로 계속 먹이지 않으면 잊어버릴 수 있다. "우리 아기는 젖병으로 먹었지만 지금은 잊어버린 것 같습니다."라고 엄마들은 말한다. 물론 오래전에 먹였다면 잊어버렸을 것이다. 이 경우 173쪽의 상자글과 같은 방법을 사용해서 처음부터 다시 시작해야 한다.

"하지만 우리 아기가……."
젖떼기를 하는 엄마들이 느끼는 상실감과 죄책감

젖떼기를 시작하는 엄마들에게 또 한 가지 충고할 것이 있다. 젖떼기는 엄마가 진심으로 원해서 해야 한다는 것이다. 재나의 경우(173쪽 상자글 참고), 아기가 굶는 것을 걱정하고 있지만 단지 아기의 건강만 걱정한 것은 아니었다. 그녀는 아기에게 '고통'을 주는 것에 대해 죄책감을 느꼈을 것이다. 많은 모유 수유 엄마들이 아기에게 젖병을 줄 때 이처럼 착잡한 심정이 된다.

엄마들은 모유 수유에 강한 애착을 가질 수 있다. 게다가 엄마가 자기 생활을 되찾기 위해 젖떼기를 할 때는 죄의식을 느낀다. 또한 요즘 모유 수유가 크게 유행하면서 많은 엄마들이 젖떼기를 생각만 해도 나쁜 엄마가 된 것처럼 느낀다. 죄책감에 상실감이 겹친다.

얼마 전 내 웹사이트를 둘러보다가 모유 수유 9개월 만에 젖떼기를 생각하는 어느 엄마의 글을 읽었다. 그 엄마는 처음에 "적어도 1년은 모유를 먹이겠다."고 마음을 먹었다가 이제 '약간의 자유를 원하는 것'에 대해 죄책감을 느끼면서 '나처럼 느끼는 엄마가 있는지' 궁금해했다. 나는 다른 엄마들이 내 생각과 같은 답글을 올린 것을 보고 반가웠다. 몇 가지만 소개하면 다음과 같다.

- 결국 결정은 당신이 하는 것입니다. 당신과 아기에게 무엇이 최선인지는 누구보다 당신 자신이 알고 있습니다.
- 모유 수유를 9개월이나 했다면 정말 대단한 일을 한 겁니다. 아기에게 얼마 동안이라도 엄마젖을 먹이는 것은 중요한 일이며, 비록 짧은 시간이라도 모유 수유를 하는 엄마는 칭찬을 받을 만합니다.
- 저 역시 갈등을 상당히 겪었습니다. 한편으로는 가능한 한 오랫동안 모유를 먹이고 싶었고, 다른 한편으로는 자유와 나 자신을 찾고 싶었죠. 아기에게 젖을 먹이는 엄마가 아니라 나 자신이 되고 싶었습니다. 젖을 뗐을 때는 아기와 접촉하며 모유 수유를 하던 때가 그리워지기도 했습니다. 하지만 대신 정상적인 가슴을 되찾았습니다. 젖이 새는 것을 걱정할 필요가 없어졌고 더 이상 밤에 브래지어를 하고 자지 않아도 되었지요. 그리고 이제는 가끔씩 타석에서 내려올 수 있게 되었답니다!

모유 수유는 훌륭한 경험이고 나는 적극 찬성한다. 하지만 끝내야 하는 시간이 온다. 젖떼기를 하는 이유가 젖이 새어 나오는 것이 불편하다기보다 아기의 다음 성장 단계를 위한 것이라고 생각하면 죄책감이 덜할 것이다. 어느 엄마는 고백했다. "아기에게 처음 젖병을 물리면서 얼마나 마음이 아팠는지 모릅니다." 9개월 만에 젖떼기를 한 엄마는 다음과 같은 글로 끝을 맺었다. "젖을 떼겠다고 마음을 먹는 것이 실제로 젖떼기를 할 때보다 더 충격이었습니다. 하지만 젖병은 단지 훌륭한 대안일 뿐, 엄마인 나를 대신하는 것은 아니라고 생각하니까 마음이 편해지더군요."

시피컵으로 마시기 나 이제 다 컸어요!

아기가 고형식을 시작할 즈음에는 젖병 대신 시피컵을 사용해서 어른처럼 음료수를 마실 수 있도록 해야 한다. 이것은 아기가 받아먹다가 스스로 먹는 성장 과정의 일부다. 앞서 말했듯이 모유 수유 아기들은 엄마젖을 떼자마자 시피컵으로 먹게 한다. 아니면 젖병으로 먹이다가 나중에 시피컵으로도 함께 먹을 수 있게 한다.

어느 엄마가 "우리 아기는 시피컵으로 마시려고 하지 않습니다."라고 말하면 나는 다음과 같은 질문을 해서 엄마가 얼마나 열심히 시도를 해 보았는지, 사용법을 가르치면서 실수를 하지는 않았는지, 하루 아침에 결과가 나타나기를 기대하는 것은 아닌지 알아본다.

언제 처음 시작했는가?

만일 아기가 젖병과 엄마젖을 같이 먹고 있다고 해도 6개월이 되면 시피컵으로 먹게 하는 것이 중요하다. 종이컵이나 플라스틱 컵에 줄수도 있지만 시피컵이 더 좋은 이유는 흐름을 조절하는 주둥이가 있기 때문이다. 또한 시피컵은 혼자 잡고 먹을 수 있으므로 독립심을 길러준다. (아기나 어린 아기에게는 4~5살이 될 때까지 유리컵을 주지 말자. 나는 아기들이 입술과 혀를 유리에 베여서 응급실로 오는 것을 많이 보았다.)

얼마나 자주 시도를 했는가?

3주에서 1달까지 매일 시피컵으로 연습을 해서 익숙해지도록 해야 한다. 안 그러면 더 오래 걸린다.

여러 종류를 시도했는가?

시피컵에 곧바로 적응하는 아기는 별로 없다. 아기에게는 컵이 새롭고 이상한 물건이라는 것을 기억하자. 요즘은 여러 종류의 시피컵이 나와 있다. 어떤 것은 주둥이가 있고 어떤 것은 빨대가 달려 있다. 모유 수유 아기들은 종종 빨대가 달린 시피컵을 더 잘 먹는다. 처음에 어떤 것으로 시작하든지 1달 정도 사용하도록 한다. 이것저것 자주 바꾸지 말자.

시피컵으로 줄 때 아기를 어떤 자세로 안고 있는가?

처음부터 아기가 의자에 앉아서 시피컵을 혼자 사용하리라고 기대하지 말자. 대신 뒤에서 아기를 안고 손잡이를 쥐어 주고 컵을 들어서 입으로 가져가도록 도와준다. 서두르지 말고 아기가 기분이 좋을 때 연습시키자.

컵에는 어떤 종류의 유동식을 얼마나 많이 주어야 하는가?

많은 부모들이 아기가 무거워서 들지 못할 정도로 시피컵에 내용물을 많이 담아 준다. 나는 처음에 물이나 모유, 분유를 30cc 이상은 담지 말라고 한다. 당분은 더 필요하지 않기 때문에 주스는 제외한다. 또한 아기가 시피컵을 달콤한 음료와 연결하면 다른 것을 거부할 수 있다.

그런데 이미 이런 실수를 했다고 해도 방법은 있다. 시피컵으로 우유를 마시지 않는다고 해서 억지로 강요하면 시피컵을 좋지 않은 경험으로 보기 시작할 것이고 다른 것도 마시지 않을 수도 있다(특히 젖떼기를 했는데, 젖병으로 먹지 않는다면). 이럴 경우는 식사를 할 때 두 가지 음료를 준비하는 것으로 시작하자. 한 컵에는 지금까지 담아주던 음료 30cc(주스나 물)를, 또 다른 컵에는 우유 59cc를 담는다. 아기가 물을 한 모금 마시면 그 컵을 치우고 우유가 담긴 컵을 준다. 만일 거부하면 1시간 후에 다시 시도한다. 아기가 시피컵으로 잘 마신다고 해도 무릎에 앉혀서 마시게 한다. 다른 것도 그렇지만, 즉시 가르쳐야겠다는 생각은 버리고 인내심을 갖고 아기에게 즐거운 경험이 되도록 배려하면 언젠가 성공한다.

엄마는 시피컵을 들고 있는 아기를 보면 다 커 버린 듯이 느껴져서 착잡한 기분이 들기도 한다. 물론 그럴 수 있다. 많은 엄마들이 그렇게 느낀다. 그런 기분은 떠나보내고 편안한 마음으로 여행을 즐기자.

유동식은 하루 얼마나 먹어야 하나?

일단 아기가 하루 3번 고형식을 먹으면 적어도 하루 473cc의 우유나 분유를 먹어야 한다(큰 아기들은 946cc까지). 아기가 식사를 한 후에 입가심으로 주거나 놀고 나서 목을 축일 정도로 준다. 만일 엄마젖만 먹어 온 아기라면 시피컵에 익숙해지거나 젖병으로 잘 먹을 때까지는 젖떼기를 하지 말자.

4장

영양 섭취와 식습관

고형식과 즐거운 식사

받아먹기에서 스스로 먹기로 가는 여행

아기는 놀라운 창조물이다. 나는 아기가 자라는 것을 보면서 가끔씩 깜짝 놀라곤 한다. 먹는 문제에서 아기가 어떻게 발전하는지 잠시 생각해 보자. 처음에는 엄마의 태내에서 24시간 영양을 섭취한다. 아기는 젖을 얼마나 세게 빨아야 할지 걱정할 필요 없이 탯줄을 통해 엄마에게서 필요한 것을 얻는다. 그동안 엄마는 젖이 잘 나오는지, 젖병을 적절한 각도로 기울이고 있는지 걱정할 필요가 없다. 하지만 일단 아기가 세상에 나오면 적절한 시간에 적절한 양을 먹고 연약한 소화 기관에 부담이 가지 않도록 하기 위해 세심한 주의가 필요하다.

아기가 태어나서 처음 몇 달 동안은 미각이 발달하지 않는다. 분유나 모유나 아기에게 필요한 모든 영양소를 제공하는 유동식은 맛이 심심하다. 앞서 말했듯이, 갓난아기는 돼지 새끼와 같다. 무조건 먹고, 먹고 또 먹는다. 평생 이때처럼 빠르게 체중이 늘어나는 시기는 없을 것이다. 그리고 이것은 아기에게 좋은 일이다. 만일 엄마가 68kg인데, 아기와 같은 속도로 살이 찐다면 12개월 후에는 204kg이 될 것이다.

아기와 엄마가 순조로운 항해를 하기까지는 시간이 걸리지만 어느 순간부터 먹는 문제가 그다지 힘들지 않게 된다. 그러다가 6개월경에 고형식을 시작할 때가 되면 받아먹기에서 스스로 먹기로 가는 중요한 변화를 도와주어야 한다. 이것은 하루아침에 되는 일도 아니고 도중에 험난한 지형을 만나기도 할 것이다. 이 장에서는 이 놀라운 여행에 수반되는 다채로운 기쁨과 어려움에 대해 살펴보겠다. 이제부터 아기는 미각이 살아나고 입 안에서 세상을 보다 흥미롭게 해 주는 새로운 감각들을 경험할 것이다. 부모가 이 시기를 긍정적인 태도와 인내심을 갖고 접근한다면, 처음에는 실수도 많이 하겠지만 아기가 새로운 음식을 맛보고 스스로 먹는 법을 배우는 모습을 지켜보는 것도 흥미로울 것이다.

영국에서는 아기가 모유나 분유에서 고형식으로 가는 이러한 변화를 '이유기'라고 부른다. 미국에서는 '이유기'가 모유나 분유 수유를 그만두는 것을 의미하지만, 고형식을 주는 시기와 반드시 일치하는 것은 아니다. 따라서 여기서는 두 가지를 구분해서 이야기하겠다. 물론 아기가 고형식을 먹게 되면 유동식을 먹는 양이 줄어들므로 두 가지는 서로 관련이 있다.

이유기와 고형식은 또 다른 방식으로 연관이 있다. 두 가지 모두 아기의 성장 과정의 일부다. 그 진행에 대해 생각해 보자. 처음에는 엄마가 아기를 품에 안고 먹여야 한다. 아기는 거의 누워서 무방비 상태로 먹는다. 그러다가 신체가 강해지고 협응 기능이 발달하면서 몸을 꿈틀거리고 머리를 돌리고 엄마젖이나 젖병을 밀어내면서 자기 주장을 하게 된다. 6개월이 되면 제법 똑바로 앉을 수 있게 되고 물건(숟가락, 젖병, 엄마젖)을 손으로 잡기 시작하면서 스스로 먹으려고 한다.

엄마는 아기의 이러한 변화를 시원섭섭하게 느낄 수 있다. 어떤 엄마는 젖떼기만 생각하면 기분이 착잡해지고 마음이 몹시 아프다고 한다. 아기가 '너무' 빨리 크는 것을 원하지 않는 것이다. 그래서 "서두르고 싶지 않다."고 하면서 9~10개월이 되어서야 고형식을 주기 시작한다. 이런 엄마들의 마음은 이해를 하지만 그러다가 15개월이 되어서(아니면 이후에도) "우리 아기는 아직도 고형식을 먹지 않거나 잘 먹지 않는다."고 고민하게 될 수 있다. 또 어떤 엄마들은 아기가 식탁의자에 앉기를 거부하거나 말썽을 부린다고 하소연한다. '식습관'과 관련해 이런 문제들이 일어나는 이유는 처음에 엄마가 아기의 나쁜 습관을 보지 못하거나, 어떻게 해야 할지 몰라서 임기응변식으로 대처를 하기 때문이다. 아니면 아기가 빨리 자라는 것을 원하지 않기 때문에 일어나기도 한다.

이제 아기는 스스로 먹을 수 있어야 한다. 그러자면 아기는 연습을 열심히 해야 하고 엄마는 인내심을 좀더 가져야 한다. 이런 과정을 거쳐야만 아기는 음식을 맛있게 먹고, 새로운 맛을 흔쾌히 시험하고, 먹는 것을 즐거움과 연결하게 된다.

유동식에서 고형식으로 : 모험은 계속된다

이 표는 아기가 받아먹기에서 스스로 먹기까지 그 진행 과정과 기본 요소, 그리고 엄마들이 어떤 걱정을 하고 있는지(예를 들어, "우리 아기는 충분히 먹고 있을까?")를 보여 준다. 이 장에서는 고형식을 시작하면서 발생하는 문제를 어떻게 해결할지 그 방법에 대해 보다 상세한 정보를 구할 수 있다.

연령	먹는 양	시간표	공통적인 문제
태어나서 6주까지(자세한 내용은 134쪽)	유동식 89cc.	출생 때 체중에 따라 2~3시간 간격으로.	수유 도중에 잠이 들고 1시간만 지나면 다시 배가 고파진다. 2시간 간격으로 먹는다. 빨고 싶어 하지만 조금밖에 안 먹는다.
6주에서 4개월까지 (134쪽)	유동식 118~148cc.	출생 때 체중에 따라 2~3시간 간격으로.	밤에 깨서 먹는다. (수면 문제로 보이지만 적절한 식습관으로 해결할 수 있다)

연령	먹는 양	시간표	공통적인 문제
4~6개월 (134쪽)	유동식 177~237cc. 일찍 고형식을 주기 시작한다면 유아용 의자나 무릎에 앉히고 머리를 똑바로 들고 먹게 한다. 이 시기에 주는 고형식은 거의 물처럼 해서 먹인다. 배나 사과 퓌레, 한 가지 곡물로 만든 죽(밀 제외)이 소화가 잘 된다. 수유 전에 1~2작은술 정도 준다.	4시간 간격으로. 보통 나는 이 시기에 고형식을 시작하는 것을 권하지 않지만 만일 고형식을 먹인다고 해도 아직 유동식이 주식이다.	모유나 분유를 너무 빨리 먹는데, 충분히 먹고 있는 것인가? 고형식은 언제 시작하나? 어떤 음식을 먹여야 하는가? 어떻게 해야 아기가 씹어 먹게 할 수 있나? 어떤 방법으로 먹여야 하는가?
6~12개월	처음에는 모든 것을 죽으로 만들어 준다. 첫 주에는 아침에만 1~2작은술을 주고, 둘째 주에는 아침과 점심, 그리고 셋째 주에는 저녁까지 먹인다. 매주 새로운 음식을 추가하고(항상 아침에) 잘 먹으면 점심과 저녁에도 준다. 고형식은 아기가 완전히 깨어 있을 때만 먹인다. 처음에 고형식을 잘 먹지 않으면 모유나 분유로 보충한다. 일단 아기가 먹는 요령을 터득하면 항상 고형식을 먼저 먹인다. 아기가 고형식에 적응하고 씹을 줄 알게 되면 약간의 섬유소가 있는 음식을 추가한다. 아기의 식욕과 수용량에 따라 30~44cc까지 점차 늘려 간다. 9개월이나 혼자 앉아서 먹을 수 있을 때 핑거푸드(손으로 집어 먹는 음식)를 추가한다. 6~9개월에 적당한 음식으로는 부드러운 맛의 과일과 야채(사과, 배, 복숭아, 서양자두, 바나나, 호박, 고구마, 당근, 깍지콩, 완두콩), 곡물, 현미, 베이글, 닭고기, 칠면조 고기, 흰살 생선(가자미 등), 참치 통조림 등이다. 9개월이 되면 핑거푸드를 주기 시작한다. 또한 파스타, 좀더 맛이 강한 과일들(서양자두, 키위, 핑크 자몽)과 채소(아보카도, 아스파라거스, 서양호박, 리마콩, 가지), 소고기국, 양고기를 추가할 수 있다. 부모에게 알레르기가 있다면 아기에게 먹이는 음식에 대해 소아과 의사와 상의하자.	고형식에 익숙해지려면 2달에서 4달까지 걸린다. 9개월이 되면 대부분 아침(오전 9시경), 점심(12시나 1시), 저녁(5~6시)에 고형식을 먹는다. 모유나 분유는 아침에 깨서 먹고, 식사 중간(간식)과 자기 전에 먹는다. 1년이 되면 점차 유동식을 반으로 줄이고 고형식을 그만큼 늘려서 고형식이 주식이 되게 한다. 유동식은 체격에 따라서 하루 473~946cc를 먹는다. 일단 핑거푸드를 먹을 수 있으면 식사를 항상 핑거푸드로 시작하고 다른 음식은 숟가락으로 떠먹인다. 9개월이 되면 식사 중간에 가벼운 간식(베이글, 크래커, 치즈)을 시작할 수 있지만 간식으로 배를 채우지 않도록 한다(156~158쪽).	고형식은 어떤 것으로 시작하고 어떻게 먹여야 하는가? 유동식과 비교해서 얼마나 먹여야 하는가? 고형식에 적응하지 못한다(입술을 다물고 숟가락을 받아들이지 않는다. 구역질을 하거나 사레가 들린다). 음식 알레르기에 대해 걱정한다.

연령	먹는 양	시간표	공통적인 문제
1~2년	음식을 더 이상 삶아서 걸러 주지 않아도 된다. 여러 가지 음식을 먹고 혼자 먹기 시작한다. 1주일에 한 번 요구르트, 치즈, 우유(153쪽 상자글)와 같은 유제품뿐 아니라 계란, 꿀, 소고기, 멜론, 딸기, 핑크 자몽, 렌즈콩, 돼지고기, 송아지 고기와 같은 음식들을 주기 시작한다. 아직 견과류는 소화를 잘 못하고 목에 걸릴 수 있으며, 조개와 초콜릿과 같은 음식은 알레르기를 유발할 수 있으므로 조심해서 먹이거나 멀리한다.	하루 세 번 식사를 하고, 젖떼기를 완전히 할 때까지 아침과 밤에 모유나 분유를 먹는다. 젖떼기는 보통 18개월이면 끝난다. 식사 사이에 식욕에 영향을 주지 않는 범위에서 가벼운 건강 간식을 준다. 적어도 하루 한 끼는 가족과 함께 식사를 하자.	전처럼 많이 먹지 않는다. 아직 고형식보다 분유를 좋아한다. 특정 음식(예를 들어, 당근)을 거부한다. 턱받이를 하지 않으려 한다. 유아용 식탁의자에 앉지 않고 나오려고 한다. 스스로 먹으려 하지 않는다. 식사 시간이면 말썽을 부리고 엉망으로 만든다. 음식을 던지거나 떨어트린다.
2~3년	18개월이나 확실하게 2년이 되면 알레르기나 다른 문제가 없는 한 모든 음식을 먹을 수 있다. 얼마나 먹는지는 체구와 식욕에 달려 있다. 아이에 따라 먹는 양은 다르다. 가족이 먹는 것은 무엇이든 먹을 수 있으므로 아기 음식을 따로 준비할 필요가 없다.	하루 세 번 식사를 하고 중간에 가벼운 간식을 먹는다. 이제 좋아하고 싫어하는 음식이 분명해지고, 아마 단 것을 좋아할 것이다. 간식은 너무 많이 주지 않는다. 영양소가 별로 없거나 당분이 너무 많은 간식은 식사에 영향을 줄 수 있다. 하루 한 번, 적어도 1주일에 며칠은 가족과 함께 식사를 해서 영양 섭취뿐 아니라 사회성을 배우게 하자.	편식을 한다. 이상한 '규칙'이 있다(음식이 부서지면 울거나, 콩과 감자가 서로 닿으면 안 되거나 등). 간식만 먹는다. 식탁에 앉지 않는다. 식사 태도가 엉망이다. 음식을 던진다. 일부러 어지른다. 식사 시간이 되면 떼를 쓴다.

식습관

올바른 식습관(아기가 적당한 시간에 적당한 양의 음식을 먹는 것)은 아기가 태어나는 순간부터 중요하다. 앞장에서 나는 처음 6주부터 시작된 잘못된 식습관이 불규칙한 수유, 울음, 가스 그리고 다른 장내 문제를 유발한다고 설명했다. 그래도 일단 규칙적인 일과가 자리를 잡으면 먹는 문제가 수월해진다. 하지만 고형식을 먹이기 시작하면 식습관이 다시 한 번 아주 까다로운 문제가 된다.

아기의 식습관에는 아기의 행동, 엄마의 태도, 하루 일과, 영양 섭취가 가장 중요한 요인으로 작용한다. 식습관이 잘못되는 경우를 보면 대부분 이 네 가지 요인 중 한 가지와 관련이 있다. 이제 각각의 요인에 대해 좀더 자세히 설명하겠다.

아기의 행동

가정마다 식탁에서 중요시하는 규칙이 있다. 여러분은 식사할 때 아기의 행동 중 무엇은 허락하고 무엇은 허락하지 않는가? 부모는 아이가 십대가 될 때까지 기다릴 것이 아니라 지금 당장 규칙을 가르쳐야 한다. 아기를 유아용 식탁의자에 처음 앉힐 때부터 시작하자. 예를 들어, 카터 부부는 식탁 예절에 대해 매우 느슨하다. 그들은 아이들이 음식을 갖고 장난을 쳐도 나무라지 않는다. 반면에 마티니 가족은 9개월의 페드로가 음식을 으깨고 주무르고 하면 즉시 의자에서 내려놓는다. 엄마와 아빠는 음식을 갖고 장난치는 페드로의 행동을 식사를 끝낸 것으로 간주하고 말한다. "안 된다. 음식을 갖고 장난을 치면 안 된다. 식탁에 앉으면 먹어야 한다." 아기는 무슨 말인지 정확하게 이해하지 못하지만 유아용 식탁의자를 노는 것이 아니라 먹는 것과 연결시킬 것이다. 만일 예절이 중요하다고 믿는 부모라면 본보기를 보여야 한다. 이미 집에서 식탁 예절(규칙)을 이해한 아이는 레스토랑에 데려가도 문제가 없다. 하지만 먹으면서 돌아다니거나 식탁에 발을 올려놓는 것을 내버려 둔다면 밖에 나가서 예의 바르게 행동하리라고 기대할 수 없다.

엄마의 태도

아이는 부모를 따라간다. 만일 부모가 편식을 하거나 음식을 허겁지겁 먹는다면 아이도 음식을 즐기지 못할 것이다. 엄마 자신에게 물어보자. 음식이 나에게 중요한가? 나는 음식을 정성껏 만들어서 맛있게 먹고 있는가? 그렇지 못한 엄마는 아마 식구들이 맛있게 먹을 만한 음식을 준비하지 못할 것이다. 아무렇게나 뒤섞어서 맛없는 음식을 내놓을지도 모른다. 어떤 엄마들은 이런저런 다이어트를 하느라 먹는 일에 노심초사한다. 아기에게도 저지방식을 주고 탄수화물을 너무 많이 먹은 것은 아닌지 걱정한다. 이것은 아기의 영양을 고려하지 않은, 잘못된 일이다. 아기는 어른과 다른 영양분을 필요로 한다. 게다가 엄마가 아이에게 어떤 음식을 못 먹게 하거나 또는 '나쁜'(특히 체형과 관련해서) 음식이라고 말한다면 나중에 심각한 편식 문제로 이어질 수 있는 메시지를 엄마가 아기에게 전달하는 셈이다.

부모는 아기가 시행착오를 통해 배우도록 허락해야 한다. 어떤 엄마들은 아기가 배우고 있는 동안에 실수를 하고 어지르는 것을 참지 못한다. 아기가 음식을 흘리는 것에 신경을 지나치게 쓰고 "지저분하다."고 나무라면 얼마 안 가서 아기는 먹는 것을 불쾌한 경험과 연결시킬 것이다.

하루 일과

'규칙적인 일과'라는 말을 자꾸 들어서 지겨울 테지만 어쩔 수 없다. 아이가 정해진 시간에 정해진 장소에서 음식을 먹도록 하는 것은 식사뿐 아니라 아이를 존중하는 것이다. 식사는 전화 통화를 하는 중간이나 잠깐 짬을 내서 하는 일이 아니다. 그 무엇보다 우선시해야 한다. 그리고 1주일에 적어도 두 번은 가족이 함께 모여서 식사를 하

자. 외동이라면 부모가 역할 모델이 된다. 손위 형제에게 배울 수 있으면 더욱 효과적이다. 식탁에서 다른 가족들이 본보기를 보여 주면 아이는 스스로 따라 할 것이다.

영양

아이의 식욕이나 먹는 양은 어쩔 수 없다고 해도 적어도 어릴 때는 부모가 아이 입에 들어가는 음식을 관리할 수 있다. 아이마다 식성이 다르다고 해도 결국 아이가 나중에 자라서 스스로 건강식을 선택하는 것은 부모가 하기에 달려 있다. 만일 부모가 건강식을 먹는다면 아마 아기에게 무엇을 먹여야 하는지 잘 알고 있을 것이다. 그렇지 않다면 부모가 먼저 영양에 대해 배워야 한다. 건강식은 아기일 때만 중요한 것이 아니다. 보통 아기가 2돌이 넘어서 아무것이나 다 먹을 수 있게 되면 공짜 장난감과 '해피밀'을 주는 패스트푸드점에 데려가기 쉬울 것이다. 하지만 그런 곳에 자주 가면 아기 건강에 해로울 수 있다. 음식 일지를 기록하면 아이에게 어떤 음식을 줄지 좀더 신중하게 생각할 수 있다. 소아과 의사의 조언을 들어 보자. 또한 친구들이나 책에서 건강식에 대한 유익한 정보를 구하자.

아이들은 잘 먹는 날이 있고 식욕이 없는 날이 있다. 어떤 음식을 한 달 동안 잘 먹다가 갑자기 거부할 수도 있다. 아니면 몇 달 동안 먹이려고 해도 먹지 않던 음식을 어느 날 갑자기 먹기 시작한다. 아이가 먹으려고 하지 않는 음식을 억지로 먹이지 말자. 19개월이 된 아기의 엄마가 보낸 글에서 볼 수 있듯이 계속해서 아기에게 선택권을 주도록 하자.

♥덱스터는 내가 만들어 주는 음식은 뭐든지 잘 먹고 어느 레스토랑에 가도 잘 먹습니다. 한 번에 많이 먹지는 않지만 무엇이든

잘 먹는답니다. 우리가 처음부터 여러 가지 음식을 주었기 때문인 것 같습니다. 무엇을 먹으라고 강요하지 않았고, 단지 우리가 먹는 것을 주면서 선택하도록 했습니다. 한 가지 예로 브로콜리가 있습니다. 처음에는 접시에 담아 주면 거들떠보지도 않았죠 (한 입 정도 먹어 볼 때도 있었지만). 스무 번쯤 그렇게 모른 척했는데, 어느 날 갑자기 먹기 시작하더니 이제는 아주 좋아합니다.

우리는 또한 잘 먹는다고 칭찬을 하지 않습니다. "오이를 먹었으니 착하구나." 또는 "양배추를 먹으면 과자를 줄게."라고 말하지 않죠. 이런 말은 맛없는 음식을 먹었으니까 상을 주겠다는 뜻으로 들리겠죠.

제가 하고 싶은 말은 계속해서 새로운 음식을 주라는 겁니다. 아이들은 뜻밖의 음식에도 맛을 들입니다. 요 며칠 동안에만 우리 아이는 레드어니언, 피망, 두부, 매운 청키살사, 인도 음식, 양배추, 연어, 에그롤, 곡물 빵, 가지, 망고, 초밥 등을 먹었답니다!

이제부터 4개월에서 6개월까지, 6개월에서 1년까지, 1년에서 2년까지, 2년에서 3년까지, 각 단계마다 어떤 일이 일어나고 어떤 문제들이 생기는지 이야기하겠다. 여기서도 아이의 연령에 상관없이 모든 단계에 대해 읽기를 권한다. 어떤 아기에게는 6개월에 나타나는 문제가 다른 아이에게는 1년 후에 나타날 수 있기 때문이다.

4개월에서 6개월까지 준비하기

아기가 4개월이 되면 많은 엄마들이 고형식에 대해 생각한다. 이 시기에 엄마들이 하는 질문은 문제라기보다 관심이라고 해야 할 것이다.

- 고형식은 언제 시작해야 할까?
- 어떤 음식을 시도해야 하는가?
- 아기가 씹는 법을 어떻게 배우게 할까?
- 어떤 방식으로 아이를 먹이는 것이 적절한가?

이런 질문들은 대부분 준비에 관한 문제다. 아기들은 태어날 때부터 젖꼭지를 효율적으로 빨기 위해 반사적으로 혀를 내민다. 아기가 4~6개월이 되면 이런 혀 내밀기 반사는 사라지고 곡물이나 과일, 야채로 만든 죽을 받아먹을 준비가 된다. 어떤 곳에서는 전통적으로 엄마가 고형식을 대신 씹어서 먹인다. 우리는 믹서기가 있고, 조제 유아식도 살 수 있다.

아기가 4개월이면 아직 고형식을 먹을 준비가 되어 있지 않을 수 있다. 나는(그리고 많은 소아과 의사들이) 보수적인 입장을

> **확실하게 알고 먹이자**
>
> 때로 소아과 의사들은 식도 역류가 있는 아기들에게 고형식을 먹이라고 권한다. 좀더 무거운 음식을 먹여서 음식이 위에 머물러 있게 하려는 것이다. 고형식 권유를 받았다고 하면 나는 우선 소화기 전문의를 찾아가서 아기의 장기가 고형식을 소화시킬 수 있을 만큼 충분히 성숙했는지 알아보라고 제안한다. 아기가 고형식을 먹고 변비에 걸리면 한 가지 문제를 다른 문제로 바꾸는 결과를 빚을 수 있다.

취해서 6개월경에 고형식을 시작하는 것이 최선이라고 믿는다. 6개월 이전에는 고형식을 소화할 만큼 소화 기관이 충분히 발달하지 않기 때문이다. 또 아기가 혼자서 똑바로 앉지 못해 기대 놓고 고형식을 먹여야 하는데, 쉬운 일이 아니다. 음식이 식도를 통해 내려가게 하는 연동 운동은 똑바로 앉아 있어야 좀더 효과적이다. 으깬 감자를 삼키려면 누워 있는 것보다 의자에 앉아 있는 것이 더 쉽지 않겠는가? 게다가 어릴수록 알레르기가 생기기 쉬우므로 안전을 꾀하는 것이 상책이다.

하지만 고형식을 주겠다고 결정했다면 아기가 받아들일 준비가 되었는지 아기의 신호를 지켜보아야 한다. 다음과 같은 질문을 해 보자.

미신

고형식을 먹으면 아기가 밤에 더 오래 잔다
는 속설을 뒷받침하는 학문적 연구는 없다.
배가 부르면 아기가 자는 데 도움이 되지
만, 그렇다고 고형식을 먹여야 하는 것은
아니다. 모유나 분유로도 소화 문제나 알레
르기 위험이 없이 배를 채워 줄 수 있다.

평소보다 더 배가 고픈 것처럼 보이는가?

아기가 아프거나 젖니가 나는 중이 아닌
데도(206쪽 상자글 참고) 더 자주 먹으려고
한다면, 때때로 이 신호는 유동식 외에 다
른 음식이 필요하다는 것이다. 보통의 경
우 4~6개월이 된 아기는 모유나 분유를
매일 946~1,065cc 먹는다. 그런데 좀더
크고 활동적인 아기의 경우, 특히 신체 발
달이 빠른 속도로 진행될 때는 유동식만으로 충분하지 않을 수 있다.
내 경험으로는, 보통의 경우 아기는 5~6개월이 되면 운동량이 증가
한다. 하지만 아기가 평균적인 아기보다 크고―예를 들어, 4개월에
7.3~7.7kg·정도 되고―수유 때마다 더 먹으려고 한다면 고형식을
시작해야 할지도 모른다.

한밤중에 배가 고파서 깨는가?

아기가 낮에 양껏 먹는데도 밤에 깨는 것은 배가 고프기 때문일 수
있다. 그런데 아기가 4개월이라면 먼저 단계적으로 밤중 수유를 중단
하는 절차를 밟아야 한다(164쪽 마우라의 이야기 참고). 낮 동안 먹는
유동식의 양을 늘려도 여전히 배가 고픈 것 같다면 고형식을 먹일 필
요가 있다.

혀 내밀기 반사가 사라졌는가?

혀 내밀기 반사는 아기가 먹을 것을 찾을 때 볼 수 있다. 이 행동은
빨 때는 도움이 되지만 고형식을 먹을 때는 방해가 된다. 아기 입에

숟가락을 대고 어떻게 하는지 보자. 혀 내밀기 반사가 사라지지 않았
다면 아기의 혀가 자동적으로 숟가락을 밀어낼 것이다. 이 반사가 사
라졌다고 해도 숟가락으로 먹는 것에 익숙해지려면 시간이 필요하다.
아마 처음에는 젖꼭지를 빼는 식으로 숟가락을 빨려고 할 것이다.

**엄마가 음식을 먹을 때 아기가 "이봐요, 나는 안 주고 혼자 먹는 거예
요?"라고 말하는 것처럼 쳐다보는가?**

4개월에서 6개월 사이에 아기는 어른들
이 먹는 것에 관심을 갖고 쳐다보기 시작
한다. 어떤 아기는 씹는 동작을 따라 하기
도 한다. 종종 이런 신호를 보고 부모들은
죽 같은 음식을 몇 작은술씩 떠먹이기 시
작한다.

아기가 혼자서 앉을 수 있는가?

아기가 목과 등을 가눌 수 있게 된 후에
고형식을 주는 것이 좋다. 먼저 유아용 의
자에 앉히는 것으로 시작해서 유아용 식탁
의자로 바꾼다.

**아기가 손으로 음식을 집어서 입으로 가져
가는가?**

핑거푸드를 먹을 때 필요한 기술이다.

6개월 전에 고형식을 먹인다면?

나는 4개월이 된 아기에게 고형식을 먹이
라고 권한 경우가 몇 번 있는데, 특히 생각
나는 아기가 있다. 잭은 4개월에 8.2kg이었
고 부모 역시 체격이 컸다. 엄마는 175센티
미터이고 아빠는 196센티미터였다. 잭은 4
시간마다 분유 237cc를 꿀꺽꿀꺽 삼켰고,
최근에는 밤에도 일어나서 젖병을 완전히
비웠다. 하루에 거의 1,183cc를 마시고 있
었지만 그것으로 모자라는 것 같았다. 고형
식이 필요한 것이 분명했다.
어떤 아기는 밤에는 깨지 않지만, 낮에 3시
간마다 먹으려고 한다. 하지만 3시간 일과
는 4개월 아기에게 적절하지 않으므로 이
경우에도 고형식을 먹일 수 있다.
어떤 경우든, 4개월에 고형식을 먹인다면
묽은 죽으로 만들어야 한다. 명심할 것은 4
개월에 주는 고형식은 유동식 외에 추가로
주는 것이고, 모유나 분유 대신 주려면 6개
월이 넘어야 한다.

6개월에서 12개월까지 고형식 상담이 필요해요!

대부분의 아기는 이 시기에 본격적으로 고형식을 먹을 준비가 된다. 좀더 빠르거나 늦을 수도 있지만 6개월이 가장 적당하다. 이 시기에는 아기가 활동적이 되기 때문에 모유나 분유 946cc로는 충분하지 않다. 이제부터 몇 달에 걸쳐서 점차 하루 3번 고형식을 먹게 될 것이다. 그동안 모유나 분유는 계속해서 아침에 일어났을 때, 식사 중간에, 그리고 밤에 먹인다. 8~9개월이 되면 고형식에 몇 가지 음식(죽, 과일과 야채, 닭고기, 생선)을 추가하게 되고 아기는 점점 잘 먹게 된다. 1년이 되면 유동식의 절반을 고형식이 대신할 것이다.

또 이 시기의 아기는 손놀림도 크게 발달하여 손가락을 집게처럼 사용해서 작은 물건을 집을 수 있고, 카펫의 보풀을 뜯어내는 것을 좋아한다. 새로 발견한 이 기술을 핑거푸드를 집는 데 쓰도록 유도하자(199쪽 상자글 참고).

아기에게 6개월 무렵은 가장 흥미진진한 시기가 되겠지만 엄마들에게는 아기의 시행착오를 견뎌야 하는 가장 힘든 시기다. 아기는 새로운 음식을 맛보고 씹어 먹는 법을—적어도 잇몸으로라도—배운다. 일단 핑거푸드를 집기 시작하면 그것을 입으로 가져갈 수 있어야 한다. 처음에는 음식을 눈이나 머리에 갖다 바르기도 하고 턱받이의 주머니에 들어가거나 바닥에 흘려서 강아지 밥이 되는 것이 더 많을 것이다. 엄마는 (날아다니는 물건들을 잡으려면) 창의적이 되고 인내하고 민첩해야 한다. 옷이 젖지 않으려면 아마 어부들이 입는 방수복을 입어야 할 것이다!

농담은 그만하고, 보통 이 시기의 부모들이 혼란스러워 하는 문제들이 무엇인지 알아보자. 어느 7개월이 된 아기의 엄마가 말했다. "모유 수유 상담원은 많지만 고형식 상담원은 없다." 부모들이 이야기하는 문제점들 대부분은 고형식을 시작할 때 느끼는 불안과 어려움에 대한 것이다.

- 어디서부터 시작해야 하는지 모르겠다. 어떤 음식을 어떻게 먹어야 하는가?
- 유동식과 비교해서 고형식을 얼마나 먹여야 하는가?
- 여러 가지 책에 나오는 표들을 보면 우리 아이는 충분히 먹고 있지 않는 것 같다.
- 우리 아기는 고형식에 적응을 하지 못하고 있다(입을 꼭 다물고 숟가락을 받아들이지 않거나, 먹은 것을 올리거나 사레에 걸린다).
- 고형식을 먹는 아기에게 흔히 나타난다는 음식 알레르기가 걱정된다.

만일 위와 같은 고민을 하고 있다면 나를 고형식 상담원이라고 생각하기 바란다. 마찬가지로 일련의 질문으로 시작하겠다. 내가 하는 질문에 대답을 하면 어디서부터 시작해서 언제 어떤 변화가 필요한지 알 수 있을 것이다. 기억해야 하는 것은 이 시기가 되면 거의 모든 엄마들이 어떤 식으로든 혼란을 겪는다는 것이다. 또한 아이와 엄마 모두가 힘들어지는 나쁜 습관이 생기기 전에 지금 문제를 바로잡는 것이 훨씬 더 쉽다.

언제부터 고형식을 먹이기 시작했는가?

나는 부모들에게 6개월에 고형식을 시작하라고 조언한다. 어떤 부모들은 일찍―이를테면 4개월에―고형식을 시작했다가 6개월, 7개월, 8개월이 되면 내게 전화를 한다. 그들은 한동안 모든 것이 순조로웠지만 어느 날 아기가 입을 다물고 고형식을 거부하기 시작했다고 말한다. 젖니가 나오거나 감기에 걸려서 몸이 불편하면 고형식을 거부할 수 있다. 또 어떤 부모들은 말한다. "고형식을 잘 먹는 것 같았습니다. 죽과 약간의 과일과 야채를 먹었습니다. 하지만 갑자기 입에 대지도 않으려고 해요." 그 원인은 고형식을 먹느라 빠는 시간이 줄어들었기 때문일 수도 있다. 엄마가 너무 서둘러서 밀어붙인 것이다. 너무 일찍 젖떼기를 하면 아기는 빠는 것을 보충하기 위해 젖병이나 엄마젖을 요구하게 된다.

인내심을 갖고 계속 고형식을 주자. 그리고 모유나 분유도 계속해서 준다. 억지로 먹이려고 하지만 않는다면 아기의 거부는 1주일에서 10일 이상 지속되지 않을 것이다. 아기가 배가 고파 보여도 밤에 수유를 하지 말고 낮에 계속해서 고형식을 주자. 너무 걱정하지 말자. 배가 고프면 결국 먹을 것이다.

아기가 미숙아였는가?

미숙아로 태어났다면 고형식을 시작하기에 6개월도 너무 이를 수 있다. 아기가 세상에 나온 날부터 계산하면 성장 발달 연령과 같지 않다는 것을 기억하자. 예를 들어, 만일 아기가 2달 먼저 태어났다면, 달력상으로 6개월이 되었다고 해도 실제 성장 발달은 4개월밖에 되지 않은 셈이다. 원래 처음 2달은 엄마의 태내에 있어야 하는 기간인 것이다. 따라서 2달을 따라잡으려면 시간이 필요하다. 대부분은 18개월이나 확실하게 2년이 되면 따라잡을 수 있다. 6개월이 된 미숙아의 소화 기관은 고형식을 맞을 준비가 아직 되어 있지 않을 것이다. 다시 유동식으로 돌아갔다가 7개월 반이나 8개월경에 고형식을 시도하자.

아기의 기질은 어떤가?

아기가 평소에 새로운 환경과 변화에 어떤 반응을 보이는지 생각해 보자. 기질은 환경에 적응하는 능력에 영향을 준다. 새로운 음식에 적응하는 것도 마찬가지다. 그래서 고형식을 먹이는 방법도 기질에 따라 달라져야 한다.

천사 아기는 일반적으로 새로운 경험에 잘 적응한다. 단계적으로 음식을 주면 아무 문제가 없을 것이다.

모범생 아기는 적응하기까지 시간이 좀더 걸릴 수 있지만 대부분은 성장 발달 과정대로 진행된다.

예민한 아기는 처음에는 고형식을 거부하는 경향이 있다. 빛과 접촉에 예민한 것처럼 입 안에서 느껴지는 새로운 감각에 익숙해지기 위해 추가의 시간이 필요하다. 아주 천천히 해야 한다. 강요하지 말고 인내심을 갖자.

씩씩한 아기는 조급하지만 모험심이 있다. 유아용 식탁의자에 앉히기 전에 미리 모든 것을 준비하자. 아기가 무엇을 던질지 모르니 조심하자.

심술쟁이 아기는 고형식에 금방 적응하지 못한다. 생소한 음식은 먹지 않으려고 하고, 좋아하는 음식이 있으면 그것만 계속 먹으려고 한다.

고형식을 시작한 지 얼마나 되었나?

문제는 아기가 아니라 엄마의 기대치가 너무 높은 것이 원인일지 모른다. 아기가 고형식을 먹는 것은 젖병이나 엄마젖을 빠는 것과 다르다. 모유나 분유만 먹다가 입 안에서 질척한 덩어리가 느껴지면 어떨지 상상해 보자. 고형식을 씹어 넘기는 것에 익숙해지려면 2~3달이 걸릴 수도 있다. 계속 시도하되 서두르지 말아야 한다.

아기에게 무엇을 먹이고 있는가?

고형식은 처음에는 아주 묽은 음식으로 시작하고 점차 핑거푸드로 바꾼다. 우선 태어나서 6개월 동안은 비스듬히 기대서 먹다가 이제 똑바로 앉은 자세로 먹는 것에 익숙해져야 한다. 나는 과일부터 시작하라고 권한다. 특히 배는 소화가 잘 된다. 어떤 전문가들은 첫 고형식으로 죽을 먹이라고 하지만 나는 영양 면에서 과일이 낫다고 생각한다. 무엇을 먹이든지 고형식을 처음부터 잘 먹는 아기는 별로 없다. 작은술 하나로 시작해서 계속 시도해야 한다.

182~184쪽의 표 '유동식에서 고형식으로'에서 보듯이 이 과정은 아주 천천히 점차적으로 해야 한다. 고형식을 시작할 때 처음 2주 동안은 아침과 저녁에 배 2작은술을 주고, 동시에 아침에 일어났을 때와 점심과 잠자기 전에는 모유나 분유를 준다. 아기가 거부 반응을 보이지 않으면 다음으로 과즙과 같은 음식을 준다. 새로운 음식은 아침에 주고 배는 저녁으로 옮긴다. 3주째는 새로운 야채나 과일(고구마나 사과)을 준다. 이제 아기는 세 가지 음식을 먹게 될 것이다. 4주째가 되면 오트밀을 주고 점심에도 고형식을 준다. 아기 체중과 수용량에 따라 양을 3~4작은술로 늘린다. 다음 4주째가 되면 쌀죽이나 보리죽, 복숭아, 바나나, 당근, 완두콩, 깍지콩, 감자, 서양자두를 추가할 수 있다.

조제 유아식을 사거나 아니면 직접 만들어 준다. 가족이 먹는 감자나 야채로 죽을 만들어 먹이자. 여러 가지를 섞지 말자. 아기의 미각을 살려야 한다는 것을 기억하자. 모두 섞어 버리면 아기가 무엇을 좋아하는지 어떻게 알겠는가? 죽에 약간의 사과소스를 넣어서 맛을 내는 정도는 무방하다. 어떤 엄마는 닭고기, 쌀과 야채를 모두 믹서기에 넣고 갈아서 매일 똑같은 것을 먹인다. 아기는 강아지가 아니다.

만일 직접 음식을 만든다면 먼저 생각하자. "나는 이 일에 얼마나 시간을 투자할 수 있는가?" 만일 직접 만들어 먹일 시간이 없다고 해도 자책은 하지 말자. 죽을 먹는 단계는 몇 달에 불과하다. 그동안 조제 유아식을 먹인다고 해서 해가 되지는 않는다. 요즘 시중에는 식품 첨가물을 넣지 않은 유기농 유아식이 나와 있다. 성분표를 읽어 보는 정도는 어렵지 않을 것이다.

고형식 얼마만큼이 유동식 30cc와 같은가?

각빙 접시의 1큐브=30cc
3작은술=1큰술=15cc
2큰술=30cc
조제 유아식 1병=74cc나 118cc 또는 성분표에 나와 있다.

만일 아기가 '충분히' 먹고 있는지 아닌지 걱정이 된다면, 1주일 동안 기록을 해 보자. 물론 유동식을 먹을 때는 먹는 양을 알기가 쉬웠지만 이제 계산을 해 봐야 한다. 사과소스와 오트밀 4숟가락이면 칼로리가 얼마나 되는지 어떻게 계산할 수 있을까? 직접 만든 음식은 각빙 접시(큐브 하나가 30cc)에 얼려서 측정할 수 있다(위쪽 상자글 참고). (전자레인지로 음식을 해동하고 데울 때 다음을 조심해야 한다. 항상 음식을 저어서 온도를 확인한 다음 아기에게 먹이자.) 조제 유아식은 계산하기 쉽다. 아이가 한 병을 다 먹으면 성분표에 있는 그대로 섭취한 셈이 된다. 만일 반 병이나 1/4병을 먹는다면 몇 큰술인지 세어서 cc로 계산을 하면 된다.

핑거푸드 역시 같은 방법으로 계산할 수 있다. 예를 들어, 113g 무게의 칠면조 고기가 포장지에 4조각이 들어 있다면 1조각은 약 28g이다(만일 더 많은 조각이 있다면 분명 약 28g이 되지 않을 것이다!). 이런 식으로 치즈나 다른 핑거푸드의 양을 적어도 근사치로 짐작할 수 있다. 성가시고 복잡하게 들릴지 모른다(나처럼 수학을 못한다면). 나는 아기 체중이 15~20퍼센트 이상 줄었거나(약간의 체중 증감은 정상이다), 평소처럼 활기가 없다고 걱정하는 부모들에게 이 방법을 주로 제안한다(또한 소아과 의사나 영양학자와 상담을 하라고 권한다).

중요한 것은 과일, 채소, 유제품, 단백질, 곡류 등을 골고루 먹이는 것이다. 아기는 위가 작다는 것을 기억하자. 나이에 비례해서 1~2큰술을 1인분으로 생각하면 된다. 1년이면 1~2큰술, 2년이면 2~4큰술, 3년이면 3~6큰술이 된다. 보통 '한 끼'로 2~3가지 음식을 1인분씩 먹는다. 하지만 아기의 체격과 식욕에 따라 그보다 덜 먹거나 더 먹을 수 있다.

아기가 숟가락을 거부하는가?

숟가락으로 먹일 때 아기 입술 바로 안쪽에 음식을 넣어 준다. 너무 깊이 넣으면 욕지기를 할 수 있다. 아기가 한두 번 이런 일을 겪으면 숟가락을 불쾌한 경험과 연결할 것이다. 아기가 어떻게 느낄지 알고 싶다면 배우자나 친구에게 그런 식으로 먹여 달라고 해 보자!

오래지 않아서 아기는 직접 숟가락을 들고 먹으려 할 것이다. 숟가락을 손에 쥐어 주자. 하지만 제대로 사용하리라고 기대할 수는 없다. 숟가락을 들고 장난하는 것도 스스로 먹기 위한 연습이 된다. 물론 아기가 숟가락을 계속 들고 있으려고 하면 난감해진다. 그래서 나는 항상 서너 개의 숟가락을 여분으로 준비하라고 조언한다. 아기가 계속 숟가락을 바닥에 떨어트릴 테니까.

자주 먹은 것을 올리거나 사레들리는가?

숟가락을 아기 입에 너무 깊이 밀어 넣거나, 한 번에 너무 많이 주거나, 음식을 넘기기 전에 다시 또 넣어 주기 때문일 수 있다. 또한 음식이 충분히 부드럽지 않아서 잘 넘어가지 않을 수 있다. 이유가 무엇이든, 아기는 오래지 않아서 결론을 내릴 것이다. "이건 재미없다. 젖병으로 먹는 것이 낫다." 하지만 엄마의 조바심이나 먹이는 방법과 무관하게 어떤 아기는, 특히 예민한 아기의 경우 고형식에 익숙

핑거푸드 시작하기

★ 언제 : 8~9개월경, 또는 유아용 식탁의자에 혼자 앉을 수 있을 때.

★ 어떻게 : 처음에는 유아용 식탁의자에 앉히고 음식을 준다. 아기가 음식을 으깨고 펼쳐 놓을지도
모른다. 그래도 상관하지 말자. 학습 경험의 일부다. 엄마가 입에 넣어 주면 배우지 못한다. 엄마가
조금 먹는 것을 보여 주자. 그러면 따라서 먹을 것이다. 맛이 있으면 다시 먹으려고 할 것이다. 먼저
핑거푸드를 주고 안 먹으면 다른 음식을 준다. 먹지 않는다고 걱정하지 말자. 끼니마다 계속 주다
보면 언젠가는 먹을 것이다.

★ 무엇을 : 아기에게 적당한 음식인지 걱정이 되면 먼저 직접 먹어 보자. 입 안에서 쉽게 녹고 남는 것
이 없어야 한다. 건더기가 있으면 목에 걸릴 수 있다. 이가 없다고 생각하고 혀를 사용해서 음식을
입천장으로 밀어 올려서 으깨 보자. 창의성을 발휘해서 음식 준비를 하자. 오트밀 죽, 으깬 감자나
고구마, 코티지 치즈 등은 핑거푸드로 적당하다. 아기가 음식을 흘리는 것에 대해 인내심을 갖자. 과
일은 손으로 집어 먹기 좋게 잘라서 주면 훌륭한 핑거푸드가 될 수 있다. 레스토랑에 갈 때 집에서
아기 음식을 준비해 갈 수 있지만 아기가 먹고 싶어 하는 음식이 있으면 맛을 보여 주자. 나는 아기
들이 특이한 음식을 즐겨 먹는 것을 보았다. 아기 스스로 먹도록 하면 좀더 빨리 배울 것이고 먹는
것을 좀더 즐길 것이다.

해지기까지 시간이 더 오래 걸린다(92쪽 참고). 만일 아기가 욕지기
를 하거나 새로운 음식의 맛을 즐기지 못한다면 중단하자. 며칠 후에
다시 시도하자. 절대 억지로 먹이려 하지 말자.

만일 아기가 첫 단계를 통과하고 핑거푸드를 먹기 시작한 후에도
여전히 가끔씩, 특히 익숙하지 않은 음식을 먹을 때 목에 걸리고 욕
지기를 할 수 있다. 핑거푸드를 너무 일찍 시작하지 말고 음식을 가
려서 줄 필요가 있다. 어느 엄마는 내 웹사이트에 이런 글을 올렸다.

♥ 엘리는 6개월이 가까워지므로 핑거푸드를 주려고 합니다. 입
안에서 쉽게 녹는 구운 토스트 조각이나 크래커 같은 것을 주라

고 하더군요.

고형식 먹이는 것을 꺼리는 엄마

28세의 사회복지사인 리사는 제나가 6개월이 되었을 때 직장에 다시 나가기 시작했다. 그녀는 훌륭한 유모를 구했지만 그럼에도 불구하고 아기를 두고 나가는 것에 죄책감을 느꼈다. 유모는 먼저 제나에게 고형식을 먹이자고 제안했다. 모유 수유를 해 왔던 리사는 처음에 반대했다. "아직 너무 어린 것 같아요. 모유가 아기에게 더 좋습니다. 모유를 짜 두고 점심 시간에는 집에 와서 직접 먹일게요." 3주 후에 제나는 밤에 깨어나 먹기 시작했다. 리사는 유모가 낮에 아기를 너무 오래 재우는 것 같다고 불평했다. 유모는 아기는 평소대로 낮잠을 자고 있다고 설명하면서 덧붙였다. "모유만 먹는 것으로는 부족하기 때문인 것 같아요." 소아과 의사와 상의한 후에 리사는 항복을 했고 마지못해 유모에게 고형식을 먹이라고 했다. 천사 아기인 제나는 곧바로 고형식을 먹기 시작했고 몇 주 후에는 몇 가지 음식을 먹었으며 당연히 밤에도 깨지 않고 잘 잤다. 리사는 아기에게 젖을 주지 못해서 아쉬웠지만 아침에 깨었을 때와 잠들기 전에 수유를 하면서 둘만의 오붓한 시간을 갖는 것으로 위안을 삼았다.

이 엄마에게 조언을 해 준 사람이 누군지 몰라도 입 안에서 잘 녹는 음식을 주라고 한 것은 맞는 말이다. 하지만 6개월 아기에게 마른 토스트는 목에 걸리기 쉽다. 무엇보다 구운 토스트 부스러기를 들이마시면 기도로 들어갈 수 있다. 또 6개월이면 핑거 푸드를 시작하기에 너무 이르다. 아기가 혼자 똑바로 앉아 있으려면 보통 8~9개월은 되어야 한다. 그리고 다시 말하지만, 한두 달 정도 죽과 같은 고형식을 주어 익숙해지면 다양한 재질의 음식을 주도록 하자. 입천장에 음식을 밀어 올려서 혀로 으깨어 녹이는 연습이 필요하다(199쪽 상자글 참고).

고형식을 꾸준히 먹여 왔는가? 아니면 때로 편리하다는 이유로, 아니면 엄마젖을 주고 싶어서, 또는 죄책감을 느껴서 모유나 분유를 주지는 않았는가?

그렇다면 본의 아니게 아기가 고형식을 먹는 것을 방해할 수 있다. 엄마가 바쁠 때는 음식을 만들기보다 엄마젖을 꺼내거나 분유를 타기가 쉽다. 또한 앞장에서 지적한 것처럼, 어떤 엄마는 모유 수유에 애착을 갖고 젖떼기를 하지 않는다. 특히 아기를 두고 직장에 다니는 것에 죄책감을 느끼는 엄마들은 집에 와서 젖을 먹이는 것으로 보상을 하려는 경향이 있다. 이유가 무엇이든, 중요한 것은 아기는 반복과 예상에 따라 배운다는 것이다. 어느 날은 3끼를 고형식으로 주고 다른 날은 1~2끼만 고형식을 준다면 아기는 혼란스러워할 것이다. 그리고 아기는 혼란을 느끼면 익숙하고 편리한 음식(유동식)으로 되돌아간다.

먹은 것을 올리거나, 발진이 있거나, 설사를 하거나, 평소보다 묽은 변을 보는가? 그렇다면 어떤 종류의 고형식을 얼마나 자주 먹이고 있는가?

아기는 특별한 음식에 거부 반응이나 알레르기를 일으킬 수 있다. 그리고 아프거나 기분이 좋지 않을 때는 새로운 음식을 먹으려고 하지 않는다. 그래서 나는 항상 부모들에게 고형식을 시작할 때 아주 천천히 하라고 말한다. 한 가지 음식으로 시작하자. 1주일 동안(예민한 아기는 10일 정도) 아침 식사에 한 가지 음식을 준다. 1주일 후에는 그 음식을 점심으로 옮기고 새로운 음식을 아침에 준다. 이런 식으로 테스트를 통과한 음식들은 다른 음식과 함께 먹일 수 있다.

새로운 음식을 항상 아침에 주는 이유는 밤에 문제가 생기지 않도록 하기 위해서다. 또한 어떤 음식이 문제를 일으키는지 쉽게 알 수 있다.

물론 아기가 예민하거나 가족 중에 알레르기가 있다면 특별히 조심해야 한다. 지난 20년 동안 소아 알레르기가 급격하게 늘어났다. 전문가들은 5~8퍼센트의 아이들이 알레르기를 갖고 있다고 추정한다. 알레르기를 유발하는 음식을 자꾸 먹으면 적응이 된다는 것은 터

대단한 아기 우유

대부분의 소아과 의사들은 아기가 1년이 되면 모유나 분유를 우유로 바꾸라고 제안한다. 이때도 새로운 고형식을 줄 때와 마찬가지로 부작용이 발생하지 않도록 천천히 진행하자. 우선 아침 수유를 우유로 바꾼다. 며칠에서 1주일 동안 아무런 부작용(설사, 발진, 구토)이 없으면 오후에도 우유를 주고 마지막으로 저녁에도 준다. 어떤 부모들은 우유에 모유나 분유를 섞어서 주기도 하지만 나는 섞는 것에 반대한다. 모유나 분유의 구성 성분이 변하기 때문이다. 그리고 아기에게 문제가 생겼을 때 모유가 문제인지, 우유가 문제인지 어떻게 알겠는가?

무니없는 이야기다. 실제로는 점점 더 심해진다. 아기에게 어떤 음식을 언제 먹였는지 기록을 해 두면 문제가 생겼을 때 유용한 정보가 된다.

1년에서 2년까지 잘못된 식습관과 힘 겨루기

아기가 1돌이 되면 "우리 아기는 얼마나 많이 먹어야 하는가?"라는 문제로 엄마들이 고민을 한다. 왜냐하면 아기마다 신체 조건이 달라지고, 욕구가 각기 다르며, 성장 속도도 느려지기 때문이다. 지난 1년 동안은 놀라울 정도로 성장 발달이 이뤄져 이를 위해 연료가 많이 필요했지만 이제는 그렇지 않기 때문에 자연히 식욕이 줄어든다. 1년이 된 아기의 엄마가 내 웹사이트에 글을 올렸다. "지금 브리태니가 이것저것 잘 먹습니다. 2주일 전에는 아무것도 먹지 않으려고 했는데 말이죠. 하루하루가 새롭답니다!" 브리태니의 엄마는 아기의 변덕을 견디고 웃어넘길 줄 안다.

> **적당한 연료 = 적당한 체중 증가**
>
> 정기 검진으로 아기의 건강을 점검하고 나이와 체격에 알맞게 체중이 늘고 있는지 확인한다. 활동량에 변화가 있으면 의사에게 보고하자. 만일 1년에서 18개월 사이인 아기가 활동량이 떨어지면 고형식을 충분히 먹고 있지 않거나 칼로리 섭취가 적어서 그럴 수 있다. 좀더 큰 아기의 경우는 단백질(에너지원이 되는 음식) 섭취가 부족하기 때문일지도 모른다.

하지만 많은 엄마들이 전전긍긍한다. "왜 우리 아기는 전처럼 많이 먹지 않을까요?" 나는 아기에게 좀더 중요한 일들이 생겨서 많이 먹지 않는 것이라고 설명한다. 또한 젖니가 나오면서 먹는 것을 방해할 수 있다(206쪽 상자글 참고). 결론은 이 시기에는 거의 모든 아기가 먹는 양이 줄어든다는 것이다.

동시에 아기가 먹는 음식은 다양해진다. 핑거푸드를 포함해서 여

러 가지 고형식을 먹을 수 있게 된다. 이 시기는 9개월에서 대부분 1
년 사이이다. 소아과 의사들은 1년이 되면 우유를 식단에 추가하라고
권한다(201쪽 상자글 참고). 또한 알레르기가 생길 가능성이 줄어들기
때문에 (가족 중에 알레르기를 가진 사람이 없다면) 계란이나 소고기처럼
'요주의' 음식도 먹일 수 있다.

아기는 이제 하루 5번 먹는다. 3번은 주로 고형식을 먹고, 2번은 유
동식을 237cc 정도 먹는다. 다시 말해, 유동식의 절반은 고형식으로
대체된다. 아직 모유나 분유, 우유(소아과 의사는 1년이 되었을 때 권한
다)를 946cc 먹고 있다면 유동식을 줄이고 고형식을 추가해서 균형을
맞춰야 한다. 만일 모든 것이 순조롭게 진행된다면 14개월경에는 신
체의 협응 기능이 발달하면서 스스로 먹을 수 있게 된다. 하지만 세상
일이 항상 생각대로 되는 것은 아니다. 이 단계에서 나타나는 문제점
은 '잘못된 식습관'이나 '힘 겨루기' 둘 중 하나가 원인이다(207~213
쪽 참고).

잘못된 식습관

1돌이 넘은 아기가 아직 고형식보다 유동식을 좋아한다면 초기에
해결하지 못한 문제점들이 다시 고개를 쳐
드는 것이다. 나는 부모들에게 같은 질문
을 던진다. 언제 고형식을 시작했는가? 무
엇을 먹이고 있는가? 꾸준히 고형식을 먹
여 왔는가?

만일 고형식을 너무 일찍 시작했다면
192쪽에서 설명한 반작용이 일어난 것인지
도 모른다. 만일 최근에 시작했거나 꾸준
히 일관성 있게 먹이지 못한 경우에는 해

햄스터 작전

어떤 아기는 먹고 싶지 않은 음식을 주면 입
안에 그대로 넣어 둔다. 내가 '햄스터 작전'
이라고 부르는 이 행동은 종종 욕지기로 이
어진다. 아기가 뺨에 음식을 저장해 두었으
면 뱉어 내게 하자. 그리고 1주일 동안 그 음
식을 주지 말자.

결하기가 좀더 어려울 수 있다. 고형식은 6개월에 시작하는 것이 적절하지만 아기에 따라서 적응하는 데 시간이 좀더 오래 걸릴 수 있다. 목표는 유동식의 절반을 고형식으로 대체하는 것임을 기억하자. 그래서 아침, 점심, 저녁에 먹는 유동식을 고형식으로 바꾼다. 예를 들어, 아침에 유동식을 180cc를 먹고 있었다면, 이를테면 죽 60cc, 과일 60cc, 아기 요구르트 60cc같이 그만큼의 고형식으로 대체한다. (계산 방법은 197쪽 상자글 참고)

하루 3끼 식사 때마다 고형식을 먼저 준다. 보통 18개월경 젖떼기를 할 때까지는 유동식을 식사 중간의 '간식'으로 줄 수 있다. 그리고 고형식에 익숙해지면 식사 후 시피컵에 물이나 우유를 담아서 주고 입가심을 하게 한다.

억지로 먹이지 말자!

9~11개월이 된 아기의 입을 억지로 열게 하는 것은 상어 입에서 물고기를 뺏으려고 하는 것과 같다. 만일 아기가 다시 입을 열지 않으면 제발, 제발, 다 먹은 것으로 인정하고 더 이상 먹이려고 하지 말자.

때로 특정 음식(예를 들어, 복숭아)이 문제가 될 수 있다. 이 시기에 새로운 음식을 먹으려고 하지 않거나 어떤 음식을 거부한다면 편식이 시작되는 것이다. 새로운 맛과 감각에 익숙해지기까지 시간이 걸릴 수 있으니 인내심을 갖고(느긋하게) 계속 시도해야 한다.

실제로 이 시기에 어떤 아이들은 편식을 한다. 또 어떤 아이들은 조금 먹는다. 아기에 따라 먹는 양이 다르다. 음식을 남겨도 억지로 먹이지 말자. 배가 부르면 스스로 그만 먹을 줄 알아야 한다. 규칙적인 일과를 지키면 식사 시간에 잘 먹게 된다.

편식을 하는 아기에게는 새로운 음식을 2작은술 정도씩 먹이는 것으로 시작하자. 내가 경험으로 터득한 방법은 새로운 음식을 4일 동안 내리 주는 것이다. 그래도 먹지 않으면 쉬었다가 1주일 후에 다시 준다. 아기가 다양한 음식을 먹지 않는다고 해도(215~216쪽 편식 관련 참고) 걱정하지 말자. 어른도 편식을 한다. 하지만 부모가 다양한 음식을 즐기고 강요하지 않으면서 아기에게 다양한 맛을 보여 주면 결국 아기도 이것저것 잘 먹게 된다. 아기가 2달 동안 고구마를 잘 먹다가 갑자기 먹지 않는다고 해도 놀랄 것 없다. 순리를 따르자.

아기가 고형식을 먹지 않는다고 걱정하는 엄마에게 나는 "아기가 한밤중에 깨서 먹는가?"라고 묻는다. 특히 밤에 먹는 유동식은 고형식을 먹는 데 방해가 될 수 있다(나는 유아들이 젖병을 들고 다니는 것에 반대한다). 안타깝게도 많은 엄마들이 1년이 넘도록 계속해서 밤에 수유를 하고 있다(심한 경우 밤새도록). 그들은 왜 아기가 고형식을 먹으려고 하지 않는지 궁금해 하지만 그 이유는 단순하다. 모유나 분유로 배를 채우면 고형식이 들어갈 자리가 없으니까! 배가 부르면 고형식에 더욱 관심이 없는 것은 당연하다. 밤에 젖병이나 엄마젖을 준다면 24시간 일과로 돌아가야 하는 일이 생길 수 있다(밤 수유를 중단하기 위해서는 '안아주기/눕히기'를 사용한다. 6장 참고).

간식을 많이 먹는가? 중간에 간식으로 배를 채우면 당연히 식사 시간에 많이 먹지 않는다. 이 문제는 보통 1년에서 2년 사이에 나타난다. 간식을 너무 많이 먹거나 잘못된 종류를 먹으면 문제가 발생한다. 간식으로는 과자보다 과일이나 치즈와 같은 건강식을 주도록 하자. 아기가 이런 건강식을 먹지 않으려고 해도 변명("아기가 피곤

간식의 공격!

아기는 아침 7시에 일어나서 모유나 분유를 먹는다. 그리고 만일 9시경에 하는 아침 식사에 아기가 양껏 먹지 않고 간식을 더 많이 먹는다면 오늘부터 다르게 해야 한다. 10시 30분경에 에너지가 떨어지기 시작할 때 평소처럼 크래커나 과일 등의 간식을 주는 대신 다른 곳으로 관심을 돌린다. 아기를 데리고 나가서 놀 수도 있다. 그러면 점심에는 배가 고파져서 좀더 잘 먹을 것이다. 허기가 진 것 같으면 점심을 좀더 일찍 준다.

오후에는 낮잠을 자고 난 후에 주던 간식을 생략한다. 그리고 잠에서 깼을 때 보통 분유를 먹는다면 평소에 먹는 양의 반만 준다. 내가 이렇게 제안하면 많은 엄마들이 걱정한다. "그렇게 조금 먹어도 괜찮을까요? 아이를 굶기는 것이 아닌가요?" 3일만 하면 문제가 해결된다. 그동안 아기가 굶어 죽는 일은 없다.

아마 그동안 아기보다 엄마가 더 견디기 힘들 것이다. 마음을 굳게 먹어야 한다. 1시간 기다렸다가 아기가 온전하게 식사를 하도록 만들 것인가, 아니면 계속해서 아기를 '깨작이'로 내버려 둘 것인가? 만일 엄마가 꿋꿋하게 버티면 3일째 되는 날에는—대부분은 더 빨리—아기가 깨작거리지 않고 식사 시간에 양껏 먹을 것이다.

젖니가 날 때는 식욕이 감퇴한다

★ 신호 : 안면 홍조, 기저귀 발진, 침 흘리기, 손가락 물기, 콧물, 후비루, 발열, 진한 소변과 같은 증상들이 나타날 수 있다. 잇몸이 아프기 때문에 젖병이나 엄마젖을 물리면 즉시 빼 버린다. 먹기가 불편하므로 식욕이 감퇴한다. 젖니가 나는 부위를 만지면 잇몸이 올라온 것이 느껴지거나 빨갛게 부은 것을 볼 수 있다. 만일 모유수유를 한다면 젖을 먹일 때 알 수 있을 것이다.

★ 기간 : 젖니가 올라오는 시간, 실제로 뚫고 나오는 시간, 그리고 그 여파가 각각 3일에 걸쳐서 점차적으로 진행된다. 실제로 이가 잇몸을 뚫고 나오는 3일 동안이 가장 힘들다.

★ 어떻게 해야 하나 : 예방약으로 모트린을 성분표에 따라 사용하고, 베이비오라젤과 같은 치약으로 잇몸을 닦아 준다. 또한 씹을 것이 필요하므로 치아 발육기, 베이글, 또는 얼린 물수건을 입에 물려 주기도 한다.

하다."("아기가 컨디션이 좋지 않다.""젖니가 나고 있다.""평소에는 이러지 않는다.")을 하지 말자. 엄마는 아기가 영양분이 없고 칼로리가 높은 간식으로 배를 채우지 않도록 관리를 해야 한다.

앞에서 나는 특히 모유를 먹는 아기들이 10분이 멀다 하고 엄마젖을 찾는 '깨작이'가 되기 쉽다고 이야기했다(137쪽 상자글 참고). 만일 하루 종일 감자칩이나 과자를 입에 달고 다닌다면 유아기에도 같은 일이 일어난다. 하루 3끼를 먹지 않고 주전부리로 배를 채운다면 3일 동안 시간을 내서 아기의 버릇을 바꾸도록 하자. 아기를 제자리로 돌려놓으려면 제때 식사를 주고 중간에 간식을 주거나 하지 말아야 한다(205쪽 상자글 참고).

그렇다고 간식이 나쁘다는 것은 아니다. 사실 체격이 작은 아이들에게 간식은 중요한 에너지원이다(214쪽 상자글 참고). 배가 작으면 좀더 자주 먹어야 한다. 이런 경우 영양이 풍부한 간식은 작은 식사에 가깝다. 아기가 먹는 패턴을 관찰해 보자. 체구가 작은 아이는 적게 먹는 것이 정상일 수 있다. 이런 아기에게는 아보카도, 치즈, 아이스크림 같은 고칼로리 간식을 주는 방법이 있다. 또한 아기를 좀더 자주 먹여도 되는지 소아과 의사와 상의하자. 적절한 간식은 훌륭한 에너지원이 된다. 하지만 일단 아이가 친구들을 사귀기 시작하면 서로 간식을 나눠 먹기도 하면서 정크푸드를 포함한 다양한 음식에 노출된다.

이럴 때 엄마가 간식을 갖고 다니면 아기가 먹는 음식을 관리할 수 있다!

또 한 가지 내가 엄마들에게 하는 질문이 있다. "아이가 먹지 않는 것을 감정적으로 받아들이는가?" 하는 것이다. 1년 미만의 아기가 먹지 않는 것은 심술을 부리는 것이 아니다. 아직은 먹는 것으로 부모를 조종할 줄 모른다. 아마 젖니가 나고 있거나(206쪽 상자글 참고), 잠이 부족하거나, 아프거나, 그냥 입맛이 없을 수도 있다. 하지만 1년이 넘으면 엄마에게 저항하는 무기로 음식을 거부할 수 있다. 만일 엄마가 아기를 먹이려고 전전긍긍하면 틀림없이 15개월 이전에 이런 일이 일어난다. 새로운 음식을 거부하거나 아예 먹지 않는 것으로 엄마를 실망시키고 즐거워야 할 식사 시간을 망쳐 놓는다.

힘 겨루기

"아기가 종종 식사 시간에 말썽을 부리는가?"라는 질문에 부모들이 하는 대답을 들어 보면 내가 '힘 겨루기'라고 부르는 문제가 있는지 알 수 있다. 이 범주에 속하는 문제는 다음과 같다.

- 우리 아기는 쫓아다니면서 먹여야 한다.
- 우리 아기는 유아용 식탁의자에 앉지 않거나 자꾸 내려오려고 한다.
- 우리 아기는 스스로 먹으려고 하지 않는다.
- 우리 아기는 턱받이를 거부한다.
- 우리 아기는 일부러 음식을 바닥에 떨어트리거나 자기 머리에 바른다.

아기가 식탁의자에서 식사하는 법을 배우기 시작하는 시기는 비약

장난을 치지 말고 구슬리지도 말라!

어떤 부모들은 자신들이 식사 시간을 노는 시간으로 만들면서 아이가 음식으로 장난을 친다고 속상해 한다. 만일 음식을 숟가락으로 떠서 아기 입을 향해 '공중으로 날리는 비행기' 놀이를 한다면 나중에 아기가 음식을 던진다고 해도 놀랄 것 없다.

또한 아이를 구슬려서 먹게 하면 안 된다. 배가 고프면 먹을 것이다. 앞에 좋아하는 음식이 놓여 있으면 먹을 것이다. 타이르거나 억지로 강요해서 먹이려고 하면 먹는 것을 부정적으로 보게 된다. 엄마가 전전긍긍하면서 억지로 먹이려고 하면 오래지 않아서 아기는 생각할 것이다. "음, 이걸 무기로 사용하면 되겠군."

적인 성장 발달이 진행되는 시기와 일치한다. 이 시기에 많은 아이들이 걸음마를 한다. 아니면 적어도 기어 다니고 기어오른다. 그리고 호기심이 왕성하다. 먹는 것은 이제 그다지 재미가 없다. 세상이 궁금해서 잠시도 의자에 가만히 앉아 있지를 못한다. 음식을 던지고 바르고 하는 것이 먹는 것보다 훨씬 더 재미있다. 1~2년이 된 아기가 있는 집에서는 밥이 입으로 들어가는지 코로 들어가는지 모른다. 식사 시간에 아기를 가만히 앉혀 둘 수 없다는 부모들의 하소연을 들어 보면 아기들이 점점 독립적이 되고 능력이 생기고 자기 주장이 강해지고 있다는 것을 알 수 있다. 실제로 음식을 거부하는 것으로 부모를 시험하기도 한다. 이럴 때는 억지로 먹이려고 하지 말고 힘 겨루기를 피하는 것이 상책이다.(다음 식사 시간에는 다른 음식을 준다.)

1년이 된 아기에게도 기본적인 규칙들을 가르칠 수 있다. 이렇게 말하면 엄마들이 항의를 한다. "규칙을 가르치기에는 너무 어렵습니다." 그렇지 않다. '미운' 3살(만 2살)에 모든 것이 힘 겨루기가 되어 버리기 전에 지금 시작해야 한다.

앞에서 말했듯이 엄마의 태도가 중요하다. 아기의 행동을 걱정하는 부모들의 이야기를 들어 보면 마치 아이한테 책임이 있는 것처럼 말한다. "우리 아기는 부모들의 ○○를 거부합니다.", "우리 아기는 ××를 하지 않으려고 합니다." 물론 '미운' 3살이 만만치는 않지만 식사 시간에 제멋대로 하도록 내버려 둘 수는 없다. 부모가 책임을 져야 한다(미운 3살이 반드시 악몽이 되는 것은 아니다. 8장 참고)

이런 문제들을 해결하기 위해서는 방법을 달리해서 접근할 필요가 있다. 특히 18개월 전에 규칙을 가르치는 것이 중요하다. 더 늦어지면 종종 문제를 해결하기 힘들어진다.

이 시기에 부모는 아기에게 모험을 허락하는 동시에 아기가 감당하기에 버거운 경우에는 아기가 충분히 잘 해낼 거라는 식의 큰 기대를 거는 대신 현실적인 기대를 거는 균형을 유지해야 한다. 예를 들어, 아기가 턱받이를 하지 않으려고 하면 아기가 선택할 수 있는 조건을 제시하자. 두 개의 턱받이를 보여 주면서 물어본다. "어느 것으로 할래?" 반면에 아기를 먹이기 위해 뒤를 쫓아다니고 있다면 아기에게 너무 많은 선택권을 주고 있는 것이다. "밥 먹을래?"라고 묻지 말고, "밥 먹을 시간이다."라고 말하자. 먹고 안 먹고의 여부는 묻지 말자. "밥 먹을 시간이다."라고만 하자. 만일 싫다고 해도 식탁에 앉힌다. 배가 고프면 먹을 것이다. 어떤 식으로든 반항을 하면 식탁에서 내려놓는다. 다음 식사 시간에는 분명히 배가 고파질 것이다.

식사 시간에 식탁에 앉지 않고 돌아다니거나 의자 위에 올라서거나 하는 것은 거의 모든 아기들이 하는 행동이고 피하기가 힘들다. 하지만 이런 행동도 엄마가 접촉과 대화로 어느 정도 진정시킬 수 있다. "감자가 어디 있지?" 또는 "완두콩은 초록색이구나."라는 말로 음식에 주의를 집중하게 한다. 미소를 지으면서 말을 시키고 아기가 무엇을 잘하고 있는지 말해 주자. 아기가 먹는 것을 중단하거나 일어나려는 눈치가 보이면 선수를 쳐서 아기를 의자에서 내려 주며 말한다. "그래 다 먹었구나. 이제 손을 씻자."

아기가 유아용 식탁의자에서 몸을 비틀거나 불편해 한다는 말을 들으면 나는 부모가 아기에게 너무 많은 것을 요구하고 있는 것은 아닌지 생각해 보게 한다. 식탁의자에 앉혀 놓고 음식 준비를 하는 것은 아닌가? 그렇다면 얼마나 오래 기다리게 하는가? 활발한 아기에게는 기다리는 시간 5분이 영원이나 마찬가지다. 먼저 식사 준비를 마친 후에 아기를 의자에 앉히자. 식사가 끝난 후에도 그대로 앉혀 놓는가? 만일 아기가 다 먹었는데도 계속 앉혀 둔다면 식탁의자가 마치 감옥처럼 느껴질 것이다. 얼마 전에 나는 18개월이 된 아기의 엄마와 상담을 했다. 아기가 음식을 잘 먹지 않을 뿐 아니라 식탁의자에 앉히려고 할 때마다 죽어라고 비명을 질러 댄다는 것이었다.

이 아기는 처음부터 식탁의자를 거부했고, 그럴 때마다 엄마는 화를 냈다. 엄마는 실랑이를 하면서 아기가 점점 더 저항하도록 만들었다. 아니면 포기를 하고 아기 뒤를 쫓아다니면서 먹었다. 나는 엄마들이 숟가락을 들고 아기를 따라다니면서 음식을 떠먹이는 광경을 종종 본다. 이런 엄마들은 자청해서 고생을 하고 있는 것이다. 아기가 식탁의자를 싫어하는 이유를 알아내서 다시 적응시키는 편이 수월하다. 그래서 나는 묻는다. 언제 처음 식탁의자에 앉히기 시작했는가? 그때 아기가 혼자서 앉아 있었는가? 만일 아기가 적어도 20분 정도 혼자 앉아 있을 수 있는 능력을 갖추기 전에 식탁의자에 앉혔다면 아기는 불편하고 피곤했을 것이고 당연히 식탁의자에 대해 부정적인 인상을 갖고 있을 것이다.

아기가 느끼는 거부감이나 두려움을 인정하는 것이 중요하다. 만일 식탁의자에 앉히는 순간에 아기가 발버둥을 치거나 등을 휘거나 몸을 비틀어서 빠져나가려고 하면 즉시 내려놓는다. "아직 먹을 준비가 되지 않았구나."라고 말하자. 그리고 15분 후에 다시 시도한다. 아기에게 마음의 준비를 할 시간을 주자. 뭔가에 몰두해 있는 아기를 갑자기 낚아채서 무조건 의자에 앉히는 것은 예의가 아니다. 아기가 자기 전에 준비할 시간이 필요한 것처럼(다음 장에서 취침 시간 의식에 대해 좀더 자세히 설명하겠다), 먹기 전에도 준비하는 시간이 필요하다. 예를 들면, "점심 시간이다! 배고프지? 블록을 치우고 손을 씻자."라고 말하고는 아기가 마음의 준비를 할 수 있게 잠시 기다렸다가 살며시 접근해서 블록을 치우고 손을 씻도록 도와준다. 그리고 아기를 의자에 앉히기 전에 말한다. "자, 이제 식탁의자에 앉자."

대부분의 경우에는 이렇게 하면 아기가 순순히 따라올 것이다. 하지만 만일 아기가 유아용 식탁의자를 싫어하거나 두려워하면 다시 원점으로 돌아가자. 식사 시간을 즐겁게 만들자. 아기를 무릎에 앉히고 먹이는 것으로 시작하자. 그 다음에는 작은 식탁이나 보조 의자에 앉히고 옆에서 먹인다. 이렇게 몇 주일을 한 후에 다시 식탁의자에 앉힌다. 여전히 저항을 하면 보조 의자를 사용할 수 있다. 어차피 유아용 식탁의자는 6~10개월 정도까지 아주 잠깐 사용한다. 1년에서 18개월 사이에 아기는 보조 의자에 앉아서 가족과 함께 먹는 것을 좋아하게 된다.

가족 식사에 참여하려면 아기가 협조적으로 행동해야 하고 스스로 먹고자 하는 의지를 갖고 있어야 한다. 만일 아기가 스스로 먹기 싫어한다면 엄마는 자신을 되돌아보자. 빨리 먹으라고 재촉하지 않는가? 아기가 어지르는 것이 못마땅한가? 나는 엄마가 너무 성급하거나 까다로워서 아기에게 스스로 먹을 기회를 주지 않는 것을 보면 안타깝다. 엄마가 옆에서 빨리 먹으라고 재촉을 하거나 흘리는 것을 끊임없이 닦아 준다면 아기는 스스로 먹는 것이 즐겁지 않을 것이다.

또한 연습이 중요하다. 아기가 스스로 먹지 않는다고 걱정하는 엄마에게 나는 묻는다. 엄마가 말하는 "스스로 먹는다."는 어떤 의미인가? 아기에게 너무 지나친 기대를 걸고 있지 않은가? 1년이 된 아기는 손으로는 먹어도 숟가락질은 잘 못한다. 핑거푸드는 금방 손으로 집어 먹지만 숟가락이나 포크를 사용하는 것은 훨씬 더 어렵다. 생각해 보자. 숟가락을 들고 그것으로 음식을 떠서 흘리지 않고 입까지 가져가야 하는 것이다. 대부분 14개월 무렵까지는 이런 손놀림을 기대할 수 없다. 엄마가 도와줘야 한다. 아기는 숟가락 사용법을 터득하기 전부터 엄마에게서 숟가락을 뺏으려고 기를 쓸 것이다. 마침내 숟가락을 자기 입으로 가져갈 줄 알게 되면 숟가락에 잘 달라붙는 죽 같은 것을 준다. 대부분은 자기 얼굴이나 엄마 머리에 갖다 바르겠지만 시행착오를 허락해야 한다. 14~18개월이 되면 마침내 음식을 입에 넣을 것이다.

또한 숟가락을 얼마나 잘 사용하는지와 관계없이 모든 아기들은 어느 시점이 되면 죽이나 스파게티를 머리에 뒤집어쓰기로 작정한다. 아기가 이런 기괴한 행동을 반복적으로 한다고 걱정하는 부모에게 나는 "아기가 그런 행동을 처음 했을 때 웃지 않았는가?"라고 묻는다. 그런 일은 눈 깜박할 사이에 일어나며 그 모습이 웃기고 사랑스럽다는 것은 알고 있다. 어떻게 웃지 않을 수 있겠는가? 문제는 아기의 즐거움에 있다. 즉, 아기는 자기 머리에 죽을 뒤집어쓰는 것보다 이런 부모의 반응을 더 즐거워한다는 것이다. 아기는 생각한다. '와우! 이거 괜찮은걸. 엄마가 정말 좋아하는군.' 그래서 아기는 다시 그런 행동을 반복하지만 이제 엄마는 더 이상 즐겁지 않다. 엄마는 점점 화를 내고 아기는 혼란스럽다. '어째서 엄마는 이제 웃지 않는 걸까?'

아기들은 물건 던지는 것을 좋아한다. 그 이유는 단지 던질 수 있기 때문이다. 아기는 엄마에게 공을 던지는 것과 핫도그를 던지는 것의 차이를 알지 못한다. 만일 1년 미만의 아기라면 엄마의 관심을 끌려고 하는 행동이 아니겠지만 그래도 음식을 던지면 안 된다는 것을 분명히 해야 한다.

다행히도 아기가 머리에 밥그릇을 뒤집어쓰는 행동을 아직까지 하지 않았다면 마음의 준비를 하자. 멀지 않았다. 그리고 그런 일이 일어났을 때 절대 웃지 말자. "안 돼. 음식은 머리에 얹는 것이 아니다. 먹는 거야."라고 말하자. 그리고 음식을 치우자. 만일 이미 이런 일을 여러 번 겪었다면, 주의를 몇 차례 주는 것으로 아기가 그런 행

깨지는 접시 대신……

아기에게 깨지는 그릇은 주지 말아야 한다는 것을 모두들 알고 있을 것이다. 아기가 계속해서 그릇을 바닥에 떨어트린다면 밑바닥에 빨판이 달린 플라스틱 그릇을 사용하자. 아기가 빨판을 잡아당겨서 떼어 낼 정도로 힘이 세고 약아지면 다시 깨지지 않는 그릇에 음식을 담아 주자.

동을 그만두리라고 기대할 수 없다. 하지만 지금 조치를 취하지 않으면 다음 단계인 2년에서 3년 사이에 저녁 식탁에서 더 황당한 행동을 보게 될 것이다.

2년에서 3년까지 편식과 성가신 버릇들

이제 아기는 어른들이 먹는 거의 모든 음식을 먹을 수 있고 먹어야 한다. 또한 유아용 식탁의자나 보조 의자에 앉아서 먹고 레스토랑에도 갈 수 있게 된다. 가장 큰 문제점들은 모든 것이 힘 겨루기가 될 수 있는 2년 무렵에 생긴다. 이 무렵에는 미운 짓만 골라서 하는 아이가 되거나, 아니면 사랑스럽고 기특한 아이가 될 수도 있다. 아기의 천성과 엄마가 지금까지 문제들을 처리해 온 방식에 따라 상황이 달라질 수 있다. 다행히 3돌이 가까워지면 대부분의 아이들은 좀더 수월해진다.

이 시기의 공통적인 문제점들은 두 종류로 나눌 수 있다. 하나는 아기가 '잘 먹지 않거나 특이한 습성'이 있는 것이고, 다른 하나는 이전 단계에서 해결하지 못한 힘 겨루기가 계속되는 것이다.

우선 '잘 먹지 않거나 특이한 습성'을 가진 아기의 부모는 이런 말을 한다.

- ♥ 우리 아기는 잘 먹지 않는다.
- ♥ 우리 아기는 거의 먹지 않는다.
- ♥ 우리 아기는 간식만 먹는다.
- ♥ 우리 아기는 단식 투쟁을 한다.
- ♥ 우리 아기는 특별한 순서로 음식을 먹겠다고 고집을 부린다.
- ♥ 우리 아기는 같은 음식만 계속해서 먹는다.

• 우리 아기는 강낭콩과 감자가 서로 닿으면 질색을 하고 난리가 난다.

나는 부모들이 "우리 아기는 잘 먹는다."고 말할 때 그 의미를 분명히 알기 위해 "아기가 많이 먹는다는 것인가? 아니면 음식을 가리지 않고 먹는다는 것인가?"라고 묻는다. '잘 먹는다는 것'의 기준은 제 눈의 안경이라는 말처럼 보는 사람의 눈에 따라 달라진다. 그래서 아기의 식습관에 대해 걱정하는 부모들에게 나는 정말 어떤 일이 일어나고 있는지 자세히 들여다보고 자신에게 질문을 해 보라고 말한다.

아기에게 뭔가 새로운 변화가 생겼는가, 아니면 줄곧 이런 식으로 먹어 왔는가? 사람들은 기질과 체형이 다른 것처럼 먹는 것도 다르다. 기질, 가정 환경, 음식에 대한 태도는 먹는 것에 영향을 준다. 어떤 아기는 다른 아기보다 덜 먹고, 어떤 아기는 강한 맛에 좀더 민감하거나 새로운 음식을 맛보지 않으려고 한다. 어떤 아기는 먹는 것을 좋아한다. 어떤 아기는 체격이 작아서 많이 먹지 않는다. 어떤 아기는 입맛이 없는 날이 더 많다.

이 무렵이 되면 부모들은 아이의 기질과 행동에 대해 많은 사실을 알고 있을 것이다. 만일 아기가 먹는 것에 대해 관심이 적고 또래 아이들보다 덜 먹는다면 억지로 먹이려고 하지 말자. 원래 그렇게 타고난 것이다. 또한 어제 먹은 양만큼 오늘 먹지

편식하는 아이(그리고 부모)를 위한 좋은 소식

연구에 따르면 만 4~5세가 된 아이들의 30퍼센트는 편식을 하거나 많이 먹지 않는 것으로 나타났다. 하지만 최근에 핀란드에서 실시한 연구는 입이 짧은 이런 아이들에 대해 "지나치게 걱정을 하지 않아도 된다."는 결론을 내렸다. 연구자들은 500명이 넘는 아기들을 7개월경부터 추적을 했다. 부모들은 이 아이들이 '종종' 또는 '가끔' 너무 적게 먹는다고 걱정을 했다. 그들은 다른 아이들에 비해 키가 좀더 작고 몸무게도 적게 나가는 편이었지만 원래 작게 태어난 아이들이었다. 즉, 연령이 같더라도 어떤 아이들은 항상 더 적은 음식을 필요로 한다는 것이다. 다시 말해, 체격에 비례해서 보면 그들은 적게 먹는 것이 아니다. 한 가지 차이점이라면 식사보다는 간식에서 칼로리를 더 많이 섭취한다는 것이다. 따라서 이런 아이들을 위해서는 엄마가 건강한 간식을 준비하는 것이 좀더 중요하다.

않는다고 해서 걱정하지 말자. 아마 내일은 좀더 먹을 것이다. 병원에서 아기가 건강하다고 하면 스스로 알아서 먹게 내버려 두자. 아기의 식습관에 대해 초조해 하지 말고 계속해서 좋은 음식을 만들어 주고 식사 시간을 즐겁게 해 주면 점차 잘 먹게 될 것이다. 소아과 의사인 클라라 데이비스가 몇 십 년 전에 아기들의 편식에 대해 조사한 결과를 보면, 아기들은 선택권이 주어지면 스스로 균형 잡힌 영양 섭취를 위해 필요한 음식을 선택한다는 것을 알 수 있다.

잘 먹던 아기가 갑자기 잘 먹지 않는다면, 아기에게 다른 무슨 일이 일어나고 있지는 않은가? 방금 기어 오르는 법을 배웠는가? 젖니가 나고 있는가? 스트레스를 받고 있는가? 이럴 때는 잘 먹던 아기라도 일시적으로 식욕이 저하될 수 있다.

음식과 식사는 아기의 사회성 발달에 어떤 영향을 줄 수 있을까? 아기에게 "먹어라! 먹어라!" 하고 잔소리를 퍼붓는 사람이 없다면 가족 식사는 먹기 싫어하는 아기에게 좋은 경험이 될 수 있다. 또래 아이들과 함께 먹는 기회를 주면 더욱 좋다. 놀이 그룹을 계획할 때 간식이나 점심을 먹는 시간을 포함시키자. 잘 먹지 않는 아기도 다른 아기들이 먹는 것을 보면 음식에 좀더 집중하게 된다. (또한 식탁 예절을 가르치는 시간으로 만들 수 있다.)

아기가 정말 아무것도 먹지 않고 있는가? 부모들은 식사 중간에 주는 유동식이나 간식을 셈에 넣지 않는 경향이 있다. 하루나 이틀 동안 아기 입으로 들어가는 음식물을 모두 합치면 아마 깜짝 놀랄지도 모른다.

아기가 식사 시간에 잘 먹지 않는 버릇은 부모가 고칠 수 있다(205쪽 상자글 참고). 종종 어느 부모가 "우리 아기는 간식만 먹어요."라고 말하면, 나는 "그런데 아기에게 간식을 주는 사람은 누구죠? 착한 요정인가요?"라고 묻고 싶어진다. 부모는 아기가 먹는 것에 대해 책임을 지고 관리를 해야 한다.

고형식에서 순조로운 출발을 한 아기도 이 시기에 편식에 빠져들 수 있다. 어떤 아기는 계속해서 같은 것만 먹는다. 어떤 아기는 편식을 할 뿐 아니라 특이한 버릇으로 부모를 걱정시킨다.

아이들은 특별한 식습관을 갖고 있는 경우가 종종 있다. 만일 한 가지나 몇 가지 음식만 먹고 다른 음식은 거부한다면 그럴수록 건강식을 주는 것이 중요하다. 한 가지 음식이라도 몸에 좋은 것을 먹여야 하기 때문이다. 또한 어떤 음식을 실컷 먹고 난 후에는 아주 오랫동안 그 음식을 다시 먹지 않는 아이도 있다. 우리 집 막내 딸 소피는 지금까지도 그런 버릇이 남아 있다. 열흘 남짓 한 가지 음식만 먹는 것이다. 그러다가 한동안 골고루 먹다가 어느 날 다시 한 가지 음식을 택해서 먹기 시작한다. 지금 18살인 소피는 지금까지 그렇게 살았다. 사과는 나무에서 멀리 떨어지지 않는 법이다. 생각해 보면 나 자신이 편식을 하는 경향이 있다. 과학적인 근거는 본 적이 없지만 아마 식습관도 유전이 되는 것 같다.

이런 식의 반복적인 식습관보다 부모를 더 힘들게 만드는 것이 있다. 음식과 관련된 특이한 버릇이다. 2년 반이 된 아기의 엄마가 나의 웹사이트에 올린 아래의 글을 읽으면 광경이 눈앞에 보이는 듯하다. 엄마는 '데번이 착하고 귀엽고 재미있는 아들이지만' 이상한 버릇이 있어 자신을 점점 힘들게 만든다고 한다.

● 데번은 바나나나 시리얼바 같은 음식을 먹다가 반으로 잘라지면 더 이상 먹지 않습니다. 왜 그러는지 모르겠습니다. 어른을 보고 따라 하는 것도 아닙니다. 이런 식으로 이상한 버릇을 가진 아이들이 있나요?

얼마든지 있다. 다른 엄마들이 올린 답글에는 과자를 잘라 주면 울음을 터트리는 아기, 스튜나 볶음밥처럼 '섞은' 음식을 먹지 않는 아기, 토스트의 위쪽만 먹고 아래쪽은 먹지 않는 아기가 있었다. 어떤 아이는 특별한 순서대로 음식을 먹겠다고 고집을 부린다. 예를 들어, 먼저 바나나를 먹지 않으면 다른 음식에는 절대 손을 대지 않는다. 또는 앞에 놓인 음식에 대해 엄격한 규칙을 갖고 있다. 음식들이 서로 닿으면 안 되거나, 특정한 접시나 공기에 담아 주어야 한다. 별의별 희한한 버릇들이 있다. 왜 그러는지는 알 수 없다. 사실 사람들은 누구나 남다른 버릇을 갖고 있다. 이것도 역시 유전이 될지도 모른다. 어쨌든 내가 자신 있게 말할 수 있는 것은 대부분의 특이한 버릇들은 아이가 자라면서 사라진다는 것이다.

따라서 이런 문제들은 크게 걱정하지 않아도 된다. 아기가 '잘라진' 음식을 먹지 않는 것에 대해 지나친 반응을 보이거나 '고치려고' 애를 쓸수록 상황은 점점 더 악화될 뿐이다.

이 시기에 엄마들이 이야기하는 또 다른 문제들을 들어 보자.

- 우리 아기는 식탁 예절이 엉망인데, 이 시기에는 어느 정도까지 용납을 해 줄 수 있나?
- 우리 아기는 식탁에서 잠시도 가만히 앉아 있지 못한다. (나는 이것을 '꿈틀거리는 지렁이' 신드롬이라고 부른다.)
- 우리 아기는 먹고 싶지 않으면 음식을 집어 던진다.
- 우리 아기는 식사 시간에 사소한 일에도 떼를 쓴다.
- 우리 아기는 스파게티 소스로 식탁(아니면 동생 얼굴)에 그림을 그린다.

아기의 식습관과 관련된 문제들은 일상의 행동에서 나타나는 문제와 연관되어 있지만 식탁이나 특히 레스토랑처럼 다른 사람들이 보고 있는 곳에서는 더욱 눈에 거슬리기 마련이다. 나는 좀더 근본적인 문제가 있는지 알아보기 위해서 질문한다. 이 문제는 새로 생긴 것인가, 아니면 한동안 계속되어 왔는가? 만일 후자라면 다른 상황에서는 어떤 일이 일어나는가? 보통 무엇이 그런 일을 촉발하는가? 종종 아이들의 이런 행동은 새로운 것이 아니라 임기응변식 육아의 결과다. 평소에 부모는 아이가 말썽을 부리면 바쁘거나 창피해서 그냥 내버려 두거나 아이가 하자는 대로 따라가고 있을 것이다. (8장에서 전반적인 패턴에 대해 자세히 다루겠다.)

예를 들어, 아이가 스파게티 소스로 식탁에 그림을 그린다고 하자. 어떻게 하겠는가? 치우면 그만이라고 생각하고 넘어간다면 그런 행동을 해도 좋다고 말하는 것이다. 몇 주 후에 시댁에 갔을 때 아기가 시댁에서 가보로 내려오는 식탁보에 '그림'을 그린다면? 그것은 아기의 잘못이 아니라 엄마의 잘못이다. 엄마는 스파게티 소스는 그림을 그리는 것이 아니라고 가르쳐야 한다. 아기가 그런 행동을 보이면, "음식은 먹는 것이다. 음식으로 장난을 치면 안 된다. 다 먹었으면 그릇을 싱크대에 올려놓아라."라고 처음부터 가르쳤어야 한다.

또는 아기가 다소 활발한 편이어서 식탁 위에 올라가서 노래를 부르며 발을 구르는 것을 좋아한다고 하자. 그리고 레스토랑에서 그런 행동을 한다고 상상해 보자. 엄마는 식탁 밑에 숨고 싶을 것이다. 식탁 위에 발을 올리거나, 코를 후비거나, 음식을 던지는 등 아기가 하면 안 되는 행동을 할 때마다 그 즉시 잘못된 행동이라고 말하자. "안 된다. 식탁에서는 그렇게 하면(아기가 하는 행동을 묘사하면서) 안 된다." 만일 그래도 멈추지 않으면 식탁에서 내려놓는다. 그리고 5분 후에 아기를 다시 부른다. 참을성을 갖고 꾸준히 가르쳐야 한다.

음식을 던지는 것도 마찬가지다. 만일 14개월이 된 아기가 던지기를 실험하는 경우에는 가볍게 넘어가는 것이 상책이다. 하지만 2~3년이 된 아이가 엄마의 관심을 끌려고 그런 행동을 한다면 잘못된 행동이라는 것을 알게 하고 음식을 치워야 한다. 예를 들어, 2돌이 지난 아기가 닭고기 접시를 앞에 놓아 주자 "안 먹어!"라고 소리치며 바닥에 던진다고 하자. 접시를 치우고 "음식을 던지면 안 된다."라고 가르쳐야 한다. 아기를 의자에서 내려놓았다가 5분 후에 다시 앉힌다. 두 번의 기회를 주고 나서 더 이상은 주지 말자.

아기에게 너무 엄하게 한다고 생각될 수 있지만 이 나이의 아기들은 부모를 조종하는 법을 배운다. 어떤 엄마들은 마치 외야수처럼 날아다니는 음식을 잡으러 다니면서도 음식을 던지면 안 된다는 것을 가르치지 않는다. 대신 아기에게 말한다. "그럼 치즈 먹을래?" 이런 행동을 내버려 두면 나중에는 음식뿐 아니라 장난감과 다른 위험한 물건도 던지게 된다(420쪽 보의 이야기 참고). 아기가 행동을 바로잡을 때까지 계속 주의를 주어야 한다. 문제는 부모가 힘이 들어서 포기하는 것이다. 가르치는 것보다 어질러 놓은 것을 직접 치우는 것이 더 쉽기 때문이다. 이것은 매우 흔한 일이지만 결국 심각한 문제가 될 수 있다. 아기를 데리고 아무 데도 갈 수 없게 된다. 나는 레스토랑에서 버릇없는 아이들을 보면 마음이 심란해진다. 아이가 빵을 주무르고 음식을 던지고 해도 어떤 부모들은 상관하지 않는 것처럼 보인다. 그리고 종업원들이 치우게 내버려 둔다. 그들은 자신의 식사 시간도 존중하지 않는다.

이런 부모들은 말할 것이다. "우리 아기는 겨우 만으로 두 살입니다. 뭘 알겠습니까?" 그러면 누가 언제 아이에게 예절을 가르칠 것인가? 어느 요정이 날아와서 가르쳐 줄까? 아이는 부모가 가르쳐야 하고 가능하면 일찍 시작해야 한다(8장에서 좀더 자세히 설명하겠다).

때로 아이의 신호에 주의를 기울이는 것만으로도 문제가 해결되기도 한다. 아이가 떼를 쓴다고 고민하는 부모에게 나는 "아이가 충분히 먹었다는 신호를 주시하는가?"라고 묻는다. 부모들은 때로 아기가 칭얼거리고 머리를 돌리고 발버둥을 치는데도 '한 입만 더' 먹이려고 한다. 결국 아이는 울음을 터트린다. 아기가 먹지 않으려고 하면 즉시 식탁에서 내려놓아야 한다.

부모는 음식에 대해 의도하지 않은 메시지를 전달하게 되어 나중에 아이에게 나쁜 식습관이 생기지 않도록 주의해야 한다. 아기는 포만감을 느끼면 당연히 먹지 않으려고 한다. 그런데도 억지로 음식을 먹이는 것은 아기에게 먹는 양을 조절할 기회를 주지 않는 것이다. 많은 과체중 성인들이 어린 시절 밥을 다 먹으면 그 상으로 과자와 사탕을 실컷 먹을 수 있었다고 회상한다. 그들의 부모들은 이런 식으로 말했을 것이다. "밥을 다 먹어야 착한 아이지." 그래서 곧 그들은 먹는 것을 부모의 칭찬과 연결하기 시작했다. 특히 부모는 자신들의 식습관에 문제(특히 반복적인 다이어트, 거식증 같은 문제)가 있으면 이를 인정하고 문제를 해결함으로써 아이에게 잘못된 식습관을 물려주지 않도록 해야 한다.

이런 문제가 없다고 해도 부모는 아기의 식습관과 관련해서 많은 스트레스를 받는다. 부모는 아이가 건강하기를 바란다. 아이가 먹지 않으면 당연히 걱정이 된다. 할 수 있을 때도 있고 할 수 없을 때도 있지만 어쨌든 부모가 관리를 해야 한다. 잘 먹는 아이는 잘 놀고 잘 잔다. 부모들은 아기가 필요로 하는 연료를 공급해야 하지만 동시에 개인 차이와 특이 체질도 존중해야 한다.

5장

자는 법 가르치기

태어나서 3개월까지
수면 문제의 6가지 원인

자는 법 가르치기

태어나서 3개월까지 수면 문제의 6가지 원인

아기처럼 잘 잔다고요?

- 우리 아기는 5주가 되었는데, 자기 침대에서 자려고 하지 않습니다.
- 6주가 된 우리 아기는 낮잠을 자지 않으려고 합니다.
- 1개월이 된 우리 아기는 밤낮이 바뀐 것 같습니다.
- 우리 아기는 3개월인데, 여전히 밤에 자주 깹니다.
- 10주가 된 우리 아기는 내 가슴에 올려놓지 않으면 잠을 자지 않습니다."
- 5주가 된 우리 아기는 피곤해 보여서 침대에 눕히려고 하면 울음을 터트립니다.
- 8주가 된 우리 아기는 차 안에서만 잠을 자기 때문에 아기침대에 자동차 시트를 갖다 놓았습니다.

나의 이메일 수신함은 부모들의 이런 하소연으로 매일 가득 찬다. 대부분은 3개월이 안 된 아기의 부모들이 보내는 것이다. 제목은 '도와주세요!' 또는 '급해요!' 또는 '잠 못 이루는 엄마' 등이다. 놀라울 것은 없다. 수면 문제는 아기를 병원에서 집으로 데리고 오는 날부터 부모들을 괴롭히는 주범이다. 천성적으로 잠을 잘 자는 아기를 가진 운이 좋은 부모들도 궁금해 한다. "아기가 언제부터 밤새 자나요?" 또한 수면이 중요한 이유는 육아의 다른 모든 측면들이 수면을 중심으로 움직이기 때문이다. 아기가 잠을 자는 것은 성장하는 것이다. 아기가 잠을 못 자서 피곤하면, 먹지도 않고 놀지도 않는다. 까다로워지고 소화가 잘 안 되고 잔병치레를 하기 쉽다.

수면 문제로 고민하는 부모들에게는 한 가지 공통점이 있다. 아기에게 자는 법을 가르쳐야 한다는 것을 모르는 것이다. 우리는 아기에게 혼자서 잠이 드는 법과 한밤중에 일어났을 때 다시 잠이 드는 법을 가르쳐야 한다. 하지만 많은 부모들은 건강한 수면 습관을 위한 바탕을 마련해 주어야 하는 첫 3개월 동안 아기에게 끌려 다니면서 이런저런 나쁜 버릇을 들인다.

아기의 수면에 대해 사람들이 잘못 알고 있는 것도 한 가지 원인이다. 사람들은 잠을 잘 잤다는 의미로 "어젯밤 아기처럼 잤다."고 표현한다. 즉, 밤새 깨지 않고 아침에 눈을 떴을 때 가뿐하고 상쾌하다는 것이다. 매일 그렇게 잘 수 있다면 얼마나 좋겠는가? 우리 대부분은 밤에 깨서 뒤척거리고, 일어나서 화장실에 가고, 시계를 보고, 아침까지 충분히 쉴 수 있을지 걱정한다. 아기들도 마찬가지다. 사실대로 말하자면 "아기처럼 잔다."는 말은 "45분마다 깬다."는 의미가 된다. 아기들은 새 고객을 유치하거나 다음 날 제출해야 하는 보고서 때문에 조바심을 내지 않아도 된다는 것만 빼고 어른과 비슷한 수면 패턴을 갖고 있다. 어른과 마찬가지로 45분의 주기를 반복하면서 거의 혼수상태에 가까운 깊은 수면과 뇌가 활동하면서 꿈을 꾸는 상태인

REM(빠른 안구 운동) 수면을 반복한다. 한때 아기들은 꿈을 꾸지 않는 것으로 생각했던 적도 있었지만 최근 연구에서는 실제로 수면 시간의 50~66퍼센트가 REM 수면이라는 것이 증명되었다. 평균 15~20퍼센트가 REM 수면인 어른보다 훨씬 더 많다. 따라서 아기들은 밤에 자주 깬다. 만일 아무도 아기에게 혼자 자는 법을 가르치지 않으면 울음으로 이렇게 말할 것이다. "나 좀 도와줘요. 어떻게 해야 다시 잘 수 있는지 모르겠어요." 이때 부모가 아기를 도와주는 방법을 모르면 임기응변식 육아가 시작된다.

태어나서 3개월까지 나타나는 수면 문제는 아기가 잠을 자지 않으려고 하는 것(아기침대를 거부하는 것을 포함해서)과 다시 잠들지 못하는 것으로 구분할 수 있다. 이 장에서는 가장 흔한 수면 문제와 그 원인에 대해 알아보고, 각각의 문제를 해결하기 위한 계획을 세워 보자. 당연히, 같은 수면 문제라고 하더라도 가족과 아기에 따라 천차만별이다. 실제로 백만 명의 아기가 있다면 백만 가지 상황이 있다고 말할 수 있다.

여기서는 첫 3개월 동안의 수면 문제와 관련된 기초 지식을 알리고, 또한 부모들이 내 머릿속을 들여다보고 내가 여러 가지 수면 문제를 어떤 식으로 평가하는지 알아서 스스로 문제를 해결할 수 있도록 할 것이다. (더 큰 아기들에게도 같은 문제가 일어난다는 것과 4개월이 되기 전에 해결하는 것이 훨씬 쉽다는 것을 기억하자.) 부디 이 추가 정보가 도움이 되어서 부모들이 어디서 길을 잘못 들었는지 알고 방향을 바꿔 꿈나라로 가는 길로 아기를 인도할 수 있기를 바란다.

6가지 원인

아기의 수면 문제는 어느 시기에나 그 원인이 복합적이다. 밤에 일어나는 일뿐 아니라 하루 일과 전체가 수면에 영향을 줄 수 있다. 아기의 기질과 부모의 행동도 영향을 미친다. 예를 들어, 밤에 계속 깨는 아기는 낮 동안에 너무 많이 자거나, 너무 조금 먹거나, 너무 많은 활동을 하고 있는지 모른다. 또한 임기응변식 육아가 원인일 수 있다. 아기가 새벽 4시에 울 때마다 엄마가 무조건 젖을 물리거나 데리고 자면, 얼마 안 가 잠이 드는 것을 엄마젖을 빨거나 엄마와 함께 자는 것과 연결하게 될 것이다.

또한 오늘 밤의 수면 '문제'는 어젯밤과 그 원인이 다를 수 있다. 어느 날은 방이 너무 추워서, 다음 날은 배가 고파서, 그리고 며칠 후에는 어디가 불편해서 깰 수 있다.

> ### '밤새 재우기'의 의미
>
> 수면 습관은 각 나라의 문화를 반영한다. 우리는 다음 날 아침 일찍 일어나서 일을 해야 한다는 생각에 아기를 밤새 재우려고 전전긍긍한다. 하지만 어떤 문화권에서는 아기가 성인들과 좀더 밀착된 생활을 한다. 칼라하리 사막에서 수렵·채취 생활을 하는 쿵산족은 아기가 태어나면 엄마와 항상 살을 맞대고 생활한다. 밤에는 함께 자고 낮에는 계속 안고 다닌다. 엄마는 15분마다 모유를 조금씩 먹인다. 아기가 보채면 울음을 터트리기 전에 즉각 반응을 보인다. 따라서 이들은 아기를 밤새 재울 필요가 없다.

내가 무슨 말을 하고 있는지 짐작할 것이다. 수면 문제의 원인을 찾는 것은 퍼즐과 같다. 우리는 탐정이 되어서 모든 단서들을 수집해야 한다. 그 다음에 행동 계획을 세워야 한다.

상황을 더욱 복잡하게 만드는 것은 '밤새 잔다'는 말의 의미를 혼동하기 때문이다. 실제로 어떤 부모들의 이야기를 들어 보면 소위 수면 문제라고 하는 것을 발견할 수 없다. 그보다는 부모가 아기에게 너무 일찍 너무 많은 것을 기대하는 것이 문제다. 어느 갓난아기의 엄마가 말했다. "아기가 2시간 이상 자지 않기 때문에 수시로 일어나야 합니다. 언제쯤 밤새 자게 될까요?"

부모가 된 것을 환영한다! 잠을 못 자는 것은 부모로서 치러야 하는 신고식의 일부다. 8주가 된 아기의 엄마가 이런 글을 올렸다. "우리 아기를 7시까지 재우고 싶은데, 어떻게 해야 하나요?" 이 엄마는

도움을 받자!

수면 부족은 아기가 아니라 부모의 문제다. 아기는 밤에 잠을 얼마나 자든 상관없다. 집안일을 할 필요도 없고 직장에 나가지도 않는다. 하루 24시간 언제라도 잘 수 있다. 하지만 엄마는 특히 첫 6주 동안 많은 도움이 필요하다. 밤에 하는 수유를 혼자 하지 말고 배우자와 번갈아 하자. 하루 걸러서 하기보다는 이틀 밤씩 교대로 해서 잠을 충분히 잘 수 있도록 하자. 만일 한부모라면 친정어머니나 친구에게 도움을 청하자. 아무도 밤에 와 줄 수 없다면 낮에라도 몇 시간씩 낮잠을 잘 시간을 마련하자.

6가지 원인

아기가 자는 것을 거부하거나 다시 자려고 하지 않는 이유는 부모나 아기 어느 한쪽에 있다.

부모가
★ 하루 일과를 정하지 않았거나,
★ 취침 의식이 부적절하거나,
★ 임기응변식 육아를 하고 있을 것이다.

아기가
★ 배가 고프거나,
★ 지나친 자극을 받았거나 피곤하거나,
★ 어디가 아프거나 불편할지도 모른다.

아기보다 먼저 도움이 필요하다.

현실적인 기대를 걸자. 아기는 처음 몇 달 동안 밤새 자지 않는다. 태어나서 6주까지 대부분 밤에 두 번(새벽 2~3시와 5~7시에) 깬다. 왜냐하면 위가 작아서 오래 지탱할 만큼 충분히 먹지 못하기 때문이다. 또한 쑥쑥 크기 위해서는 많은 칼로리가 필요하다. 가장 먼저 할 수 있는 것은 새벽 2시 수유를 생략하는 것이다. 물론 아기를 병원에서 집으로 데리고 온 순간부터 잠자는 법을 가르쳐야 하지만, 아마 4~6주 안에는 어려울 것이다. 이것은 다른 요인보다도 아기의 기질과 체구에 달려 있다. 또한 지나친 기대를 걸지 말아야 한다. 아기가 6주 후에 더 오래 잘 수 있다고 해도 엄마는 여전히 아침 4시나 5시, 6시에는 일어나야 할 것이다. 어른도 5~6시간의 수면은 충분하지 않다! 이 문제에서는 우리가 할 수 있는 일이 별로 없다. 단지 좀더 일찍 잠자리에 들고, 처음 몇 달은 금방 지나간다는 것을 기억하자.

이 장에서 내 목표는 부모들이 아기의 수면 능력에 대해 현실적으로 생각하고, 다양한 원인에 대해 이해하고, 나처럼 생각하도록 연습을 시키는 것이다. 만일 아기를 재우기 어렵거나 밤에 아무 때나 깨는 문제가 있으면 모든 원인들을 고려하고, 아기를 관찰하고, 엄마 자신이 어떻게 해 왔는지 돌아봐야 한다.

다음은 아기의 첫 3개월 동안 수면에 영향을 주는 원인을 여섯 가지로 정리한 것이다.(왼쪽 상자글 참고) 이 여섯 가지 원인은 서로 관련이 있으며, 4개월이 지나고 유아기 이후까지 계속해서 잠버릇에 영향을 줄 수 있으므로 지금 어떤 문제가 있는지 아는 것이 중요하다. 그 중 세 가지 원인은 규칙적인 일과가 없거나, 준비가 부족하거나, 임기응변식 육아를 하는 등 지금까지 엄마가 해 온 것과 관계가 있다. 또 다른 세 가지 원인은 아기가 배가 고프거나 지나친 자극을 받았거나 피로하거나, 아프거나 불편하거나 병이 난 것이다.

아기가 한밤중에 깨서 우는 이유를 알아내는 것은 쉽지 않다. 원인이 복합적일 수 있기 때문이다. 베이비 위스퍼러를 자처하는 나도 어느 가족을 도와주기 전에 먼저 일련의 질문들을 한다. 안 그러면 오리무중이다. 부모의 대답을 듣고 모든 단서를 종합해서 수면 문제의 원인을 밝히고 해결책을 생각해야 한다. 일단 아기의 수면에 어떤 문제가 있고 무엇이 원인인지를 알면 누구나 나 못지않은 훌륭한 해결사가 될 수 있을 것이다.

이제부터 여섯 가지 원인에 대해 설명하고, 각각의 원인과 관련해

중요한 사용자 정보

만일 어떤 특별한 수면 문제로 힘들거나 도움이 필요하다면, 먼저 다음 31쪽에 걸쳐서 나오는 '단서'라는 제목의 글상자들을 읽어 보자(번호를 붙였지만 특별한 순서가 있는 것은 아니다). 각자 가장 비슷한 경우를 찾아서 해당되는 내용을 읽어도 되지만 오로지 한 가지가 원인인 경우는 드물 것이다. 예를 들어, 어떤 부모가 "우리 아기는 자기 침대에서 자지 않으려고 한다."고 말할 때 나는 즉시 어떤 식의 임기응변식 육아가 원인이라고 짐작을 한다. 하지만 수면 문제는 종종 원인이 복합적이므로 단서들이 서로 중복이 된다. 따라서 여섯 가지 원인을 모두 읽고 이해하는 것이 필요하다. 수면 문제에 대한 특강으로 생각하고 읽자.

서 앞으로 나올 상자글 '단서'에서 부모들이 이야기하는 문제점들을
보여 주고, 상황을 변화시킬 수 있는 계획을 제시하겠다. 규칙적인
일과의 중요성에 대해서는 1장에서, 아기가 배가 고프거나 아픈 경우
에 대해서는 3장에서 다루었는데, 여기서는 수면과 관련해서 그러한
주제들을 다시 살펴보기로 하겠다.

원인 #1 규칙적인 일과가 없다

수면 문제로 찾아오는 부모들에게 내가 맨 먼저 묻는 질문은 "아기가
먹고 자고 일어나는 시간을 지키고 있는가?"라는 것이다. 만일 아니
라고 하면 나는 처음부터 어떤 일과도 시도해 본 적이 없거나 유지할
수 없는 것이 아닌지 의심한다.

일과가 없다

첫 3개월 동안 수면 문제는 종종 E.A.S.Y. 일과와 관계가 있다. 4개
월 미만의 평균 체중의 아기는 3시간 일과를 유지하는 것이 중요하
다. E.A.S.Y.만 지키면 수면 문제가 사라진다는 것은 아니다. 또 다른
다섯 가지 원인들이 있다. 하지만 첫날부터 규칙적인 일과를 시작한
아기는 보통 순조로운 출발을 한다.

★ 계획안

만일 규칙적인 일과가 없다면 1장을 다시 읽어 보고, 아기가 예측
가능한 생활을 하도록 해 주자. E.A.S.Y.를 중도에 포기했다면 지금이
라도 다시 시작하자. 아기를 재울 때마다 4S 취침의식(취침의식은
233~239쪽 참고)을 거친다. 일과는 시간표와 같지 않다는 것을 기억

하자. 시계를 보는 것이 아니라 아기를 관찰하는 것이 중요하다. 어느 날은 낮잠을 10시에 자고 다음 날은 10시 15분에 잘 수 있다. E.A.S.Y.의 순서를 바꾸지 않고 어느 정도 비슷한 시간대를 유지하는 것이 중요하다.

단서 #1

부모들의 다음과 같은 이야기를 들어 보면 수면 문제의 원인이 일과가 없기 때문이라는 것을 알 수 있다.

★ 우리 아기는 쉽게 잠이 들지 않는다.
★ 우리 아기는 밤에 1시간이 멀다 하고 깬다.
★ 우리 아기는 낮에는 실컷 자고 밤에는 자지 않는다.

밤낮이 바뀌다

일과가 없을 때 가장 많이 발생하는 문제는 밤낮이 바뀌는 것이다. 갓 태어난 아기는 낮과 밤의 차이를 모른다. 그래서 아기를 깨워서 수유를 하여 밤낮을 가르쳐야 한다. 아기가 밤늦도록 깨어 있거나 밤에 자주 깬다는 말을 들으면 나는 낮에 일과를 지키지 않는 것이 아닌지 의심한다. 그리고 그런 경우 보통 8주가 안 된 아기들이 대부분이다. 밤낮이 바뀐 것인지 확인하기 위해 나는 "아기는 낮잠을 몇 번, 얼마나 오래 자는가? 전부 합해서 낮잠을 얼마나 자는가?"라고 묻는다. 처음 몇 주 동안 밤잠에 가장 방해가 되는 것은 낮잠을 5시간 30분 이상 재우는 것이다. 그 때문에 3시간 일과에서 벗어나게 되고 밤에 깨게 된다. 결국 밤낮이 뒤바뀐다. 나는 이런 상황을 '밤잠을 훔쳐서 낮잠에게 주기'라고 부른다.

★ 계획안

만일 밤낮이 바뀌었다면 낮에 깨어 있는 시간을 늘린다. 낮잠을 2시간 이상 자면 깨워서 수유를 해야 한다. 아기가 먹어야 하는 시간

미신 : 자는 아기를 깨우지 말라

살다 보면 언제 어디선가 "자는 아기를 깨우지 말라."는 말을 듣는다. 허튼 소리! 아기는 세상에 처음 태어나면 밤낮을 구분하지 못한다. 어떻게 자야 하는지도 모르고 밤과 낮의 차이도 모른다. 우리가 가르쳐야 한다. 때로는 자는 아기를 깨워야 규칙적인 일과를 따라갈 수 있다.

에 잠을 자도록 내버려 두면 부족한 영양을 밤에 보충해야 할 것이다. "하지만 자는 아기를 깨우는 것은 잔인해요."라고 항의하는 부모들이 있다. 이것은 잔인하고 아니고의 문제가 아니다. 아기에게 낮과 밤을 구별하는 법을 가르쳐야 한다. 만일 잠자는 아기의 동화를 믿는다면 이제 그 믿음을 포기해야 할 것이다.

며칠 동안 아기가 어떻게 자고 있는지 추적하는 것으로 시작하자. 만일 낮잠을 5시간 이상 계속해서 자거나, 3시간 낮잠을 두 번 이상 잔다면 밤낮이 바뀌었을 확률이 크다. 그렇다면 다음과 같은 방법으로 E.A.S.Y.를 다시 시작해야 한다. 첫 3일 동안은 낮잠을 45분이나 1시간만 재운다. 낮잠을 너무 오래 재우지 않고 규칙적인 수유로 필요한 열량을 섭취할 수 있도록 해야 한다. 아기를 깨우려면 강보를 벗겨서 안고, 손을 마사지하고(발은 하지 않는다!), 침실에서 데리고 나간다. 아기는 똑바로 세우면 대개 눈을 뜬다. 깊이 잠들지 않은 한 깨어날 것이다.

일단 낮잠을 줄이면 밤잠으로 보충을 하기 시작할 것이다. 점차로 —3일씩 단계적으로—낮잠을 15분씩 늘려 간다. 4개월 이전에는 낮잠은 1시간 30분에서 2시간 자는 것이 적당하다.

여기서 미숙아(231쪽 상자글 참고)나 체구가 작은 아기는 예외다. 일부 작은 아기들은 처음에 5시간 30분씩 낮잠을 자고 잠깐 깼다가 다시 잠이 들어서 다음 수유 때까지 잔다. 아기는 아직 수유 간격을 늘릴 준비가 되지 않았으므로 몇 주일 동안 그대로 유지한다. 하지만 일단 출생 예정일이 지나면 점차 낮에 깨어 있는 시간을 늘려 가야 한다. 다음은 대표적인 예다.

• 미숙아로 태어난 우리 아기 랜디는 지금 5주가 되었는데, 3주부터 당신의 방법대로 키웠습니다. 그런데 이번 주부터 자정에 깨어나서 먹은 후에 다시 자지 않고 보채다가 새벽 3시가 되어서 또 한 번 먹습니다. 낮에는 거의 하루 종일 잠을 자고 15분 정도 잠깐씩 깨어 있습니다. 우리 아기가 밤낮이 바뀐 것인가요? 어떻게 해야 할까요? 저는 걸어 다니는 좀비처럼 1주일 내내 멍해 있습니다.

랜디는 밤낮이 바뀐 것이 맞다. "낮에 거의 하루 종일 잔다."는 것은 밤잠을 훔쳐서 낮잠에게 주고 있는 것이다. 그리고 15분씩 깨어 있다는 것은 먹다가 잠이 든다는 이야기다. 또 밤에 자지 못하는 것은 엄마젖이 모자라거나 제대로 빨지 못하기 때문일 수도 있다. 랜디는 미숙아여서 만삭아보다 좀더 잠을 잘 필요가 있지만(55쪽과 오른쪽 상자글 참고) 밤에 자게 해야 한다. 현재 체중이 얼마인지는 모르지만 원래의 출생 예정일이 가까워지면 적어도 낮 동안 2시간 30분 E.A.S.Y. 일과를 할 수 있는 준비가 될 것이다. 이제 낮에는 수유 후에 단 10분이라도 깨어 있는 시간을 늘릴 필요가 있다. 그리고 3일에서 1주일 후에는 15분, 그 다음에는 20분으로 점차 늘려 간다. 결국 랜디는 낮잠을 훔쳐서 밤잠에게 주기 시작할 것이고 밤에 좀더 잘 자게 될 것이다. 또한 체중이 늘기 시작하고 먹는 양이 늘어나면 점차 밤에 더 오래 자게 된다.

미숙아 : 자고, 자고, 또 자고

앞 장에서 설명했듯이(194쪽 참고) 미숙아는 달력 나이(태어난 날부터 계산한다)와 성장 발달 나이가 일치하지 않는다. 미숙아는 아주 많이 자야 한다. 4주 일찍 태어난 미숙아는 첫 4주 동안은 원래 엄마 뱃속에 있어야 하는 시간이다. 미숙아가 첫 8주가 되었을 때 만삭아처럼 밤에 5~6시간을 자고 낮에 20분씩 놀기를 기대할 수 없다. 미숙아는 적어도 이 세상에 나오기로 되어 있었던 예정일이 되기까지 2시간 일과를 따라야 한다. 이런 아기의 유일한 '일'은 먹고 자는 것이다. 수유를 하고 나면 강보에 싸서 조용하고 어두운 방에 재운다. 출생 예정일이 지나고 적어도 체중이 2.9kg이 되면 3시간 일과를 시작할 수 있다.

일과를 방해하는 요인들

어떤 부모들은 낮에 아기를 데리고 다니면서 일을 보는 등 자신의 필요에 따라 아기의 일과를 바꾸기도 한다. 하지만 처음 몇 달 동안은 아기에게 자는 훈련을 시켜야 하기 때문에 일과 유지가 중요하다.

★ 계획안

집에서 꼼짝도 하지 말라는 것이 아니다. 하지만 아기의 일과가 아직 불안정하다면 적어도 2주일 동안 엄마는 아기의 신호를 관찰하고 취침의식을 지키면서 규칙적인 일과에 적응시켜야 한다.

만일 엄마가 밖에서 일을 한다면 엄마 혼자서는 아기의 일과를 유지할 수가 없다. 퇴근해서 집으로 돌아오거나 보육원에 아기를 데리러 갔을 때 아기가 칭얼거리고 보채지는 않는가? 엄마는 일과를 지키고 있는데, 아기를 보살피는 다른 사람(배우자, 할머니, 유모, 보모)도 역시 일과를 잘 지키고 있는가? 그들에게 일과에 대해 설명을 했는가? 만일 집에서 유모가 아기를 돌보고 있다면 1주일 동안 함께 지내면서 취침의식을 포함한 아기의 일과를 보여 준다. 만일 보육원에 아기를 맡긴다면 그곳 직원들에게 당신이 아기를 어떻게 보살피고 낮잠 시간에 어떻게 재우는지 보여 주자. 또한 "낮잠을 잘 못 잤다." 또는 "수유가 어려웠다."는 식으로 아

아기의 하루 일과

다음은 첫날부터 E.A.S.Y.를 시작한 건강한 아기의 일반적인 하루 일과다. 하지만 아기의 체중과 기질, 그리고 취침의식을 일관성 있게 하고 있는지에 따라 달라질 수 있다.

★ 1주일 후
낮 : 3시간마다 먹는다. 3시간마다 1시간 30분씩 잔다.
저녁 : 5시와 7시에 집중 수유, 11시에 꿈나라 수유
기상 : 새벽 4시 30분 또는 5시

★ 1개월 후
낮 : 3시간마다 먹는다. 3시간마다 1시간 30분씩 잔다.
저녁 : 5시와 7시에 집중 수유, 11시에 꿈나라 수유
기상 : 새벽 5시나 6시

★ 4개월 후
낮 : 4시간마다 먹는다. 1시간 30분에서 2시간씩 3번 낮잠을 잔다. 늦은 오후에 45분간 짧은 낮잠을 잔다.
저녁 : 7시에 저녁 수유, 11시에 꿈나라 수유
기상 : 새벽 7시

기가 하루를 어떻게 보냈는지 자세히 일지를 기록해 달라고 하자. 원래 대부분의 보육원에서 하고 있는 일이지만 만일 이 요구를 거절한다면 보육원을 잘못 선정한 것이다. 집에서 아기를 돌보게 하든지 보육원에 맡기든지, 수시로 깜짝 방문을 하자 (아기의 일과를 방해하는 사건들에 대해서는 474~477쪽 참고).

단서 #2

다음과 같은 부모들의 이야기를 들어 보면 부적절한 취침의식 때문에 아기에게 수면 문제가 발생한다는 것을 알 수 있다.

★ 우리 아기는 쉽게 잠이 들지 않는다.
★ 우리 아기는 잠이 들어도 금방(10~30분 후에) 깬다.

원인 #2 취침의식이 부족하다

아기가 '잠이 드는 과정'은 하품으로 시작해서 마침내 깊은 잠에 빠지는 것으로 끝나는 여행이라고 할 수 있다. 아기가 목적지에 도착하려면 엄마의 도움이 필요하다. 아기의 수면 신호를 포착하고 재울 준비를 해야 한다.

수면 신호

아기를 재우려면 아이가 잘 준비가 되었는지 살펴야 한다. 아기가 피곤하면 어떤 모습을 보이는가? 신호가 보이면 즉시 취침의식에 들어가는가? 아기의 수면 신호를 놓치면 재우기가 훨씬 더 어려워질 것이다.

★ 계획안

수면 일지 쓰기

아기의 신호를 읽지 못하는 부모들을 위해 나는 종종 수면 일지를 적으라고 제안한다. 기록을 하면 관찰력이 좋아진다. 4일 동안 아기가 언제 얼마나 자는지, 엄마는 어떤 식으로 아기를 재우는지, 아기가 어떤 행동을 하고 어떻게 보이는지 기록하자. 그러면 패턴이 보이기 시작하면서 아기가 잠을 잘 못 자는 이유를 발견할 수 있을 것이다.

어떤 아기(대표적으로 천사 아기와 모범생 아기)는 천성적으로 잠을 잘 잔다. 하지만 아기마다 조금씩 다르기 때문에 관찰이 필요하다. 아기가 피곤할 때 어떤 모습을 하는지 알아보자. 갓난아기라면 종종 하품이 가장 분명한 단서가 된다. 하지만 보채거나(심술쟁이 아기들이 종종), 안절부절못하는(씩씩한 아기) 등의 무의식적인 행동을 보일 수 있다. 어떤 아기는 눈을 크게 뜨고(씩씩한 아기), 어떤 아기는 빽빽거리고, 어떤 아기는 찡찡거린다. 6주가 되면 점차 머리를 가누게 되는데, 사람 얼굴이나 장난감을 외면하면서, 또는 엄마 품으로 파고들면서 신호를 보낸다. 어떤 식이든 신호가 보이면 즉시 취침의식에 들어가는 것이 중요하다. 아기의 수면 신호를 놓치거나 밤에 좀더 재우겠다고 깨워 두면(또 다른 미신) 잠자는 법을 가르칠 기회가 없어진다.

진정시키기

아기가 피곤한 것이 확실해 보여도 활동(단지 벽을 쳐다보고 있을 때라도)을 바꿀 시간을 주고 나서 침대에 눕혀야 한다. 아기를 재우기 위해 어떤 방법을 사용하고 있는가? 강보로 감싸는가? 아기가 진정이 될 때까지 엄마가 옆에서 지키고 있는가? 정해진 순서대로 하는 취침의식은 아기에게 다음에 올 상황을 예상할 수 있게 해 준다. 또한 강보로 감싸면 아기가 포근하고 안전하게 느낀다. 이 두 가지 절차는 아기에게 "이제 기어를 바꿀 시간이다. 잘 준비를 하자."라고 말하는 것이다. 이러한 취침의식은 자는 법뿐 아니라 나중에 오는 분리 불안에 대비해서 신뢰를 배우게 하는 바탕이 된다.

3개월 미만의 아기를 위한 취침의식은 보통 15분이 넘지 않을 것이다. 어떤 아기는 커튼을 닫고 강보에 싸서 침대에 눕히면 옹알이를 하다가 금방 잠이 든다. 하지만 내 경험에 따르면 대부분의 아기는 활동 시간을 수면 시간으로 전환하기 위해 옆에서 진정을 시켜줄 필요가 있다. 그리고 어떤 아기는―대표적으로 예민한 아기와 씩씩한 아기는―좀더 많은 것을 요구한다.

★ 계획안

내가 사용하는 4S 취침의식은 주변 정리, 강보에 싸기, 앉아 있기, '쉬쉬-다독이기'로 구성된다.

주변 정리 : 아기를 조용한 곳으로 옮기는 것으로 시작한다. 아기 방에 들어가서 커튼을 닫는다. 원하면 조용한 음악을 튼다. 마지막 몇 분은 조용하고 평화롭고 차분한 분위기를 조성한다.

강보에 싸기 : 옛날부터 사람들은 아기를 강보에 쌌다. 현존하는 원시 문화에서도 아기를 강보에 싼다. 그리고 병원에서도 아기를 강보에 싸 두기 때문에 집에 오면 계속해서 그렇게 해야 한다. 특히 아기침대에 눕힐 때는 강보에 싸야 한다.

3개월 미만의 아기는 팔다리를 자기 마음대로 통제하지 못한다. 어른들은 피곤하면 몸이 늘어지지만 아기는 더 긴장을 해서 팔다리를 휘두른다. 이럴 때 아기는 팔다리가 자기 것이라는 것을 알지 못한다. 그래서 자기가 마구 휘두르는 팔다리가 혼란스러운 환경의 일부가 된다. 나는 적어도 3~4개월까지는 강보에 싸라고 권하며, 어떤 아기는 7~8개월까지도 강보에 싸는 것이 필요할 수 있다.

대부분의 엄마들은 병원에서 강보에 아기를 싸는 방법을 배우지만 집에 오면 잊어버릴 수 있다. 만일 그 방법을 잊어버렸다면 기억을

"우리 아기는 강보로 싸는 것을 싫어해요!"

아기를 강보로 싸는 습관을 들이는 것은 매우 중요하다. 안타깝게도 일부 부모들은 강보에 싸면 아기가 답답해 한다고 느껴서 반대한다. 그런 부모들은 자신이 느끼는 밀실 공포증을 아기에게 투사하는 것인지도 모른다. "우리 아기는 강보로 싸는 것을 싫어해요. 팔다리를 휘두르면서 저항을 합니다." 하지만 아기가 팔다리를 휘젓는 것은 의식적인 행동이 아니다. 보통은 너무 피곤하거나 긴장을 하거나 잠이 오지 않기 때문이다. 강보에 싸면 아기가 스스로 진정을 하는 데 도움이 된다. 나는 아기가 3개월 정도가 되면 더 이상 강보에 싸지 않는다. 그 무렵이면 아기가 자신의 손가락을 빨기 시작하기 때문이다. 하지만 어떤 아기는 5개월 이후에도 손가락을 빨지 않는다. (엄마들이 자신의 아기에 대해 알아야 하는 또 하나의 이유)

되살려 보자. 목욕 타월(정사각형이면 가장 좋다)을 다이아몬드형으로 펼쳐 놓는다. 위쪽 귀퉁이를 아래로(엄마 쪽으로) 접는다. 접힌 부분에 아기의 목이 오도록 눕히고 머리는 밖으로 나오게 한다. 왼쪽 팔을 가슴 위에 45도 각도로 놓고, 오른쪽 강보 귀퉁이를 가슴 위로 넘겨서 아기의 왼쪽 옆구리 아래로 넣는다. 아래쪽 귀퉁이를 위로 올려서 다리를 덮는다. 마지막으로 왼쪽 귀퉁이를 가슴 위로 넘겨서 오른쪽 옆구리 밑에 넣는다. 단정하게 마무리를 한다. 어떤 엄마들은 아기가 숨 쉬기 불편하거나 다리를 움직이지 못하는 것은 아닌지 걱정하지만, 연구에 따르면 적당히 강보에 싸는 것은 위험하지 않다. 이 오래된 관습은 아기가 숙면을 취하도록 도와준다.

조만간 아기는 강보 밖으로 팔을 빼서 휘두르고 움직이기 시작한다. 어떤 엄마는 이것을 보고 말한다. "아기가 더 이상 강보에 싸여 있는 것을 좋아하지 않아요. 자꾸 빠져나오려고 해요." 그러면 나는 "아기가 강보에서 나오면 어떻게 하는가?"라고 묻는다. 한 엄마는— 나의 고객은 아니다—아기가 빠져나오지 못하게 절연용 테이프로 붙여 놓는다고 했다! 아니면 많은 엄마들이 "강보에 싸는 것을 그만두었다."고 했다. 일단 아기가 좀더 활발해지면 강보에 싸여 있든지 아니든지 간에 움직일 것이다. 어떤 아기들은 4주만 되면 목과 팔을 자유자재로 움직인다. 만일 아기가 강보에서 빠져나오면 다시 강보에 싸자(제발 테이프는 사용하지 말자). 좀더 기다렸다가 4개월 정도 되었을 때 한쪽 팔을 밖으로 내놓도록 해서 자기 주먹이나 손가락을 갖고 놀 수 있도록 한다.

앉아 있기 : 아기를 강보에 싼 후에 똑바로 세워서 안고, 3분 정도 조용히 앉아 있는다. 아기 얼굴을 엄마의 목이나 어깨에 기대도록 해서 시각 자극을 차단한다. 아기를 흔들거나 걸어 다니지 말자. 대부분의 엄마들이 그렇게 한다는 것을 나도 알고 있다. 하지만 아기를

흔드는 것은 진정시키기보다는 자극하기 쉽다. 그리고 너무 세게 흔들거나 빨리 움직이면 아기가 놀랄 수 있다. 아기의 작은 몸이 점차 긴장이 풀리다가 약간 움찔거리는 것을 볼 수 있을 것이다. 순간적으로 깊은 잠에 빠지는 것이다.

아기가 잠들기 전에 눕히는 것이 가장 이상적이다. 아기를 내려놓으면서 말한다. "이제 자야 한다. 이따가 다시 만나자." 아기는 말을 이해할 수 없어도 뭔가를 느낄 것이다. 아기가 평온해 보이면 방에서 나와 아기 혼자 잠이 들도록 하자. 아기가 불편해 하지 않는다면 잠이 들기를 기다릴 필요가 없다. 만일 아기가 강보에 싸여서 진정이 되면 혼자 잠들 수 있을 거라고 생각하자. 미국에서 전국수면재단이 2004년에 실시한 수면에 관한 조사(7장에서 좀더 자세히 설명하겠다)를 보면 혼자 잠이 드는 아기가 더 잘 자는 것을 알 수 있다. 침대에서 혼자 잠이 드는 아이는, 잠이 든 후에 침대에 눕힌 아이보다 더 오래 자고 자다가 깨지 않는다.

쉬쉬-다독이기 : 아기를 침대에 눕힐 때 다소 보채거나 울기 시작하면 잘 준비가 되었더라도 진정시키기 위해 신체적인 접촉이 필요할 수 있다. 이때 잘못하면 임기응변식 육아가 시작되기도 한다. 아기를 진정시키기 위해 흔들거나 어떤 종류의 버팀목(부모가 아기를 재우기 위해 사용하는 물건이나 행동)을 사용하는 것이다. 하지만 나는 '쉬쉬-다독이기'라는 방법을 제안하겠다. 아기 귀에 "쉬- 쉬- 쉬-." 하고 속삭이면서 동시에 등을 다독거리는 것이다. 나는 이 방법을 자기 위안을 하지 못하는 3개월 미만의 모든 아기들에게 사용한다. 그 원리는 아기는 동시에 세 가지를 하지 못한다는 것이다. 아기 등을 다독거리고 쉬- 소리를 들려 주면 아기는 울음에 계속 집중할 수 없다. 그래서 쉬- 소리와 다독임에 초점을 맞추고 결국 울음을 그친다. 하지만 '쉬쉬-다독이기'는 요령이 필요하다.

아기를 침대에 눕히거나 어깨 위로 안고, 등 한가운데를 시계 소리처럼 규칙적으로 다독인다. 등 옆쪽이나 다른 곳이 아니라 한가운데를 다독여야 한다. 더 아래쪽을 두드리면 신장을 자극할 수 있다.

등을 다독이면서 귀 옆에 입을 대고 천천히 다소 큰 소리로 "쉬-쉬- 쉬-." 하고 속삭인다. 기차가 칙칙거리는 소리보다는 공기가 빠지는 소리나 수도꼭지에서 물이 세차게 나오는 소리처럼 쉬- 소리를 길게 한다. 아기에게 "나를 믿어도 된다."고 말하는 것처럼 다독임이나 쉬- 소리를 확실하게 하는 것이 중요하다. 그렇다고 너무 세게 하면 안 된다. 또한 쉬- 소리를 낼 때 아기 귀에 직접 바람을 불어넣지 말고 귀 옆을 스치고 지나가도록 한다.

아기의 호흡이 점점 깊어지고 몸이 늘어지기 시작하면 살며시 내려놓고 등을 다독일 수 있도록 약간 옆으로 눕힌다. 어떤 엄마들은 어깨나 가슴을 다독이지만 나는 아기를 옆으로 눕히고 계속해서 등을 다독거린다. 강보에 싸여 있다면 배 앞에 타월을 말아서 받쳐 놓는다.(타월은 접어서 양쪽 끝을 테이프로 붙여서 고정시키면 풀어지지 않는다.) 한 손을 가슴에 놓고 다른 손으로 등을 다독거리면서 몸을 숙이고 아기 귀에 대고 쉬- 소리를 낸다. 방이 충분히 어둡지 않으면 손으로 아기 눈 위쪽을 가려서 시각 자극을 차단한다.

일단 아기를 침대에 눕히면 울지 않는 한 '쉬쉬-다독이기'를 사용해서 그대로 재운다. 나는 아기가 진정을 한 후에도 7분에서 10분 정도 다독인다. 아기가 조용해져도 멈추지 않는다. 아기가 완전히 다독거림에 집중하고 있다고 확신할 때까지 계속하다가 점차 다독이는 속도를 늦추기 시작한다. 마지막으로 쉬- 소리도 멈춘다. 아기가 울면 다시 안아 올려서 어깨에 안고 '쉬쉬-다독이기'를 한다. 조용해지면 다시 내려놓고 계속 다독거리다가 만일 다시 울기 시작하면 안아서 다시 반복한다.

아기가 조용해지면 깊은 잠에 빠지는지 아니면 다시 움찔거리고 깨어나는지 몇 분 동안 지켜본다. 아기의 3단계의 취침 과정을—수면 신호가 보이고(주변 정리를 한다), 멍해지고(눈이 풀어지면 아기를 강보에 싼다), 마침내 졸기 시작하는(고개를 꾸벅거리기 시작한다) 과정을—통과하려면 20분이 걸린다는 것을 기억하자. 졸기 시작하는 3번째 단계가 가장 까다로우니 이때 아기가 어떤 모습을 보이는지 알아야 한다. 잠드는 순간이 불안정한 아기는 좀더 '쉬쉬-다독이기'를 해서 진정을 시켜야 한다.

하지만 종종 엄마들은 아기 눈이 감긴 것을 보고 잠이 든 줄로 생각한다. 그래서 다독이기를 중지하고 방에서 빠져나오면, 그 순간 아기는 몸을 움찔하고 눈을 반짝 뜨면서 다시 깨어난다. 이렇게 방에서 너무 일찍 나오면 1시간 30분 동안 10분마다 들락거리면서 매번 처음부터 다시 시작해야 할 것이다.(예민한 아기, 씩씩한 아기, 심술쟁이 아기는 더 빨리 지치고 진정을 시키려면 더 오래 걸린다.)

그래서 나는 항상 너무 일찍 중지하지 말라고 강조한다. 예를 들어, 5주가 된 아기의 엄마가 이런 이메일을 보냈다. "우리 아기는 3단계에 접어들었다가 눈을 반짝 뜨고 깨어납니다. 다시 재우는 유일한 방법은 등을 다독이면서 "쉬- 쉬-." 하는 것입니다. 어떻게 하면 혼자 3단계를 무사히 통과할 수 있을까요? 아기를 혼자 두고 나오면 결국 다시 울기 시작합니다." 아기는 아직 혼자 잠이 들 준비가 되지 않은 것 같지만 '쉬쉬-다독이기'가 그 방법을 가르쳐 줄 것이다.

"아기가 완전히 잠이 들 때까지 그 자리에 있겠다."고 느긋하게 마음을 먹어야 한다. 눈꺼풀 아래에서 눈동자가 움직이고 호흡이 느려지고 얕아지면서 몸이 매트리스 속으로 녹아들어 갈 듯 완전히 늘어지면 깊은 잠에 빠진 것이다. 취침의식 20분을 완전히 채운다면(아기에 따라 그 이상 걸릴 수 있다) 그 다음에 E.A.S.Y.의 Y인 엄마의 시간을 가질 수 있을 것이다. 계속 들락날락하면 옆에서 지키고 있는 것보다 더 힘들다. 또한 옆에서 아기가 잠이 드는 것을 관찰해 보면 아기에 대해 많은 것을 알게 되고, 또 다른 베이비 위스퍼러 기술을 육아 목록에 추가할 수 있을 것이다.

원인 #3 임기응변식 육아를 하고 있다

단서 #3

다음과 같은 부모들의 이야기를 들어 보면 임기응변식 육아가 일부 아기의 수면 문제의 원인이라는 것을 알 수 있다.

★ 우리 아기는 흔들어 주거나, 수유를 하거나, 가슴 위에 올려놓거나 하지 않으면 잠을 자지 않는다.
★ 우리 아기는 피곤해 보여서 침대에 내려놓고 재우려고 하면 울기 시작한다.
★ 우리 아기는 매일 밤 같은 시간에 잠에서 깬다.
★ 우리 아기는 밤에 깨서 수유를 하면 많이 먹지 않는다.
★ 우리 아기는 낮잠을 30~45분 이상 자지 않는다.
★ 우리 아기는 새벽 5시에 일어나서 하루를 시작한다.
★ 우리 아기는 자기 침대를 거부한다.
★ 우리 아기는 노리개젖꼭지가 입에서 빠지면 잠에서 깬다.

이 책의 '들어가는 말'에서 나는 인내patience와 의식consciousness을 의미하는 P.C. 육아의 중요성을 강조했다. 임기응변식 육아는 P.C. 육아의 반대라고 생각하면 된다. 좀더 멀리 앞을 내다보지 않고 당장 편리한 방법(미봉책)을 택하는 것이다. 또한 아기의 수면 문제가 엄마 탓인 것 같아서 죄책감을 느낄 수 있다. 그리고 달리 어찌해야 하는지 모르기 때문에 깊이 생각하지 않고 성급하게 반응한다.

버팀목에 의존한다

'버팀목'은 부모가 아기를 재우기 위해 사용하는 물건이나 행동을 말한다. 이것은 임기응변식 육아의 대표적인 예다. 나는 부모들이 아기를 재우기 위해 어떻게 하고 있는지 알아보기 위해 다음과 같은 질문을 한다. 아기를 재울 때 늘 안고 흔들고 걸어 다니고 추스르고 하는가? 엄마젖이나 젖병을 주고 진정시키는가? 엄마 가슴 위에 올려놓거나 그네를 태우거나 자동차 시트에 앉혀서 재우는가? 아기가 보챌 때 침대로 데려가는가? 이 질문들 중 한 가지라도 "그렇다."고 대답하면 버팀목을 사용하고 있는 것이며, 언젠가는 그 대가를 치르게 된다. 흔들고, 걸어 다니고, 자동차에 태우고 하는 것은 움직이는 버팀목이다. 엄마젖을 물리거나, 엄마 배 위에 올려놓거나, 안고 다니거나 데리고 잔다면 엄마가 버팀목이다.

종종 버팀목은 궁여지책으로 시작된다. 예를 들어, 아기가 새벽 3시에 울자 아빠가 아기를 안고 서성거린다. 신기하게 아기는 금방 울음을 그치고 잠이 든다. 며칠 밤을 그렇게 하자 아기는 안아 주지 않으면 잠이 들지 않는다. 1달이나 그 후에, 밤에 아기를 안고 걸어 다니는 것이 힘들고 화가 난다고 해도 '안 그러면 아기가 잠을 자지 않기 때문에' 계속할 수밖에 없다.

자비에라는 모든 면에서 수월하고 건강한 아기지만 거실 소파를 자기 침대로 아는 것이 문제였다. 엄마는 자비에라를 재울 때 안고 흔들어 주거나 걸어 다니는 것이 버릇처럼 되었다. 게다가 아기가 잠이 들면 혹

> ## 버팀목인가, 위안물인가?
>
> 버팀목은 관리하는 사람이 따로 있다는 점에서 위안물과 다르다. 위안물은 담요나 좋아하는 봉제완구처럼 아이가 스스로 사용할 수 있는 것을 말한다. 아기는 종종 태어나서 첫 몇 주일 사이에 버팀목에 의지하게 되는데, 6개월 이전에는 스스로 위안물을 사용하지 못한다.
>
> 노리개젖꼭지는 버팀목이 될 수도 있고 위안물이 될 수도 있다. 만일 노리개젖꼭지가 입에서 빠지면 잠에서 깨어나기 때문에 누가 다시 아기 입에 물려 주어야 한다면 버팀목이다. 노리개젖꼭지가 없어도 잠을 잘 자거나 스스로 찾아서 입에 넣을 수 있으면 위안물이다.

시라도 방으로 데려가는 도중에 깰까 봐 옆에 있는 거실 소파에 눕혔다. 아기는 밤에 몇 번씩 깨서 울곤 했다. 엄마나 아빠에게 안겨서 잠이 들었는데, 눈을 떴을 때 자신이 어디 있는지 모르기 때문이었다. 또한 혼자서 잠을 청하는 법도 배우지 못했다. 내가 그들을 만났을 때 아기는 14주였고 엄마와 아빠는 100일 이상 제대로 잠을 잔 적이

없었다! 그들의 생활은 엉망이 되었다. 밤에는 식기세척기나 세탁기를 돌리지 못했고 친구들을 집으로 부르거나 부부가 오붓하게 시간을 보내는 것은 꿈도 꿀 수 없었다.

때로 부모들은 자신의 필요에 따라 아기에게 버팀목을 만들어 준다. 아기를 안고 젖을 먹이는 것을 좋아하는 엄마는 그러한 '특별 배려'가 해로울 수 있다는 것을 깨닫지 못한다. 엄마는 당연히 아기를 안아 주고 위로해 주고 사랑해 주어야 하겠지만, 또한 언제 어떻게 반응을 해야 하는지, 본의 아니게 아기에게 '어떤 말을 하고 있는지' 생각해야 한다. 아빠가 아기를 안고 서성거리거나 엄마가 젖을 물려서 재울 때 "그래, 너는 이렇게 자야 한다."라는 메시지를 줄 수 있다. 갓난아기는 버팀목을 사용하기 시작하면 금방 익숙해진다. 그리고 3~4개월이 되어서도 여전히 울면서 버팀목을 요구할 것이다.

노리개젖꼭지가 버팀목이 될 때

어느 7주가 된 아기의 엄마는 이런 이메일을 보냈다. "저는 당신의 책에서 읽은 대로 아기의 '취침 신호'를 보면 진정을 시킨 후에 침대에 눕힙니다. 하지만 침대에 눕히자마자 또는 노리개젖꼭지가 입에서 빠지자마자 아기는 잠에서 깨어나 울기 시작하고……. 그러고는 다시 노리개젖꼭지를 물려고 하지 않습니다. 아기를 안아서 달래고 무슨 문제가 없는지 확인하고 나서 다시 눕힙니다. 아기는 다시 울기 시작하고……. 이렇게 몇 시간을 반복합니다. 특히 낮잠 시간에 더합니다. 어떻게 해야 하나요? 그냥 울게 내버려 두어야 하나요? 당신도 말했지만 그러면 잔인하지 않나요?"

만일 아기가 부모의 도움 없이 노리개젖꼭지를 찾아서 입에 물 수 있다면 그것은 위안물이다. 하지만 이 아기의 경우에는 버팀목이다. "이렇게 몇 시간씩 반복한다."는 말에서 알 수 있다. 아기가 의식적으로 "내가 노리개젖꼭지를 뱉어 내면 엄마가 달려와서 안아 주겠지."라고 생각하는 것은 아니다. 그보다는 다시 잠이 들기 위해서는 노리개젖꼭지와 엄마 품이 필요하도록 훈련을 받은 것이다. 실제로 연구 결과를 보면 아기들에게 텔레비전 화면으로 반복적인 패턴을 보여 주면 다음에 무엇이 올지 예상하기 시작한다고 한다. 이 경우 엄마는 시각 자극뿐 아니라 촉각 자극까지 제공했고, 아기는 이제 다음에 무엇이 올지 알고 있다. 나는 노리개젖꼭지의 사용을 완전히 중지하라고 말했다. 그리고 4S 취침의식을 지키고 아기가 완전히 잠들 때까지 옆에서 지켜보라고 했다.

★ 계획안 : 너무 늦기 전에 아기를 어떤 식으로 재우고 있는지 생각해 보자. 5개월이 된 아기를 안고 서성거리거나 젖을 먹여서 재우기를 원하는가? 11개월이 되어도? 2년이 되어도? 언제까지 한밤중에 일어나서 아기를 부부 침대로 데려갈 것인가? 나중에 더 힘들어지기 전에 지금 버팀목을 치우는 것이 낫다.

이미 어떤 버팀목을 사용하게 되었다고 해도 다행히 처음 몇 달 동안에 습관을 금방 고칠 수 있다. 버팀목에 의지하지 말고 4S 취침의식 (233~239쪽 참고)을 시작하자. 아기를 좀더 진정시킬 필요가 있다면 '쉬쉬-다독이기'를 한다. 3일, 6일, 1주일 이상이 걸릴지 모르지만 일관되게 하면 애초에 부모가 자청해서 만든 문제에서 벗어날 수 있다.

성급하게 덤벼든다

아기가 자다가 자주 깨거나 매일 밤 같은 시간에 깨는 등 아기의 수면 패턴에 대해 알고 나면, 부모들이 어느 부분에서 잘못하고 있는지 단서를 찾을 수 있다. 만일 아기가 자다가 자주 깬다면 "밤에 몇 번이나 깨는가?"를 알아야 한다. 규칙적인 일과를 유지한다면 밤에 두 번 이상은 깨지 말아야 한다. 배가 고프거나 어디가 아프지 않은데 1~2시간마다 깬다면 아기가 밤에 자고 싶지 않도록 만드는 일이 있을 것이다. 특히 6주가 넘으면 지능이 발달하면서 연결을 하기 시작하므로, 만일 아기가 깼을 때 부모가 특별한 반응을—예를 들어, 아기를 데리고 자는 반응을—보여 주면 다음에도 그렇게 해 주기를 기대하게 된다.

내 말을 오해하지 말기 바란다. 아기가 잔꾀를 부린다는 의미가 아니다. 적어도 아직은 그럴 줄 모른다. 하지만 이때 임기응변식 육아가 시작될 수 있다. 어느 부모가 "우리 아기는 ○○하려고 하지 않는다.", "우리 아기는 ○○를 거부한다."고 말할 때는 대개 아기를 이끌어 가기보다는 따라가고 있다는 것을 의미한다. 여기서 또 다른 중요한 질문을 할 필요가 있다. 아기가 한밤중에 깨거나 낮잠을 자다가 일찍 깼을 때 어떻게 하는가? 서둘러 달려드는가? 아기와 함께 노는가? 아기를 데리고 자는가?

내가 아기를 울게 내버려 두는 것을 절대 반대한다는 것은 알고 있을 것이다. 하지만 어떤 부모들은 아기가 몸을 뒤척이는 것과 잠에서 완전히 깨어나는 것이 다르다는 것을 모른다. 만일 위의 질문에 하나라도 "그렇다."고 대답한다면 엄마가 아기 방에 너무 일찍 들어가는 것이 문제다. 오히려 엄마가 아기의 수면을 방해하거나 깨우게 될 수 있다. 아기는 그냥 내버려 두면 다시 잠이 들 것이고, '너무 짧은 낮잠'이나 밤에 자주 깨는 문제가 줄어들거나 사라질 수 있다. 아침에도 마찬가지다. 어떤 부모들은 성급하게 달려 들어가서 말한다. "잘 잤니? 밤새 엄마가 보고 싶었겠구나." 아직 새벽 5시다!

★ 계획안

울음에 귀를 기울이고 반응하되, 서둘러 달려들지 말자. 아기는 깊은 잠에서 깨어나기 시작할 때 조그맣게 소리를 낸다. 아기가 어떤 소리를 내는지 알아보자. 나는 그것을 '아기 언어'라고 부르는데, 마치 혼잣말을 하는 것처럼 들린다. 이것은 울음과 다르며 종종 다시 잠이 든다. 아기가 밤에 잠을 자거나 오후에 낮잠을 자면서 이런 소리를 낼 때 달려 들어가지 말자. 만일 새벽 5시나 5시 30분경에 배가 고파서 깨면, 수유를 하고 강보에 싸서 곧바로 다시 눕힌다. 필요하면 '쉬쉬-다독이기'를 사용한다. 깨어 있는 시간을 주지 말자. 마침내 아침이 되어서 깨어났을 때는 마치 동정하는 듯이 말하지 말고 쾌활한 목소리로 인사를 하자. "우리 아기, 혼자서도 잘 놀고 있구나. 착하다!"

습관적으로 깬다

어른들이 자다가 깨는 버릇이 생기는 것처럼 아기도 마찬가지다. 차이가 있다면, 어른은 시계를 보고 "이런, 또 새벽 4시 30분이군." 하고 투덜거리며 몸을 뒤척이고 다시 잠을 청한다는 것이다. 아기도 이렇게 다시 잠이 들기도 하지만 깨어나 울기 시작할 수도 있다. 이때 부모가 달려가면 본의 아니게 그 버릇이 강화된다. 아기가 이런 습관이 들었는지 알기 위해서 나는 "아기가 매일 밤 같은 시간에 깨나요?" 하고 묻는다. 만일 아기가 이틀 넘게 같은 시간에 깬다면 버릇이 될 수 있다. 엄마가 아기를 안고 흔들거나 엄마젖을 주는 등 버팀목을 사용해서 재우고 있는지도 모른다. 이런 방법은 임시방편일 뿐이다. 확실한 해결책이 필요하다.

> ### 깨워서 재운다? 트레이시, 농담하지 마세요!
>
> 자다가 깨는 아기의 버릇을 고치는 방법으로 내가 깨워서 재우기 전략을 제안하면 깜짝 놀라는 부모들이 많다. 아기가 보통 깨는 시간보다 1시간 먼저 아기를 살며시 흔들고 배를 조금 문지르고 노리개젖꼭지를 입에 물려서 반쯤 깨운다. 그리고 그냥 두면 아기는 다시 잠이 들 것이다. 습관은 저절로 사라지지 않는다. 이 방법은 아기를 1시간 일찍 깨워서 습관을 무너트리는 것이 목적이다.

★ 계획안

습관적으로 깨는 아기는 십중팔구 수유를 할 필요가 없다(급성장을 하고 있는 것이 아니라면, 158~163쪽과 253쪽 참고). 아기를 다시 강보에 싸고, 필요하면 노리개젖꼭지를 물려서 달래고 '쉬쉬-다독이기'로 진정을 시킨다.(242쪽 상자글 참고. 나는 3개월 미만의 아기에게 노리개젖꼭지를 물리라고 권한다. 3개월 미만의 아기는 대부분 노리개젖꼭지에 습관이 들지는 않는다. 255쪽 참고) 또한 자극을 최소화한다. 흔들거나 추스르지 말자. 응가를 했거나 많이 젖지 않았으면 기저귀를 갈아 주지도 말자. 4S 취침의식을 하고 아기가 깊은 잠에 빠질 때까지 옆에서 자리를 지킨다. 또한 자다가 깨는 버릇을 바로잡아야 한다. 우선 아기가 아프거나 불편해 하지는 않는지 살펴서 원인들을 해결하자. 낮에 먹는 양을 늘리고 자다가 배가 고파 깨지 않도록 저녁에 배를 가득 채워서 재운다(250~257쪽 참고). 그 다음에 내가 '깨워서 재우기'라고 부르는 기술을 사용한다. 아기가 습관적으로 깨는 시간보다 1시간 일찍 아기를 깨운다(오른쪽 상자글 참고). 이때 완전히 깨우지 말고 마치 어른이 깊은 잠을 자다가 방해를 받았을 때 눈동자가 눈꺼풀 밑에서 움직이고 중얼거리면서 몸을 약간 뒤척이다가 다시 잠이 들듯이 그렇게 하도록 한다. 이런 식으로 3일 밤을 계속한다.

엄마들이 "무슨 말도 안 되는 소리야?" 하고 외치는 소리가 들린다. 아기를 깨워서 재운다고 하면 황당하게 들릴 만도 하다. 하지만 분명 효과가 있다! 사실 하룻밤이면 습관이 무너지기도 하지만 나는 3일 밤을 계속하라고 권한다. 만일 이 방법이 효과가 없으면 다른 원인이 있는지 재고해 봐야 한다. 다른 원인이 없다면 이 방법을 적어도 한 번 더 시도한다.

신뢰를 무너트리다

수면 문제로 나를 찾아오는 많은 부모들은 이미 이런저런 방법을 시도해 본 경험을 갖고 있다. 일관성 부족도 임기응변식 육아의 일종이다. 규칙을 계속 바꾸는 것은 아기를 힘들게 만든다. 나의 취침 전략은 아기와 부모 양쪽 모두를 생각하는 중도철학이다. 어느 한쪽으로 치우치지 않으며 일관성을 요구할 뿐이다. 다른 육아 전문가들은 좀더 과격한 방법을 주장한다. 한쪽에서는 아기를 데리고 자야 한다고 주장하고, 그 반대쪽에서는 '퍼버법'이나 '울음 관리'(아기가 울도록 내버려 두는 시간을 점점 늘려 가는 방법)라고 하는 방법을 제안한다. 물론 각각 나름대로 장점이 있다. 만일 어느 한 가지 방법을 사용해서 효과를 보았다면 잘된 일이다. 하지만 그런 식으로 수면 문제가 완전히 해결될 수 있을지 의심스럽다. 게다가 처음에는 아기를 데리고 자다가 갑자기 정반대의 방법으로 바꾸면 아기의 신뢰감을 무너트릴 수 있다.

어떤 부모가 "우리 아기는 잠을 자고 싶어 하지 않는다." 또는 "아기침대에서 자는 것을 질색한다."라고 말하면 내가 항상 하는 질문이 있다. 지금까지 아기를 어디서 재우고 있는가? 요람? 아기침대? 아기침대는 아기 방에 있는지, 형제와 같은 방에 있는지, 아니면 부모 방에 있는지? 아기가 자기 침대에 저항하는 것은 대개 시작을 잘못했기 때문이다. 그래서 나는 다시 질문한다. 부모는 아기가 태어날 때부터 데리고 자기로 했는가? 만일 그렇다면 아마 현실적으로 생각을 해 보지 않았을 것이다. 언제까지 아기를 데리고 잘 것인지에 대해서도 결정하지 않았을 것이다. 또는 아기침대에서 따로 재우다가 편의상 데리고 자는 것으로 바꿨는지도 모른다.

나는 두 가지 방법 모두 찬성하지 않는다. 아기를 데리고 자면 아기가 혼자 자는 법을 배우지 못할 것이고(그로 인해 부부 사이에도 문제가 생긴다), 아기를 혼자 울게 내버려 두면 부모 자식 간의 신뢰가 무너진다. 나는 아기에게 혼자 자는 법을 가르치는 것이 중요하며, 첫날부터 따로 재워야 한다고 믿는다.

만일 아기를 데리고 자는 것이 엄마와 아빠에게 편리하고 아기가 잠을 잘 잔다면 당연히 그대로 계속하면 된다. 두 사람이 아기를 교대로 데리고 자는 방법도 있다. 이런 부모들은 수면 문제가 없기 때문에 불만이 없다. 하지만 어떤 부모는 아기를 데리고 자야 정이 깊어진다는 말을 듣고 함께 자기로 한다. (내 생각에 애정을 위해서는 아기를 데리고 자는 것보다는 관심과 이해가 중요하다.) 또 어떤 부모는 자신들이 필요해서 아기를 데리고 잔다. 아니면 부모의 생활 방식에 맞는지 신중하게 생각하지 않고 마음이 가는 대로 결정한다. 종종 한 배우자가 좀더 적극적이면 상대방도 설득을 당한다. 이럴 경우 나중에 문제가 발생한다.

그 반대편에 있는 부모는 아직 자기 위안을 할 줄 모르는 아기를 복도 끝에 있는 방으로 쫓아낸다. 당연히 아기는 애처롭게 운다. "이봐요. 내가 어디 있는 거죠? 그 따뜻한 몸뚱이들은 어디로 갔죠?" 부모도 아기를 어떻게 달래야 할지 몰라서 혼란스럽다.

이런 이야기를 들으면 나는 질문한다. 아기를 울다가 지치도록 내버려 둔 적이 있는가? 나는 단 5분이라도 아기를 혼자 울도록 내버려 두면 안 된다고 생각한다. 아기는 자신이 어디에 있는지 왜 갑자기 버림을 받았는지 알지 못한다. 또 다른 비유를 하자면 마치 연인에게 이틀 연속 바람을 맞은 것과 같다. 이제 그의 말을 믿을 수 없다. 모든 관계는 믿음을 바탕으로 한다. 부모들이 아기를 한두 시간 울게 내버려 두었다는 말을 들으면 나는 모골이 송연해진다. 어떤 아기는 너무 오래 심하게 울다가 토하기도 한다. 아니면 지쳐서 허기가 지고 혼란스럽다. 이런 경험을 하면 아기는 점점 더 잠을 이루지 못하고 잠잘 시간이 될 때마다 보채고 아기침대를 무서워할 것이다. 결국 일과가 완전히 뒤죽박죽이 되고 아기는 먹다가 잠이 들고 충분히 먹지도 자지도 못한다.

만일 이렇게 극단적인 방법들을 번갈아 가며 시도를 했다면 지금쯤 아기는 불안해서 잠을 잘 자지 못할 것이다. 그렇다면 다시 원점으로 돌아가야 한다. 규칙적인 일과를 유지하고 4S 취침의식(233~239쪽 참고)을 사용하자. 그리고 제발, 제발, 충실하게 지키자. 중간에 잠시 후퇴할 때가 있을 것이고 3일, 1주일, 1달이 걸릴 수도 있다. 하지만 내가 제안하는 방법대로 꾸준히 계속하면 결국 성공할 것이다.

물론 아기를 울게 내버려 둔 적이 있다면 이제 혼자가 되는 것을 무서워하기 때문에 문제가 좀더 복잡하다. 우선 신뢰감을 회복해야 한다. 아기가 빽 소리만 내도 얼른 들어가서 아기의 요구를 해결해 주어야 한다. 다시 말해, 전보다 더 세심하게 보살펴야 한다. 믿음을 상실한 아기는 종종 더 달래기가 어렵다. 왜냐하면 버림을 받은 줄 알았다가 이제 다시 엄마가 곁에 있으니 혼란스러울 것이다. 또한 우는 버릇이 들어서 여간해서 그치지 않는다.

★ 계획안

3~4개월밖에 되지 않은 아기라고 해도 신뢰를 회복하기 위해서는 몇 주일이 걸릴 수 있으므로 마음의 준비를 해야 한다.(다음 두 장에서는 좀더 큰 아기를 위한 전략들이 나올 것이다. 여기서는 8개월까지 사용할 수 있는 방법을 설명하겠다.) 천천히 점진적인 단계를 밟아서 엄마가 언제나 옆에 있다는 것을 알게 하자. 아기가 자기 침대에서 편안하게 느낄 때까지 각 단계는 3일에서 1주일

침대 공포증 치료하기

얼마 전에 6주가 된 아기 에프람의 엄마와 상담을 했다. 엄마는 에프람이 밤에 우는 것이 수면 문제라고 확신했다. 엄마도 아기와 같이 수면 부족에 시달리다가 절박한 심정으로 퍼버법을 시도했지만 문제가 더 악화되었을 뿐이다. 에프람은 이틀 밤을 울다가 자기 침대를 무서워하게 되었다. 게다가 아기는 저체중이었다. 엄마는 그 원인이 아기가 불안감을 느끼기 때문이라고 했지만, 모유를 산출해 보니 원인은 배가 고픈 것이었다. 모유 공급량이 부족했다. 모유 생산을 늘리고(137쪽 상자글 참고) 또한 에프람의 두려움을 해결하고 신뢰감을 회복해야 했다. 무릎에 방석을 놓고 아기를 재우는 것부터 시작해서 아기침대에서 재우기까지(249쪽 '계획안' 참고) 꼬박 1달 이상이 걸렸다. 그 후로 에프람은 통통하게 살이 오르고 행복한 아기가 되었다.

까지 걸릴 수 있고, 전체 과정은 3주에서 1달이 될 수 있다.(나는 아기가 지나치게 겁을 먹고 불안해 하는 경우에 아기침대에 함께 들어가는 방법을 사용한 적도 있다. 308쪽 참고)

아기의 수면 신호를 지켜보자. 첫 신호가 보이면 4S 취침의식으로 시작해서 '쉬쉬-다독이기'를 한다. 아기를 강보에 싸서 안고 벽에 등을 기대고 바닥에 앉거나 소파에 양반다리를 하고 앉는다. 아기가 조용해지면 엄마 무릎에 보통 크기의 두툼하고 단단한 방석을 놓고 그 위에 아기를 눕힌다. 그렇게 앉아서 아기가 깊은 잠에 빠질 때까지 '쉬쉬-다독이기'를 계속한다. 잠이 들고 나서 적어도 20분을 더 기다린 후에 살며시 방석을 내려놓는다. 아기가 눈을 떴을 때 곧바로 보

살필 수 있도록 옆에서 명상을 하거나 책을 읽거나 헤드폰으로 오디오북을 듣거나 선잠을 잔다. 어쨌든 밤새 아기와 함께 있어야 한다. 아기의 신뢰를 잃어버린 대가를 치러야 한다.

둘째 주에는 방석을 엄마 무릎이 아니라 바닥에 놓고 시작한다. 아기가 잘 준비가 되면 방석에 눕힌다. 다시 아기 옆에서 자리를 지킨다. 셋째 주에는 침대에 방석을 놓아두고 아기를 안고 의자에 앉는다. 아기가 진정이 되면 방석 위에 눕히고 아기 등에 손을 얹어서 엄마가 옆에 있다는 것을 알게 한다. 3일 동안 아기가 깊은 잠에 빠질 때까지 옆에서 자리를 지킨다. 넷째 날에는 손을 얹지 말고 아기가 자는 동안 침대 옆을 지킨다. 다시 3일 동안은 아기가 깊이 잠들면 방에서 나온다. 하지만 아기가 울면 즉시 다시 들어간다. 마지막으로 넷째 주에 아기를 방석이 아니라 침대에 눕힌다. 실패하면 1주일 더 방석을 사용하고 나서 다시 시도한다.

이 과정이 지루하고 어렵게 들릴 것이다. 하지만 지금 침대 공포증을 해결하지 않으면 점점 더 나빠져서 아마 다음 몇 년 동안 엄마가 고생을 하게 될 것이다. 지금 아기의 신뢰를 회복하는 편이 쉽다.

단서 #4

다음과 같은 부모들의 이야기를 들어 보면 수면 문제의 원인이 종종 아기가 배가 고프기 때문이라는 것을 알 수 있다.

★ 우리 아기는 낮에 몇 번씩 깨어나 양껏 먹는다.
★ 우리 아기는 밤에 3~4시간 이상 자지 않는다.
★ 우리 아기는 매일 밤 5~6시간 잠을 잤지만 요즘 갑자기 깨어나기 시작했다.

원인 #4 배가 고프다

아기가 한밤중에 깨는 것은 종종 배가 고프기 때문이다. 하지만 무조건 먹이는 것은 금물이다.

배 채우기

아기가 매시간 깨거나 밤에 두 번 이상 깬다고 하면, 나는 "낮에 아기가 얼마나 자주 먹고 있는가?"라고 묻는다. 아기는 밤새 견딜 만큼 낮에 충분히 먹어야 한다. 미숙아는 예외로 하고, 4개월까지는 3시간마다 먹어야 한다. 안 그러면 밤에 배가 고파서 깰 수 있다.

갓난아기는 배가 작아서 많은 음식을 담아 둘 수 없다. 그래서 밤에도 3~4시간마다 깨어나서 먹는다. 이것은 부모에게 매우 힘든 일이지만 잠시뿐이다. 아기가 좀더 크면 처음에 새벽 2시 수유를 생략하는 것으로 시작해서 밤에는 수유 간격이 5~6시간까지 늘어난다. 하지만 아기가 6주가 넘었는데도 아직 밤에 깬다고 하면, 나는 "저녁에 마지막 수유를 한 후에 언제 깨는가?"라고 묻는다. 만일 아직도 아기가 1시나 2시에 깬다면 낮에 충분히 먹고 있지 않은 것이다.

★ 계획안

이 시기에 밤잠을 좀더 오래 재우기 위해서는 낮에 3시간 간격으로 수유를 해야 한다. 덧붙여서 집중 수유(저녁에 하는 추가 수유)와 꿈나라 수유(아기를 깨우지 않고 밤 10시나 11시에 하는 수유)로 '배를 가득 채워서' 재워야 한다(133쪽 참고).

배고픔의 신호를 알고 반응한다

아기가 배가 고프다면 언제라도 먹여야 한다. 하지만 특히 처음 몇 주일 동안 부모들은 아기의 모든 울음을 배고픔으로 해석하기 쉽다. 그래서 나의 첫 책에서 울음과 신체 언어에 대해 상세하게 설명했다. 아기가 울 때는 배가 고프거나, 가스나 식도 역류나 산통 때문이다. 아니면 피곤하거나 너무 덥거나 추워서 울 수 있다(51쪽과 151쪽 참고). 그래서 아기의 신호를 배우는 것이 매우 중요하다. 아기가 울 때 어떤 소리를 내고, 어떤 동작을 하는가? 자세히 관찰하면 배가 고플 때는 입술을 핥다가 입으로 젖꼭지를 찾기 시작하는 것을 볼 수 있다. 혀를 내밀고 음식을 찾는 아기새처럼 머리를 이리저리 돌린다. 또한 주먹을 입으로 가져가서 빨려고 팔을 휘두르지만 물론 성공하지는 못한다. 그래도 아무 반응이 없으면 이번에는 소리 신호를 보낸다. 목구멍 안쪽에서 받은기침 소리를 내다가 마침내 울음을 터트리는데, 처음에는 짧게 울다가 확실하게 "와- 와- 와-." 하고 반복한다.

물론 아기가 한밤중에 깰 때는 눈으로 신호를 볼 수 없다. 하지만 자세히 귀를 기울이고 조금만 연습을 하면 울음소리에서 차이를 느낄 수 있다. 확신이 들지 않는다면 우선 노리개젖꼭지를 물려 본다 (만일 노리개젖꼭지에 대해 회의적이라면 255~257쪽을 읽어 보라). 노리개젖꼭지를 거부하면 배가 고프거나 어디가 불편한 것이다. 배가 고픈 것이라면 수유를 하고 강보에 싸서 침대에 다시 눕힌다.

아기가 매일 밤 다른 시간에 깨는가?

앞에서 설명했듯이 밤에 불규칙하게 깨는 것은 대개 배가 고파서 깨는 것이다. 이유를 잘 모르겠으면 며칠 밤 관찰을 하면서 다른 문제가 있는지 알아보자.

아기 체중이 꾸준히 늘고 있는가?

6주 이후에, 특히 엄마가 처음 모유 수유를 한다면 아기 체중에 신경을 써야 한다. 모유 수유는 자리가 잡힐 때까지 종종 6주가 걸린다. 아기 체중이 늘지 않는 것은 엄마젖이 부족하거나 빠는 요령이 없어서 충분히 먹지 못하고 있다는 신호일 수 있다.

★ 계획안

아기 체중이 꾸준히 늘지 않으면 소아과를 찾자. 또한 모유 공급량을 산출해 본다(144~145쪽 참고). 만일 아기가 엄마젖을 물고 잡아당긴다면 모유가 잘 나오지 않는 것이므로 조치를 취해야 한다. 젖을 먹이기 전에 유축기를 사용해서 2분 동안 모유를 짜낸다. 아기가 젖을 잘 빨지 못하면 모유 수유 상담사의 도움을 받거나(142쪽 참고), 구강 구조에 문제가 없는지 확인해 보자.

급성장

6주와 12주, 그리고 그 후에 다양한 간격으로 급성장기가 찾아온다. 이때는 식욕이 며칠 동안 증가한다. 그래서 밤에 5~6시간씩 잘 자던 아기가 어느 날 갑자기 밤에 깨어나 먹기 시작한다. 나는 2개월, 3개월, 4개월이 된 아기의 부모에게서 많은 전화를 받는다. "우리 아기는 천사 같았는데 갑자기 악마가 되었습니다. 밤에 두 번씩 깨어나서 엄마젖을 양쪽 다 비워 버립니다. 뱃속에 거지가 들어 있나 봐요." 그러면 내가 묻는다. 지금까지 밤에 5~6시간을 깨지 않고 잤는가? 아기가 잘 자다가 갑자기 깨기 시작했다면 어김없이 급성장이다. 다음 글에서 대표적인 예를 볼 수 있다.

♥ 데미안은 12주가 되었습니다. 2주일 전부터 낮에 아기침대에서 재우기 시작했습니다. 대체로 수월하게 잠이 들고 1시간이나 1시간 30분 정도 잡니다. 그리고 1주일 전부터 밤에도 아기침대에서 재우기 시작했습니다. 잠이 들 때는 문제가 없지만 밤새 2~3시간마다 깹니다. 강보에 싸고 노리개젖꼭지를 물려 주고 해서 다시 재웁니다. 다시 칭얼거리는 소리가 들려서 들어가 보면 강보가 풀어져 있고 노리개젖꼭지가 빠져 있습니다. 젖꼭지를 물려 주면 다시 잠이 들죠. 아기를 다시 강보에 싸면서 이번

이 마지막이기를 바랍니다. 하지만 다시 또 깹니다. 그리고 아무도 가 보지 않으면 울음을 터트리죠. 어쩌면 좋을지 모르겠습니다. 도와주세요!

이것은 수면 문제처럼 보이지만 실제로는 수유 문제다. 하지만 이 엄마는 아기를 침대로 옮겨서 재우기 시작했다는 사실만 생각하기 때문에 아기가 배가 고프다는 생각을 하지 못하는 것 같다. 데미안이 2~3시간마다 깬다는 것은 수유 시간과 일치하는 것처럼 보인다. 모유를 먹인다면 공급이 충분한지 알아보자. 해결책은 낮에 먹는 양을 늘리는 것이다.

이 시기의 부모들은 처음에 혼란을 느낀다. 아기의 급성장을 인식하지 못하거나 어떻게 해야 할지 몰라서 밤에 먹이기 시작한다. 그래서 임기응변식 육아가 시작된다.

★ 계획안

의식적 육아가 중요하다. 아기가 낮과 밤에 각각 얼마나 먹고 있는지 알아보자. 만일 분유 수유를 하는데, 매번 젖병을 비운다면 양을 좀더 늘려 준다. 예를 들어, 하루 118cc씩 5번을 먹고, 밤에 깨서 다시 118cc를 더 먹는다고 하자. 이것은 아기가 낮에 118cc를 더 먹을 필요가 있다는 의미다. 하지만 수유 횟수는 늘리지 말고 5번 먹을 때마다 30cc씩 더 먹는다.

만일 모유 수유를 하고 있다면 좀더 복잡하다. 엄마 몸에 모유를 좀더 생산하라는 메시지를 보내야 하기 때문이다. 따라서 3일 동안 단계적으로 모유 생산을 늘려 가야 한다. 방법은 두 가지가 있다.

★ 수유를 하고 1시간 후에 젖짜기를 한다. 30~59cc밖에 나오지 않더라도 젖병에 담아서 다음 수유를 할 때 추가로 먹인다. 이렇게 3일

동안 하면 엄마 몸은 아기가 필요로 하는 양의 모유를 생산하게 된다.

★ 수유를 할 때마다 한쪽 젖을 완전히 비운 후에 다른 쪽으로 먹인다. 두 번째 젖을 비우고 다시 첫 번째로 바꾼다. 쓸데없는 일을 하는 것 같지만 실제로 엄마 몸은 항상 아기가 빠는 만큼 모유를 생산하는 능력을 갖고 있다.(그래서 유모가 남의 아기에게 젖을 먹이는 것이 가능하다.) 빈 젖을 각각 몇 분 동안 빨게 하면 수유 시간은 좀더 걸리겠지만 모유 생산을 촉진할 수 있다.

노리개젖꼭지 사용하기

"우리 아기는 밤새 먹으려고 해요."라는 말을 들으면 나는 배가 고프다는 신호와 빨려고 하는 본능적인 욕구를 혼동하고 있는 것은 아닌지 의심한다. 그래서 나는 "노리개젖꼭지를 물려 주는가?"라고 묻는다. 어떤 사람들은 아기가 추가의 위안을 필요로 할 때만 노리개젖꼭지를 사용하라고 말하지만 나는 무조건 주라고 한다. 노리개젖꼭지는 아기를 진정시키는 효과가 있다. 이 시기에 노리개젖꼭지에 의존적이 되는 경우는 매우 드물지만(242쪽 상자글 참고), 혹시라도 버팀목이 될 수 있다면 사용을 중지해야 한다. 하지만 내 경험으로는 대부분의 아기는 일단 꿈나라로 들어가면 노리개젖꼭지가 입에서 빠져도 계속 잔다. 낮잠을 자거나 밤에 자다가 일찍 깼을 때 노리개젖꼭지를 물려 보면 아기가 실제로 배가 고픈지, 아니면 그냥 빨고 싶어 하는 건지 알 수 있다.

어떤 부모들은 기겁을 한다. "우리 아기가 집 밖에서 노리개젖꼭지를 물고 다니는 것을 보고 싶지 않습니다." 이 말에 나도 진심으로 동의한다. 나는 아기가 4개월 이전에 노리개젖꼭지를 사용하지 않았다면 그 후에는 주지 않는다. 하지만 2주밖에 되지 않은 아기라면 밖에서 걸어 다닐려면 아직 한참 멀었다. 나는 3~4개월경부터 노리개젖꼭지를 치우라고 조언하지만(침대에서만 사용하는 것으로 제한하거나), 그 전까지 아기는 빠는 시간이 필요하다. 아기에게는 빠는 것이 유일한 자기 위안법이지만 아직 자신의 손가락을 입에 가져가지 못한다. 처음 몇 달 동안 노리개젖꼭지 사용을 거부하면 오히려 다른 문제가 생길 수 있다. 아기가 빨 수 있는 것이 젖병이나 엄마젖밖에 없으므로 수유를 할 때 시간이 오래 걸리거나 자주 먹는다. 어떤 엄마는 전화를 해서 말한다. "아기에게서 젖꼭지를 뺄 수 없습니다. 먹는 데 1시간씩 걸립니다." 아기가 젖꼭지를 느슨하게 물고 있으면 먹는 시간을 빨기 위해 사용하고 있다는 의미다. 마찬가지로 아기는 잠이 들 때와 자신을 위로할 때 본능적으로 빨기 시작한다. 배가 고파서 빠는 것처럼 보이지만 사실은 잠을 청하기 위해서다. 이 신호를 잘못 읽고 젖병이나 엄마젖을 주면 아기는 단지 빠는 것이 필요한 것이므로 많이 먹지 않을 것이다. 아이가 1시간씩 먹게 놔 두면 깨작이가 된다. 그리고 빨면서 잠이 들다 보면 잠을 잘 때마다 엄마젖이나 젖병에 의지하게 된다.

다음 이메일에서 보듯이, 어떤 아기는 처음에 노리개젖꼭지를 거부한다.

• 5주가 된 우리 아기 릴리는 무척 예민합니다. 먹고 놀다가 낮잠 잘 시간이 되었을 때 몇 분 동안 먹이지 않으면 잠이 들지 않습니다. 릴리는 노리개젖꼭지를 물지 않으려고 합니다. 온갖 수단을 동원해서 아기를 재우려고 해 봤지만 엄마젖이 유일한 방법인 것 같습니다. 어떻게 해야 하죠?

만일 계속해서 릴리에게 엄마젖을 준다면 몇 달도 안 되어 후회할 것이라고 장담할 수 있다. 아기가 잠이 들기 위해서는 평균 20분 정도가 걸리고 특별히 예민한 아기는 좀더 걸릴 것이다.

★ 계획안

릴리가 깨어 있는 시간에 노리개젖꼭지를 물려 줄 필요가 있다. 엄마 젖꼭지와 가장 비슷한 것을 골라서 물려 보자. 젖꼭지를 아기 혀 위에 올려놓으면 혀가 눌려서 입술로 잡지 못하므로 입천장에 닿게 하자. 인내심을 갖고 릴리가 받아들일 때까지 시도한다.

원인 #5 자극이 지나치다

자극이 지나치거나 과로를 하면 잠이 쉽게 들지 못하고 잠이 들어도 뒤척이고 자주 깬다. 그래서 처음 하품을 하거나 몸을 움찔거리는 것을 보면 곧장 취침 의식을 시작하는 것이 중요하다(233쪽 '원인 #2 수면 신호' 참고).

낮잠 문제

낮 시간의 수면 패턴을 보면 과다 자극이나 과로가 밤 시간의 수면에 어떤 영향을 미치는지에 대해 많은 것을 알 수 있다. 낮잠 시간이 점점 짧아지거나 40분을 넘기지 못하는가? 만일 아기가 항상 짧은 낮잠을 잔다면 원래 바이오리듬이 그럴 수 있다. 낮잠을 짧게 자도 잘 놀고 밤에 잘 자면 아무 문제가 없다. 하지만 갑자기 낮잠

단서 #5

부모들의 다음과 같은 이야기를 들어 보면 아기의 수면 문제가 과다 자극 때문이라는 것을 알 수 있다.

★ 우리 아기는 쉽게 잠들지 못한다.
★ 우리 아기는 자주 깨거나 자면서 뒤척이거나 종종 밤에 운다.
★ 우리 아기는 오후에 낮잠 재우기 어렵다.
★ 우리 아기는 잠들었다가도 몇 분 후에 갑자기 움찔거리고 깨어난다.
★ 우리 아기는 낮잠을 자지 않으려고 하고, 잔다고 해도 30~40분을 넘기지 못한다.
★ 우리 아기는 새로운 놀이 그룹에 참여하면서 밤에 깨기 시작했다.

자는 패턴이 바뀐다면 지나친 자극이 원인인지도 모른다. 아기들은 낮잠을 잘 자야 밤에도 잘 잔다는 것을 기억하자. 어른들은 피곤하면 지쳐서 곯아떨어지지만 아기들은 잠이 부족하면 오히려 더 부산해진다.(밤에 더 오래 자게 하려고 늦게까지 깨워 두면 안 되는 이유다.)

"우리 아기는 3개월인데, 낮잠을 재우려고 침대에 눕히면 곧바로 울거나 10~20분 만에 깹니다. 좋은 방법이 없나요?"라는 이메일에서 전형적인 예를 볼 수 있다. 어떤 아기는 8~16주경에 20~40분 정도 잠깐 원기회복을 위한 낮잠을 자기 시작한다. 만일 아기가 낮에 잘 놀고 밤에 잘 잔다면 짧은 낮잠으로 충분할 수 있다.(더 오래 낮잠을 자 주기 바라는 엄마들에게는 미안!) 하지만 아기가 낮에 기운이 없고 밤잠을 잘 자지 못한다면 낮잠을 충분히 자지 못하기 때문일 수 있다. 또한 과다 자극을 받으면 깊은 잠에 빠지려고 하는 순간 움찔거리면서 깨어나는 경향이 있다. 이럴 때는 성급하게 덤벼들지 말고 아기 스스로 다시 잠이 드는지 지켜볼 필요가 있다.

★ 계획안

낮 동안, 특히 오후에 엄마가 어떻게 하고 있는지 돌아보자. 아기를 데리고 여기저기 돌아다니지 말자. 그리고 낮잠을 자기 전에는 자극적인 활동에 참여시키지 말자. 무엇보다, '쉬쉬-다독이기'를 포함하는 취침의식에 좀더 시간을 할애하는 것이 중요하다(233~239쪽 참고). 그리고 과다 자극을 받은 아기는 서서히 잠이 드는 것이 아니라 깜빡 잠이 들었다가 움찔하면서 깨어나곤 하기 때문에 종종 진정을 시키려면 갑절의 시간이 걸린다. 아기가 깊은 잠이 들 때까지 옆에서 지켜보자.(좀더 큰 아기의 낮잠 문제는 320~323쪽 참고)

수면 신호를 놓친다

어떤 부모는 아기의 수면 신호를 일부러 무시한다. 아기를 좀더 오래 재우겠다고 생각해서 늦게 재우지는 않는가? 이것은 가장 터무니없는 미신 중의 하나다. 실제로는 수면 신호를 무시하고 계속 깨워 두고 지치게 만들면 더 오래 자기는커녕 숙면을 취하지 못하고 더 일찍 깨기 쉽다.

★ 계획안

일과를 지켜야 한다. 아기의 신호를 관찰하자. 아기는 규칙적으로 낮잠을 자면 엄마와 아기 모두 훨씬 더 행복해진다. 이따금 일과에서 벗어나는 것은 어쩔 수 없지만 어떤 아기는 좀더 힘들어 한다. 엄마는 자신의 아기에 대해 알아야 한다. 특히 예민한 아기, 심술쟁이 아기, 씩씩한 아기는 가능하면 일과에서 벗어나지 않도록 하자.

지금 시작하라 : 조용한 시간을 갖는다.

요즘 부모들은 아이를 똑똑하게 키우기 위해 열심이다. 색깔을 가르치고 이런저런 교육용 비디오를 보여 준다. 당연히 아이는 과다 자극을 받는다. 바쁘게 돌아가는 세상에서 아기는 조용히 보내는 시간이 필요하다. 아기침대 안에서 모빌을 쳐다보거나, 봉제완구를 안고 놀면서 조용한 시간을 보내게 하자. 침대가 잠을 자는 장소일 뿐 아니라 조용히 놀기에 적절한 장소라고 알게 하면 몇 달 후 움직임이 활발해지기 시작할 때 엄마가 좀더 수월할 것이다(305쪽 상자글 참고).

엄마나 아빠가 퇴근 후에 볼 수 있도록 아기를 깨워 두는가?

나는 일하는 엄마들이 하루 종일 아기가 얼마나 보고 싶을지 이해한다. 하지만 아기를 엄마 시간표에 맞추는 것이야말로 이기적이다. 아기는 잠을 자야 한다. 아기를 늦게까지 깨어 있게 하면, 지쳐서 엄마를 만나도 즐거운 시간을 보낼 수 없다. 아기와 좀더 시간을 보내고 싶다면 좀더 일찍 퇴근을 하거나 따로 시간을 내도록 하자. 일하는 많은 엄마들이 아침에 아기와 놀기 위해 좀더 일찍 일어나고 아빠는 종종 꿈나라 수유를 맡아서 한다. 어떤 식으로 하든 아기의 잠을 빼앗지는 말아야 한다.

신체 발달이 수면을 방해한다

아기의 신체 발달이 평화로운 잠을 방해하기도 한다. 아기가 최근에 머리를 돌리고, 손가락을 빨고, 뒤집기를 하는 등 새로운 발달을 했는가? 종종 부모들은 걱정한다. "아기를 침대 가운데 눕혀 놓았는데, 몇 시간 후에 울어서 들어가 보면 구석에 처박혀 있습니다. 머리가 부딪히면 어쩌죠?" 그렇다. 부딪힐 수 있다. 또 어떤 부모들은 "우리 아기는 뒤집기 시작하더니 잠을 잘 자지 못합니다."라고 말한다. 이런 경우 아기는 꿈틀거리고, 강보에서 빠져나와 몸을 뒤집었다가 다시 원래 위치로 돌아가지 못해 깨고는 운다. 이 시기에는 몸을 마음대로 통제하지 못하기 때문에 팔다리를 휘두르면서 스스로 놀란다. 손을 강보에서 빼내 자신의 귀와 머리를 잡아당기고 눈을 찌르고 하면서 누가 그런 짓을 하는지 모른다. 자기 손가락으로 시트를 할퀴는 소리에 잠에서 깰 수도 있다. 또한 목소리를 낼 수 있다는 것을 알기 시작하면서 스스로 즐기기도 하고 혼란을 느끼기도 한다.

★ 계획안

아기의 신체 발달을 지켜보는 것은 흥미롭다. 우리는 아기의 발달을 멈출 수도 없고 멈추어서도 안 된다. 하지만 신체 발달이 분명히 수면에 방해가 되는 시기가 있다. 예를 들어, 뒤집기는 종종 문제가 된다. 아기를 옆으로 눕히고 수건을 말아서 앞뒤로 받쳐 놓도록 하자. 낮 동안에 뒤집기를 했다가 다시 돌아가는 연습을 시키자. 연습에 두 달이 걸릴 수도 있다. 분명 어떤 변화는 참고 이겨 내는 수밖에 없다. 다른 문제는 강보에 싸는 것으로 해결된다.

활동이 증가한다

아기는 기저귀를 갈고, 주변을 관찰하고, 개가 짖고, 초인종이 울리고, 진공청소기가 돌아가는 소리를 듣는 등 일상적인 자극 때문에 시간이 갈수록 점점 피곤해진다. 오후 3~4시가 되면 이미 지쳐 버린다. 여기에 요즘 엄마들은 아기가 감당하기에 너무 벅찬 요구를 한다. 아기는 낮에 얼마나 많은 자극을 받고 있는가? 더 많은 활동을 시작했는가? 활동이 많은 날에 잠을 잘 못 자는가? 과다 자극은 종종 수면 문제의 원인이 된다. 만일 아기를 어떤 그룹이나 수업에 참여시킨다면, 그것이 낮잠보다 아기에게 더 필요한 것인지 생각해 보자. 또한 어떤 활동이 다음 날까지 수면에 영향을 준다면 다시 생각해 볼 일이다. 자극에 민감한 아기는 아기 요가와 같은 운동이 적당하지 않을 수 있다. 얼마 전에 어떤 엄마가 내게 말했다. "우리 아기는 수업 시간 내내 울었어요." 이것은 확실한 신호다. 몇 달 후로 연기하자.

★ 계획안

만일 과다 활동이 아기의 수면에 영향을 준다면 오후 2~3시 이후에는 외출을 자제하자. 이것이 항상 가능하지 않다는 것은 알고 있다. 큰 아이가 있으면 3시 30분에 학교에 데리러 가야 한다. 만일 다른 방법이 없다면 오고 가는 차 안에서 아기를 재울 수 있지만 침대에서 자는 것만 못할 것이다. 어떤 아기는 자동차 시트에서 잠을 자지 못한다. 이때는 집에 와서 저녁 식사 전에 45분 정도 짧은 낮잠을 재운다. 이 정도의 낮잠은 밤잠을 훔치지 않으며, 오히려 밤에 더 잘 잔다.

원인 #6 불편하다

아기는 배가 고프고 피곤할 때뿐 아니라 아프거나 불편하거나(너무 덥거나 추울 때) 병이 났을 때도 운다. 문제는 원인이 무엇인지 모르는 것이다.

불편함의 신호를 찾는다

반복해서 말하지만, 규칙적인 일과를 지키면 아기가 우는 원인을 보다 정확하게 추측할 수 있다. 하지만 관찰력을 발휘해야 한다. 아기가 울 때 어떤 소리를 내고, 어떤 행동을 하는가? 잠을 자면서 또는 잠이 들려고 할 때 얼굴을 찡그리거나, 몸이 뻣뻣해지거나, 다리를 끌어 올리거나 버둥거린다면, 어디가 아프다는 신호일 수 있다. 어디가 아파서 우는 울음은 배가 고파서 우는 울음보다 날카롭고 고음이다. 또한 증상에 따라서 울음소리와 행동이 달라진다. 예를 들어, 가스가 차서 울 때와 식도 역류가 있어서 울 때가 다르다. 마찬가지로 아기를 좀더 편안하게 재우기 위해 사용하는 전략도 달라진다 (150~158쪽 참고).

기억할 점은 이 시기에 아기들이 우는 것은 임기응변식 육아 때문이 아니라 대개 뭔가 문제가 있기 때문이라는 것이다. 눕히자마자 우는 아기는 임기응변식 육아가 원인일 수 있다. 부모에게 안겨 있는 것에 익숙하고, 그런 식으로 자야 한다고 생각하기 때문이다. 하지만 식도 역류가 원인일 수도 있다. 똑바로 누우면 위산이 올라와서 식도를 자극하기 때문이다. 아기를 자동차 시트나 유아용 의자나 그네에 앉혀 놓아야 잠이 드는가? 154쪽에서 설명했듯이 식도 역류의 적신호 중 하나는 앉은 자세에서만 잠을 자는 것이다. 문제는 아기가 앉은 자세에 익숙해져서 다른 식으로는 잠을 못 자는 것이 습관이 될

단서 #6

부모들의 다음과 같은 이야기를 들어 보면 수면 문제의 원인이 어디가 불편하기 때문이라는 것을 짐작할 수 있다.

★ 우리 아기는 쉽게 잠이 들지 않는다.
★ 우리 아기는 밤에 자주 깬다.
★ 우리 아기는 잠이 들었다가도 몇 분 후에 깬다.
★ 우리 아기는 그네나 자동차 시트 같은 곳에 똑바로 앉혀 놓아야만 잠이 든다.
★ 우리 아기는 피곤해 보여서 눕히려고 하면 울음을 터트린다.

수 있다는 것이다.

★ 계획안

만일 어디가 아픈 것이 아닌지 의심이 되면 150~158쪽을 다시 읽어 보자. 가스, 산통, 식도 역류의 차이점과 각각의 증상을 관리하는 방법들에 대해 알 수 있을 것이다(276쪽의 '식도 역류의 악순환'도 읽어 보자). 그네에 앉히거나 차에 태우거나 침대에 자동차 시트를 갖다 놓기보다는 침대를 좀더 편안하게 만들어 주자. 침대 위쪽을 높인다. 또한 목욕타월을 3등분으로 접어서 아기 허리에 복대처럼 감고 강보로 다시 몸을 감싼다. 어떤 엄마는 식도 역류가 있는 아기를 엎드려서 재우는데, 그보다는 복대로 배를 지그시 눌러 주면 훨씬 안전하게 통증을 덜어 줄 수 있다.

변비

앉아서 TV를 보는 노인들처럼 아기는 활동이 적어서 변비에 걸리기 쉽고, 그로 인해 수면이 방해를 받는다. "하루에 몇 번 배변을 하는가?"라는 질문에 "우리 아기는 3일 동안 한 번도 변을 보지 않았다."고 대답하면 나는 다시 "분유 수유를 하는가, 모유 수유를 하는가?"라고 묻는다. 왜냐하면 분유를 먹는지 모유를 먹는지에 따라 정상적인 배변이 달라지기 때문이다. 분유를 먹는 아기가 3일을 그냥 보내면 변비일 수 있다. 하지만 모유 수유를 하는 아기는 변비에 잘 걸리지 않는다. 모유를 먹는 아기는 수유 후에 거의 매번 배변을 하는데, 그러다가 갑자기 3~4일씩 배변을 하지 않는다. 이것은 정상이다. 모유가 전부 몸에 흡수가 되어서 지방 조직을 형성하는 것이다. 하지만 모유를 먹는 아기라도 뚜렷한 이유가 없이 울면서 무릎을 가슴으로 끌어 올리고 불편해 보이면 변비일 수 있다. 또한 배가 부풀어 오르고, 잘 먹지 않고, 소변 색이 짙고, 냄새가 독하면 탈수 증세가 원인일 수 있다.

★ 계획안

분유를 먹는 아기는 적어도 하루에 물이나 물에 탄 프룬주스 118cc(프룬 : 물=1 : 3)를 더 먹어야 한다. 수유를 하고 나서 1시간 후에 30cc씩 준다(또한 분유를 탈 때 정확하게 사용법을 지킨다. 136쪽 상자 글 참고). 아기 다리를 잡고 자전거 타기 운동을 시키는 것도 도움이 된다.

모유를 먹는 아기에게도 같은 방법을 사용한다. 하지만 정말 변비인지 알기 위해서는 1주일 정도 지켜봐야 할 것이다. 만일 걱정이 되면 소아과 의사를 찾아서 다른 문제가 없는지 검진을 받자.

기저귀가 젖었을 때

아기는 대부분 12주가 되기 전까지, 특히 수분을 잘 흡수하는 일회용 기저귀를 사용하면, 기저귀가 젖어도 울지 않는다. 하지만 어떤 아기(특히 심술쟁이 아기와 예민한 아기)는 어릴 때부터 민감해서 기저귀가 젖으면 잠에서 깬다.

★ 계획안

기저귀를 갈고 강보에 싸서 진정을 시킨 다음 다시 눕힌다. 특히 밤에는 엉덩이에 기저귀 크림을 듬뿍 발라서 피부가 짓무르지 않도록 한다.

너무 덥거나 추울 때

12주까지 아기의 체온을 조절하는 것은 부모에게 달려 있다. 아기가 춥거나 덥거나 습하지 않은지 살펴보자. 아기가 깼을 때 몸을 만져 보면 땀이 났거나 끈적거리거나 차지 않은가? 특히 환절기에는 방이 덥거나 추울 수 있다. 몸의 말단 부위를 만져 보자. 코와 이마에 손을 대 보고 차게 느껴지면 아기가 추운 것이다. 아기가 깨었을 때 기저귀가 완전히 젖어 있는가? 소변은 식으면서 체온을 떨어트린다. 한편 어떤 아기는 겨울에도 몸이 덥다. 여름에 더울 때는 손발과 머리가 축축해진다. 주먹을 쥐고 발가락을 오므리기도 한다.

★ 계획안

실내 온도를 조절한다. 아기가 추워할 때는 강보에 두 번 싸거나 좀 더 따뜻한 천으로 싸고 달래 준다. 발버둥을 쳐서 강보에서 빠져나온다면 플리스 천으로 된 우주복을 입힌다.

아기 몸이 축축하면 침대를 에어컨 통풍구 가까이나 아래쪽에 두지 말자. 밖의 기온을 고려해서 창문을 열고, 선풍기를 놓을 경우에는 바람이 직접 아기에게 가지 않도록 한다. 더위보다 벌레에 물리는 것이 더 위험하므로 방충망을 설치한다. 우주복 아래에 내의를 입히지 않는다. 강보는 좀더 얇은 천을 사용한다. 그래도 안 되면 내가 프랭크에게 했던 방법을 사용해도 좋다. 프랭크는 체질적으로 더위를 타서 매일 밤 파자마가 흠뻑 젖었다. 그래서 기저귀만 채워서 강보에 쌌다.

6가지 원인 중에 무엇이 먼저인가?

앞서 말했듯이 여섯 가지 원인은 어떤 순서가 있는 것이 아니다. 또한 한 가지 이상의 원인이 중복되는 경우가 많다. 예를 들어, 규칙적인 일과가 없으면 종종 일관된 취침의식도 없다. 아기가 지나친 자극을 받거나 피곤해 하면 나는 임기응변식 육아가 일부 원인이 아닌지 의심한다. 실제로 수면 문제는 적어도 두 가지 이상의 원인 때문인 경우가 많다. 부모들은 "그러면 무엇을 먼저 해결해야 하죠?"라고 묻는다.

다음 다섯 가지 지침을 참고하자.

1. 원인이 무엇이든 상관없이 규칙적인 일과와 일관된 취침의식을 유지하거나 수립한다. 아기가 잠을 잘 못 이루거나 자다가 자주 깬다면 나는 부모에게 4S 취침의식과 함께 아기가 깊은 잠이 들 때까지 옆에서 지키고 있으라고 권한다.

2. 밤 시간의 문제를 해결하기 전에 낮 시간에 변화를 준다. 아기 울음소리에 한밤중에 깨면 어느 부모라도 생각을 제대로 하지 못한다. 낮 시간에 변화를 주면 종종 저절로 밤 시간의 문제가 해결된다.

3. 가장 급한 문제를 먼저 해결한다. 상식을 사용하자. 예를 들어, 만일 아기가 깨는 원인이 모유 공급이 부족하거나 아기가 급성장기를 통과하고 있기 때문이라면, 우선 음식을 좀더 먹여야 한다. 만일 어디가 아파서 우는 것이라면 불편함이 사라질 때까지는 어떤 방법도 통하지 않을 것이다.

4. P.C. 부모가 된다. 수면 문제를 해결하기 위해서는 인내와 의식이 요구된다. 변화를 위해서는 인내가 필요하다. 만일 아기의 신뢰를 잃었다면 각 단계는 적어도 3일 이상 걸릴 수 있다는 각오를 해야 한다. 아기의 수면 신호와 새로운 변화에 대한 반응에 주의를 기울이는 의식이 필요하다.

5. 다소의 퇴행을 예상한다. 부모들은 전화를 해서 말한다. "우리 아기는 잘 자다가 갑자기 다시 새벽 4시에 깨기 시작했습니다." 이런 일은 매우 흔하게 일어난다(특히 사내아이에게서). 원점으로 돌아가서 처음부터 다시 시작하자. 하지만 제발, 제발, 규칙을 자꾸 바꾸지 말자. 일단 내가 제안한 전략을 시도하면 계속 유지하고 필요하면 반복하자.

내가 이러한 지침들을 어떻게 활용하는지 이제부터 일련의 실례를 들어 보이겠다. 다음은 부모들에게서 받은 이메일에서 이름과 일부 세부 사항을 바꾼 것이다. 만일 이 장을 지금까지 계속 읽었다면 각각의 이메일에서 단서를 발견하고 답을 찾을 수 있을 것이다.

아기가 잘 때 얼마나 도움을 줘야 하는가?

처음 몇 달 동안 아기는 각자 나름의 방식으로 잠드는 법을 배웠다는 것을 기억하자. 따라서 수면 습관을 바꾸려면 몇 주일에서 1달까지 걸릴 수 있다. 부모들이 가장 궁금해 하는 것은, 헤일리의 엄마가 쓴 다음 글에서 알 수 있듯이, "잠자는 것을 어디까지 도와주어야 하는 건가요?"라는 문제다.

▸ 당신의 책을 읽고 많은 도움을 받았습니다. 특히 '아기를 지칠 때까지 울리기'를 권하는 다른 방법들로 효과를 보지 못한 터였습니다. 우리 아기 헤일리는 전에는 규칙적으로 자지 않았지만, 9주가 된 지금 당신이 제안한 방법 덕분에 낮잠을 잘 수 있게 되었고, 밤에는 6~7시간을 자고 있습니다. 정말 고맙습니다. 때로는 곧바로 잠이 들기도 합니다. 하지만 종종 잠이 들었다가

도 다소 보채고 팔다리를 버둥거리면서 다시 깹니다. 그래서 아랫도리를 강보에 싸고(아기가 과로하거나 과다 자극을 받았을 때는 완전히 싼다), 옆에서 반복해서 "쉬- 쉬- 쉬- ." 소리를 내며 배를 다독거립니다. 그러면 보통 다시 잠이 듭니다. 아기가 낮잠을 잘 때 우리에게 의지하는 것은 아닌지 걱정스럽습니다. 밤에는 아무 문제없이 잘 잡니다.

언제 헤일리가 스스로 자게 될까요? 울지는 않지만 다시 잠을 이루지 못하고 있을 때는 그냥 놔 두고 나와야 하는 건가요? 다시 울기 시작하면 어떻게 해야 하죠? 어느 부분까지 도움을 주어야 하는지 모르겠습니다.

아기가 도움을 필요로 할 때는 도와주어야 한다. '응석받이'로 만들지 않을까 염려하지 말고 계속해서 아기 신호를 읽고 욕구를 해결해 주자. 또한 옆에서 지키고 있을 필요가 있다. 헤일리가 잠이 들도록 도와주려면 옆에 있어야 한다. '울다가 지치도록' 하는 방법을 사용하는 바람에 헤일리의 신뢰를 잃은 것이 아닌지 의심스럽다. 헤일리는 부모가 옆에 있을 것이라고 믿지 못하고 있다. 또한 '다소 보채고 팔다리를 버둥거리는' 이유는 과다 자극 때문일 수 있다. 낮잠을 자기 전에 이런저런 자극적인 활동을 하거나, 아니면 활동에서 수면으로 전환하는 취침의식이 충분하지 않기 때문일 것이다. 나는 항상 아기 팔을 넣어서 강보에 싸라고 제안한다.(3개월 미만의 아기는 자신의 팔이 자기 것인지 모른다. 피곤하면 팔을 점점 더 휘두르고 그러면서 흔들리는 자기 팔을 보고 놀란다!) 헤일리는 진정시키는 시간이 좀더 필요한 아기인 것 같다. 부모가 지금 취침의식에 충분히 시간을 할애하지 않으면 몇 달 후에는 더 힘들어질 것이다.

부모는 욕심 때문에 아기에게 필요한 것을 못 볼 수 있다

때로 부모의 이기심이 진짜 문제를 보지 못하게 만든다. 어떤 부모들은 아기에게 자는 법을 가르쳐야 한다는 것, 아기가 스스로 위안하는 법을 배운 후에도 밤에 12시간씩 자지는 않는다는 것을 모르는 것 같다. 이런 경우에 문제는 부모가 아기보다 자신의 욕구를 먼저 생각하거나 아기를 자신의 생활 방식에 맞추려고 한다는 것이다. 다음 글에서는 직장에 다시 다니려고 하는 엄마가 서둘러 아기를 자신의 시간표에 맞추려고 하는 것을 볼 수 있다.

> ♥ 우리 아들 산도르는 11주가 되었고 당신의 방법을 사용한 지 4일이 되었는데, 질문이 두 가지 있습니다.
> 첫째, 아기가 밤 8~9시경이 되면 피곤해 하는데, 그 시간에 재우면 밤에 자다가 깨지 않을까요? 요즘은 밤에 5~7시간을 잡니다. 전에는 7시간을 잤고 어느 날은 9시간도 잤습니다. 그러다가 다시 전처럼 새벽 4시에 깹니다. 저녁 8시에 재워야 할까요, 아니면 억지로라도 좀더 깨워 둘까요?
> 둘째, 아기가 새벽 4시에서 4시 30분 무렵에 깼을 때 노리개젖꼭지를 물려 줘도 자지 않으면 수유를 해야 하나요? 그러면 밤에 먹는 것이 버릇이 되지 않을까요? 또한 노리개젖꼭지를 물고 잠이 들게 하려면 얼마나 걸릴까요? 저는 10일 후에는 직장에 나가야 하는데, 아기 때문에 밤에 잠을 못 잘까 봐 걱정입니다.

휴! 이메일을 읽다가 내가 지쳐 버렸다. 산도르의 엄마는 불안하고 초조한 것 같다. 하지만 11주가 된 산도르가 한 번에 7~9시간을 잤다는 것은 내가 보기에는 아주 양호하게 들린다. 어떤 엄마들은 아기가 그 정도만 해 줘도 감지덕지할 것이다!

이 엄마는 아기가 새벽 4시에 깨는 것으로 '복귀'를 해서 자신의 잠을 방해하기 때문에 불만이다. 아기는 급성장을 하고 있는 것 같다. 아기는 이미 깨지 않고 7시간 동안 잘 수 있을 만큼 자랐다. 내 짐작이 맞는지 확인하기 위해서는 산도르가 낮에 얼마나 많이 먹는지, 분유를 먹는지 아니면 모유를 먹는지 알아야 한다. 만일 배가 고파서 깨는 것이라면 낮에 좀더 먹어야 한다. 밤에 다시 먹이기 시작하면 습관이 되고 진짜 문제가 생긴다.

산도르의 엄마는 편안한 마음으로 직장에 다니고 싶다면 한 걸음 뒤로 물러서서 전체 그림을 볼 수 있어야 할 것이다. 우선 내가 보기에 산도르는 규칙적인 일과가 없다. 저녁 8~9시가 되도록 깨어 있기 때문이다. 취침 시간을 7시로 앞당기고, 11시에 꿈나라 수유를 해야 한다(그리고 고형식을 먹일 때까지 꿈나라 수유를 계속한다). 하지만 이 엄마는 다소 성급하고 비현실적이기도 하다. 산도르는 거의 3개월이 되었고, 시간이 갈수록 나쁜 버릇을 고치기가 어려워진다. 엄마는 새로운 방법을 시작한 지 4일밖에 지나지 않았는데, 변화가 없다고 걱정한다. 어떤 아기들은 더 오래 걸린다. 한 가지 계획에 충실하면서 참고 견뎌야 한다. 직장에 다시 나간다면 아기를 젖병으로 먹이기 시작했는지 누구에게 아기를 맡길 것인지 묻고 싶다. 이 엄마는 자신이 필요로 하는 것 외에도 다른 것들을 준비해야 한다.

부적절한 개입
3개월 이전에는 '안아주기/눕히기'를 사용하지 말자

어떤 부모들은 내가 사용하는 '안아주기/눕히기' 방법에 대해 읽고 ('안아주기/눕히기'에 대해서는 다음 장 참고) 3개월 미만의 아기에게 시도를 한다. 하지만 이 방법은 어린 아기에게 너무 자극적이어서 효과를 볼 수 없다. 다음 장에서 설명하겠지만 '안아주기/눕히기'는 아기에게 자기 위안 방법을 가르치는 학습 도구이므로 3개월 전의 아기에게는 너무 이르다. 갓난아기를 진정시키는 방법은 '쉬쉬-다독이기'가 적당하다. 어떤 부모들은 아기가 성장 발달 면에서 아직 준비가 되지 않았다는 생각은 하지 못하고 되는 대로 이것저것 시도한다.

• 트레이시의 표현에 따르면, 우리 아기는 천사 아기에 가깝습니다. 이반은 4주 정도 되었습니다. 대개는 낮잠을 재우기 시작해서 10분 정도 지나면 쉽게 잠이 듭니다. 하지만 자다가 보채고 꿈틀거리면서 깨어납니다. 우리 아기는 이미 1주일 전부터 뒤집기를 시작했고, 자다가 강보에서 빠져나옵니다. 다시 재우기 위해 '안아주기/눕히기'를 1시간 이상 합니다. 때로는 낮잠 시간 내내 보채다가 수유 시간이 됩니다. 어떻게 해야 하나요? 대체로 아주 잘 자라고 있지만 이 문제가 가장 힘이 듭니다.

무엇보다 '안아주기/눕히기'가 오히려 상황을 악화시킬 수 있다. 아기를 계속 안았다가 내려놓았다가 하는 것이 과다 자극을 줄 수 있기 때문이다. 또한 방법이 틀렸는지도 모른다. 예를 들어, 아기가 잠들 때까지 안고 있다가 침대에 눕히면 깜짝 놀라서 깬다. 이런 식으로 하면 임기응변식 육아가 된다. 나는 이 엄마에게 원점으로 돌아가서 4S 취침의식을 하라고 제안하겠다. 무엇보다 이반은 잠이 쉽게 들지만 그 후에 뒤척인다. 그런데 아기가 10분 만에 수면의 첫 단계를 통과하면 엄마는 방을 나가 버린다. 깊은 잠에 빠질 때까지 10분 더 옆에서 지켜볼 필요가 있다. 침대 옆에 있다가 아기가 눈을 떴을 때 다독거려 주고 눈 위쪽을 가려서 시각 자극을 차단하면 다시 잠이 들 것이다. 만일 지금 취침 의식에 시간을 할애하지 않는다면 더 이상 천사 아기는 없을 것이다!

중요한 것을 먼저 하라!

이 장을 시작할 때 설명했듯이, 수면 문제의 원인은 복합적이기 때문에 부모는 종종 속수무책이 된다. 어떤 부모는 도중에 길을 잘못 들었다는 것을 깨닫기도 하지만 어떤 부모는 무엇을 잘못했는지 모른다. 어쨌든 어떤 문제를 먼저 해결해야 하는지 알아야 한다. 모린의 사연을 들어 보자.

♥7주가 된 딜런은 지금까지 잠을 수월하게 잔 적이 없습니다. 처음부터 밤낮이 바뀌었죠. 요람에서 자는 것을 싫어했고 시간이 갈수록 점점 더 심해져서 지금은 1시간 이상 울기도 합니다. '안아주기/눕히기' 방법을 시도해 봤지만 소용이 없었습니다. 혼자서는 잠이 들지 못하고, 잠이 들었다가도 5분, 10분, 길어야 15분 후에 깜짝 놀라서 깨어납니다. 거의 밤낮으로 안고 있어야 잠을 잡니다. 상황이 점점 악화되어서 전에는 차를 타거나 유모차에 태우고 다니면 자곤 했지만 이제는 그것도 안 됩니다. 딜런에게 독립심과 건강한 수면 습관을 들여 주고 싶습니다. 당신의 책에서 제안한 여러 가지 방법들을 시도해 보았지만 딜런에게는 맞지 않는 것 같습니다. (딜런은 씩씩한 아기의 범주에 속하는 것 같습니다.) 딜런을 정해진 시간에 재우기가 어렵습니다.

이 글을 보면 엄마가 내내 아기 탓을 하고 있다. (잠을 잘 자지 않는다. 자는 것을 싫어한다. 재우기 어렵다.) 그녀는 자신이 하는 것(또는 하지 않는 것)이 아기의 행동에 영향을 미친다는 사실을 무시하고 있다.

또한 아기에게 다소 지나친 기대를 걸고 있다. "처음부터 밤낮이 뒤바뀌었다."고 하지만 아기는 처음부터 밤낮의 구분이 없으므로 부모가 가르쳐 주어야 한다(228~232쪽 참고). "혼자 잠이 들지 못한다."는 것도 지금까지 아무도 가르쳐 주지 않았기 때문이다. 대신 딜런은 엄마 품에 안겨서 자는 줄로 알고 있다.

하지만 가장 주목할 부분은 "요람에서 1시간 이상 운다."는 것이다. 아기를 그렇게 오래 혼자 울게 내버려 둠으로써 엄마는 신뢰를 잃었다. 그러니 아기를 달래기가 어려울 수밖에 없다. 설상가상으로 아기를 재우기 위해 모든 종류의 버팀목(안아 주고, 유모차에 태우고, 차에 태우기)을 사용했다. 상황이 점점 심각해지는 것이 당연하다. '5분, 10분, 기껏해야 15분 후에 놀라서 깨어나는' 이유는 지나친 자극을 받았기 때문이다.

다시 말해, 첫날부터 이 엄마는 아기를 존중하지도 귀를 기울이지도 않았다. 아기가 우는 이유는 어떤 '요구'를 하는 것인데, 아무도 귀를 기울이지 않았고 어떤 반응을 보여 주지도 않았다. 아기가 '처음부터 요람에서 자는 것을 싫어했기' 때문에 울었다면 왜 다른 방법을 생각해 보지 않았을까? 어떤 아기, 특히 씩씩한 아기와 예민한 아기는 환경에 매우 민감하다. 요람에는 보통 5센티미터 두께의 얇은 매트리스가 깔려 있는데, 아마 딜런은 그곳이 불편했을 것이다. 게다가 체중이 늘고 점차 환경을 인식하게 되면서 더욱 불편하게 느꼈을 것이다.

요약하자면, 딜런의 부모는 아기에게 귀를 기울이고 반응하기보다 이런저런 임시방편을 사용했다. 아마 '안아주기/눕히기'도 사용해 보았을 것이다. 하지만 그 방법을 사용하기에는 딜런이 아직 너무 어리다. 그렇다면 어디서 시작해야 할까? 물론 규칙적인 일과가 필요하다. 밤낮이 바뀐 문제는 낮에 3시간마다 깨워서 먹이면 해결될 것이다. 하지만 먼저 아기를 불편한 요람에서 꺼내고 동시에 신뢰를 회복해야 한다. 249쪽에서 설명한 것처럼 방석에 재우는 방법으로 시작해서 점차 아기침대로 옮겨야 한다. 그리고 4S 취침의식(주변 정리, 강보에 싸기, 옆에 앉아 있기, 쉬쉬-다독이기)을 밤잠뿐 아니라 낮잠을 잘 때도 해야 한다. 또한 아기가 깊은 잠이 들 때까지 옆에서 지키고 있어야 한다.

수면 문제는 규칙적인 일과가 없이 아기를 따라갈 때 일어난다. 아기가 다음에 무엇이 올지 몰라서 혼란을 느끼기 때문이다. 그리고 부모는 아기의 신호를 읽기가 점점 더 어려워진다. 그 여파로 가족 모두가 잠을 못 자게 되고 아기의 성격까지 부정적으로 바뀐다. 6주가 된 아기의 엄마인 조앤이 보낸 이메일을 읽어 보면 엘리가 처음에 천사 아기였지만 빠르게 심술쟁이 아기로 변하고 있는 것을 알 수 있다.

♥ 우리 엘리는 잘 먹고 잘 놀고 잘 웃지만 저는 아기 신호를 잘 읽지 못합니다. 또한 아기를 재우기 위해 너무 많은 시간을 낭비하고 있습니다. 1시간을 달래고 다독이고 해서 재우면 20분 동안 자고 깹니다. 그래서 하루 종일 피곤해 하고 투정을 부리는 것 같습니다.

엘리는 밤에는 대체로 잘 자고 낮과 밤을 구분합니다. 밤에 6~7시간 자고 나서 또 한 차례 오래 잡니다. 그래서 어떤 날은 저녁 6~7시와 새벽 6~7시에 두 번밖에 먹지 않습니다. 그런데 낮잠은 왜 그렇게 금방 깰까요? 종종 울면서 깨어나면 기분이 언짢고 피곤해 보입니다. 다독이고 배를 만져 주면 3단계로 들어가서 잠이 든 것처럼 보이다가도 다시 깨어나서 놀려고 합니다. 마치 1시간쯤 잔 것처럼 말이죠. 어떻게 해야 낮잠을 재울 수 있을까요? E.A.S.Y.를 시작했지만, 엘리는 낮잠을 못 자서 피곤하기 때문에 먹다가 잠이 들기 일쑤입니다. 게다가 저는 산후우울증 치료를 받고 있는 중입니다. 지금 3살이 된 앨리슨을 낳았을 때도 산후우울증을 겪었습니다. 앨리슨도 낮잠을 재우기 위해 많은 시간을 보냈습니다. 그러다가 마침내 낮잠을 45분씩 잤고 밤에도 잘 잤습니다. 4~5개월부터 18개월경까지 밤에 12~15시간씩 잤습니다. 지금은 11~12시간을 깨지 않고 잡니다. 고마운 일입니다. 대신 낮잠은 자지 않습니다.

조앤은 "E.A.S.Y.를 시작했다."고 말하지만 아기를 따라가고 있는 것처럼 보인다. 엘리는 자느라고 두 번의 수유를 생략하고 있다. 6주가 된 아기는 낮에 3시간마다 먹어야 한다. 엘리가 밤에 6~7시간을 내리 자는 것은 좋지만, 그 다음에 '또 한 차례 오래 자는 잠'은 허락하지 말아야 한다. 엘리는 그 시간에 '낮잠'을 보충하고 있는 것이다. 결국 12~14시간을 내리 자고 있다. 이것은 3돌이 된 아기에게는 괜찮지만 엘리는 아직 너무 어리다. 정서적인 문제를 갖고 있는 조앤이 아침에 늦게까지 잘 수 있다는 것은 고마운 일이다. 하지만 엘리가 '종종 울면서 깨면 기분이 언짢고 피곤해 보이는' 이유는 배가 고프기 때문이다.

엘리가 수유 시간에 자도록 내버려 두지 말고 깨워서 먹이면 자연히 낮잠을 좀더 잘 자게 될 것이다. 다시 말해, E.A.S.Y.에 따라 7시, 10시, 1시, 4시, 7시에 수유를 하고, 11시에 꿈나라 수유를 해야 한다. 그러면 엘리의 전력으로 보아 다음 날 7시까지 잘 것이다.

엄마는 엘리가 어떤 아기인지 알아야 한다. 엄마는 아기에 대해 중요한 정보를 갖고 있으면서도 이해를 하지 못하고 있다. 엘리는 둘째 아이고 내가 보기에는 언니 앨리슨과 공통점이 많다. 앨리슨도 45분씩 낮잠을 잤고 밤에도 잘 자는 아기였다. 조앤은 앨리슨에게서 자연스러운 수면 주기를 '발견'했다. 하지만 엘리에게는 그렇게 하지 못하고 있다. 엘리는 낮에 3시간마다 먹고 밤에 한 번만 충분히 자면 기분이 한결 좋아질 것이다. 낮잠은 앨리슨처럼 45분씩 자면 충분할 것이다. 그리고 엄마는 현실을 인정해야 한다.

식도 역류의 악순환

나는 부모들에게서 "우리 아기는 잠을 안 잔다." 또는 "계속 깬다."는 이메일을 무수히 받았다. 어떤 엄마는 아기가 식도 역류라는 진단을 받은 후에도 여전히 편안하게 해 주지 못한다. 또 어떤 엄마는 아기가 '까탈'을 부리는 것이 아니라 어디가 아프다는 것을 모르고 있다. 식도 역류는, 심한 경우 가정의 평화를 파괴한다. 하루 일과가 완전히 뒤죽박죽이 된다. 어떤 경우에도 우선적으로 아기가 아프지 않도록 해 주어야 한다. 그런데 아기가 식도 역류라는 것을 아는 부모들조차 모든 문제가 서로 관련이 있다는 것을 모른다. '5주가 된 아기를 데리고 쩔쩔매는 엄마' 바네사의 이메일을 보면 알 수 있다.

♥ 우리는 당신이 권하는 취침 방법들을 사용하고 있지만 아무 소용이 없습니다. 티머시가 피곤한 기색을 보이기 시작하면 아기 침대에 눕힙니다. 처음 이틀 밤은 5시간을 계속 자더군요. 하지만 그것은 지난 주였고 그 후로는 성공하지 못했습니다. 우리 아기는 3단계를 통과하지 못하는 것 같습니다. 하품을 하고 먼 산을 바라보다가 잠이 드는 것처럼 보이지만, 다시 움찔거리면서 깨어납니다. 이것을 반복합니다. 울음을 달래서 재우면 잠이 들었다가 다시 깨어나 악순환이 시작됩니다. 서로가 점점 지치고 몇 시간이 흘러갑니다. 낮잠 시간에는 더합니다. 일과를 유지하려고 해도 엉망이 됩니다. 또한 식도 역류가 심해서 너무 많이 울면 토하기도 합니다. 물론 이런 일은 피하려고 합니다. 도와주세요! (당신의 책에 따르면 우리 아기는 씩씩한 아기와 예민한 아기의 중간입니다.)

무엇보다 많은 부모들이 그렇듯이 바네사는 아기가 잠이 들 때 옆에 충분히 오래 머물지 않고 있다. 이것은 특히 예민한 아기와 씩씩한 아기에게 중요한데, 티머시는 양쪽의 특성을 모두 갖고 있다. 따라서 3단계에서 아기가 움찔거릴 때 엄마가 옆에 있다가 진정을 시켜야 한다. 또한 아기를 눕힐 때는 머리 부분을 올려서―잠을 잘 때뿐 아니라 기저귀를 갈 때도―식도 역류를 방지해야 한다. 그래도 안 되면 소아과 의사나 소화기 전문의를 찾아 식도 역류 증세를 완화시켜 주는 제산제와 이완제 처방을 받아 온다. 받침대(두꺼운 사전도 좋다)를 받쳐서 매트리스를 45도 각도로 올리고 복대를 감아 주고 약을 먹여서 고통을 줄여 준다(153~156쪽 참고). 아기가 아프면 어떤 방법으로도 재울 수 없다.

하지만 안타깝게도 많은 부모들이 최후 수단으로 병원을 찾는다.

• 10주가 된 그레첸은 먹는 시간이 오래 걸리고 가스가 차는 것 때문에 잠을 잘 못 자는 것 같습니다. 며칠 동안 《베이비 위스퍼》의 조언을 모두 시도해 보았지만 소용이 없었습니다(예를 들어, 쉬쉬-다독이기, 매트리스 기울이기, 트림 시키기, 시각과 청각 자극을 줄이기). 다음에는 무엇을 해야 할지 모르겠네요. 이대로 그냥 계속해야 하는지, 아니면 제가 빠트린 부분이 있는지요? 소아과까지 찾아가야 하나요? 트레이시의 "출발선을 잘 지켜야 한다."라는 원칙에서 많은 도움을 받았지만, 저는 이제 지쳤고, 그레첸은 '꾀를 부리기'에는 너무 어리다고 생각합니다. 아기나 저나 이 상황을 얼마나 더 버틸 수 있을지 모르겠습니다.

그레첸은 확실히 소화기에 문제(아마 식도 역류)가 있다. 먹는 시간이 오래 걸리고 가스가 차는 것은 분명히 식도 역류의 적신호다. "소아과까지 찾아가야 하느냐?"는 말에서 엄마는 아기의 통증을 우선적으로 해결해야 한다는 생각을 못하고 있는 것을 알 수 있다. 만일 소화기에 문제가 있다면 소아과 검진은 최후 수단이 아니라 최우선이 되어야 한다.

특히 아기가 울음을 그친 후에는 달래기를 멈추어야 한다. 당장 급하다고 버팀목을 사용해서 아기를 달래면 임기응변식 육아가 된다. 당연히 어떤 종류의 버팀목(자동차 시트, 유아용 의자, 안고 다니기, 그네)은 자세를 똑바로 해 주기 때문에 식도 역류가 있는 아기가 편안해 한다. 하지만, 아기의 불편함을 덜어 주고 싶은 절실한 마음은 이해하지만 만일 버팀목을 사용하면 식도 역류가 사라진 후에도 아기가 계속 거기에 의존하게 될 것이다. 다음은 그 전형적인 예다.

• 9주가 된 우리 딸 타라는 식도 역류가 있어서 태어난 지 1주일 후부터 유아용 의자에서 잠을 재웠습니다. 자꾸 먹은 것이 올라오기 때문에 똑바로 안거나 의자에 앉혀서 재워야 했죠. 지금 타라는 좀더 자랐고(5.6kg), 치료를 받고 있으므로 침대에서 재우려고 합니다. 의사는 퍼버법을 제안했지만 아기가 질색을 하더군요. 그 방법은 절대 다시 사용하지 않을 겁니다. 당신의 책을 읽고 제가 '임기응변식 육아'를 해 왔다는 것을 알았습니다. 어떻게 하면 아기를 침대에서 재울 수 있을까요? 똑바로 눕히면 저항을 하고 자지러지게 웁니다. 어떻게 해야 할지 모르겠습니다. 도와주세요.

타라는 유아용 의자와 엄마 품에서 벗어나야 한다. 침대 매트리스를 유아용 의자처럼 45도 각도로 올린다. 퍼버법을 시도한 적이 있으므로 아기가 잠이 들 때까지 옆에 있으면서 신뢰를 회복하려면 (246~250쪽 참고) 시간이 좀더 걸릴 수 있다. 또 한 가지 고려할 점이 있다. 타라가 태어나서 1주일이 되었을 때 식도 역류로 진단을 받았다면 벌써 2달이 되었으므로 지금쯤 출생 때 체중의 2배 가량 되었을 것이다. 처음에 처방을 받은 제산제나 진통제는 이제 타라의 통증을 덜어 주기에 충분하지 않을 수 있다. 다시 진찰을 받고 아기 체중에 맞게 적절한 양을 복용하게 해야 한다.

위의 사례들을 읽으면서 문제를 어떻게 진단하고, 어떤 질문을 해야 할지, 어떤 행동 계획을 세워야 할지 생각해 보았는가? 이제 당신 자신의 상황을 분석할 수 있겠는가? 정보가 너무 많아서 다 기억하기 힘들겠지만, 책이 좋은 점은 언제라도 다시 읽고 참고할 수 있다는 것이다. 특히 수면에 대한 정보는 앞으로 몇 달에서 몇 년까지 도움이 될 것이라고 장담할 수 있다. 사실 나의 모든 관찰과 기법은 수면 문제에서 시작한다. 그리고 아기가 태어나서 3개월까지 문제점을 정확하게 평가할 수 있다면 이후부터는 육아에 보다 자신감이 생길 것이다.

6장

안아주기 / 눕히기

잠자기 훈련-4개월에서 1년까지

임기응변식 육아의 대표적인 사례

제임스는 내가 처음 만났을 때 5개월이었고, 낮잠이든 밤잠이든 자기 침대에서 잔 적이 없었다. 엄마가 데리고 자지 않으면 잠을 이루지 못했다. 그렇다고 가족이 단란하게 함께 자는 흐뭇한 광경은 아니었다. 엄마 재키는 매일 저녁 8시에 아기를 재우기 위해 함께 잠자리에 들고 오전과 오후 낮잠 시간에도 함께 누워야 했다. 그리고 불쌍한 아빠 마이크는 퇴근해서 집에 오면 살금살금 기어 들어가곤 했다. "위층에 불이 켜져 있으면 아기가 깨어 있는 거죠." 마이크가 설명했다. "불이 꺼져 있으면 밤도둑처럼 몰래 들어가야 합니다." 재키와 마이크가 이렇게 헌신적으로 배려를 했음에도 불구하고 제임스는 단잠을 자지 못하고 밤에 몇 번씩 깨서 엄마젖을 먹은 후에야 다시 잠이 들었다. "배가 고파서 깨는 것 같지는 않아요. 단지 나를 깨워서 함께 있으려는 거죠." 재키는 나를 처음 만났을 때 이렇게 말했다.

많은 아기들이 그렇듯이 제임스의 수면 문제는 이미 1개월 때부터 시작되었다. 처음에 제임스가 잠을 자지 않으면 엄마 아빠가 교대로 흔들의자에 앉아서 안고 재웠다. 마침내 잠이 든 줄 알고 자리에 눕히면 다시 눈을 반짝 떴다. 어쩔 수 없이 엄마는 아기를 가슴에 올려놓고 재우기 시작했다. 아기는 엄마 품에서 편안하게 잠이 들고 피곤한 엄마도 아기와 함께 누워 있다가 잠이 들었다. 제임스는 이제 다시는 자기 침대에 들어가려고 하지 않았다. 재키는 제임스가 깰 때마다 가슴에 올려놓고 재워 보려고 했다. "어떻게든 먹여서 재우는 것은 피하려고 했습니다." 하지만 결국은 항상 먹여서 재우는 것으로 끝났다. 제임스는 이렇게 밤잠을 설치기 때문에 자연히 낮잠을 많이 잤다.

이것은 임기응변식 육아의 전형적인 사례다. 나는 4개월이 넘은 아기의 부모에게서 수천 통의 전화와 이메일을 받고 있다. 그들이 하는 말을 들어 보면 다음과 같다.

- 우리 아기는 아직도 밤에 자주 깬다.
- 우리 아기는 꼭두새벽에 일어난다.
- 우리 아기는 낮잠을 오래 자지 않는다(또는 어느 엄마가 말했듯이 "낮잠이라는 것을 모른다.").
- 우리 아기는 혼자서는 잠을 자지 않는다.

조금씩 다르긴 하지만 대체로 이러한 문제들은 처음 1년 동안 일어난다. 이런 문제들을 해결하지 않고 그냥 두면 점점 더 악화되고 유아기까지 이어지기도 한다. 내가 제임스를 예로 든 이유는 이런 문제들을 모두 갖고 있기 때문이다!

아기가 3~4개월이 되면 일과가 규칙적이 되고 자기 침대에서 자야 한다. 또한 잠이 들 때나 자다가 깼을 때 스스로 잠을 청할 수 있어야 한다. 그리고 밤에 적어도 6시간은 깨지 않고 자야 한다. 하지만 많은 아기들이 4개월, 8개월, 1년이 넘도록 이런 기대에 미치지 못한다. 그리고 나에게 연락을 하는 부모들의 이야기를 들어 보면 거의 비슷하다. 그들은 어딘가에서 길을 잘못 들었다는 것을 알고 있지만 제자리로 돌아가는 방법을 모른다.

수면 문제를 해결하려면 특히 아이 나이가 많을수록 하루 전체를 살펴봐야 한다. 이런 문제들은 모두 일과가 불안정하거나 부적절해서(예를 들어, 4개월인데도 아직 3시간 주기의 일과를 계속하고 있는 경우)

생기는 것이다. 물론 임기응변식 육아도 한몫을 한다.

수면 문제가 발생하게 된 과정은 불 보듯 뻔하다―아기는 처음 몇 달 동안 잘 자지 못하거나 불규칙하게 잔다. 부모는 빠른 해결책을 구한다. 그래서 아기를 데리고 자거나, 그네나 자동차에 태워서 재우거나, 엄마젖을 물리거나, 아빠가 안고 마루에서 서성거린다. 앞서 얘기했듯이 2~3일 그렇게 하면 아기가 버팀목에 의지하게 된다. 문제가 무엇이든, 해결책에는 규칙적인 일과가 포함된다. 아기가 3개월이 넘었다면 나는 부모들에게 '안아주기/눕히기'를 가르친다.

물론 아기가 잠을 잘 자고 일과가 규칙적이라면 '안아주기/눕히기'가 필요하지 않다. 하지만 이 책을 읽고 있는 부모들의 아기는 그렇지 못할 것이다. 이 장에서는 오로지 '안아주기/눕히기'가 무엇이고 월령별로 어떻게 달라지는지 설명하겠다. 처음 1년 동안의 대표적인 수면 문제들을 조명하고 실례를 들어서 '안아주기/눕히기'를 적용하는 방법을 보여 줄 것이다. 이 장의 끝 부분(320~323쪽 참고)에서는 특별히 월령에 따른 낮잠 문제에 대해 다룰 것이다. 마지막으로 '안아주기/눕히기'로 효과를 보지 못했다고 하는 부모들이 어느 부분에서 잘못하고 있는지 알아본다.

'안아주기/눕히기'란 무엇인가?

'안아주기/눕히기'는 나의 수면에 관한 중도철학을 위해 필요한 도구다. 그리고 학습 도구인 동시에 문제 해결 방법이기도 하다. '안아주기/눕히기'는 아기가 부모나 다른 버팀목에 의지하지 않도록 하면서도 혼자 '울다가 지쳐서 잠이 들도록' 내버려 두지 않고 옆에서 도와주는 것이다.

나는 3개월부터 1년까지 잠드는 법을 배우지 못한 아기에게 '안아

주기/눕히기'를 사용한다. 특히 수면 문제가 심한 경우나 규칙적인 일과가 없을 때는 1년이 지나도록 혼자 자지 못하는 아기도 있다. '안아주기/눕히기'는 취침의식(233~239쪽 참고)이 아니라 최후 수단에 가깝다. 주로 임기응변식 육아로 생긴 문제를 해결하는 방법이다.

만일 아기가 수면이 불안정하거나 버팀목에 의지해서 잠이 든다면 버릇이 더 깊이 들기 전에 고쳐야 한다. 예를 들어, 재닌은 "2개월이 되면서 유모차에서만 잠을 잤으며 이제는 차에 태워야 잠이 든다."고 엄마가 말했다(재닌에 대해서는 287~288쪽에 자세히 나오며 263쪽에는 보다 나은 접근 방법이 나온다). 버팀목에 의지하면 시간이 갈수록 상황이 악화된다. 그래서 '안아주기/눕히기'가 필요하다. 나는 이 방법을 다음과 같은 목적에 사용한다.

- 버팀목에 의지해서 자는 아기에게 혼자 자는 법을 가르친다.
- 아기가 좀더 자랐을 때 일과를 처음 시작하거나 진로에서 벗어났을 때 다시 제자리로 돌아가게 한다.
- 3시간 주기의 일과를 4시간 주기로 바꾼다.
- 짧은 낮잠 시간을 늘린다.
- 아침에 일찍 깨는 이유가 아기의 바이오리듬이 아닌, 부모가 하는 어떤 행동 때문이라면 아침에 좀더 늦게까지 자도록 한다.

'안아주기/눕히기'는 마술이 아니다. 많은 수고가 요구된다(그래서 나는 종종 엄마 아빠가 서로 협력하고 교대하라고 제안한다. 330쪽, 226쪽의 상자글 참고). 무엇보다 아기를 재우는 방식을 바꾸어야 한다. 하지만 지금까지 버팀목(젖병, 엄마젖, 안고 흔들거나 걸어 다니기)에 의지해서 자던 아기를 어느 날 갑자기 그냥 눕히면 당연히 울기 시작할 것이다. 아기는 무슨 일인지 몰라서 곧바로 저항할 것이다. 그러면 다시 아기를 안아서 안심시켜야 한다. 그리고 아기가 몇 개월이고 얼마나 튼튼하고 활발한지에 따라서 수위를 조절한다(이어서 월령별 방법이 나온다). 하지만 '안아주기/눕히기'의 기본 절차는 아주 단순하다.

아기가 울면 방으로 들어간다. 우선 말로 달래고 등을 다독이면서 안심시킨다. 6개월이 안 된 아기라면 '쉬쉬-다독이기'를 한다. 그보다 큰 아기에게는 '쉬쉬-다독이기'가 오히려 잠을 방해할 수 있으므로 아기 등에 손을 올려서 엄마가 옆에 있다는 것을 알게 한다. 만일 울음을 그치지 않으면 다시 안아 올린다. 하지만 울음을 그치면 곧바로 다시 눕힌다. 아기를 달래기만 하고 내려놓는 것이다. 안고 재우면 안 된다. 잠이 드는 것은 아기 혼자 하도록 한다. 또한 아기가 울면서 등을 뒤로 휜다면 즉시 내려놓는다. 실랑이를 하지 말자. 아기 등에 손을 올리고 엄마가 옆에 있다는 것을 알게 한다. 옆에서 지켜보자. "이제 잘 시간이다, 아가야. 금방 잠이 올 거야."라고 말한다.

침대에 내려놓으려고 하는데, 아기가 다시 울기 시작하더라도 그대로 눕힌다. 아기가 계속 울면 다시 안는다. 이것은 위안과 안정감을 주기 위한 것이다. "네가 울더라도 엄마 아빠가 옆에 있다. 잠이 잘 안 와서 힘들겠지만 내가 옆에서 도와주겠다."고 말하는 것이다.

만일 아기를 눕히자마자 울면 다시 안는다. 하지만 아기가 등을 뒤로 휜다면 억지로 안으려고 하지 말자. 아기가 버티고 몸을 비트는 것은 일부 스스로 잠을 자려고 하는 행동이다. 밀어내고 파고드는 것은 잠자리를 찾는 행동이다. 죄책감을 갖지 말자. 아기에게 상처를 주는 것이 아니다. 그리고 야속하게 생각하지도 말자. 아기는 엄마에게 화를 내는 것이 아니라 단지 잠드는 법을 몰라서 당황하고 있을 뿐이다. 어른들이 잠을 자지 못하고 뒤척이는 것처럼 단지 휴식을 원하는 것이다.

평균적으로 '안아주기/눕히기'는 20분이 걸리지만 1시간 이상 걸릴 수도 있다. 나는 100번이 넘게 한 적도 있었다. 어떤 부모는 이 방법을 믿지 않는다. 자신의 아기에게는 효과가 없을 거라고 생각한다. 어떤 엄마는 젖을 물려서 재우지 않으면 다른 방법이 없다고 말한다. 하지만 엄마젖이 아니라도 엄마의 목소리와 몸이 있다. 믿기지 않을지 모르지만 엄마의 목소리는 매우 강력한 도구다. '안아주기/눕히기'를 하면서 반복해서 부드럽고 다정한 목소리를 들려 주어("금방 잠이 올 거다, 아가야.") 아기를 혼자 내버려 두지 않는다는 것을 알게 하자. 아기가 잠이 들도록 도와주는 것이다. 마침내 아기는 그 목소리를 편안함과 연결하고, 안아 주는 것을 더 이상 필요로 하지 않는다. 일단 엄마 목소리를 들으면서 안전하다고 느끼게 되면 그것으로 충분하다.

'안아주기/눕히기'를 제대로 계속하면—아기가 울면 안고, 울음을 그치면 곧바로 눕히고—아기는 결국 김이 빠져서 울음이 잦아든다. 아기가 진정이 되면서 울음이 흐느낌으로 바뀌면 곧 잠이 든다는 신호다. 계속 아기에게 손을 얹은 채로 있는다. 손의 무게와 목소리로 옆에 엄마가 있다는 것을 알게 한다. 다독이거나 쉬 – 소리를 내지 말고, 아기가 깊은 잠이 들 때까지 방에서 나가지 않는다(239쪽 참고).

'안아주기/눕히기'는 아기를 안심시키고 믿음을 주는 방법이다. 다만 아기에게 잠자는 법을 가르치고 엄마 자신의 시간을 되찾기 위해서 50번이나 100번, 150번이라도 하겠다는 각오가 되어 있어야 한다. 안 그러면 이 책을 읽어도 소용이 없다. 속전속결의 해결책은 없다.

'안아주기/눕히기'로 아기가 우는 것을 막을 수는 없다. 하지만 엄마가 옆에서 울음을 달래 주기 때문에 버려졌다는 느낌을 받지 않을 수 있다. 이때 아기가 우는 이유는 엄마가 밉거나 마음의 상처를 받아서가 아니다. 전과 다른 방식으로 자야 하기 때문에 당황해서 우는 것이다. 아기는 버림받았다고 느끼면 당장 엄마를 방으로 불러오기 위해 절박한 비명을 지른다.

앞에서 이야기한 재닌을 예로 들어 보자. 엄마가 더 이상 유모차나 자동차 같은 움직이는 버팀목을 사용하지 않자 재닌은 처음에 울음을 그치지 않았다. "엄마, 뭐 하는 거에요? 이런 식으로는 잘 수가 없어요."라고 말하는 듯했다. 하지만 며칠 밤 동안 '안아주기/눕히기'를 하자 재닌은 버팀목 없이도 잘 수 있게 되었다.

'안아주기/눕히기'는 성장 발달에 맞게 조절을 해야 한다. 4개월 아기에게 하는 것과 11개월 아기에게 하는 것이 달라야 한다. 또한 아기의 성격과 변화하는 욕구에 맞춰야 한다. 그러면 이제부터 아기의 수면 문제가 월령(3~4개월, 4~6개월, 6~8개월, 8개월~1년)에 따라 어떻게 다른지에 대해 간단하게 살펴보겠다. (1년 이후의 수면 문제는 7장에서 다루겠다.) 밤에 깨거나 낮잠을 자지 않는 등의 문제는 오래 지속될 수 있다. 나는 어떤 문제가 있는지 정확하게 알기 위해 부모들에게 질문을 한다. 보통은 수면 패턴, 식습관, 활동 등에 대해 추가 질문을 하지만 이 책을 읽는 독자들은 내가 얼마나 광범위하게 질문을 하는지 잘 알고 있을 것이다. (앞에서도 말했듯이 모든 월령 그룹에 대해 읽어 보기 바란다. 이전의 문제들에 대해 알면 지금의 수면 문제를 이해하는 데 도움이 될 수 있다.) 그 다음에는 각 월령 그룹에 맞는 '안아주기/눕히기' 방법을 설명하겠다. 또한 사례 연구를 통해 여러 가지 상황과 다양한 발달 단계에서 '안아주기/눕히기'를 어떤 식으로 사용할 수 있는지 알아본다.

3개월에서 4개월까지 일과 조정하기

내가 특별히 3개월에서 4개월 사이에 초점을 맞추는 이유는 4개월이 아기에게는 중요한 전환점이기 때문이다. 4개월이 되면 대부분의 아기들은 일과가 3시간 주기에서 4시간 주기로 바뀐다(1장 60쪽의 표 참고). 3개월에는 낮잠을 3번 자고 토끼잠을 1번 자지만, 4개월이 되면 낮잠을 2번 자고 토끼잠을 1번 잔다. 3개월에는 하루에 5번(7시, 10시, 1시, 4시, 7시) 수유를 하고 꿈나라 수유를 하지만, 4개월이 되면 하루 4번(7시, 11시, 3시, 7시) 수유를 하고 꿈나라 수유를 한다. 그리고 전에는 수유를 하고 나서 30분에서 45분씩 깨어 있었지만 이제는 2시간 이상 깨어 있는다.

4개월이 되면 급성장기를 통과하기도 한다(158~163쪽, 253~255쪽 참고). 하지만 먼젓번의 급성장기와 달리, 이번에는 낮에 좀더 많이 먹고 수유 간격도 늘어난다. 이제 아기의 배가 더 커졌다는 것을 기억하자. 아기는 먹는 요령도 생기고, 한 번에 더 많이 먹을 수 있다. 또한 움직임이 활발해지고 더 오래 깨어 있기 때문에 더 많이 먹어야 한다. 만일 아기의 일과를 조정하지 않으면 '영문을 알 수 없는' 수면 문제가 발생할 수 있다. 이런 문제는 일과를 수립하거나 조정하면 '감쪽같이' 사라진다. 아기가 급성장기를 통과하고 있다는 것을 모르고 밤에 깼을 때 수유를 하기 시작하면 밤새 잘 자던 아기도 수면 문제가 생길 수 있다.

3개월이 된 아기는 아직 운동 능력에 제한이 있지만 비약적으로 성장하고 있는 중이다. 머리와 팔과 다리를 움직일 수 있다. 또한 뒤집기를 한다. 주변 환경과 좀더 활발하게 상호작용을 한다. 이 무렵에 엄마는 아기의 울음과 신체 언어를 이해하고 배가 고픈지, 피곤한지, 어디가 아픈지, 과다 자극을 받았는지를 구분할 수 있게 된다. 물론 아기가 배고파 하면 언제라도 먹여야 한다. 하지만 피곤하거나 지쳤을 때는 스스로 잠을 청하는 법을 가르쳐야 한다. 이럴 때 아기는 울면서 등을 휘고 다리를 버둥거릴 것이다.

공통적인 문제점

지금까지 규칙적인 일과가 없었거나 3시간 일과에서 4시간 일과로 바꾸지 않았다면 밤에 깨거나 선잠을 자거나 아침에 너무 일찍 깨는 등의 문제가 생길 수 있다. 부모가 아기를 인도하는 것이 아니라 아기에게 끌려 다니면, 4개월이 된 아기의 엄마가 보낸 다음 이메일에서 보듯이 문제가 생긴다.

• 우리 아이 저스티나는 지금까지 정해진 일과가 없었습니다. 조금만 달래 주면 잠이 들긴 하지만 아무리 편안한 환경에서도 낮잠을 30분 이상 자지 않습니다. 그리고 깨어 있을 때는 계속 피곤해 합니다.

이 이메일의 후반에서 엄마는 저스티나가 "E.A.S.Y. 시간표를 따르지 못하게 한다."고 주장하지만 이것은 아기의 문제가 아니라 엄마의 문제다. 엄마가 이끌어 가야 한다. 게다가 버팀목을—엄마 자신이나 다른 움직이는 버팀목을—사용해서 아기를 재우면 문제가 점점 더 악화될 뿐이다.

또한 이 시기에는 아기가 깊이 잠이 들면 몸이 늘어지면서 입에서 노리개젖꼭지가 빠져나온다. 이때 아기가 잠에서 깬다면 노리개젖꼭지가 버팀목이다.(242쪽 참고) 7개월경이 되면 아기가 스스로 노리개젖꼭지를 찾아서 입에 물 수 있다. 하지만 부모가 계속 아기 입에 노리개젖꼭지를 물려 주고 재운다면 일종의 임기응변식 육아로 굳어진다. 노리개젖꼭지를 다시 물려 주지 말고 다른 방식으로 위안을 해야 한다(만일 지금까지 노리개젖꼭지를 주지 않았다면 지금 뒤늦게 시작하지 않는 것이 좋다. 3개월 이후에는 습관이 되기 쉬우므로!).

핵심 질문

규칙적인 일과가 없었다면? 지금이라도 시작하자(67~75쪽 참고). 아직 3시간 일과를 유지하고 있다면? 이제 4시간 일과로 전환해야 한다. 낮잠이 짧아지는 것도 4시간 일과로 바꿔야 한다는 신호다. 4개월이 되면 낮잠을 적어도 2시간은 잔다. 그런데 아직 3시간 주기로 먹고 있다면 아기의 낮잠에 방해가 된다(60쪽의 3시간 일과와 4시간 일과의 비교표를 참고). 보통 낮잠 시간은 아주 서서히 짧아지므로 낮잠이 45분 이내로 줄면 그제야 부모들이 느낀다(320~323쪽 참고). 주의해서 보면 초기에 알 수 있다. 짧은 낮잠이 습관이 되기 전에 4시간 주기 일과로 바꿔야 한다.

전보다 자주 먹으려고 하는가? 이를테면 오전 10시가 먹을 시간인데, 그 전에 무척 배가 고픈 것처럼 보이는가? 아기가 밤에 깨서 양껏 먹는가? 그렇다면 급성장기를 통과하는 중일 수 있다. 이때도 역시 4시간 일과를 향해 가야 한다. 더 자주 먹이고 싶은 유혹을 뿌리치자. 대신 254~255쪽에 나오는 수유 계획을 참고로 오전 7시에 좀더 많이 먹이는 것으로 시작해서 3~4일에 걸쳐 조금씩 양을 늘려 간다. 분유의 양을 늘리거나 양쪽 젖을 먹여서 모유 공급을 늘린다. 만일 더 먹지 않는다면 아직 준비가 되지 않은 것이지만, 이제 아기가 먹

일찍 일어나는 아기

최근에 나는 8개월이 된 올리버의 부모를 만났다. 올리버는 낮에 2시간씩 잘 자고 저녁 6시에 자기 시작해서 새벽 5시 30분까지 잤다. 하지만 엄마는 아침에 그렇게 일찍 일어나고 싶지 않았다. "우리 아기를 좀더 늦게까지 재워야겠습니다." 하지만 취침 시간을 늦추자 잘 먹고 잘 놀던 아기가 갑자기 저녁이 되면 침울해졌다. 게다가 취침 시간에 저항을 한 적이 없던 아기가 좀처럼 잠을 이루지 못하자 엄마는 어떻게 해야 할지 몰랐다. "울다가 지쳐서 잠이 들게 하는 방법을 시도해야 할까요?" 그녀가 물었다. 절대 안 된다. 그녀는 아무 문제가 없는 상황을 어렵게 만든 책임을 져야 했다. 아기들은 각자 신체 시계를 갖고 있다. 만일 아기가 11시간 30분을 자고—이를테면 저녁 6시에서 새벽 5시 30분까지—낮에도 낮잠을 잘 잔다면 그것이 적절한 수면 양이다. 아기가 지나치게 피곤해지지 않도록 취침 시간을 15분씩 점차 늦춰 6시 30분이나 7시에 재우는 방법을 시도해 볼 수는 있지만, 아기의 신체 시계가 저항을 한다면 6시로 취침 시간을 유지해야 한다. 차라리 엄마가 좀더 일찍 자고 일찍 일어나도록 하자!

는 양을 주의 깊게 지켜볼 필요가 있다. 4개월이나 4개월 반이 되면 4 시간 간격으로 먹을 것이다. 단 미숙아는 예를 들어, 달력 나이로 4개월이라고 해도, 6주 먼저 태어났다면 성장 발달은 2개월 반인 아기와 같다(194쪽과 231쪽의 상자글 참고).

아침에 너무 일찍 깨는가? 이 무렵에 어떤 아기는 눈을 뜨자마자 먹을 것을 찾으면서 울지 않고 옹알이를 하다가 아무도 오지 않으면 혼자 다시 잠이 든다. 여기서 아기의 신호를 읽는 것이 중요하다. 아기가 배가 고파서 울면 수유를 해야 한다. 수유를 하고 곧바로 다시 재운다. 만일 다시 잠이 들지 않으면 '안아주기/눕히기'를 해서 재워야 한다. 낮에 먹는 양을 늘리고 3시간 주기를 4시간 주기로 바꾸면 조만간 깨는 시간이 일정해질 것이다. 양껏 먹지 않는다면 배가 고파서가 아니라 단지 위안을 받기 위해 젖을 빨고 있는 것이다. 지금까지 아기가 아침에 일어나서 울면 그때마다 엄마가 곧바로 달려가서 수유를 해 왔는가? 그렇다면 아기는 엄마를 깨워서 엄마젖이나 젖병을 요구하는 나쁜 습관이 든 것이다. 수유를 하는 대신 '안아주기/눕히기'를 해야 한다.

'안아주기/눕히기'는 어떻게 하나?

위에서 기술한 기본적인 절차에 앞서 강보를 다시 싸는 것으로 시작한다. 아기를 침대에 눕히고 위로의 말과 다독임으로 진정을 시킨다. 아기가 울면 안는다. 울음을 그칠 때까지 안고 있되 4~5분을 넘기지 않는다. 아기가 등을 뒤로 휘거나 엄마를 밀어내면 실랑이를 하지 말고 다시 눕힌다. '쉬쉬-다독이기'를 한다. 아기가 울면 다시 안는다. '안아주기/눕히기'는 3~4개월이 된 아기의 경우 평균 20분 정도 걸린다. 이 시기에는 임기응변식 육아에 익숙해졌다고 해도 그다지 버릇이 깊게 들지는 않았을 것이다. 하지만 퍼버법을 시도했다가 아기의 신뢰를 잃어버렸다면 좀더 오래 걸릴 수 있다.

낮의 일과를 변화시켜서 밤의 수면 문제를 해결한다

4개월(또는 그 이상)이 된 아기가 3시간 주기의 E.A.S.Y. 일과를 계속하면 낮잠이 불규칙해지고 밤에 자주 깬다. 저절로 주기가 길어지지 않으면 엄마가 도와주어야 한다. (67~75쪽에서 E.A.S.Y.를 처음 시작하는 법을 배울 수 있다.)

특별히 4개월 아기를 위해 만든 다음 계획안은 3일 간격으로 시간을 늘려 가는 것이다. 만일 이미 낮잠을 잠깐 자고 일어나는 습관이 들었다면 좀더 시간이 걸릴 수 있다. 중요한 것은 올바른 방향으로 계속 나아가는 것이다. 이 계획안 다음에 나오는 링컨의 이야기에서는 주기를 바꾸고 '안아주기/눕히기'를 사용해서 낮잠 시간을 늘리는 과정을 볼 수 있다.

1일에서 3일까지

아기의 3시간 주기 일과를 관찰하면서 얼마나 많이 먹고 얼마나 오래 자는지 알아보자. 3개월이면 보통 하루 다섯 끼를 먹는다(7시, 10시, 1시, 4시, 7시에). 295쪽에 '이상적인' 하루 일과가 나오지만 아기에 따라 조금씩 달라질 수 있다. (간단히 하기 위해서 수유, 활동, 수면 시간만 넣고 Y는 생략했다.)

4일에서 7일까지

7시에 일어나면 수유를 하고, 오전 활동 시간을 15분 늘리고, 다음 수유부터 15분씩 늦춘다. 예를 들어, 두 번째 수유는 10시 15분이 되고, 세 번째 수유는 1시 15분이 된다. 아직 낮잠을 3번(1시간 30분, 1시간 15분, 2시간) 자고, 30~45분의 토끼잠을 1번 자지만 낮잠 사이의 간격이 점차로 길어질 것이다. 즉, 깨어 있는 시간이 점점 길어진다. 낮잠 시간을 늘리기 위해서는 '안아주기/눕히기'를 사용한다.

8일에서 11일까지

아기가 아침에 깨서 먹는 7시 수유를 계속하되, 오전 활동 시간을 다시 15분 더 늘린다. 따라서 이후의 수유도 15분씩 늦어져서 두 번째 수유는 10시 30분, 세 번째 수유는 1시 30분이 된다. 또한 늦은 오후에 자는 토끼잠을 며칠 동안 생략하고 3번의 낮잠 시간을 오전에 약 1시간 30분과 1시간 15분, 오후에 2시간으로 늘린다.

토끼잠을 생략하면 저녁에 아기가 매우 피곤해 할 것이다. 그렇다면 7시 30분이 아니라 6시 30분에 일찍 재운다.

12일에서 15일까지(또는 그 이상)

이제 오전 활동 시간을 30분 더 늘리기 시작한다. 이후의 수유도 30분씩 늦어져서 두 번째 수유는 11시, 세 번째 수유는 2시 등이 된다. 계속해서 늦은 오후의 토끼잠은 생략하고, 3번의 낮잠 시간을 늘려서 오전에 2시간과 1시간 30분, 오후에 1시간 30분을 자게 한다. 엄마들은 이때가 가장 힘들 것이다. 하지만 꿋꿋하게 계속해야 한다. 다시 말하지만, 아기가 토끼잠을 못 자서 피곤해 하면 저녁에 좀더 일찍 재운다. 만일 집중 수유를 해 왔다면 취침 전 7시에 배를 채워서 재운다.

"하지만 트레이시, 아기가 먹다가 잠이 들지 않도록 하라면서요." 하고 항의할지도 모른다. 맞다. 먹다가 잠이 들게 하는 것(젖병이나 엄

마젖에 의지해서 잠이 들게 하는 것)은 임기응변식 육아다. 먹다가 잠이
드는 아기는 다른 방법으로는 잠을 자지 못하며 밤에 자주 깬다. 먹
다가 잠이 드는 것은 밤에 5~6시간을 깨지 않고 자도록 취침 전 수
유와 꿈나라 수유(아기가 자고 있을 때라도)를 하는 것과 분명한 차이
가 있다. 나는 수유를 하고 목욕을 시킨 후에 재우는 방법을 제안하
지만 순서를 바꿔서 먼저 목욕을 시켜도 된다. 이것은 아기에게 달려
있다. 어떤 아기는 목욕을 하면 흥분을 하므로 수유 전에 하는 것이
낫고, 어떤 아기는 나른해져서 수유를 하다가 잠이 들기도 한다. 따
라서 아기에게 적당한 방법으로 하면 된다. 어떤 식이든지 7시에 하
는 수유는 먹으면서 잠이 들게 하는 임기응변식 육아와 다르다.

1~3일	4~7일	8~11일	12~15일	목표
E 7 : 00	E 7 : 00	E 7 : 00	E 7 : 00	E 7 : 00, 수유
A 7 : 30	A 7 : 30	A 7 : 30	A 7 : 30	A 7 : 30
S 8 : 30 (1시간 30분)	S 8 : 45 (1시간 30분)	S 9 : 00 (1시간 30분)	S 9 : 00, 토끼잠 (2시간)	S 9 : 00, 토끼잠 (2시간)
E 10 : 00	E 10 : 15	E 10 : 30	E 11 : 00	E 11 : 00
A 10 : 30	A 10 : 45	A 11 : 00	A 11 : 30	A 11 : 30
S 11 : 30 (1시간 30분)	S 12 : 15 (1시간 15분)	S 12 : 30 (1시간 45분)	S 12 : 45 (1시간 30분)	S 1 : 00(2시간)
E 1 : 00	E 1 : 15	E 1 : 45	E 2 : 15	E 3 : 00
A 1 : 30	A 2 : 00	A 2 : 15	A 2 : 45	A 3 : 30
S 2 : 30 (1시간 30분)	S 2 : 45(2시간)	S 3 : 00, 토끼잠 (2시간)	S 3 : 30 토끼잠(1시간 30분)	S 5 : 00~6 : 00 토끼잠(30~45분)
E 4 : 00	E 4 : 15	E 4 : 30	E 5 : 00, 수유	E, A, S 7 : 30까지 수유, 목욕, 취침
A 4 : 30	A 4 : 45	A 5 : 00	A 목욕	E 11: 00 꿈나라 수유
S 토끼잠(30~45분)	S 토끼잠 (30~45분)	S 토끼잠 생략!	S 6 : 30~7 : 00 취침	
E, A 7 : 00 수유와 목욕	E, A 7 : 15 수유와 목욕	E, A, S 6 : 30~7 : 00 수유, 목욕, 취침	E 11 : 00 꿈나라 수유	
S 7 : 30	S 7 : 30	E 11 : 00 꿈나라 수유		
E 11 : 00 꿈나라 수유	E 11 : 00 꿈나라 수유			

편집자주 : 설명과 표 내용이 일치하지 않습니다. 이에 대해 미국 독자들도 출판사와 공저자에게 질문했지만 (트레이시 호그는 이미 세상을 떠났기 때문에)확답을 받지 못한 상태입니다.

목표

이 시점에서 오전 수유는 제시간(7시와 11시)에 한다. 3일에서 1주일에 걸쳐서(또는 그 이상) 오후 수유를 조정한다. 2번의 오후 수유를 15~30분씩 늦추어서 이제 2시 15분과 6시에 한다. 깨어 있는 시간이 늘어나면서 토끼잠이 필요할 것이다. 이런 식으로 계속하면 표에서 보듯이, 5번의 수유가 마침내 4번이 된다. 7시, 11시, 3시, 7시에 수유를 하고 꿈나라 수유를 한다. 낮잠은 오전에 2시간, 오후에 2시간 30분, 늦은 오후에 토끼잠을 잔다. 또한 깨어 있는 시간이 길어지면서 한 번에 2시간까지 깨어 있게 된다.

4개월 아기의 사례 연구 4시간 주기의 일과에 맞추기

메이는 3개월 반이 된 링컨 때문에 가족들 모두 고생이 이만저만이 아니라고 하소연을 했다. "아기가 혼자서는 잠이 들지 않고 밤에 깨면 다시 자지 않아요. 깨어 있는 상태로 아기침대에 눕히면 끝없이 웁니다. 보채는 정도가 아니라 비명을 지릅니다. 혼자 울다 지치게 하면 안 된다고 생각해서 방에 들어가 달래도 소용이 없습니다. 젖병 외에 다른 것은 원하지 않아요. 낮잠은 자지만 불규칙합니다. 아예 낮잠을 자지 않는 날도 있어요. 밤에도 자다가 깹니다. 하지만 같은 시간에 깨지 않습니다. 5~6시간 자고 일어나서 177cc 정도 먹고 다시 잠이 들어서 2시간 정도 더 잡니다. 때로는 30~59cc밖에 먹지 않습니다." 메이는 자신이 잠이 부족할 뿐 아니라 인내심을 잃어 가고 있다고 걱정했다. "큰 아이 타미카를 키울 때와 딴판입니다. 타미카는 지금 4살인데, 3개월 때부터 밤새 잘 잤고 항상 낮잠을 충분히 잤죠. 링컨은 왜 이러는지 모르겠습니다."

링컨이 얼마나 자주 먹느냐고 물었더니 3시간마다 먹는다고 했다. 하지만 내가 보기에 링컨은 일과가 불규칙한 것 같았다. 또한 깨는 시간이 불규칙하고 5~6시간 자고 나서 177cc를 먹는 것을 보면 급성장기를 통과하고 있었다. 우선 낮에 먹는 양을 늘려서 급성장기 문제를 해결하는 것이 필요했다. 하지만 일과가 불규칙하기 때문에 엄마가 링컨의 신호를 잘 읽지 못하고 있을 뿐 아니라 임기응변식 육아를 하는 문제도 있었다. 링컨은 두 가지 버팀목(엄마와 젖병)에 의지하고 있었다. E.A.S.Y.를 통해 아기를 충분히 먹이고 아기 울음과 신체 언어를 읽을 수 있도록 해야 했다.

링컨은 4개월이 다 되었으므로 3시간 일과를 4시간 일과로 바꿔야 했다. '안아주기/눕히기'를 해야 하는데, 2주일 이상 걸릴 수 있다고 나는 메이에게 경고했다. 링컨이 4개월이 되려면 2주가 남았으므로 4시간 일과에 즉시 적응하지 못할 수도 있었다. 그래서 점차적으로 수유 간격을 늘려 가야 했다. 특히 수유 패턴이 불안정했다. 293~296쪽에는 내가 수백 건의 유사한 사례에서 사용했던 계획안이 나와 있다. 수유 시간을 처음에는 15분씩, 그 다음에는 30분씩 이틀 간격으로 늦추었다. 또한 활동 시간(A)을 30분 늘렸다. 이런 식으로 40분씩 4번 자던 낮잠을 2번 충분히 자고, 1번 토끼잠을 자는 것으로 바꿀 수 있었다.

이 과정에서 일과를 기록한 것이 큰 도움이 되었다. 아침에 항상 7시에 깨우고 저녁 7시나 7시 30분에 재우고 11시에 꿈나라 수유를 했다. 하지만 활동 시간을 늘리면서 수유와 낮잠 시간이 15분에서 30분씩 늦추어졌다. 나는 4개월 이상의 아기가 처음 E.A.S.Y.를 시작할 때(67~75쪽 참고)는 예외적으로 시계를 보라고 제안한다. 특히 부모가 아기의 신호를 읽지 못할 때 시간을 추적해 보면 아기가 무엇을 필요로 하는지 알 수 있다. 이 시기에 부모들은 종종 아기가 피곤한지 아니면 배가 고픈지를 몰라서 계속 수유를 하는 경향이 있다.

나는 메이에게 링컨의 수면 패턴이 너무 불안정하기 때문에 새로운 일과에 금방 적응하기 어려울 수 있다고 말했다. 훈련을 시켜야 했다. 낮잠을 잠깐 자고 깨어나거나(예를 들어, 1시간 30분이 아니라 40분을 자고 깼을 때), 밤에 깨서 다시 잠을 자지 않거나, 아침 기상 시간을 늦출 때 '안아주기/눕히기'를 사용했다.

당연히 링컨은 새로운 일과에 저항했다. 첫날에는 7시에 깨어나 순조로운 출발을 했다. 메이는 평소처럼 수유를 했다. 8시 30분이 되자 링컨이 하품을 하고 조금 피곤해 보였지만 나는 8시 45분까지 깨워 두라고 했다. 링컨은 8시 45분까지 깨어 있다가 잠이 들었는데, 40분만에 다시 깼다. 원래 낮잠을 오래 자지 않았을 뿐 아니라 평소보다 오래 깨어 있었기 때문에 무척 피곤했을 것이다. 항상 나는 잠이 오는 신호가 보이면 침대로 데려가라고 하지만 이 경우에는 링컨의 신체 시계를 조정해야 했다. 활동 시간을 늘리기 위해 좀더 깨워 두되 너무 피곤해지지 않도록 균형을 유지해야 했다. 보통 4개월이 되면 활동 시간을 15분에서 30분까지 늘릴 수 있다.

목표는 낮잠 시간을 적어도 1시간 30분까지, 결국에는 2시간까지 늘리는 것이었다. 그래서 링컨이 9시 30분에 깨어났을 때 '안아주기/눕히기'를 해서 좀더 재우게 했다. 그것은 첫 시도였기 때문에 1시간 가까이 하다가 수유 시간이 되고 말았다. 나는 메이에게 그만하고 방에서 아기를 데리고 나오라고 했다. 하지만 원래 그 시간은 링컨이 잠을 자야 하는 시간이어서 활동 시간을 아주 차분하고 평온하게 유지하도록 했다. 다음 수유 시간인 10시가 되자 링컨은 피곤해져서 투정을 부렸다. 하지만 우느라 배가 고파져서 양껏 먹었다. 이제 다음 낮잠 시간인 11시 30분까지 깨워 두는 것이 문제였다. 메이는 링컨을 깨워 두기 위해 수유 도중에 기저귀를 갈아 주기도 하고, 잠이 오는 것처럼 보이면 입에서 젖병을 빼고 똑바로 앉혀 놓기도 했다. 아기들은 대부분 똑바로 앉혀 놓으면 인형처럼 눈을 반짝 뜬다.

11시 15분이 되자 링컨은 정말 피곤해졌다. 메이는 4S 취침의식을 시작했고 젖병을 주지 않고 재우려고 했다. 다시 '안아주기/눕히기'를 해야 했다. 이번에는 처음보다 '안아주기/눕히기'를 덜했지만 12시 15분이 되어서야 잠이 들었다. "1시가 되면 아기를 깨우세요." 하고 나는 다짐을 받았다. "아기의 몸을 일과에 맞춰야 한다는 것을 기억하세요."

메이는 반신반의하면서도 어쩔 수 없이 내 지시를 따랐다. 마침내 3일 만에 변화가 보이기 시작했다. 아직 갈 길이 멀었지만 이제 아기는 좀더 빨리 잠이 들었다. 메이는 계획대로 계속했고 후퇴를 하는 날도 있었지만 11일째가 되자 적어도 상황이 개선되고 있는 것이 눈에 보였다. 아기는 전처럼 조금씩 자주 먹지 않고 먹을 때 좀더 많이 먹었다. 또한 '안아주기/눕히기'를 하는 횟수도 점점 줄어들었다.

메이는 지치고 힘들었다. 하지만 일지를 기록하면서 조금씩 나아지고 있는 것을 눈으로 확인하면서 힘을 얻었다. 링컨은 새벽 2시 30분에 일어나서 꿈나라 수유를 하고 4시 30분에 깼지만 노리개젖꼭지를 물려 주면 1시간을 더 잤다. 5시 30분에 깨면 수유를 하고 '안아주기/눕히기'를 해서 다시 재웠다. 40분이나 걸려서 잠이 들었지만 7시까지 잤다. 사실은 7시가 되어도 여전히 자고 있었다. 메이는 계속 재우고 싶었지만(그리고 자신도!) 출발선을 확실하게 지켜야 한다는 말을 기억했다. 만일 7시가 넘도록 자게 하면 새로운 일과를 지킬 수 없고 지금까지 한 모든 노력이 헛수고로 돌아갈 터였다.

14일째, 활동 시간이 길어졌고 오전과 오후의 낮잠 시간은 적어도 1시간이 되었다. 아기는 잠이 들기 위해 젖병을 더 이상 요구하지 않았고, '안아주기/눕히기'도 할 필요가 없었다. 잠을 자다 깨어나도 엄마가 손을 얹기만 하면 다시 잠이 들었다.

4개월에서 6개월까지 오래된 문제를 해결하다

아기의 운동 능력이 발전하면 기동성이 수면에 방해가 될 수 있다. 아기는 팔다리와 손을 훨씬 더 자유자재로 움직이면서 손을 뻗어 물건을 잡고 상체가 좀더 강해진다. 무릎을 세우기 시작하고 앞으로 기어간다. 침대 한가운데 눕혀 놓고 나왔다가 몇 시간 후에 들어가 보면 구석에 처박혀 있다. 화가 나면 무릎을 세우고 상체를 들어 올리려고 한다. 피곤할 때는 울음소리가 서너 단계까지 점점 올라간다. 한번 울기 시작하면 점점 크게 울다가 최고조에 도달하면 다시 내려간다. 만일 임기응변식 육아로 생긴 버릇을 바꾸려고 하거나, 신호를 놓쳐서 아기가 지나치게 피곤해지면 여러 가지 신체 언어를 보일 것이다. 안으려고 하면 등을 뒤로 휘거나 발로 밀어내기도 한다.

공통적인 문제점

많은 문제들이 이전 단계에서 해결되지 않은 것들이다. 아기가 움직이다가 잠에서 깼을 때 다시 잠이 드는 법을 배우지 못한 것도 역시 밤에 깨어나는 원인이다. 어떤 부모들은 이 시기에 일찍 고형식을 먹이거나 죽을 젖병에 넣어서 먹이면 어떨까 생각한다. 하지만 고형식을 먹는다고 더 잘 자는 것은 아니며(190쪽 상자글 참고), 더구나 임기응변식 육아의 치료법이 될 수는 없다. 수면 문제는 배를 채운다고 해결되는 것이 아니다. 자는 법을 가르쳐야 한다. 잠깐 자다 깨는 아기에게 다시 잠이 드는 법을 가르치지 않으면 낮잠을 너무 짧게

> **미신 : 늦게 자면 늦게 일어난다**
>
> 아기가 너무 일찍 일어난다고 불평하는 엄마들에게 뜻밖에도 많은 소아과 의사들이 "그러면 아기를 좀더 늦게 재우세요."라고 조언한다는 이야기를 들었다. 하지만 그렇게 하면 아기가 너무 피곤한 상태로 잠자리에 들게 된다. 아기는 잠이 오는 신호가 보이면 재워야 한다. 너무 피곤하면 자다가 보채고 아침에도 일찍 깨어난다.

자는 것이 습관이 될 수 있다.

핵심 질문

나는 이전 단계에서 했던 것과 같은 질문을 한다. 또한 "아기가 낮잠을 항상 짧게 잤는가, 아니면 최근에 생긴 문제인가?"라고 묻는다. 만일 최근에 생긴 문제라면 가정에 무슨 일이 일어나고 있는지, 아기가 얼마나 잘 먹는지, 새로운 사람들을 만나거나 새로운 활동(320쪽 '낮잠에 대해 몇 마디' 참고)을 시작했는지 질문한다. 만일 다른 문제가 없다면 "아기가 낮잠을 잔 후에 보채고 기분이 언짢아 보이는가?", "밤에 잘 자는가?"라고 묻는다. 만일 낮에 잘 놀고 밤에 잘 잔다면 단지 아기의 바이오리듬이 오랜 낮잠을 필요로 하지 않는 것일 수 있다. 하지만 낮에 보챈다면 잠이 부족한 것이므로 '안아주기/눕히기'를 사용해서 낮잠 시간을 늘려야 한다.

헛울음

아기가 3~4개월이 되면 엄마는 아기가 보내는 신호(신체 언어, 여러 가지 울음)와 성격을 이해해야 한다. 도움을 구하는 절박한 울음과 내가 '헛울음'이라고 부르는 것을 구별할 수 있어야 한다. '헛울음'이란 대부분의 아기들이 진정을 할 때 한바탕 터트리는 울음이다. 헛울음을 울 때는 안지 말고 아기가 혼자 진정을 할 수 있는지 지켜볼 필요가 있다. 하지만 진짜 울음을 울 때는 "도움이 필요하다."고 말하는 것이므로 어떤 문제가 있는지 살펴봐야 한다.

'안아주기/눕히기'의 성공은 일부 진짜 울음과 헛울음을 구별하는 것에 달려 있다. 헛울음은 아기에 따라서 다르므로 각자 자신의 아기가 어떤 식으로 우는지 알아야 한다. 신체적으로 피곤하면 눈을 깜빡거리고 하품을 하며, 지나치게 피곤할 때는 팔다리를 버둥거린다. 또한 "와 와 와." 하고 우는데, 마치 주문을 외우듯이 강도와 높이가 일정하다. 반면, 진짜 울음은 보통 점점 더 크게 운다.

'안아주기/눕히기' 하기

만일 아기가 매트리스에 머리를 박거나, 머리를 흔들거나, 무릎을 세우거나, 양옆으로 구를 때는 바로 안지 말자. 그랬다가는 엄마 가슴을 발로 차고 머리카락을 잡아당길 것이다. 대신 조용하고 다정한 목소리로 이야기를 계속하자. 아기를 안으면 2~3분을 넘기지 않는다. 아기가 여전히 울고 있다고 해도 다시 눕힌다. 그 다음에 다시 안아 올려서 같은 식으로 반복한다. 이 시기에 습관을 바꾸려고 하면 아기가 신체적인 저항을 하기 쉬운데, 부모들은 흔히 아기를 너무 오래 안고 있는 실수를 한다(303~304쪽에 나오는 사라의 이야기 참고). 아기가 저항을 하면 내려놓아야 한다. 예를 들어, 아기가 머리를 숙이고 팔다리로 엄마를 밀어내면 "알았어, 내려 줄게." 하고 말하고 내려놓는다. 아마 아기는 울음을 그치지 않을 것이다. 곧바로 다시 안는다. 아기가 또 저항을 하면 다시 침대에 눕힌다. 아기가 진정을 하기 시작하면 헛울음으로 바뀔 것이다. 그러면 아기를 똑바로 눕히고 작은 손을 잡고 말하자. "그래, 그래, 진정해, 쉬쉬. 금방 잠이 올 거야. 그래, 그래, 괜찮아. 네가 힘든 거 알아."

5개월 정도의 아기를 가진 부모들은 종종 말한다. "아기를 안으면 잠잠해집니다. 그래서 내려놓으려고 하면 손을 떼기도 전에 울기 시작합니다. 이럴 때는 어떻게 해야 하죠?" 아기를 완전히 눕히고 손을 뗀 다음 "알았어. 다시 안아 줄게."라고 말하자. 안 그러면 아기가 눕지 않으려고 우는 법을 배울 것이다. 아기를 완전히 침대에 내려놓고 나서 다시 안아야 한다.

4개월에서 6개월까지 아기의 사례 연구 너무 오래 안고 있기

로나는 사라가 처음 4개월까지는 잘 자다가 5개월이 되어서 문제가 생겼다고 전화를 했다. "아기가 울 때마다 안아 주었습니다." 엄마가 말했다. "그런데 지금은 밤에 깨면 1시간씩 잠을 자지 않습니다. 계속 아이 방에 들어가 봐야 합니다. 진정을 시켜 놓고 나오면 몇 분 후에 다시 들어가야 합니다." 나는 로나에게 사라가 처음 밤에 깼을 때 어떻게 했는지 물었다. "밤에 깨지 않던 아이라서 처음에 무척 놀랐습니다. 그래서 남편과 함께 무슨 일이 있는지 달려 들어갔죠. 큰일이라도 난 줄 알았어요."

나는 아기가 "내가 이렇게 울면 엄마 아빠가 달려오는구나." 하고 깨닫는 것은 그렇게 오래 걸리지 않는다고 설명했다. 그리고 잠이 드는 것과 버팀목(엄마나 아빠가 사라를 안아 주는 것)을 연결하는 것도 오래 걸리지 않는다. '안아주기/눕히기'와는 달리, 필요 이상으로 달래 주고 안아 주기 때문이다. 이 단계에서는 특히 아기를 너무 오래 안고 있지 않는 것이 중요하다.

나는 부모들이 "우리 아기는 지금까지……."라는 식으로 말하면 위험 신호라는 것을 안다. 아기의 수면에 영향을 주는 어떤 일이 일어난 것이다. 로나에게 가정에 다른 변화가 없었는지 물었더니 아니나 다를까 상당한 변화가 있었다. "아기 방을 옮겼습니다." 로나가 설명했다. "하지만 처음 이틀 밤은 잘 잤어요. 그 후에 깨기 시작했죠." 그녀는 잠시 멈추었다가 나를 쳐다보면서 말했다. "아 참, 그리고 제가 다시 파트타임으로 일을 하기 시작했습니다. 월요일에서 수요일까지요."

5개월 아기에게는 아주 큰 변화였다. 하지만 적어도 엄마 아빠는 열심히 힘을 합쳐서 문제를 해결하고자 했다. 우리는 모두가 쉬는 주말에 시작했다. 그리고 낮에 로나가 집에 없는 동안 사라를 돌보는 사람도 함께해야 했다. 수면 전략은 1주일 내내 밤낮으로 꾸준히 실행을 하지 않으면 효과가 없다. 로나의 친정어머니가 딸이 직장에서 일하는 동안 아기를 돌봐 주었으므로 나는 친정어머니도 오라고 했다. 지금까지는 사라가 밤에만 깼지만 가정에 변화가 많아서 낮잠 자는 데도 문제가 생길 가능성이 있었다. 나는 세 사람 모두에게 계획안을 설명하는 것이 좋겠다고 생각했다.

아기는 엄마가 지금까지 하던 방식에 익숙했으므로 나는 아빠에게 먼저 '안아주기/눕히기'하는 법을 가르쳤다. 그는 금요일과 토요일 밤에 하기로 하고 로나는 도와주지 않기로 했다. 그리고 그 다음 이틀은 로나가 '당번'을 하기로 했다. "만일 아기 방에 들어가서 남편을 돕고 싶다면 아예 집에서 떠나 있는 것이 좋습니다. 친정에 가서 주무세요." 내가 제안했다.

지금까지 아기가 깨는 것도 모르고 쿨쿨 잠을 자거나 침대에 누워만 있던 아빠에게는 쉽지 않은 일이었다. 원래 불침번은 로나의 소관이었다. 하지만 이제 아빠는 열심히 참여하고자 했다. 그는 아기가 잠이 들 때까지 60번 이상 안았다가 눕혔다가 해야 했지만 마침내 성공을 하고 스스로 대견하게 느꼈다. 다음 날 밤에는 10분 만에 사라를 다시 재울 수 있었다. 일요일 아침에 내가 확인 차 들렀을 때 로나는 처음에 남편이 할 수 없을 줄 알았다고 말했다. 그녀는 신이 나서 남편에게 하루 더 하라고 제안했다. 일요일 밤에 아기는 잠투정을 했지만 그러다가 혼자 잠이 들었다. 아빠는 아기 방에 들어갈 필요가 없었다.

다음 3일 동안 사라는 깨지 않고 잤다. 하지만 목요일 밤에 다시 깼다. 내가 후퇴가 있을 것이라고 경고했으므로—습관적으로 깨는 아기들이 그렇듯이—로나는 적어도 마음의 준비를 하고 있었다. 그날은 '안아주기/눕히기' 3번으로 재울 수 있었다. 몇 주 후에는 사라가 밤에 깨는 일이 먼 추억으로 남게 되었다.

6개월에서 8개월까지 신체 발달의 영향

아기는 이제 신체적으로 비약적인 발달을 한다. 혼자 앉을 수 있게 되고 아마 일어설 수 있을지도 모른다. 4개월 말이 되면 밤에 6~7시간을 깨지 않고 잔다. 또한 이즈음에 고형식을 먹이기 시작한다. 7~8개월이 되면 꿈나라 수유를 중지하고 177~237cc씩 수유를 한다. 또 아기는 고형식을 상당히 많이 먹을 것이다. 꿈나라 수유를 갑자기 중지하면 수면 문제가 생길 수 있다. 따라서 밤 수유를 생략하기 전에 낮에 먹는 양을 점차 늘려 간다(168쪽의 상자글에서 꿈나라 수유를 점차적으로 끊는 계획안 참고).

공통적인 문제점들

아기의 운동 능력이 수면에 방해가 될 수 있다. 자다가 깨서 다시 잠이 들지 않으면 침대에서 일어나 앉거나 서기도 한다. 아직 다시 잠을 청하는 법을 터득하지 못했다면 당황해서 엄마를 부를 것이다. 부모가 이 상황에 잘못 대처하면 임기응변식 육아가 시작될 수 있다. 또한 고형식을 먹고 배가 아플 수도 있다(새로운 음식은 아침에 주어야 하는 이유다). 젖니가 나오거나 예방 접종을 해도 수면 시간이 바뀔 수 있다.

> ### 아기침대에서 놀게 하기
>
> 만일 아기가 자기 침대를 싫어한다면 자는 시간이 아니어도 침대에서 놀게 하자. 침대에 장난감을 넣어 준다(잘 때는 모두 꺼내는 것을 잊지 말자). 까꿍놀이를 한다. 처음에는 아기 방에서 함께 시간을 보낸다. 예를 들어, 옷 정리를 하면서 계속 아기에게 말을 건다. 아기가 장난감을 갖고 놀면서 침대를 감옥이 아니라 즐거운 곳으로 여기기 시작하면 엄마가 마침내 방에서 나올 수 있을 것이다. 하지만 너무 강요하지 말고 우는 아기를 혼자 내버려 두지 말자.

또한 어떤 아기는 7개월에 분리불안이 시작되고, 이것은 밤잠보다 낮잠에 영향을 준다. 하지만 보통의 경우 불리불안 증세는 좀더 나중에 나타난다(311쪽 '8개월에서 1년까지' 참고).

핵심 질문

아기가 매일 밤 같은 시간에 일어나는가, 아니면 아무 때나 깨는가? 밤에 한두 번씩 깨는가? 깨서 우는가? 엄마가 즉시 달려가는가? 아기가 밤에 자다가 불규칙하게 깨는 이유는 보통 급성장기를 통과하고 있거나 낮에 먹는 양이 충분하지 않기 때문이라고 앞에서 설명했다. 따라서 우선 낮에 먹는 양을 늘려야 한다(254~255쪽 참고). 반면에 같은 시간에 습관적으로 깨는 것은 대개 임기응변식 육아의 결과다(244쪽 참고). 아기가 자랄수록 습관을 바꾸기가 어려워진다. 만일 하룻밤에 한 번만 깬다면 5장에서 설명한 깨워서 재우기 방법을 시도해 보자(245쪽 상자글 참고). 예를 들어, 새벽 4시에 깬다면 마음을 졸이면서 그 시간이 될 때까지 기다리지 말고, 1시간 먼저 들어가서 아기를 깨운다! 만일 하룻밤 사이에 몇 번씩 깬다면 아기의 신체시계가 아기를 깨우고 있고, 또 아기가 뒤척거리는 순간에 엄마가 달려가기 때문이다. 몇 달 동안 그렇게 해 왔다면 '안아주기/눕히기'로 버릇을 고치는 것이 필요하다. 아기가 피곤해 보이면 곧바로 취침의식을 시작하는가? 6개월이 되면 아기의 수면신호를 알아야 한다. 환경을 변화시켰는데도 아기가 계속 보채는 것은 피곤하기 때문이다. 항상 해 왔던 것처럼 같은 방식으로 아기를 재우고 있는가? 아기가 항상 이런식이었는가? 전에는 어떤 방법으로 아기를 재웠는가? 만일 새로 생긴 문제라면 나는 아기의 하루 전체에 대해 질문을 한다. 일과가 어떻게 되는지, 어떤 활동을 하고 있

아기침대에 들어가기

아기가 자기 침대를 무서워하거나 따뜻한 체온을 느껴야 진정이 된다면 나는 때로 아기침대 안으로 들어간다(310쪽 켈리 이야기 참고). 아니면 적어도 아기 옆에 상체를 눕힌다. 하지만 체중이 68kg 이상이라면 아기침대에 들어가지 말자. 그리고 키가 작은 엄마는 걸상을 놓고 올라간다. 안 그러면 넘어가다가 가슴이 난간에 걸릴 수 있다.

주의 어떤 아기는 엄마가 침대 안으로 들어가서 옆에 누우면 밀어낸다. 그런 아기에게는 이 방법이 적당하지 않다.

는지, 어떤 변화가 일어났는지 등등. 낮잠을 생략했는가? 이 시기에 아기들은 여전히 두 번 낮잠을 자야 하는데, 낮에 충분히 잠을 못 자고 있는지도 모른다. 움직임이 활발한지, 기어가고, 일어서고 하는 등 혼자 움직일 수 있는가? 어떤 종류의 활동을 하고 있는가? 자기 전, 특히 오후에는 좀더 차분한 활동이 필요하다. 고형식을 시작했는가? 아기가 먹는 음식으로 무엇을 추가했는가? 새로운 음식은 항상 아침에 먹이고 있는가?(201쪽 참고) 새로운 음식을 먹고 배탈이 날 수 있다.

'안아주기/눕히기' 하기

부모들이 "우리 아기는 안으면 더 난리를 부립니다."라고 말할 때는 보통 신체적 저항을 할 수 있는 6~8개월 사이의 아기다. 이제 '안아주기/눕히기'를 할 때 아기의 협조를 구하자. 아기를 곧바로 안는 대신 엄마가 팔을 내밀고 아기가 손을 내밀 때까지 기다리자. "아가야, 이리 와라. 안아 줄게."라고 말한다. 아기를 수평으로 안고 말한다. "괜찮아. 금방 잠이 올 거야." 아기를 흔들지 말고 곧바로 다시 눕힌다. 아기를 달래면서 눈을 마주치지 않도록 하자. 안 그러면 엄마와 놀자고 할 것이다. 아기가 팔다리를 통제할 수 있도록 도와준다. 일단 팔다리를 휘두르기 시작하면 감당이 되지 않으므로 도움이 필요하다. 6개월이 되면 강보에 싸지 않는 대신 한쪽 팔만 내놓고 나머지 몸은 담요로 두른다. 편안하면서 단단히 둘러 주면 아기가 잠이 드는 데 도움이 될 것이다

아기가 일단 진정이 되기 시작하면 자기 위안을 할 것이다. 헛울음을 울 것이다(301쪽 상자글 참고). 아기에게 살며시 손을 얹고 안심을 시킨다. 쉬−소리를 내거나 다독거리지 말자. 이 시기에는 소리와 감각이 아기를 깨워 둘 수 있다. 아기가 다시 울면 엄마는 두 팔을 내밀

고 아기가 두 손을 내밀 때까지 기다린다. 계속 위로의 말을 한다. 아기가 엄마를 향해 두 손을 내밀면 다시 안는다. 아기가 진정이 되면 한 걸음 뒤로 물러나서 눈에 띄지 않도록 할 수 있지만 이것은 아기에게 달려 있다. 어떤 아기는 엄마가 보고 있으면 주의가 산만해져서 잠을 이루지 못한다.

6개월에서 8개월까지 아기의 사례 연구
태어날 때부터 잠이 없는 아기

"켈리는 잘 시간이 되면 악을 쓰면서 웁니다! 왜 그러는 걸까요? 뭐라고 말하는 걸까요?" 섀넌은 8개월이 된 아기를 어떻게 해야 할지 몰라서 쩔쩔매고 있었다. 켈리는 지난 몇 개월 동안 밤에 점점 더 고약해지고 있었다. "잠잠해질 때까지 안고 있다가 침대에 내려놓죠. 하지만 내려놓으면 더 난리가 납니다." 매일 저녁 섀넌은 켈리를 재우기가 무서워졌고 최근에는 낮잠 시간에도 소동이 일어났다. "침대에서나 차 안에서나 유모차에서나 잠이 들려고 하면 죽어라고 웁니다. 눈을 부비고 귀를 잡아당기는 것은 피곤하다는 신호입니다. 그러면 아기 방을 어둡게 해서 빛이 들어오지 않게 하죠. 야간등을 켰다가 꺼 보기도 하고, 음악을 틀어 주기도 합니다. 이제 더 이상 어떻게 해야 할지 모르겠습니다." 나의 첫 번째 책을 읽은 섀넌은 덧붙여 말했다. "저는 임기응변식 육아를 한 적이 없습니다. 안아 주든 침대에 눕히든 잠을 이루지 못합니다."

나는 이야기를 듣고 난감했지만 몇 가지 중요한 단서를 찾을 수 있었다. 그 중 하나, 엄마는 말하기를 "아기가 태어날 때부터 줄곧 그랬다."고 했다. 엄마는 임기응변식 육아를 하지 않았다고 생각하지만, 켈리는 엄마가 와서 구출해 주기를 바랐다. 엄마가 버팀목이었다. 물론 우는 아기를 달래는 것은 중요하지만 섀넌은 켈리를 너무 오래 안고 있었다. 나는 섀넌이 아기의 수면 신호를 살피는 것에 대해 칭찬을 했지만 그 부분에서도 너무 오래 기다리는 것 같았다. 8개월이 된 아기가 눈을 부비고 귀를 잡아당길 때는 상당히 피곤한 것이다. 좀더 일찍 조치를 취해야 한다.

아기 나이가 많을수록 목표에 도달하기 위해서는 작은 단계들을 밟아 가야 한다. 나는 섀넌에게 우선 낮잠 시간에 '안아주기/눕히기'를 사용해서 자는 법을 가르치라고 말했다. 하지만 그녀는 다음 날 내게 전화를 해서 말했다. "트레이시, 당신이 시키는 대로 해 보았지만 점점 더 자지러지게 웁니다."

켈리처럼 태어날 때부터 수면 패턴이 잘못된 아기에게는 별도의 계획안이 필요했다. 습관이 깊이 들어 있기 때문이다. 나는 다음 날 섀넌을 도우러 집으로 찾아갔다. 낮잠 시간이 되자 우리는 취침의식을 거쳐서 아기를 매트리스에 눕혔다. 엄마가 말한 대로 아기는 즉시 울기 시작했고 나는 침대 난간을 내리고 침대 안으로 들어갔다. 내 몸 전체를 아기침대 안에 구겨 넣었다. 내가 들어가자 아기는 놀란 표정을 지었다. 섀넌도 놀랐다.

옆에 누워서 나는 켈리 얼굴에 뺨을 갖다 댔다. 아기를 안지 않고 내 목소리와 존재로 아기를 달랬다. 아기가 진정을 하고 깊은 잠에 빠진 후에도 나는 그곳에 그대로 있었다. 아기가 1시간 30분 후에 깰 때까지 계속 옆에 있었다.

섀넌은 어리둥절했다. "이렇게 하면 아기를 데리고 자는 것이 아닌가요?" 나는 최종 목표는 켈리가 혼자 자도록 하는 것이지만 지금 당장은 그럴 수 없다고 설명했다. 켈리는 자기 침대를 무서워하고 있었다. 안 그러면 왜 '비명'을 지르겠는가? 따라서 아기가 깨어났을 때 누군가 옆에 있어야 했다. 그렇다고 엄마 아빠가 데리고 자게 할 수는 없었다. 그래서 차라리 내가 아기침대에 들어갔다.

좀더 자세히 캐물었더니 섀넌은 지난 몇 개월에 걸쳐서 퍼버법을 '한두 번' 시도했다가 '효과가 없어서' 포기했다고 고백했다. 이 사실은 문제를 해결하는 중요한 단서였다. 나는 즉시 수면 패턴뿐 아니라 신뢰감의 상실이 문제라는 것을 알았다. 단 두 번이었지만 퍼버법을 시도할 때마다 섀넌은 아기에게 180도 다르게 행동했다. 아기가 울다 지치게 내버려 둔 것이다. 본의 아니게 그녀는 아기를 혼란시켰다.

이런 경우에 신뢰감을 회복하기 전에는 '안아주기/눕히기'를 해도 소용이 없다. 이제 적어도 섀넌은 자신이 임기응변식 육아를 했다는 것을 알았다. 두 번째 낮잠 시간에는 내가 먼저 아기침대로 들어가서 섀넌에게 아기를 건네 달라고 했다. 그리고 켈리를 옆에 누이고 나서 침대에서 나왔다. 당연히 켈리는 울기 시작했다. "자, 자." 나는 조용한 목소리로 안심을 시켰다. "널 놔 두고 가지 않을 거다. 이제 금방 잠이 올 거야." 처음에 켈리는 악을 쓰고 울었지만 15번쯤 배를 다독거리자 잠이 들었다. 섀넌은 그날 밤에 켈리가 깼을 때 '안아주기/눕히기'를 계속했다. 아기를 안고 있는 것이 아니라 수평으로 들어 올렸다가 즉시 내려놓았다. 나는 켈리가 아기침대에서 노는 시간을 점차 늘리라고 제안했다. "침대 안에 장난감을 넣어 주세요. 깨어 있을 때 침대에 익숙해지게 하세요. 침대를 편안하게 느끼도록 하면(305쪽 상자글 참고) 엄마가 방에서 나가도 기겁을 하지 않을 겁니다."

1주일이 지나자 켈리는 자기 침대 안에서 노는 것을 좋아하기 시작했다. 잠도 훨씬 잘 잤다. 아직도 켈리는 가끔 깨어나서 엄마를 찾으며 울지만 섀넌은 이제 '안아주기/눕히기'를 사용해서 금방 재울 수 있게 되었다.

8개월에서 1년까지 최악의 임기응변식 육아

이 시기에는 많은 아기들이 기어 다니고, 어떤 아기는 걷기 시작하며 혼자 일어설 수 있다. 잠이 오지 않으면 종종 침대 안에 있는 장난감을 미사일로 사용한다. 감정이 풍부해진다. 기억력이 좋아지고 원인과 결과를 이해한다. 분리불안은 7개월부터 일어나기도 하지만 보통 이즈음에 절정에 이른다(117~121쪽 참고). 정도의 차이는 있지만 거의 모든 아기들이 분리불안을 겪는다. 이제 뭔가가 없어진 것을 인식하기 때문이다. 애착을 갖는 인형이나 담요가 없어지면 울고 떼를 쓴다. 또한 "어라, 엄마가 방에서 사라졌네. 엄마가 다시 돌아올까?" 하고 의심할 수 있다. 이제 아기가 TV에서 무엇을 보는지 신경을 써야 한다. 어떤 이미지가 기억으로 남아서 수면을 방해할 수 있기 때문이다.

공통적인 문제점

아기가 점점 약아지고 활발해지면 부모들은 아기를 좀더 늦게까지 깨워 두고 싶을지도 모른다. 하지만 7~8개월경이 되면 낮잠을 적게 자는 대신 저녁에 좀더 일찍 잠이 올 것이다. 젖니가 나거나 사회성이 발달하고 두려움을 느끼는 것도 밤에 깨는 원인이 될 수 있지만, 습관적으로 깨는 이유는 대개 임기응변식 육아가 원인이다. 때로 나쁜 습관이 좀더 확고해진 경우도 있지만, 이 시기에 새로 생기는 습관은 종종 부모들이 아기가 밤에 깼을 때 혼자 잠이 드는 법을 가르치기보다 서둘러 달려들어서 구출을 하기 때문이다. 물론 아기가 무서워하면 달래 주어야 한다. 젖니가 나는 중이라면 통증을 해결해 주어야 한다. 그리고 좀더 안아 줄 필요가 있다. 하지만 분명히 선을 그어서 지나친 반응을 하지 않도록 해야 한다. 아기는 엄마가 자신을 안쓰러워 한다는 것을 감지하면 꾀를 부리는 법을 재빨리 배운다. 이 시기에는 임기응변식 육아로 생긴 수면 문제를 해결하기가 더 어렵다. 왜냐하면 장기적인 문제들이 서로 겹치기 때문이다(316쪽의 아멜리아에 대한 사례 연구 참고).

또한 이 시기에는 일과가 불안정해지기 쉽고 집집마다 다양한 변형이 나타난다. 어떤 아기는 어떤 날은 낮잠을 오전에 자고 어떤 날은 낮잠을 생략하고 어떤 날은 오후에 잔다. 이제 대부분의 아기는 오전에 45분 정도 낮잠을 자고 오후 낮잠은 좀더 오래 잔다. 일부 아이는 1시간 30분씩 2번 자다가 3시간씩 1번 자는 것으로 바뀐다. 그 흐름을 따라가면서 몇 주일만 지나면 끝난다는 것을 기억하고 임기응변식 육아에 빠지지 않도록 해야 한다. 당장 급한 마음에 응급처방을 사용하지 않도록 주의하자. (320~323쪽, 낮잠에 대해 좀더 자세히 나온다.)

핵심 질문

질문을 하자. 어쩌다가 아기가 밤에 깨기 시작했다. 그때 엄마는 어떻게 했는가? 매일 밤 같은 시각에 깨는가? 아기가 매일 정확하게 같은 시간에 깨는 것은 십중팔구 습관이다. 만일 9개월에 들어섰는데 불규칙하게 깬다면 급성장 때문일 것이다. 이런 일이 며칠 동안 일어났다면 엄마는 계속해서 같은 식으로 해 왔는가? 아기를 데리고 자지는 않았는가? 나쁜 습관이 생기는 것은 2~3일로 충분하다. 아기가 깨면 젖병이나 엄마젖을 주는가? 만일 아기가 잘 먹으면 급성장일 수 있다. 안 그러면 임기응변식 육아 때문이다. 이런 일이 엄마에게만 일어나는가, 아니면 아빠에게도 마찬가지인가? 종종 엄마 아빠 중에 한 사람은 분리불안이라고 하고 다른 사람은 아니라고 말한다. 때로 엄마는 아빠보다 자신이 아기를 더 잘 다룬다고 생각한다. 누가 맡아서 아기를 재울 것인지 결정해야 한다. 두 사람이 협력하고 이틀씩 교대하면 가장 바람직하다(330쪽, 226쪽 상자글 참고). 그러자면 두 사람이 아기를 재우는 시간에 함께 집에 있고 의기투합해야 한다. 하지만 만일 한 사람이 아기를 너무 오래 안고 있거나 취침 시간을 지키지 않거나 버팀목을 사용해서 아기를 재우거나 하면 결국 수면 문제로 이어진다. 아기가 좀더 컸다고 해서 더 늦게까지 깨워 두는가? 그러면 지금까지 수립한 자연스러운 수면 패턴이 무너질 수 있다. 젖니가 나고 있는가? 아기가 얼마나 잘 먹고 있는가? 때로 젖니가 한꺼번에 나오기도 한다. 어떤 아기는 젖니가 날 때 몸살이 나고 콧물이 흐르고 엉덩이가 짓무르고 잠을 설친다. 음식을 거부하고 밤에 배가 고파서 깨기도 한다. 하지만 어떤 아기는 아무 증상을 보이지 않다가 어느새 이가 나와 있는 것을 보게 된다.

만일 두려움 때문에 잠을 못 자는 것이 아닌지 의심이 되면, 나는 다음과 같은 질문을 한다. 아기가 고형식을 먹다가 목에 걸린 적이 있는가? 최근에 뭔가에 놀란 적은 없는가? 새로운 놀이 그룹에 참여하기 시작했는가? 그렇다면 누가 아기를 괴롭히지 않았는가? 가정에 어떤 변화가 있는가? 유모가 바뀌거나, 엄마가 직장에 다시 나가거나, 이사를 했는가? 대개는 새로운 어떤 변화가 시작되었거나 진행 중이다. TV나 비디오에서 새로운 뭔가를 보여 주었는가? 아기는 이미지를 기억했다가 나중에 두려움을 느낄 만큼 자랐다. 아기침대에서 어린이침대로 옮겼는가? 많은 사람들이 1년이 되면 어린이침대로 바꾸는 것이 좋다고 생각하지만 내 생각에는 너무 이르다(346쪽 '어린이침대로 바꾸기'에 대해 참고).

'안아주기/눕히기' 하기

아기가 엄마를 찾으면서 울면 방에 들어가 봐야 하지만 아기가 일어설 때까지 기다린다. 8개월에서 12개월이 된 아기는 안아 주지 않아도 좀더 빨리 스스로 진정을 할 수 있다. 따라서 웬만해서는 아기를 안지 말자. 사실 나는 아기가 10개월이 넘으면 안지는 않고 눕히기 부분만 한다(355쪽 참고). 키가 작은 엄마는 걸상을 놓고 올라가면 아기를 안기 쉬울 것이다.

아기를 눕힐 때 침대 옆에 서서 한쪽 팔은 아기 무릎 아래에 놓고, 또 다른 팔은 등에 대고 아기를 돌려서 엄마 얼굴이 아니라 반대편을 보도록 내려놓는다. 아기가 일어설 때까지 기다렸다가 아기를 들어서 즉시 같은 방식으로 다시 눕힌다. 아기 등에 손을 대고 안심시킨다. "괜찮다, 아가야. 금방 잠이 올 거야." 이 시기에는 아기가 말을 더 많이 이해하므로 목소리를 활용한다. 또한 아기가 느끼는 감정을 말로 표현해 준다. 이것은 더 이상 '안아주기/눕히기'가 필요하지 않게 된 후에도 계속한다(8장에서 좀더 자세히). "엄마는 너를 두고 가려는 것이 아니다. 네가 힘들거나, 무섭거나, 피곤하다는 것을 알고 있다." 아기는 다시 일어설 것이고 따라서 같은 과정을 여러 번 반복해야 할 것이다. 얼마나 오래 해야 하는지는 특별한 수면 문제가 생기기 전에 임기응변식 육아가 어느 정도 진행되었는지에 따라 달라진다. 같은 말로 안심시키고 "이제 잘 시간이다." 또는 "이제 낮잠 잘 시간이다."라고 덧붙인다. 이런 말에 아기가 익숙해지도록 하는 것이 중요하다. 잠자는 시간을 좋아하도록 해야 한다.

결국 김이 빠지면 아기는 일어서지 않고 앉아 있을 것이다. 아기가 일어나 앉을 때마다 다시 눕힌다. 8개월경이면 엄마가 밖에 나가도 다시 돌아온다는 것을 이해할 만큼

공기침대 사용하기

나는 '안아주기/눕히기'를 할 때 아기 방에 공기침대를 들여놓고 옆에서 캠프를 한다. 사정에 따라 하룻밤이나 1주일 또는 그 이상 해야 할 수도 있다. 이 방법은 3개월 이상의 아기에게 다음과 같은 경우에 사용한다.

★ 아기가 혼자서 자지 않을 때
★ 엄마젖을 빨지 않으면 밤에 잠을 못 자는 아기의 젖떼기를 할 때
★ 수면 패턴이 불안정하고 아기가 깰 때마다 들어가서 다시 재워야 하는 경우
★ 아기를 울게 내버려 두어서 신뢰를 잃은 경우

기억력이 발달한다. 따라서 '안아주기/눕히기'를 하면서 옆에서 달래 주면 실제로 그러한 믿음이 더욱 확고해진다. 또한 평소에도 "엄마가 부엌에 갔다 올게. 금방 돌아올게."라는 말로 엄마가 약속을 지킨다는 것을 보여 주고 신뢰를 얻도록 하자.

만일 아기가 아직 특별히 애착을 갖고 있는 담요나 인형이 없다면 한 가지를 만들어 줄 수 있다. 아기가 누워 있을 때 작은 담요나 인형을 손에 쥐어 주고 말한다. "네가 좋아하는 담요(또는 봉제 인형의 이름)가 여기 있다." 덧붙여서 "이제 금방 잠이 올 거야."라고 반복한다.

종종 10개월, 11개월, 또는 12개월이 된 아기의 부모들은 '안아주기/눕히기'나 다른 방법을 사용해 보고 이렇게 묻는다. "우리 아기는 혼자 자는 법을 배웠지만 완전히 잠이 들 때까지 내가 옆에 있어야 합니다. 언제 방에서 나와야 하는 거죠?" 물론 아기가 잠들 때까지 인질로 잡혀 있는 것은 아기를 안고 서성거리는 것보다 별반 나아 보이지 않는다. '안아주기/눕히기'를 하면 아기가 상당히 빨리 진정이 되는 시점까지 왔다고 해도, 방에서 엄마가 나올 수 있으려면 2~3일(또는 더 오래)이 더 걸린다. 첫날 밤에 아기가 진정이 된 후에 아기침대 옆에 서 있자. 아마 아기는 고개를 돌려서 엄마가 아직 옆에 있는지 확인할 것이다. 만일 아기가 엄마가 옆에 있어서 주의가 산만해진다면 아기의 시야에서 벗어나도록 쪼그리고 앉는다. 아무 말도 하지 말고 눈도 마주치지 않는다. 아기가 깊은 잠에 빠진 것이 확실할 때까지 옆에서 지킨다. 다음 날 밤에도 똑같이 하지만 이번에는 침대에서 좀더 멀리 떨어진다. 매일 밤 조금씩 멀리 뒤로 물러나다가 마침내 방에서 나온다.

아기가 분리불안을 느끼고 엄마에게 매달려서 떨어지지 않으려고 하면 적어도 침대에 눕힌 채로 아기를 안고 안심시키자. "괜찮아, 엄마가 옆에 있을 거야." 울음이 점점 커지면 아기를 다시 안는다. 만일 전에 퍼버법을 시도한 적이 있다면 첫날 밤에 아주 많이 울 것이라고 각오해야 한다. 아기는 엄마가 자신을 두고 갈 것이라고 생각해서 계속해서 엄마가 옆에 있는지 확인할 것이다. 그런 경우 나는 공기침대를 들여놓고 적어도 첫날 밤에는 아기 방에서 잠을 잔다. 두 번째 밤에는 공기침대를 치우고 '안아주기/눕히기'만 한다. 보통 세 번째 밤에는 목표를 달성한다(356~357쪽 참고).

8개월에서 1년까지의 사례 복합적인 문제 해결하기

패트리샤는 처음에 이메일로 11개월이 된 아멜리아에 대한 문제로 상담을 청해 왔다. 나는 패트리샤와 그녀의 남편 댄과 스피커폰으로 몇 차례 전화 통화를 했다. 이 사례는 임기응변식 육아가 알게 모르게 진행이 되며—한 가지 나쁜 습관이 또 다른 습관을 불러오는 식으로—젖니가 나는 것처럼 일시적인 문제와 겹치면 상황이 더욱 복잡해진다는 것을 보여 준다. 또한 엄마 아빠가 손발이 맞지 않으면 자칫 계획을 망칠 수 있다는 것도 알 수 있다.

> • 2개월에서 6개월까지 아멜리아는 밤새 잘 잤습니다. 그런데 6개월에 처음 젖니가 나면서 문제가 생겼습니다. 이후 몇 개월 동안 유모차에 태워야 낮잠을 자는 나쁜 습관이 들었습니다. 또한 아기가 다시 잠이 들지 않으면 남편과 내가 데리고 자곤 했습니다. 하지만 이제는 그런 방법도 더 이상 효과가 없습니다. 요즘은 자장가를 들려 주고 안고 흔들어야 합니다. 취침의식으로 책을 읽어 주기도 하고, 젖병을 주기도 하고, 음악에 맞춰서 흔들어 줍니다. 목욕은 매일 시키지 않는데, 이것이 문제일까요?
> 이제 막 '안아주기/눕히기' 방법을 시작했습니다. 하지만 이 방법을 사용하면 아이가 점점 더 성을 내고 울기 때문에 결국은 안

고 흔들어서 재웁니다. 아기에게 혼자 자는 법을 가르쳐야 한다고 남편을 설득하는 중입니다. 11개월이면 너무 늦었을까요? 이 시기에 밤에 수유를 해도 되는지 모르겠습니다. 노리개젖꼭지를 물려 주면 곧바로 다시 잠이 들곤 했지만 지금은 그것도 소용이 없습니다. 또한 남편이 아기가 우는 것을 잠시도 견디지 못하기 때문에 더욱 어렵습니다. 그는 아기가 보채기만 해도 안아서 달랩니다. 남편도 가르쳐야 합니다. 도와주세요. 아무리 노력해도 안 되는 것 같습니다.

지난 몇 개월에 걸쳐서 아멜리아는 크게, 오래 울면 누군가 와서 안고 흔들어 준다는 것을 배웠다. 아멜리아의 부모는 처음부터 임기응변식 육아를 해 왔다. 그들은 항상 아멜리아를 안고 흔들어서 재웠다. 그러다가 젖니가 나기 시작하면서부터 문제가 심각해졌다. 설상가상으로 엄마와 아빠는 서로 생각이 다르다. 아빠는 아기가 울면 죄책감을 느끼는 '불쌍한 우리 아기' 신드롬에 빠져서 어떻게 해서라도 아기의 기분을 좋게 해 주려고 하는 것 같다.

하지만 이 부부는 무척 성실하고 스스로 반성하고 잘못된 점을 고치려고 노력했다. 패트리샤는 아멜리아에게 혼자 자는 법을 가르친 적이 없다는 것을 알고 있었다. 그녀는 부부가 여러 모로 임기응변식 육아를 해 왔다는 것을 인정했다. 또한 자신이 남편에게 책임의 일부를 전가하고 싶어 한다는("아기가 울지 않고 보채기만 해도 남편은 끊임없이 안아 준다.") 것까지 아는 것 같았다. 하지만 남편을 희생양으로 만드는 것은 원하지 않았다. "지금 가장 중요한 것은 두 사람이 한 팀이 되는 것입니다. 지금까지 누가 어떻게 했는지에 대해서는 잊어버리세요. 이제 계획을 세웁시다."라고 내가 말하자 그녀는 다소 안심했다.

나는 '안아주기/눕히기'를 해서 아기가 침대에서 일어설 때마다 다시 눕혀야 한다고 말했다. 지금까지는 아기를 안고 흔들어서 재웠지만 이제 침대에서 자는 법을 가르쳐야 했다. "한바탕 난리가 날 것입니다." 내가 경고했다. "아기가 무척 힘들어 할 거예요. 하지만 아기가 우는 것은 '나는 어떻게 해야 하는지 몰라요. 가르쳐 주세요.'라는 말이라는 것을 잊지 마세요." 또한 나는 패트리샤가 맡아서 하는 것이 좋겠다고 제안했다. "댄, 당신이 헌신적이고 훌륭한 아빠라는 것은 압니다. 하지만 아기가 우는 것을 보기 힘들다면 이 일은 엄마에게 맡기는 것이 낫습니다. 엄마가 좀더 원칙을 잘 지킬 수 있을 것입니다. 많은 부모들이 그렇듯이, 당신은 아기가 울 때마다 일일이 반응을 보이지 않으면 아기를 방치하는 것처럼 느끼는 것 같군요."

댄은 내 말이 맞다고 인정했다. "아멜리아가 태어났을 때 그 어린 것을 보면서 어떻게 해서든 이 세상으로부터 보호해야 한다고 느꼈습니다. 그런데 아기가 울면 내가 뭔가 잘못하는 것처럼 느껴지죠." 특히 딸을 가진 부모는 보호 본능을 강하게 느낀다. 하지만 이제 아멜리아를 구출하는 것이 아니라 가르쳐야 한다고 나는 댄에게 설명했다. 그는 방해를 하지 않기로 약속했다.

첫날 밤을 보내고 패트리샤가 전화를 했다. "당신이 시키는 대로 했고 댄도 약속을 지켰습니다. 그는 다른 방에서 모든 것을 듣고 있었지만 들어오지는 않았습니다. 아마 한숨도 못 잤을 겁니다. 그런데 100번도 넘게 아기를 안는 것이 정상인가요? 불쌍한 아기를 고문하는 것 같았어요."

나는 패트리샤가 계획대로 실천한 것에 대해 칭찬을 해 주고 잘 하고 있다고 안심시켰다. "아기에게 스스로 잠을 청하는 법을 가르쳐야 합니다. 아멜리아는 자신이 울면 엄마가 안아 준다는 것을 알고 시험하는 겁니다."

셋째 날 밤에는 모든 것이 다소 나아진 것 같았다. 패트리샤는 40분 만에 아기를 재울 수 있었다. 댄은 아내의 끈기에 감탄했지만 정작 패트리샤는 실망스러워 했다. "당신이 첫 번째 책에서 이야기했던 3일 마술은 어림도 없군요." 나는 많은 경우 실제로 3일 만에 변화가 나타나지만 아멜리아의 경우에는 습관이 너무 깊이 들었기 때문에 시간이 더 걸릴 수밖에 없다고 설명했다. 패트리샤는 처음 출발할 당시보다 아멜리아를 재우는 시간이 점점 짧아지고 있다는 것에서 의미를 찾아야 했다.

6일째, 패트리샤는 기쁨에 들떠서 소리쳤다. "기적이에요. 어젯밤에는 2분 만에 재웠어요. 약간 보챘지만 담요를 끌어안고 뒹굴다가 잠이 들었습니다. 하지만 아직은 제가 목소리로 안심시켜야 했죠." 그녀는 분명 올바른 궤도를 가고 있었다. 나는 어떤 아기든지 안심시켜야 한다고, 침대 안에 눕히기만 하면 꿈나라로 직행하는 아기는 별로 없다고 말했다. 또한 취침의식(책을 읽어 주고, 안아 주고 나서 침대에 눕힌다)을 유지하도록 주의를 주었다.

2주 후에 패트리샤가 전화를 했다. 그녀는 아멜리아가 잠을 잘 자기 시작한 지 8일이 지났지만 계속 그렇게 잘 수 있을지 모르겠다고 걱정했다. 나는 경고했다. "만일 부모가 확고한 마음가짐을 유지한다면 아기가 그것을 감지할 것입니다. 방심은 금물입니다. 또한 미리 겁먹지 마세요. 만일 후퇴가 있더라도 이제 적어도 어떻게 해야 하는지 알고 있으니까요. 아기를 키우다 보면 이런 날도 있고 저런 날도 있는 법이죠. 가끔 아기를 달래서 재워야 한다면 그렇게 하면 됩니다."

한 달 후 페트리샤는 다시 전화를 했다. "제 자신이 자랑스러워요. 아멜리아가 밤에 깼는데, 젖니가 나오기 때문인 것 같았습니다. 하지만 어떻게 해야 할지 알겠더군요. 진통제를 먹이고 옆에서 안심을 시켰습니다. 댄은 불안해 했지만 '안아주기/눕히기'를 하는 것에 대해 반대하지 않았습니다. 덕분에 고비를 무사히 넘겼어요. 이제는 무슨 일이 있어도 잘 할 자신감이 생겼습니다."

낮잠에 대해 몇 마디

낮잠 문제(낮잠을 자지 않거나, 너무 잠깐 자거나, 불규칙하게 자는 문제)는 모든 월령대에서 나타난다. 낮잠은 E.A.S.Y.에서 매우 중요한 부분이다. 왜냐하면 낮잠을 적당히 잘 자면 잘 먹고 밤에도 잘 자기 때문이다.

아기가 낮잠을 잘 못 잔다고 걱정하는 부모들은 종종 "우리 아기는 45분 이상 자지 않는다."고 이야기한다. 그럴 만한 이유가 있다. 사람의 수면 주기는 약 45분이다. 어떤 아기는 한 번의 수면 주기가 끝나면 다시 잠이 들지 못하고 깨어난다.(이것은 때로 밤에도 일어난다.) 옹알이를 하거나 몇 차례 헛울음을 울기도 한다(301쪽 상자글 참고). 이때 만일 엄마가 달려들어서 완전히 잠을 깨우면 짧은 낮잠이 습관이 된다.

또한 아기가 지나치게 피곤하면 잠이 들었다가도 금방 깨거나 아예 잠을 자지 못한다. 하품을 하고 눈을 부비고 귀를 잡아당기거나 얼굴을 할퀴기도 하면 이미 잠이 오기 시작한 것이다. 특히 4개월 이상의 아기는 이럴 때 즉시 재워야 한다. 아기의 수면 신호를 읽지 못하고 그냥 두면 지나치게 피곤해져서 낮잠을 충분히 자지 못한다.

지나친 자극은 흔히 낮잠을 잘 못 자는 원인이 된다. 이럴 때는 준비가 필요하다. 다짜고짜로 아기를 침대에 들여놓는 것은 안 된다. 부모들은 대체로 취침의식(목욕, 잠자기 전에 조용한 자장가 듣기, 보듬어 주기)의 중요성을 잘 알고 있지만 낮잠 시간에도 의식이 필요하다는 것을 잊기 쉽다.

낮잠은 너무 오래 자거나 너무 짧게 자도 일과에 영향을 준다. 이 시기에는 잘못된 낮잠 습관 때문에 전체 일과가 뒤죽박죽이 될 수 있다. 아기가 계속 피곤한 상태에 있으면 일과를 따라갈 수 없다. 조지나라는 엄마가 보낸 다음과 같은 글에서 대표적인 예를 볼 수 있다.

• 당신의 책을 읽으니 E.A.S.Y. 시간표가 우리 다나에게 효과가 있을 것 같습니다. 다나는 1주일 후면 4개월이 되지만 아직 어떤 일과에 따라 생활한 적은 없습니다. 우리 아기는 제가 약간 안심을 시켜 주면 낮잠을 잡니다. 하지만 실내 분위기를 아무리 편안하게 해 주어도 30분 이상 자는 법이 없고 깨어 있을 때 졸려 합니다. 수유를 하고 나서 2시간밖에 안 지났는데 또 먹일 수도 없어 E.A.S.Y. 시간표를 따라가기 어렵습니다. 이 문제에 대한 의견을 주시면 정말 감사하겠습니다.

다나를 더 먹일 필요는 없다. 이것은 부모들이 흔히 하는 실수다. 다나가 E.A.S.Y.를 따라가게 하려면 낮에 좀더 재워야 한다. 며칠에 걸쳐서 '안아주기/눕히기'를 하여 아기의 수면 시간을 늘려야 할 것이다. 이 시기에는 적어도 낮잠을 1시간 30분씩 2번 자야 한다. 만일 30분만 잔다면 '안아주기/눕히기'를 해서 더 재워야 한다. 그리고 1시간 후에 깨운다. 첫날은 아기가 피곤해져서 먹는 시간이 길어질지 모르지만 결국 낮잠을 짧게 자는 습관이 사라지고 일과를 따라가게 될 것이다(또한 이 시점에서 4시간 일과로 바꾸어야 한다. 67~75쪽 참고).

낮잠을 잘 못 자는 것은 종종 전반적인 수면 문제의 일부지만 먼저 낮잠 문제부터 해결을 해야 한다. 왜냐하면 아기는 낮에 잘 자야 밤에도 잘 자기 때문이다. 낮잠 자는 시간을 늘리려면 우선 3일 동안 아기의 일과를 추적해 보는 것으로 시작한다. 4~6

낮잠 재우기

아기를 언제 재워야 하는지는 종종 엄마의 판단과 상식에 달려 있다. 일단 아기의 신호를 잘 읽고 주의를 기울이면 어느 정도 정확하게 짐작할 수 있다.

★ 아기가 이따금 낮잠을 일찍 깨도 잘 놀면 그대로 둔다.
★ 만일 일찍 깨서 운다면 좀더 휴식이 필요한 것이다. '안아주기/눕히기'를 사용해서 좀더 재운다.
★ 2~3일을 계속 일찍 깬다면 습관이 될 수 있으므로 주의해야 한다. 45분 낮잠에 익숙해지기를 바라지 않는다면 '깨워서 재우기'나 '안아주기/눕히기'를 사용해서 애초에 문제를 바로잡아야 한다.

개월의 아기라면 아침 7시에 깨고 오전 낮잠은 보통 9시에 잔다. 잠
이 들 때까지는 20분이 걸릴 것이고(239쪽 참고), 만일 40분 후(10시
경)에 깬다면 다시 재워야 한다.(6~8개월에도 9시경에 오전 낮잠을 잔
다. 9개월에서 1년 사이에는 9시 30분경에 잔다. 하지만 연령과 무관하게 낮
잠을 늘리는 방법에는 같은 원칙이 적용된다.)

다음 두 가지 방법을 사용할 수 있다.

1. 깨워서 재우기

아기가 자다가 깰 때까지 기다리지 말고 잠이 들고 나서 30분 후에
방에 들어간다. 왜냐하면 30분이 지나면 아기는 깊은 수면에서 나오
기 시작하기 때문이다.(수면 주기는 보통 45분이라는 것을 기억하자.) 아
기가 완전히 깨기 전에 살며시 다독거려서 다시 재운다. 다독이는 시
간은 15분에서 20분이 걸릴 수 있다. 만일 아기가 울기 시작하면 '안
아주기/눕히기'를 사용해서 재운다.(244~246쪽 참고)

2. 안아주기/눕히기

만일 아기가 낮에 잠을 이루지 못하거나 자다가 40분 만에 깨면
'안아주기/눕히기'를 해서 재운다. 처음에는 '안아주기/눕히기'를 하
다가 낮잠 시간이 다 지나 버리고 수유할 시간이 될 수 있다. 그러면
아기와 엄마 모두 피곤해진다! 하지만 일과를 유지하는 것은 낮잠을
늘리는 것만큼 중요하므로, 수유를 하고 다음 낮잠 시간이 될 때까지
적어도 30분 정도 깨워 두도록 한다. 다음 낮잠 시간에 아기가 지나
치게 피곤해져서 잠이 들지 못하면 다시 '안아주기/눕히기'를 해야
할 것이다.

내가 이 방법을 설명하면 부모들은 종종 혼동을 한다. 그들은 아기

의 낮잠 시간을 늘려야 한다는 생각에 일과를 무시하는 경향이 있다. 어떤 엄마는 "우리 아기는 7시에 일어나지만 때로 8시까지 먹지를 않습니다. 그러면 낮잠도 그만큼 늦게 재워야 하나요?"라고 묻는다. 무엇보다 7시 15분이나 늦어도 7시 30분까지는 아침을 먹어야 일과를 따라갈 수 있다. 낮잠은 9시나 적어도 9시 15분까지는 재워야 한다. 이렇게 말하면 그들은 다시 묻는다. "아기를 재우기 전에 먹여야 하지 않나요?" 아니다. 4개월이 지나면 수유는 더 이상 45분 이상 걸리지 않는다. 사실 어떤 아기는 15분 만에 젖병이나 엄마젖을 비운다. 따라서 먹은 후에 약간의 활동 시간을 가질 수 있다.

물론 낮잠 시간을 조절하는 것은 쉽지 않다. 사실 밤 시간의 수면 문제를 해결하는 것보다 낮잠 시간을 늘리기가 더 힘들다. 밤의 수면 문제는 보통 며칠 안에 해결이 되지만 낮잠은 1~2주일까지 걸릴 수 있다. 그 이유는 낮잠을 자기 시작해서 얼마 후면―보통 90분 정도 후면―다시 수유 시간이 되기 때문이다. 하지만 점차 '안아주기/눕히기'에 걸리는 시간이 짧아지고 점점 더 오래 자게 될 것이다. 단, 너무 일찍 포기를 해서 다음과 같은 함정에 빠지지 않도록 조심해야 한다.

'안아주기/눕히기'로 효과를 보지 못하는 12가지 이유

내 계획안을 그대로 따라 하면 분명 효과를 볼 수 있다. 하지만 나는 첫 번째 책을 출판한 이래로 '안아주기/눕히기'에 대해 수천 통의 이메일을 받았다. 대부분은 '안아주기/눕히기'에 대해 친구들이나 내 웹사이트나 첫 번째 책(나의 기본적인 육아철학을 간단하게 피력했다)을 통해 알게 된 부모들이 보내는 것이다. 그리고 그 내용을 보면 대체로 다음과 같은 이야기다.

♥ 저는 어찌할 바를 모르겠습니다. 우리 하이디는 지금 1돌이 되었고 이제 막 '안아주기/눕히기'를 시작했습니다. 아기가 일어나서 침대에 앉아 있을 때는 어떻게 해야 하죠? '안아주기/눕히기'를 하면서 말을 해야 하나요? 쉬- 소리를 낼까요? 다독거려야 하나요? 방에서 나갔다가 다시 들어가야 하나요?(즉시 또는 아기가 울 때까지) 아니면 침대 옆에 계속 있어야 하나요? 지금 꿈나라 수유를 밤 10시 30분에 하고 있는데, 이제 그만 하려면 어떻게 해야 하나요? 5시 30분이나 6시에 깨는 것은 무슨 이유일까요? 일찍 일어나는 버릇을 고치려면 어떻게 해야 하죠? 당신의 답장을 애타게 기다립니다. 제발, 제발 대답을 주세요.

'어느 절실한 엄마'라고 자신을 소개한 이 엄마는 적어도 자신이 혼란스럽고 어디서부터 시작해야 좋을지 모른다는 것을 인정하고 있다. 어떤 엄마들은 아기에 대해 계속 불평을 늘어놓다가("우리 아기는 ○○하지 않는다.", "우리 아기는 ○○를 거부한다."), "'안아주기/눕히기'를 해 보았지만 우리 아기에게는 효과가 없었습니다."라고 결론을 내린다. 나는 '안아주기/눕히기'에 실패했다는 이메일과 지난 몇 년 동안 경험한 사례들을 돌아보면서 보통 어느 부분에서 부모들이 길을 잘못 드는지 분석을 해 보았다.

1. 너무 어린 아기에게 '안아주기/눕히기'를 시도한다

앞장에서 말했듯이, '안아주기/눕히기'는 3개월 이하의 아기에게는 적당하지 않다. 계속 안고 눕히고 하는 것이 지나친 자극을 줄 수 있기 때문이다. 또한 울면서 많은 열량을 소모하기 때문에 나중에는 배가 고파서 우는지 피곤해서 우는지 어디가 불편해서 우는지 구분할 수 없게 된다. 대신 3개월 이전에는 수면 시간을 지키고 버팀목이 아닌 '쉬쉬-다독이기'를 사용해서 아기를 달래라고 제안한다.

2. 왜 '안아주기/눕히기'를 하는지 이해하지 못하기 때문에 잘못된 방법으로 한다

'안아주기/눕히기'는 '쉬쉬-다독이기'로 아기를 재울 수 없을 때 자기 위안 기술을 가르치는 방법이다. 나는 처음부터 '안아주기/눕히기'를 제안하지 않는다. 대신 아기를 침대에 눕힌 채로 재워 보려고 한다. 취침의식으로 시작하자. 방을 어둑하게 하고, 음악을 틀고, 보듬어 주고 나서 침대에 눕힌다. 아기가 울기 시작하면? 잠깐. 성급하게 달려들지 말자. 몸을 숙이고 아기 귀 옆에서 쉬― 소리를 낸다. 아기 눈 위쪽을 가려서 시각 자극을 차단한다. 6개월 이하의 아기라면 등을 반복해서 다독거린다(6개월이 넘은 아기들에게는 '쉬쉬-다독이기'가 오히려 방해가 될 수 있다. 237쪽 참고). 6개월 이상의 아기라면 등에 한 손을 지그시 얹고 있는다. 그래도 진정이 되지 않으면 '안아주기/눕히기'를 시작한다.

사라의 이야기에서 볼 수 있듯이(303~304쪽 참고), 어떤 부모들은 아기를 필요 이상으로 너무 오래 안는다. 3~4개월 아기라면 4~5분 정도만 안아 주면 된다. 아기가 클수록 안고 있는 시간은 줄어든다. 안으면 울음을 그쳤다가 눕히자마자 다시 울기 시작한다면 너무 오래 안고 있다는 증거다. 엄마 자신이 새로운 버팀목이 된 것이다.

3. 아기의 하루 전체를 살펴보고 조정을 해야 한다는 것을 모른다

수면 문제는 단지 수면 패턴이나 수면 시간 직전의 상황에 초점을 맞추는 것으로는 해결할 수 없다. 아기가 먹고 활동하는 것까지 감안해야 한다. 요즘에는 아기들은 지나친 자극을 받기 쉽다. 장난감(그네, 진동 의자, 불이 켜지고 음악이 나오는 모빌 등)이 너무 많고 부모들은 그런 것을 사야 한다는 강박 관념에 시달린다. 하지만 사실 아기들은 조용할수록 잠을 잘 자고 신경 계통이 성숙한다. 아기들은 자기 얼굴 위에 매달려 있는 것을 치우고 싶어도 할 수 없다는 것을 기억하자. 종종 부모들은 아기가 놀다가 보채면 "지루한가 보다."라고 생각해서 눈 앞에서 뭔가를 흔든다. 하지만 아기는 지루하기보다 피곤하다. 첫 울음이나 첫 하품을 보고 재빨리 조치를 취한다면 '안아주기/눕히기'를 하지 않고 재울 수 있을지도 모른다.

4. 아기의 신호와 울음과 신체 언어에 초점을 맞추지 않는다

'안아주기/눕히기'는 각각의 아기에게 맞게 해야 한다. 나는 4개월이 된 아기라면 '최대 4~5분' 정도 안으라고 말한다. 하지만 그 전에라도 아기의 호흡이 깊어지고 몸이 늘어지면 침대에 눕힌다. 또한 나는 부모들에게 헛울음(301쪽 상자글 참고)과 진짜 울음을 구분하는 법을 가르친다. 만일 그 차이를 모르면 아기를 필요 이상으로 자주 안게 된다. 안고 흔들거나 젖을 물리는 방법에 의지하면 아기의 울음소리가 어떤지 알 수 없다. 이것은 꼭 엄마가 부주의해서 그런 것은 아니다. 일단 습관이 들면 뒤늦게 잘못을 깨달아도 빠져나오는 길을 찾기란 쉽지 않다. 우리는 장기적으로 아기가 혼자 잘 수 있도록 하는 방법을 가르쳐야 한다. 나는 아기들이 잠이 올 때 어떤 표정을 짓고 어떤 식으로 손을 내밀거나 발버둥을 치는지 알고 있다. 또한 자기 위안을 하는 헛울음과 도움을 필요로 하는 울음을 금방 구분할 수 있다. 나는 그 모든 상황들을 겪어 보았기 때문이다. 엄마가 아직 아기의 울음을 구분하지 못한다고 해도 자책은 하지 말기 바란다.

5. 아기의 성장 발달에 맞게 '안아주기/눕히기'를 조절해야 한다는 것을 모른다

'안아주기/눕히기'는 월령별로 하는 방법이 다르다. 4개월 아기는 4~5분 정도 안아 주고, 6개월 아기는 단지 2~3분만 안아 주고, 9개월 아기는 곧바로 눕혀야 한다. 또한 4개월 아기는 다독여 주면 편안해 하지만 7개월 아기에게는 방해가 된다. (월령별 '안아주기/눕히기' 참고)

6. 부모가 느끼는 감정, 특히 죄책감이 방해가 된다

부모들은 아기를 달랠 때 때로 동정적인 목소리로 말을 한다. '불쌍한 우리 아기' 신드롬에 걸린 것이다(317쪽 참고). '안아주기/눕히기'를 할 때 아기를 안쓰럽게 생각하면 효과를 볼 수 없다.

어느 엄마가 "모두 제 잘못입니다."라고 말하면 나는 속으로 생각한다. '엄마, 죄책감이 드러나 보입니다.' 어떤 경우에는 아기의 수면 문제는 엄마와 아무 관계가 없다. 예를 들어, 젖니가 나거나, 병이 났거나, 소화기와 관련해서 일어나는 문제는 엄마의 잘못이 아니다. 임기응변식 육아의 경우에는 분명 아기에게 나쁜 습관을 들인 부모에게 '잘못'이 있다. 하지만 어떤 경우에도 죄책감은 아기와 부모 모두에게 도움이 되지 않는다. 따라서 어느 부모가 뭔가를 잘못했다고 말하면 내 대답은 간단하다. "알고 있으니 다행이군요. 이제부터 잘해봅시다."

어떤 엄마들은 이렇게 묻는다. "제가 직장에 다시 나가느라 낮에 충분히 아기를 돌보지 못해서 문제가 생긴 걸까요?" 이런 말을 하는 엄마들은 아기가 엄마를 그리워하고 밤에 엄마를 보고 싶어 한다고 생각해서 아기를 더 오래 깨워 둔다. 그보다는 엄마의 시간표를 바꾸거나 적어도 유모에게 아기를 제시간에 재우도록 해야 한다.

부모가 죄책감을 느끼면 아기는 의식적으로 '잘 됐다. 엄마 아빠를 내 마음대로 할 수 있겠다.'라고 생각하는 것은 아니지만 엄마의 감정을 감지한다. 또한 죄책감을 느끼는 부모는 종종 당황하고 망설이고 일관성이 없다. 이 모든 것이 아기에게 두려움을 줄 수 있다. '이 봐요, 엄마 아빠가 어떻게 해야 하는지 모르면 나는 어떻게 되는 거죠? 나는 아기에 불과해요!' 따라서 '안아주기/눕히기'에 성공하기 위해서는 자신감을 가져야 한다. 신체 언어와 목소리로 아기에게 말해야 한다. "걱정 마라. 네가 힘든 것은 알고 있지만, 잘 할 수 있도록 엄마가 도와줄 거야."

죄책감을 느끼는 부모들은 '안아주기/눕히기'가 아기에게 상처를 주고 모질게 하는 것처럼 느껴져서 중도에 포기하기 쉽다. '안아주기/눕히기'는 아기를 벌주거나 상처를 주거나 사랑을 주지 않는 것이 아니라 일종의 학습 도구다. 나는 어떤 부모가 "얼마나 여러 번 해야 하나요?"라고 물을 때 죄책감을 느끼고 있는 것을 눈치 챘다. 어떤 부모는 게으르거나 의지가 부족할 수도 있지만 '안아주기/눕히기'를 아기에게 쓴 약을 먹이는 것처럼 생각하는 부모도 있다. 그렇지 않다. '안아주기/눕히기'는 아기가 자기 침대에서 편안히 자도록 가르치는 방법이다. 아기를 안심시키고 혼자 자는 법을 배우도록 도와주는 것이다.

7. 침실이 수면을 위한 준비가 되지 않았다

'안아주기/눕히기'를 할 때 방해가 되는 것을 최소화한다. 환한 곳이나 머리 위에서 불빛이 비추거나 시끄러운 곳에서는 성공하기 어렵다. 물론 아기의 신체 언어를 볼 수 있고 아기가 잠이 들면 엄마가 방에서 조용히 나갈 수 있도록 복도 불빛이 새어 들어오게 하거나 야간등 정도는 켜 두어야 한다.

8. 아기의 기질을 감안하지 않는다

'안아주기/눕히기'는 아기의 성격 유형에 맞게 해야 한다. 아기가 좋아하는 것과 싫어하는 것, 아기를 흥분시키는 것과 진정시키는 것이 무엇인지 잘 알아야 한다. 천사 아기와 모범생 아기는 비교적 쉽게 잠이 든다. 심술쟁이 아기는 종종 공격적이 되고 등을 휘고 엄마를 밀어낸다. 씩씩한 아기는 생각과 달리 거친 행동을 하지는 않지만, 예민한 아기가 그렇듯이 많이 울고 짜증을 낼 것이다. 또한 쉽게 주의가 산만해지므로 빛이 너무 밝거나, 음식 냄새가 나거나, 무슨 소리가 들리지 않는지 살펴서 수면을 방해하는 원인들을 최소화할 필요가 있다.

하지만 아기의 기질과 관계없이 기본적인 방법은 같다. 단지 준비하는 시간이 좀더 걸릴 수 있다. 또한 취침 전에 차분한 활동을 할수록 좀더 수월해진다. 놀고 있는 아기를 데려가서 곧바로 침대에 눕힐 수는 없다. 적어도 15~20분 정도 긴장을 푸는 시간이

필요하다(233~239쪽 참고). 예민한 아기와 씩씩한 아기는 방을 어둡게 해 주고 시각 자극을 차단하는 것이 중요하다. 특히 예민한 아기는 눈을 감고 있는 것이 불안할 수 있다. 주변 환경에 완전히 무심해지지 못하기 때문이다. 그래서 마치 울음으로 세상을 차단하려는 듯이 울기 시작한다. 아기가 어리다면 '쉬쉬-다독이기'를 해서 울음이 아니라 신체 접촉과 소리에 주의를 집중하도록 한다. 6개월이 넘었다면 안심시키는 말과 '안아주기/눕히기'로 진정시킨다.

9. 한쪽 부모가 준비가 되지 않았다

'안아주기/눕히기'는 엄마 아빠가 동의하지 않으면 성공하기 어렵다. 어떤 부부는 몇 주일 동안 잠을 자지 못하다가 마침내 아빠가 말

한다. "우리가 할 수 있는 일이 있을 거야. 매일 밤 아기를 데려다가 함께 잘 수는 없어." 만일 엄마가 마음의 준비가 되지 않았다면—또는 실제로 아기를 안고 자는 것을 좋아하고 그렇게 하는 것이 아기를 더 편안하게 해 주는 것이라고 생각하면—이렇게 말한다. "우리 남편은 아기가 밤새 깨지 않고 자기를 바라지만 저는 사실 아무래도 상관없습니다."

시부모의 방문 후에 비슷한 상황이 벌어진다. 시어머니가 "지금쯤 아기가 밤새 자야 하지 않니?"라는 식으로 한마디 하자 엄마는 난처해진다. 그녀는 내게 상담을 요청하지만 아직 마음먹고 변화를 시도할 준비가 되지 않았다. 내가 계획안을 말해 주면 그녀는 즉시 변명을 한다. "하지만 목요일과 금요일에는 제가 하는 일이 있는데요. 집에 있어야 하나요?" 또는 만일의 경우를 줄줄이 열거한다. "만일 제가 아기를 데리고 자는 것을 좋아한다면요?", "아기가 20분이 넘게 울면 어떻게 하나요?", "아기가 막무가내로 떼를 쓰면 어떻게 하죠?" 나는 이쯤에서 그녀의 말을 가로막고 묻는다. 당신은 마음의 준비가 되었는가? 지금 상황이 견딜 만한가? 남편과 어머니의 생각은 제쳐두고 당신 스스로 변화가 필요하다고 생각하는가? 나는 엄마들에게 정직해지라고 요구한다. 내가 아무리 좋은 계획안을 제안해도 이런저런 변명을 하면서 효과가 없을 거라고 말한다면 결국 어떻게 될까? 효과가 없다.

10. 엄마 아빠가 서로 협력하지 않는다

수면 패턴을 바꾸기 위해서는, 패트리샤와 댄의 사례에서 본 것처럼(316쪽 참고) 엄마 아빠가 각자 해야 하는 역할에 대해 계획을 세워야 한다. 훌륭한 해결책은 예기치 못한 사태까지 감안한 것이어야 한다. 동시에 '안아주기/눕히기'를 하면서 어떤 함정에 빠질 수 있는지 알아야 한다. 5개월이 된 트리나의 엄마 애슐리가 보낸 다음 이메일을 읽어 보면 부모들이 중간에 포기를 하는 이유를 짐작할 수 있다 (334쪽 #12 참고).

♥ 5개월이 된 트리나를 재우기 위해 '안아주기/눕히기'를 하게 되었습니다. 둘째 날이 가장 쉬웠습니다. 배를 다독거린 지 20분 만에 잠이 들었죠. 하지만 지금 5일째인데 포기하고 싶습니다. 오늘 아침에는 전혀 잠을 자지 않았습니다. 게다가 남편이 와서 도와주려고 안으면 자지러지게 울고 내가 안으면 그칩니다. 이것이 정상인가요? 나는 잘 하고 싶고 아기에게 혼자서 자는 법을 가르치고 싶지만 뭘 잘못하고 있는 건지 모르겠습니다.

이런 일은 아주 흔하게 일어난다. 엄마가 피곤하고 힘들어지면 아빠가 도와주겠다고 나선다. 하지만 아빠가 중간에 개입하는 것은 방해가 된다. 아빠가 들어와서 엄마가 하는 것처럼 '안아주기/눕히기'를 해도 정확히 똑같을 수는 없다. 아기는 상대에 따라 다른 반응을 보인다. 특히 6개월이 넘은 아기는 엄마 아빠가 함께 방에 있으면 주의가 산만해진다. 따라서 나는 보통 이틀씩 교대를 하라고 제안한다.

어떤 경우에는 아빠가 혼자 맡아서 하거나 적어도 며칠 밤이라도 도와주는 것이 필요하다. 엄마가 신체적으로 아기를 그렇게 여러 번 안았다가 눕혔다가 할 수 없는 형편일 수도 있다. 또는 엄마가 전에 '안아주기/눕히기'를 시도했다가 포기를 했다면 이번에는 아빠가 적어도 2~3일 동안 맡아서 하는 것이 좋다. 어떤 엄마들은 '안아주기/눕히기'를 감당하지 못한다. 이 장을 시작할 때 소개한 제임스의 엄마 재키는 내 계획안을 듣고 고백했다. "저는 아기에게 젖을 먹이지 않고 재울 자신이 없습니다. 아기가 우는 것을 보면 견딜 수 없어요." 그녀는 아빠가 도와주는 것도 바라지 않았다. 이런 경우 나는 엄마에게 며칠 밤 친정에 가 있으라고 제안한다.

아빠는 종종 엄마보다 '안아주기/눕히기'를 더 잘 하지만 어떤 아빠는 역시 '불쌍한 우리 아기' 신드롬에 빠진다. 하지만 아무리 단단히 마음을 먹는다고 해도 쉽지는 않다. 제임스의 아빠 마이크는 '안아주기/눕히기'를 시도하기 전에 이틀 밤을 아들과 함께 있어야 했다. 왜냐하면 제임스에게는 아빠가 안아 주는 것이 익숙하지 않았기 때문이었다. 아빠가 처음 재우려고 하자 제임스는 더욱 저항을 하면서 엄마를 찾았다. 생소하기 때문이다.

아빠가 맡아서 한다면 엄마 역시 방해가 되지 않도록 조심해야 한다. 나는 종종 두 사람에게 주의를 준다. "아기가 엄마를 찾으면서 울어도 아빠가 해결을 하도록 해야 합니다. 안 그러면 결국 아빠를 나쁜 사람으로 만들게 되죠." 같은 맥락에서 아빠는 끝까지 마무리를 해야 한다. 아기가 한참 울 때 엄마를 불러서 "당신이 하라."고 넘기면 안 된다. '안아주기/눕히기'에 성공하면 부부 관계가 좋아질 것이다. 엄마는 아빠에게 존경심을 갖게 되고 아빠는 육아에 자신감을 얻게 된다.

11. 비현실적인 기대를 건다

반복해서 말하지만, '안아주기/눕히기'는 마법이 아니다. 산통이나 식도 역류를 '치료'하거나 젖니가 날 때의 통증을 완화시키거나 까다로운 아기를 수월하게 만들어 줄 수는 없다. 단지 아기가 좀더 오래 자도록 할 수 있을 뿐이다. 처음 시작할 때 아기는 당황해서 많이 울겠지만 엄마가 함께 있으므로 버려진 느낌을 받지 않을 것이다. 앞서 말했듯이, 아기의 기질에 따라서 좀더 어려울 수 있다(예민한 아기, 씩씩한 아기, 심술쟁이 아기). 어떤 상황에서든지 느긋하게 마음을 먹고 때로 후퇴를 각오해야 한다. 아기는 지쳐 있고 일과는 뒤죽박죽이고 엄마 자신이 임기응변식 육아에 익숙해 있다는 것을 염두에 두자. 이러한 상황을 만회하기 위해서는 좀더 엄격한 방법이 필요하다. 아기에게 고통과 상처를 주는 것은 아니지만 익숙한 방법을 바꾸면 당황할 것이다. 울고 등을 휘고 몸부림을 칠 것이다.

나는 지금까지 수천 명의 아기들에게 '안아주기/눕히기'를 했고, 1시간 이상 아마 100번이 넘게 한 적도 있다. 11개월의 엠마누엘은 거의 1시간 30분마다 깨서 먹었다. 나는 경험으로 하룻밤으로는 안 된다는 것을 알았다. 엠마누엘이 첫날 밤에 10시에 깼을 때 나는 11시에 재울 수 있으면 다행이라고 생각했다. 나는 엄마 아빠에게 말했다. "1시에 다시 깰 겁니다." 아니나 다를까 아기는 1시에 깼다. 좋은 소식은 아기가 그날 밤 한 번에 2시간밖에 자지 않았지만 매번 '안아주기/눕히기'에 걸리는 시간이 점차 줄어들었다는 것이다.

나의 이런 예상은 경험에서 나온다. 다음은 내가 오랜 세월에 걸쳐서 만난 수천 명의 아기들에게서 가장 많이 본 4가지 패턴이다. 당신의 아기가 정확하게 한 가지 패턴에 일치하지 않더라도 대개 어떤 일이 일어날 수 있는지 참고할 수 있을 것이다.

- 만일 '안아주기/눕히기'를 해서 빨리 잠이 드는 아기라면―예를 들어, 20분에서 30분 내에―아마 밤에 3시간 주기로 깨는 습관에서 벗어날 것이다. 따라서 7시에 시작해서 재우면 11시 30분에 깰 것이다. 11시 30분에 다시 '안아주기/눕히기'를 하고 그 다음에는 5시나 5시 30분에 하게 될 것이다.
- 만일 엠마누엘처럼 8개월이 넘었고 몇 달 동안 밤에 자주 깨는 습관이 들었다면 어떤 식의 임기응변식 육아가 원인이므로 100번이 넘게 '안아주기/눕히기'를 해야 할지도 모른다. 그리고 마침내 아기를 재운다고 해도 처음에는 2시간 이상 자지 않을 것이다. 내가 엄마를 위해 해 줄 수 있는 말은 아기가 잠이 든 후

에 엄마도 곧바로 눈을 좀 붙이면서 며칠 밤을 힘들게 보낼 각오를 하라는 것이다.

- 짧은 낮잠(20~45분)을 자는 아기는 45분 이상 자지 않는 습관이 들었으므로 처음 '안아주기/눕히기'를 해서 재우면 기껏해야 20분 정도 더 자고 깰 것이다. 이럴 때는 '안아주기/눕히기'로 다시 재우되, 다음 수유 시간이 되면 깨워야 한다.
- 퍼버법을 시도해서 아기를 울다 지치게 내버려 둔 적이 있다면 아기가 겁을 먹고 있기 때문에 '안아주기/눕히기'가 더 오래 걸릴 것이다. 따라서 먼저 신뢰를 회복하는 단계를 밟아야 한다. 마침내 '안아주기/눕히기'의 효과가 나타나서 아기가 2~3일 깨지 않고 자면 엄마는 성공한 줄 알았다가 3일째 밤에 다시 밤에 깨면 내게 전화를 해서 말한다. "트레이시, 효과가 없습니다. 다시 깨기 시작했어요." 하지만 그것은 단지 좀더 계속해야 한다는 의미다.

12. 실망을 하고 중도에 그만둔다

처음에 힘들게 아기를 재우고 나면 많은 부모들이 마치 '안아주기/눕히기'에 실패한 것처럼 느낀다. 이때 그만두면 정말 실패로 끝난다. 계속해야 한다. 그래서 출발 지점과 진행 상황을 기록하는 것이 중요하다. 아기가 전보다 10분 더 잤다면 그것은 진전이다. 나는 상담을 할 때 공책을 보여 주면서 말한다. "1주일 전에는 이런 형편이었습니다." 계속하기 위해서는 그동안의 진전을 눈으로 보는 것이 도움이 된다. 씩씩한 아기와 예민한 아기와 심술쟁이 아기는 좀더 오래 걸린다는 것을 염두에 두자.

반쪽짜리 방법은 없다. 중간에 그만두면 시작하지 않은 것만 못하다. 오래 걸릴 것을 각오하자. '안아주기/눕히기'는 특히 엄마들에게 어렵고 힘든 시련이 될 수 있다. 나는 다음과 같은 엄마들을 흔히 본다.

★ 첫날 밤부터 항복을 한다. 이런 엄마에게 내가 "얼마나 하고 포기했는가?"라고 물으면, "10분에서 15분 정도 하다가 더 이상 할 수 없었어요."라고 대답한다. 10분으로는 어림도 없다. 습관이 깊이 든 아기의 경우 나는 1시간 이상 한 적도 있다. 두 번째 할 때는 시간이 좀 더 줄어든다. 가정 방문을 해서 '안아주기/눕히기'를 가르치면 엄마들은 종종 말한다. "저는 20분 이상 하지 않았어요. 하다가 두 손 들고 젖을 물려 재웠죠.", "포기를 하고 아기를 그만 일어나게 했어요. 그날 하루 아기가 투정을 부릴 것을 알면서도 어쩔 수 없었어요." 엄마들은 내가 옆에 있으면 끝까지 하지만 혼자서는 중도에 포기한다.

★ 하룻밤 해 보고 그만둔다. 만일 임기응변식 육아를 줄곧 해 왔다면 일관성이 더욱 중요하다. 당연히 내 조언—특히 일과를 지키기 위해 아기를 깨우라는 조언—을 듣고 많은 부모들이 의아하게 생각한다. 마음속으로 효과가 없을 거라고 생각하기 때문에 즉각적인 결과를 얻지 못하면 곧장 다른 방법을 시도한다. 하지만 한 가지 방법에 충실하지 않으면 아기는 혼란을 느끼게 되고 '안아주기/눕히기'는 효과가 없다.

★ 약간의 진전이 보이면 그만둔다. 예를 들어, 20~30분 자던 낮잠이 '안아주기/눕히기'를 해서 1시간으로 늘어났다고 하자. 엄마는 그만큼 자는 것으로도 다행이라고 생각할지 모르지만 4시간 일과에 맞추려면 충분하지 않다. 아기는 점점 자라면서 열량을 많이 소모하므로 낮잠을 1시간 30분 정도 자지 않으면 투정을 부리고 피곤해 할 것이다. 일과를 따라가야 나중에 다른 문제가 발생하지 않는다.

종종 수면 문제가 그렇듯이 처음에 성공을 해도 문제가 다시 발생하면 포기를 한다. '안아주기/눕히기'를 해서 성공한 적이 있다면 아기가 기억을 하고 있으므로 다음번에는 시간이 덜 걸릴 것이다.

물론 수면 문제를 완전히 해결하는 공식은 없지만 '안아주기/눕히기'를 실패한 적은 한 번도 없다. 아래 상자글에는 진로를 유지하는 전략들이 나와 있다. 꾸준히 하면 틀림없이 변화가 있다. 끝까지 하면 마침내 성공한다.

수면 문제는 유아기에 접어들기 전에 해결하는 것이 훨씬 쉽다는 것을 명심하자. 지금 수면 문제를 해결하지 않으면 나중에 어떻게 될까? 이것을 알게 되면 정신이 번쩍 들 것이다! 다음 장에서 이 문제를 자세히 다룰 것이다.

안아주기/눕히기 생존 전략 : 중간에 포기하지 않으려면

"중간에 포기하면 기적은 없다."는 속담이 있다. 끝까지 진로를 유지하기 위해 필요한 몇 가지 생존 전략을 알아 두자.

★ 시작하기 전에 계획을 철저히 세운다. '안아주기/눕히기'는 혼자 하기에는 매우 힘든 일이다. 특히 엄마 성격상 끝까지 해낼 수 없을 것 같으면 누군가와 함께 하자. 배우자, 어머니, 또는 친구의 도움을 받지 못한다면 적어도 누군가의 정신적인 지지를 구하자. 아기와 관계가 없는 사람도 괜찮다. 단지 엄마와 같은 편이 되어 하소연과 불평을 들어 주면서, 이 방법이 아기를 잘 자게 도와주고 가정의 평화를 다시 찾을 수 있게 한다고 상기시켜 주는 것만으로도 도움이 될 것이다.
★ 금요일에 시작하면 주말에 아빠나 할머니, 친구에게 도움을 받기 쉽다.
★ 귀마개를 하고 아기 방에 들어간다. 아기를 무시하라는 것이 아니라 참을 수 있을 정도로 울음소리를 줄여 보자는 것이다.
★ 아기에게 미안해 하지 말자. 아기가 혼자서도 잘 수 있도록 도와주기 위한 것이다. 잘 자는 것은 큰 축복이다. ✸
★ 만일 그만두고 싶은 생각이 들면 이렇게 자문을 해 보자. '여기서 그만둔다면 어떻게 될까?' 만일 40분 동안 하다가 포기를 하고 예전 습관으로 돌아간다면 아기를 40분 동안 쓸데없이 괴롭힌 결과가 된다! 아기는 혼란을, 엄마는 패배감을 느낄 것이다.

7장

......

아직도
잠 못 이루는 밤

1년 이후의 수면 문제

미국의 위기

2004년 전국수면재단에서 실시한 여론 조사에 따르면 미국의 아기와 유아는 잠을 충분히 자지 못하고 있다. 이 같은 결과가 보도되었을 때 마침 우리는 1년 이후의 수면 문제에 대해 글을 쓰고 있었다. 그 조사는 태어나서부터 십대까지의 아이들에게 초점을 맞추었지만, 우리는 유아(12~35개월까지)에 대한 자료에 집중했다. 하지만 다음과 같은 조사 결과의 행간을 읽어 보면 어릴 때 잠자는 법을 가르치는 것이 얼마나 중요한지 알 수 있다.

수면 문제는 영아기를 지나서도 지속된다

갓난아기와 부모만 잠이 부족한 것이 아니다. 유아의 63퍼센트가 수면 관련 문제를 갖고 있다. 유아의 수면 문제를 보면 1주일에 적어도 며칠은 낮이나 밤에 잠자리에 들지 않으려고 꾀를 부리거나(32퍼센트), 잘 시간이 되면 투정을 부리거나(24퍼센트), 낮에 지나치게 피곤해 한다(24퍼센트). 유아의 거의 반수가 적어도 밤에 자다가 한 번씩 깨고, 10퍼센트는 몇 번씩 깨며 한 번 일어나면 평균 20분씩 깨어 있다. 그리고 10퍼센트 정도는 45분 이상 깨어 있다.

대부분의 아기와 유아들이 너무 늦게 잠자리에 든다

영아(11개월까지)의 평균 취침 시간은 저녁 9시 11분이고 유아는 8시 55분이다. 유아 중 거의 절반이 9시 이후에 잠자리에 든다. 나는 많은 가정에서 이런 문제를 보았다. 어떤 부모는 퇴근해서 집에 오면 아기와 좀더 시간을 보내려고 잠을 재우지 않는다. 아니면 아기를 제시간에 재워 본 적이 없어서 이제는 더 빨리 재울 수 없다. 나는 적어도 5살까지는 7시나 7시 30분을 취침 시간으로 권하지만, 조사에 따르면 유아들의 10퍼센트 정도만 그 시간에 잠자리에 든다. 그리고 저녁에 언제 자든지 아침에는 평균 7시가 조금 넘어서 깬다. 계산을 해보지 않아도 아기들이 잠을 충분히 자지 못하고 있는 것을 알 수 있다. (수면 부족이 아이들에게서 볼 수 있는 공격성과 과잉행동 장애 이유 중의 하나라고 해도 놀라운 일이 아니다. 수면 부족은 이런 증상을 유발하지는 않더라도 악화시키는 것은 분명하다.)

많은 부모들이 아기의 수면 습관에 대해 부정한다

부모들에게 아이들이 잠을 충분히 자고 있는 것 같은지 물어보면 1/3은 아이가 잠이 부족하다고 말했다. 하지만 아기가 잠을 너무 적게 자는지, 또는 너무 많이 자는지, 아니면 적절히 자고 있는지 물어보면 대다수(85퍼센트)의 부모들은 아기가 적절하게 자고 있다고 대답했다. 또한 대부분의 유아들이 수면 문제를 갖고 있는데도 부모들은 10명의 1명 정도만 걱정을 하고 있다. (내 짐작에 걱정을 하는 10퍼센트의 부모는 아기가 밤에 45분 이상 깨어 있다고 말하는 부모일 것이다.)

이 조사 결과는 흔히 볼 수 있는 문제를 조명하고 있다. 즉, 부모들은 더 이상 참을 수 없을 때까지 잘못된 잠버릇을 그냥 내버려 둔다는 것이다. 보통 부모들이 나에게 도움을 구할 때는 직장에 다시 나가려고 하는데 잠을 못 자서 다음 날 일을 제대로 할 수 있을지 걱정이 되거나, 아기가 끊임없이 깨는 바람에 부부 관계가 심각한 지경에 이르렀기 때문이다.

유아가 되도록 임기응변식 육아를 한다

절반에 가까운 유아(43퍼센트)는 부모가 데리고 자고, 4명 중 1명은 이미 잠이 든 상태에서 침대로 옮겨진다. 어느 쪽이든 아이가 혼자 자는 것은 아니다. 부모 중 절반 정도는 아기를 혼자 재운다. 그러나 부모들 중 59퍼센트는 한밤중에 아기를 구출하러 달려가고, 44퍼센트는 아기가 잠이 들 때까지 옆에서 지키고, 13퍼센트는 아기를 데리고 부모 침대에서 함께 자고, 5퍼센트는 처음부터 데리고 잔다. 나는 마지막 두 경우의 숫자는 실제로 더 높을 것이라고 생각한다. www.babycenter.com에서 실시한 온라인 조사에서 "아기를 데리고 자고 있거나 앞으로 데리고 잘 것인가?"라고 물었더니 2/3의 부모들이 "데리고 잘 수도 있다."(34퍼센트) 또는 "항상 데리고 잔다."(35퍼센트)라고 대답했다. 아마도 익명성이 보장되는 인터넷 조사여서 부모들이 좀더 정직하게 대답을 했을 것 같다.

이 조사에서 알게 된 한 가지 반가운 사실은 혼자 잠이 드는 아기들이 더 잘 잔다는 것이다. 혼자 자는 법을 배운 아기는 아침에 너무 일찍 깨지 않고, 낮잠을 잘 자고, 저녁에 수월하게 잠자리에 들며, 밤에 잘 깨지 않는다. 깨어 있을 때 잠자리에 들어서 혼자 잠이 드는 아이는 이미 잠이 든 상태에서 침대로 옮겨지는 아이보다 더 오래 잔다(9.9시간 대 8.8시간). 그리고 밤에 반복해서 깨지 않을 확률이 거의 3배에 이른다(37퍼센트 대 13퍼센트). 그리고 아기가 잠이 들기 전에 방에서 나온다고 말하는 부모들은 아기가 밤에 깨지 않는다고 한다.

이것은 지금까지 어린아이의 수면 습관에 대한 가장 광범위한 조사로서, 일부 아이들은 훌륭한 수면 습관을 배우고 혼자 잠을 청할 수 있는 반면에, 무려 69퍼센트나 되는 아이들은 1주일에 몇 번씩 수면 관련 문제를 겪는다는 것을 보여 준다. 그로 인해 부모들 또한 1년에 2백 시간의 수면 시간을 뺏기고 있다. 수면 부족은 여러 가지 문제를 일으킨다. 부모가 아이에게 화를 내고, 형제끼리 다투고, 부부 싸움이 일어난다. 이 보고서는 수면 부족과 수면 문제의 원인 중에서 현대 사회의 속도를 언급하고 있다. 전국수면재단의 회원이며 세인트 조지프 대학에서 수면 문제를 전공하는 심리학 교수 조디 민델은 다음과 같이 설명한다. "사회의 모든 압력들이 성인뿐 아니라 아이에게까지 영향을 미치고 있다. 이것은 아이들이 깨어 있는 시간뿐 아니라 잠을 자는 시간에도 관심을 가져야 한다는 경고다."

나는 또 다른 이유를 한 가지 추가하겠다. 많은 부모들이 아기에게 잠자는 법을 가르치지 않는다는 것이다. 그들은 종종 아기에게 자는 법을 가르쳐야 한다는 사실조차 모르며 저절로 때가 되면 혼자 배울 것이라고 기대한다. 그리고 아기가 크면서 점점 더 상황이 힘들어져도 어디서부터 잘못했는지, 문제를 어떻게 해결해야 할지를 모른다.

다음에는 2~3년 사이의 수면 문제에 대해 설명하겠다. 너무 광범위하게 분류하는 것처럼 들리지만, 유아들은 몇 개월 상관으로 성장 발달에서 차이가 나도 수면은 그렇지가 않다. 그리고 앞에서 소개한 수면 전략을 다시 살펴보고 유아에게 어떤 식으로 적용해야 하는지 예를 들어서 설명하겠다.

2년째의 수면 문제

2년째에는 아이들의 성장 발달과 독립심이 수면 문제의 원인이 된다. 따라서 어느 부모가 밤잠이나 낮잠이 '불규칙'하다고 말하면 나는

"아기가 걷기 시작했는가?"라고 묻는다. 아기는 1돌이 지나면 걷기 시작한다. 늦게 걷기 시작한 아기도 이제 다리에 힘이 생긴다. 앞 장에서 설명했듯이 새로운 신체 발달은, 특히 초기의 시험 단계에서 아기가 휴식을 취할 때 영향을 줄 수 있다. 어떤 아기는 밤에 자다가 자기도 모르게 일어나서 침대 칸살을 잡고 걷는다. 그러다가 잠에서 깨면 자신이 어떻게 일어나 있는지, 어떻게 다시 앉아야 하는지 모른다. 또한 근육 경련이 일어나거나 낮에 넘어질 때 느꼈던 감각이 되살아나서 잠에서 깰 수 있다.

나는 유아에게 TV나 비디오를 보여 주는 것은 권하지 않는다. 이런 매체들은 지나친 자극을 주고 아기 머리 속에 혼란스러운 이미지를 남겨서 수면에 방해가 될 수 있다. 1년이 되면 REM 시간이 약 35퍼센트로 줄어들지만 아직은 자다가 꿈을 꾸는 시간이 많다. 악몽을 꾸고 깰 수도 있지만 그보다는 신체적인 긴장이나 자극과 관련된 야경증일 가능성이 높다(345쪽의 표 참고). 유아는 잠을 자면서 낮에 겪은 일들을 재현한다.

또한 가족들이 아기에게 어떻게 하는지 고려해야 한다. 아기를 힘들게 하는 손위 형제들이 있는가? 아기가 걷기 시작할 때 형제들이 장난을 쳐서 당황하게 만들 수 있고, 이것이 밤에 깨어나는 원인이 될 수 있다.

또한 아기는 활동적이 될 뿐 아니라 호기심도 많아진다. 2~3년 사이의 아기는 모든 것이 궁금하다. 완전한 문장으로 말을 하지 못해도 점점 더 많이 재잘거리고 거의 다 알아듣는다. 아침에 인형을 갖고 놀면서 종알거리는 것을 볼 수 있을 것이다. 아기는 혼자 노는 법을 배우는 중이다. 그냥 두면 엄마가 아침에 좀더 단잠을 즐길 수 있을 것이다.

지금까지 잘 자던 아기에게 갑자기 수면 문제가 생기면 나는 아기의 건강 상태나 주변 환경에서 단서를 찾는다. 하루 일과에 어떤 변화가 있는가? 젖니가 나오고 있는가? 새로운 활동을 시작했는가? 최근에 아픈 적이 있는가? 새로운 놀이 그룹을 시작했는가? 다른 가족들의 직업이나 건강 등에 어떤 변화가 있는가? 몇 주일이나 몇 달 전으로 돌아가서 그동안 어떤 일이 일어나고 어떻게 대처했는지 돌아볼 필요가 있다. 예를 들어, 지니는 16개월이 된 아기가 갑자기 밤에 깨기 시작했다고 나에게 연락을 했다. 내가 몇 가지 질문을 했지만 지니는 아무런 변화가 없었다고 주장했다. 그러다가 다시 생각을 하더니 말했다. "벤이 5~6주 전에 감기에 걸렸는데, 그때부터 잠을 잘 못 자는 것 같아요." 내가 좀더 자세히 질문을 하자 그녀는 아기를 '달래기 위해' 데리고 잤다고 말했다.

낮잠을 재우는 것도 점점 더 까다로워진다. 이 무렵에는 보통 1시간 30분에서 2시간씩 두 번 자던 낮잠이 한 번 오래 자는 것으로 바뀐다(363쪽 상자글 참고). 이 변화는 대수롭지 않은 것처럼 들리지만 그 과정은 기복이 심하고 위태롭다. 며칠 오전 낮잠을 생략하다가 다시 전과 같은 패턴으로 돌아가기도 한다. 그리고 지금까지 낮잠을 충분히 자야만 밤에 잘 자던 것과는 달리, 1돌이 지난 아기는 낮잠을 너무 늦게 자면 밤잠을 설칠 수 있다. 아기가 늦게 낮잠을 자는 버릇이 있다면 나는 낮잠을 좀더 빨리 재우고 3시 30분이 되면 깨우라고 제안한다. 낮에 놀면서 에너지를 충분히 발산하지 못하면 밤에 잠을 잘 준비가 되지 않을 수 있다. 하지만 항상 예외는 있는 법이다. 만일 며칠 동안 잠을 잘 못 잤다거나, 아파서 활동 시간보다는 잠자는 시간이 좀더 필요하거나, 아니면 엄마가 보기에 잠이 부족한 것 같다면 좀더 늦게까지 재울 수 있다.

무엇보다 중요한 성장 발달은 아기가 이제 원인과 결과를 이해한다는 것이다. 아기가 장난감을 갖고 노는 것을 보면 알 수 있다. 그런데 이러한 새로운 이해력 때문에 임기응변식 육아가 훨씬 더 빨리 진행될 수 있다. 전에는 파블로프의 개처럼 반복을 통해 습관이 들었다면 이제는 원인과 결과를 이해하기 때문에 매번 부모가 가르치는 것이 (알게 모르게) 아기 머리 속의 작은 컴퓨터에 입력되고 저장된다. 따라서 조심하지 않으면 조만간 아기 꾀에 넘어간다!

15개월이 된 아기가 갑자기 새벽 3시에 깼다고 하자. 젖니가 나오느라고 몸이 불편하거나, 악몽을 꾸고 놀랬을 수도 있다. 아니면 낮에 다른 날보다 활동을 많이 했거나 할아버지 집에 가서 힘든 하루를 보냈을 수도 있다. 아니면 더 단순한 이유로 깊은 잠에서 깨어났거나, 어떤 소리나 빛이 아기의 멈추지 않는 호기심을 자극했을 수도 있다. 유아는 모든 것에 흥미를 느끼기 때문에 자다가 깨면 다시 잠이 들기가 더 어렵다.

만일 잘 자던 아기가 밤에 깼다면(이런 가능성은 별로 없지만) 임기응변식 육아를 시작하지 않는 것이 중요하다. 만일 곧바로 달려가서 아기를 안고 "이번 한 번만 책을 읽어 줄게."라고 말한다면 다음 날 밤에는 자다가 깨서 엄마가 다시 책을 읽어 주기를 바랄 것이고, 그 다음 날에는 책을 두 권 읽어 달라, 마실 물을 달라, 좀더 안아 달라 하면서 요구가 점점 많아질 것이다. 이것은 이제 아기가 자신의 행동과 엄마의 행동을 실제로 연결해서 생각할 수 있기 때문이다. '내가 울면 엄마가 들어와서 뭔가를 해 주는구나.' 하고 3일째 밤에는 완전히 터득을 한다. 내가 울면 엄마가 들어와서 책을 읽어 주고 안아 주고 흔들어 준다. 엄마가 나를 침대에 눕히려고 할 때 내가 다시 울면 엄마는 나를 좀더 안아 준다. 이제 엄마는 꾀돌이가 쳐 놓은 커다란 쥐덫에 걸려든다.

이러한 덫에 걸렸는지 아닌지는 쉽게 알 수 있다. 나는 종종 "아기가 낮에 떼를 쓰는가?"라고 묻는다. 일단 아기가 꾀를 부릴 줄 알게 되면 다른 시간에도 그 힘을 사용한다. 작은 폭군은 이제 깨어 있을 때도 같은 식으로 요구할 것이다(행동 문제에 대해서는 다음 장에서 다루겠다). "싫어!"를 외치는 시기가 되었다는 것을 기억하자. 아기는 이 단어를 좋아하며, 사용하면서 힘을 느낀다.

만일 그동안 임기응변식 육아를 해 왔다면 아기가 새벽에 깨거나, 밤에 깨거나, 낮잠이 불규칙하거나, 버팀목에 의존하는 것과 같은 수면 문제는 성장 발달의 문제보다는 뿌리 깊은 나쁜 습관과 관계가 있다. 두 가지 핵심 질문을 해 보면 아기가 수면과 관련해서 어떤 문제

유아는 왜 자다가 울까?		
	★ 악몽 ★	★ 야경증 ★
왜 우는가?	REM 수면에서 일어나는 심리적 경험으로, 불쾌한 감정이나 충격을 다시 되살리는 것이다. 정신은 활발하게 움직이지만 몸은 휴식 상태에 있다(빠른 안구 운동을 제외하고).	유아들의 경우 '착란성 각성'이라고 하며(진짜 야경증은 사춘기에 드물게 일어난다), 몽유병처럼 생리적인 증상이다. 깊은 수면에서 REM으로 가는 정상적인 전환을 하는 대신 이 두 단계 사이에 있는 것이다. 몸은 움직이지만 무의식 상태다.
언제 우는가?	보통 REM 수면이 가장 왕성한 새벽.	보통 잠이 들고 나서 2~3시간 후.
어떤 소리를 내고, 어떤 몸짓을 하는가?	자다가 깨서 울지만 의식이 있다. 무슨 꿈을 꾸었는지 기억할 것이다. 유년기에 종종 악몽을 꿀 수 있다.	고음의 비명으로 시작한다. 눈을 뜨고 있지만 몸이 경직되고 식은땀을 흘리며 얼굴이 상기된다. 사람을 알아보지 못하고 나중에 아무것도 기억하지 못한다.
어떻게 해야 하나?	달래 주고 안심을 시킨다. 기억을 한다면 꿈에 대해 이야기해 보게 한다. 아이가 느끼는 두려움을 무시하지 말자. 아이는 진짜처럼 느낀다. 많이 보듬어 주고 한동안 함께 누워 있되, 데리고 가서 함께 자지는 말자.	아이를 깨우면 시간을 연장할 뿐이다. 보통 10분 정도 지속된다(짧으면 1분, 길면 40분까지 갈 수 있다). 아이보다 엄마가 더 놀란다. 따라서 엄마가 긴장을 풀고 말만으로 안심시킨다. 아이가 가구에 부딪히지 않도록 보호한다.
앞으로 어떻게 해야 하나?	아이가 무엇을 힘들어 하고 두려워하는지 알아서 낮 동안에 그러한 상황을 만나지 않도록 한다. 취침 시간을 지키고 취침의식을 한다. 만일 아기가 '괴물'을 두려워하면 야간등을 켜 주고 침대 밑에 아무것도 없다는 것을 확인해 준다.	일과를 유지하고 지나치게 피곤해지지 않도록 한다. 이 증상이 자주 일어나거나 가족력에 몽유병이 있다면 소아과 의사나 수면 전문의사를 찾는다.

가 있는지 판단할 수 있다. 아기가 밤새 잘 잔 적이 있는가? 아기를 재우기가 항상 힘이 드는가? 첫 번째 질문에 "아니오."라고 답하고, 두 번째 질문에 "그렇다."고 답한다면 아기는 혼자 자는 법을 배운 적이 없어서 자다가 깼을 때 다시 잠을 청할 줄 모르는 것이다. 그러면 나는 다시 부모가 어떤 식의 버팀목을 사용했는지 알아보기 위해 질문을 한다. 지금은 어떤 식으로 아기를 재우고 있는가? 아기가 어디서 자는가? 아직도 모유 수유를 하고 있는가? 모유 수유를 한다면 엄마젖을 먹여서 아기를 재우고 있는가? 아기가 밤에 울면 불쌍하게 느

아기침대에서 어린이침대로 바꾸기

★ 서두르지 말자(적어도 2돌이 될 때까지 기다리자). 하지만 동생이 태어난다면 오래 기다릴 수 없다. 동생이 태어나기 3개월 전에 시작하자.

★ 설명을 하고 아기를 참여시킨다. "이제 어린이침대에서 잘 때가 된 것 같다. 네가 직접 침구를 고를래?" 아직 2돌이 되지 않았다면 처음에는 분리 가능한 난간이 있는 침대도 괜찮다.

★ 침대를 바꿀 때는 취침 규칙이나 일과를 바꾸지 말자. 일관성이 무엇보다 중요하다.

★ 아이가 엄마 아빠 방으로 오면 곧바로 침대로 되돌려 보내지 말고 잠시 보듬어 준다.

★ 취침 시간이 지나면 혼자 재우는 것에 대해 죄책감을 느끼지 말고 필요하면 방에서 나오지 못하게 울타리를 쳐 둔다. 아침에 일찍 일어나서 혼자 놀던 아이가 침대를 바꾼 후에 엄마 방으로 찾아오면, 알람시계나 타이머를 맞추어 놓고 종이 울리면 나오라고 가르친다.

★ 아기 방을 안전하게 한다. 콘센트는 덮고 전깃줄은 치우고 낮은 서랍은 잠가 두어서 위로 기어오르지 못하게 한다.

★ 아이가 3돌 미만이라면 아직 안심할 수 없다. 침대는 벽에 붙이고 박스스프링을 빼서 높이를 낮춘다. 적어도 처음 몇 달 동안 난간을 사용한다.

끼는가? 당장 달려가는가? 아기를 데려다가 같이 자는가? 아기가 더 어렸을 때 완전히 잠이 들기 전에 방에서 나올 수 있었는가? 낮에 낮잠은 어디에서 얼마나 오래 자는가? 퍼버법을 사용한 적이 있는가? 이런 질문들을 해 보면 임기응변식 육아의 정도를 가늠해 볼 수 있다. 다음 이메일에서 보듯이 어떤 경우는 문제가 간단하다.

• 22개월이 된 우리 딸은 혼자 자는 법을 배우지 못해서 매일 밤 내가 데리고 자야 하는데, 이제 동생이 태어날 예정입니다. 남편은 도움이 되지 않습니다. 아기가 계속해서 매일 밤 내 위로 기어오르는데, 남편도 어떻게 해야 하는지 모르는 것 같습니다. 도와주세요!

이 엄마 아빠는 어찌할 바를 모르고 있다. 이런 경우는 흔히 볼 수 있다. 만일 아기가 거의 2년 동안 자신이 원하는 곳에서 원하는 방식으로 잠을 잤고 아직 혼자 자는 법을 배우지 못했다면 아주 용의주도한 계획이 필요하다. 또한 엄마 아빠가 한 배에 타고 서로 다른 방향으로 노를 젓거나 목적지에 대해 논쟁을 벌이는 일이 없도록 해야 한다. 게다가 아기가 부모에 대한 신뢰를 상실하고 불안을 느낀다면 상황은 좀더 어렵다. 가장 먼저 할 일은 신뢰를 회복하는 것이다(246쪽, 356쪽 참고).

3년째의 수면 문제

2년째의 문제는 다수가 3년째로 이어지지만, 이제 아이는 주변에서 일어나는 것을 이해하는 지적 능력이나 감수성이 부쩍 발달한다. 가족과 환경의 변화에 좀더 영향을 받는다. 이전보다 호기심이 더 왕성해진다. 만나는 사람마다 놀이 친구로 생각한다. 아무것도 놓치고 싶지 않은 것처럼 보인다. 전에는 못 듣고 자던 소음 때문에 잠을 깨기도 한다.

운동 능력이 발달한다. 침대에서 기어 나와 엄마 방으로 오는가? 일부 아기들은 18개월이면 이런 묘기를 부리지만 어쩌다가 자기도 모르게 그렇게 되기도 한다. 2돌이 되기 전에는 머리가 몸에 비해서 크기 때문에 침대 난간 위로 몸을 기울였다가 바닥으로 떨어질 수 있다. 하지만 2돌이 되면 범퍼 위에 올라서서 난간을 넘어가는 법을 터득해서 밤에 침대에서 나와 돌아다닐지도 모른다. 이제 어린이침대로 바꾸는 것을 생각할 수 있다(346쪽 상자글 참고). 나는 한밤중에 아이가 엄마 방으로 찾아오는 상황을 피하기 위해서 적어도 2돌 이후에는 침대를 바꾸라고 제안한다(아기침대를 무서워할 때는 예외. 357~358쪽 참고). 아기가 밤에 엄마 아빠 방으로 찾아오면 어떻게 하는가? 1주일에 한두 번씩 이런 일이 있다면 문제가 발생할 것이다.

또한 유아는 가정의 변화에 극도로 민감하기 때문에 나는 항상 "가족들에게 어떤 변화가 있었는가?"라고 묻는다. 탄생, 죽음, 부부 갈등, 이혼, 재혼, 새 보모, 사회 활동 등이 아기의 수면을 방해할 수 있다. 특히 아이가 아직 혼자 자는 법이나 자기를 위안하는 법을 배우지 못했다면 더욱 어려울 것이다. 이 시기에는 앞서 강조했듯이, 사회성이 발달하면서 사회 활동이 수면에 영향을 준다. 새로운 놀이 그룹을 시작했는가? 아니면 짐보리, 엄마와 나, 아기 요가, 아기 에어로빅 같은 또 다른 활동을 추가했는가? 좀더 구체적으로 질문하면, 놀이 그룹에서 실제로 어떤 일이 일어나고 있는가? 어떤 종류의 활동을 하고 있는가? 함께 참여하는 다른 아이들은 어떤가? 지금까지 잘 자던 아이도 스트레스를 너무 많이 받으면 문제가 생길 수 있다. (예를 들어, 유아에게 정식 수업이나 체육 '지도'는 너무 부담이 될 수 있다.) 특히 다른 아이들에게 괴롭힘을 당할지도 모른다(399~400쪽 앨리시아 이야기 참고).

이제 수면 문제는 전보다 더 부모를 지치게 만든다. 아이는 이제 말을 할 줄 알게 되면서 물을 달라, 책을 읽어 달라, 한 번 더 안아 달라 등 이런저런 요구를 하면서 입씨름을 한다. 지금까지 "아기가 뭘 알겠는가.", "자신도 어쩔 수 없는 거다."라고 합리화를 하던 부모들도 견디기 힘들어진다. 아기는 이제 자기 마음대로 되지 않으면 화를 내고 침대를 흔들면서 떼를 쓰기도 한다. 어떻게 하면 엄마 아빠가 달려오는지 잘 알고 있다.

2~3돌이 된 아이에게 수면 문제가 있다면 항상 내력을 돌아보는 것이 중요하다. 아기가 밤새 잔 적이 있는가? 많은 경우 원점에서 출발해야 한다. 또한 정서 발달도 살펴봐야 한다. 원래 요구가 많은 아이였다면 이제 못 말리는 폭군이 된다. 그 결과는 다양한 행동으로 나타난다. 머리를 박고, 밀고, 때리고, 물고, 머리카락을 잡아당기고, 발로 차고, 바닥에서 구르고, 안아 주면 몸을 뻣뻣하게 하고 버틴다. 만일 낮에 하는 행동을 바로잡지 않으면(413~423쪽 참고) 밤에는 더욱 다루기가 힘들어진다.

부모들은 종종 아이의 응석을 분리불안으로 잘못 이해한다. 분리불안은 보통 7~9개월에 시작해서 15~18개월이면 사라지는데, 그동안 임기응변식 육아에 의지하지 말고 아이가 느끼는 두려움에 대해 자상하게 배려하고 안심시키자. 2돌이 된 아이의 부모가 "우리 아이는 분리불안이 심해서 밤에 깹니다."라고 말하면 십중팔구 아이가 꾀부리는 법을 배운 것이다. 아이의 분리불안에 부모가 임기응변식 육아로 대처했기 때문이다(117~121쪽, 240~250쪽 참고).

하지만 실수하지 말자. 이 시기에는 이해력이 발달하면서 진짜 두려워하던 일들이 생긴다. 아기는 주변에서 일어나는 것을 충분히 파악한다. 동생이 태어날 예정이거나, 엄마와 아빠가 서로에게 화가 나 있거나, 놀이 그룹에서 어떤 아기가 항상 장난감을 뺏는다는 것을 알고 있다. 영화 〈니모를 찾아서〉를 보면 아기 물고기는 아빠와 헤어졌다는 것을 이해한다. 또한 점점 감수성이 예민해진다. 나는 얼마 전에 어느 아기에 대한 재미있는 이야기를 들었다. 그 아기는 아빠가 매일 밤 1층 창문을 모두 잠그는 것을 보았다. 아빠는 2돌 반이 된 아들에게 '도둑이 들어오지 못하도록' 하는 것이라고 설명했다. 그날 밤에 아기는 새벽 3시에 깨서 비명을 질렀다. "도둑이야! 도둑이야!" 우리 큰딸이 3돌이 되었을 때 나도 비슷한 경험을 했다. 나는 우리 아이가 재미있어 할 줄 알고 당시 흥행에 성공한 영화 〈E.T.〉를 보여 주었다. 그 영화는 내가 보기에는 아무 문제가 없었지만 그 후 몇 달 동안 사라는 작은 E.T.들이 고양이문을 통해 들어오는 악몽을 꾸었다.

아이들은 2돌이 넘으면서 TV와 컴퓨터 게임을 좀더 많이 접하게 되는데, 이 시기에 악몽을 꾸는 것과도 관련이 있다. 따라서 아이들이 보는 모든 것을 검열해야 하고, 특히 아이의 눈으로 보고 생각하는 것이 중요하다. 아이가 정말 〈밤비〉나 〈니모를 찾아서〉와 같은 영화를 좋아할까? 아니면 두 영화에서 주인공의 엄마가 죽는 광경을 보면 아이가 불안을 느끼지 않을까? 책을 읽어 주거나 이야기를 해 줄 때도 주의해야 한다. 도깨비 이야기나 어두운 이미지는 아이에게 두려움을 남길 수 있다. TV와 컴퓨터를 완전히 멀리할 수 없다면, 적어도 자기 전에는 긴장을 푸는 시간을 갖는 것이 필요하다. 나는 부모들에게 아기를 재우기 전에는 "모든 전자 제품을 꺼라."고 충고한다.

유아를 위한 수면 전략

앞에서 설명한 여러 가지 방법과 전략은 약간씩 보완을 하면 유아의 수면 문제에 응용이 가능하다. 다음은 실례와 함께 몇 가지 중요한 사항들을 정리한 것이다. 여백의 상자글은 문제점을 요약한 것이다.

계속 규칙적인 일과를 유지하되 아기가 크면서 보완이 필요하다

롤라는 15개월이 된 아기 때문에 전화를 했다. "카를로스가 갑자기 취침 시간에 투정을 부립니다. 목욕을 좋아하던 아이가 이제는 질색을 합니다." 카를로스의 생활에 어떤 일이 있었는지에 대해 몇 가지 질문을 해 보니 최근에 롤라의 모국인 과테말라로 여행을 다녀왔고, 또한 새로 음악 수업에 참여하기 시작했다는 사실이 드러났다. 나는 엄마에게 어느 정도의 영향을 감수해야 한다고 설명했다. 여행을 하면서 일과가 달라졌고 음악 수업은 완전히 새로운 수준의 활동이었다. 게다가 카를로스는 이제 좀더 활발해졌으므로 취침의식을 바꿔야 했다. 예를 들어, 많은 유아들이 6시에서 6시 30분에 잠자리에 들면 더 잘 잔다. 또한 이 시기에는 취침 전 목욕이 아이를 흥분시킬 수 있으므로 좀더 일찍 하거나—이를테면 저녁 식사 전 4~5시에—아침에 하거나 밤에 자기 전에 가벼운 스펀지 목욕을 한다. 이 말에 롤라는 거부 반응을 보였다. "하지만 아빠가 저녁에 목욕을 시키는데요." 물론 이것은 그녀의 선택이었다. 하지만 나는 솔직히 말했다. "좋아요. 하지만 그것은 아기 생각은 하지 않고 엄마 생각만 하는 겁니다." 다행히 모범생 아기인 카를로스는 적응을 잘했고 롤라는 창의적이었다. 그녀는 아빠에게 아침에 아기와 함께 샤워를 하라고 제안했다. 카를로스는 아빠와 함께하는 새로운 의식을 좋아했다.

"어느 날 갑자기 취침의식 중에 투정을 부린다."

꾸준히 취침의식을 하면서 그 의식을 이용해서 문제점들을 예상한다

취침의식에는 물론 책을 읽어 주고 보듬어 주는 시간이 포함된다. 유아의 이해력이 발달하므로 대화 시간을 추가하는 것을 고려해 보자. 23개월이 된 메건의 엄마 줄리는 종종 예측 불가능한 날들이 있다는 것을 알고 있다. 줄리의 지혜로움과 관찰력을 칭찬하는 의미에서 그녀가 웹사이트에 올린 장문의 글을 소개하겠다. 줄리는 메건이 어떤 아이(메건은 예민한 아기라고 그녀는 말한다)인지 알고 메건에게 맞는 방법을 엄선해서 이상적인 취침 의식을 만들었다.

> ♥ 2주일 전에 우리 딸의 수면 문제에 대해 글을 올린 적이 있습니다. 그동안 저는 아기에게 혼자 자는 법을 가르쳐 보려고 하다가 결국 매일 밤 노래를 부르고 웃고 이야기하면서 2시간씩 보내야 했죠! 1시간 30분에서 2시간 30분씩 자던 낮잠 시간은 40분으로 줄었습니다. 낮에 투정을 부리지는 않았습니다. 눕혀 놓아도 보채거나 울지 않고, 단지 잠을 자지 않을 뿐이었죠. 누군가 메건이 하루 종일 잘 놀기 때문에 저녁이 되면 너무 피곤해져서 밤에 잠을 잘 이루지 못하는 것 같다고 말했습니다. 나는 그 말이 맞다고 생각합니다……
>
> 그래서 저는 가장 먼저 일관된 의식을 실시했습니다. 트레이시의 책을 읽고, 한 번 안아 주고, 짧은 이야기를 두 가지 해 주고, 자장가를 한 번 불러 주고 끝내기로 했습니다. 또한 하루를 정리해 주는 것이 좋다는 말을 들었습니다. 왜 진작 그런 생각을 하지 못했는지! 책을 읽어 주기 전에 이야기를 시작해서 너무 오래 하지는 않기로 했습니다. 그래서 지금 우리는 잠잘 준비가 되면 하루를 어떻게 보냈는지 이야기합니다. 마지막으로 침대를 아늑하게 꾸며 주었습니다. 메건은 내가 직장에서 일하는 동안 낮잠을 더 잘 잡니다. 직장 탁아소에 놓인 아기침대는 집에 있는 것보다 작고 방도 작습니다(겨우 1.5미터×2미터).
>
> 예민한 아기에게는 태내와 같은 분위를 만들어 주라는 트레이시의 제안이 생각나서 매트리스를 부드러운 스웨이드 천으로 만든 담요로 감쌌더니 아이가 아주 좋아하더군요. 또한 침대 절반 정도는 양가죽 깔개를 깔았습니다. 털이 너무 길지 않게 다듬었지

"잠이 들려면 한참 시간이 걸린다. 낮잠이 불안정하다."

만 그래도 푹신하고 엄마 냄새가 납니다. 마지막으로 한쪽 면은 스웨이드 천이고 반대쪽은 양털로 된 작은 쿠션(아마 15센티미터 ×15센티미터)을 놓아 주었습니다. 메건은 또한 담요를 말아서 자기 옆에 놓아 달라고 요구하기 시작했습니다. 갓난아기 때 수건을 말아서 받쳐 놓았던 것처럼 말입니다.

마치 누에고치처럼 보이지만 메건은 무척 좋아합니다! 저번 날에는 메건이 답답해 하는 것 같아서 내가 안아서 재워 주겠다고 했습니다. 5분쯤 후에 메건은 자기 침대로 가겠다고 하더군요. 1년 동안 내 침대에서 잤고 항상 뭔가에 매달리곤 했는데 말입니다. 어쨌든 다른 분들에게 도움이 되는 정보인지 모르지만, 메건은 좀더 작고 안전한 잠자리를 필요로 했습니다. 또한 한결같은 취침의식으로 하루를 정리함으로써 예측 불허의 낮 시간을 상쇄할 필요가 있다고 믿습니다. 미운 3살이 오고 있지만 이것이 도움이 되기를 바라고 있습니다!

메건의 취침의식이 다른 아기들에게 얼마나 맞을지는 모르지만 적어도 부모들이 각자 자신의 아기에게 귀를 기울임으로써 적절한 취침의식을 설계하는 본보기로 삼기 바란다.

또한 취침의식을 통해 미리 문제를 예상하고 해결할 수 있다. 예를 들어, 21개월이 된 제이슨은 '목이 마르다'는 이유로 새벽 4시에 깨기 시작했다. 다행히 메리앤은 이틀 연속으로 제이슨이 새벽에 깨자 습관이 될까 봐 나에게 전화를 했다. 나는 시피컵에 물을 담아서 침대에 들어갈 때 주라고 제안했다. "이것을 취침의식에 포함시키세요." 내가 설명했다. "잘 자라는 인사를 하기 전에, '자, 여기 물을 줄 테니까 깨서 목이 마를 때 먹어라.' 하고 말하는 겁니다."

또 다른 사례로, 2돌이 된 올리비아는 악몽을 꾸었다. 그래서 나는 올리비아가 애착을 갖는 작은 여우 인형 '구기'를 이용하라고 제안했

> "잠자리에서 꾀를 부린다.
> 밤에 깬다."

다. "잘 자라."는 인사를 하기 전에 마지막으로 "걱정마라. 네가 필요로 할 때 구기가 옆에 있을 거야."라고 말하는 것이다. 각자 자신의 아기에게 어떤 방법이 좋을지 생각해 보자. 목표는 아기가 밤새 잘 수 있도록 하는 것이다. 침대 밑을 보여 주면서 괴물이 없다는 것을 확인하는 것처럼 아기가 안전하게 느끼는 데 도움이 되는 것이라면 무엇이든 취침의식에 포함시킬 수 있다. 하루를 돌아보고 정리하는 것도 아기가 느끼는 두려움을 해소해 주는 훌륭한 취침의식이다. 아기가 완전하게 말을 할 수 있기 전까지는 엄마가 낮 동안 일어난 일을 정리해 주자.

특히 아기침대에서 어린이침대로 바꿀 때는 일관된 취침의식을 유지하는 것이 중요하다(346쪽 참고). 새 침대를 제외하고, 모든 것을 지금까지 하던 대로 똑같이 유지하자. 재미있는 사실은 많은 아기들이 어린이침대로 바꾸어도 밖으로 나오지 않는다는 것이다. 마치 아기침대의 제약을 기억하는 듯하다. 물론 어떤 아기는 새 침대가 새로운 자유를 의미하는지 알아보는 시험을 할 것이다. 취침의식을 지킴으로써 새 침대에서도 과거의 규칙이 적용된다는 메시지를 전달하자.

아기가 자다가 울 때 성급하게 달려들지 말자

유아기에도 갓난아기였을 때와 마찬가지로 성급하게 달려들기 전에 관찰하는 습관이 절대로 중요하다. 아기가 울지 않는다면 방에 들어가지 말자. 아기가 종알거리는 소리가 들릴 때 그대로 두면 아마 다시 잠이 들 것이다. 만일 운다면 그것이 헛울음인지, 아니면 도움이 필요한 진짜 울음인지 구분하자(301쪽 상자글 참고). 헛울음을 운다면 좀더 기다린다. 진짜 울음을 울 때는 들어가서 아무 말도 하지 말자. 말을 걸거나 주의를 끄는 행동을 하지 말자.

'안아주기/눕히기'는 '눕히기'가 된다

이제 아기는 체중이 점점 늘어나서 안기가 어려워지므로 나는 아기를 안는 부분은 생략하고 단지 눕히는 부분만 하라고 제안한다. 다시 말해 아기가 일어서면(유아가 되면 자다가 깨서 일어선다) 안지 말고 그대로 다시 눕힌다. 마찬가지로 "지금은 잘 시간이다." 또는 "낮잠 시간이다."라는 말로 안심시킨다.

물론 이 방법은 부모가 임기응변식 육아를 했다면 좀더 오래 걸린다. 지금까지 어떻게 해 왔는지 깨닫는다고 해도, 원상 복귀를 하려면 한참 걸린다. 예를 들어, 베시는 자신이 노아에게 어떻게 잘못했는지 잘 알고 있었다. 그녀가 "18개월이 된 아기가 잠자는 시간을 좌지우지한다."라는 제목으로 보낸 다음 이메일을 보면 몇 가지 익히 알고 있는 문제점들을 볼 수 있다. 오랜 임기응변식 육아와 성장 발달에 따른 영향, 그리고 아이가 병이 나서 입원을 하는 바람에 문제가 복잡해진 것이었다.

♥ 노아는 제가 '임기응변식 육아'로 키웠기 때문에 잠을 잘 때 안고 흔들어 주기를 바랍니다. 자다가 깼을 때 '가끔' 혼자 잠이 들기도 합니다. 어떤 날은 소리를 지르고 혼잣말을 하다가 잠이 듭니다. 하지만 어떤 날은 울면서 깹니다. 그리고 일단 깨면 다시 아기침대에서 재우는 것은 불가능합니다! 내가 의자에서 일어나려고 하는 순간 울기 시작하죠. 낮잠 시간에도 마찬가지입니다. 이런 지가 아마 18개월 정도 된 것 같습니다. 무슨 방법이 없을까요? 우리 아기는 지금 11.8kg이고 침대 가장자리를 잡고 일어섰다 앉았다 합니다. 탈수증으로 병원에 입원했다가 4일 전에 퇴원했지만 오늘 병원에 갔더니 완전히 나았다고 하더군요. 아기가 입원해 있는 동안 트레이시의 책을 읽었습니다. 17개월 전에

> "안고 흔들어 주어야 잠이 든다. 혼자서는 잠이 들지 못한다."

읽었더라면 좋았을 텐데!

이 경우는 분명 오래된 문제를 그대로 방치했다가 유아기가 되면서 더욱 복잡해진 것이다. 베시는 노아가 18개월 동안 "이런 식이었다."고 주장하지만 실제로는 엄마 아빠가 그렇게 가르친 것이다. 노아는 "내가 울면 엄마 아빠가 달려와서 나를 안아 준다."고 배웠다. 11.8kg이 된 아기를 안아서 재우는 것은 썩 보기 좋은 광경이 아니다.(하지만 노아를 데리고 자지 않은 것은 잘한 일이다.) 이제 알 수 있을 것이다. 임기응변식 육아의 결과는 단순히 습관이 잘못 드는 문제가 아니라 아기가 꾀를 부리도록 만드는 것이다. 따라서 두 단계 계획이 필요하다. 아기를 안아 주지 않고 재우는 것과 아기가 울기 시작하면 '눕히기'를 사용하는 것이다. 아기 방에 들어가되, 말을 걸지는 말아야 한다. 절대 아기를 안으면 안 된다. 노아가 너무 무거워서 힘이 들기도 하지만 안는 것이 문제의 원인인 임기응변식 육아의 일부이기 때문이다. "괜찮다, 아가야. 이제 곧 잠이 올 거야."라는 말로 달랜다. 이 시기에는 아기가 말을 거의 다 알아듣는다. 18개월 동안 버릇이 들었더라도 베시가 마음을 단단히 먹고 하면 곧 효과가 나타날 것이다.

신뢰를 회복해야 한다면 '눕히기'를 하기 전부터 공기침대를 사용한다

"방에서 나갈 수 없다."

혼자 버려진 줄 알고 충격을 받은 아기는 이 시기에 심각한 수면 문제를 보이며, 해결하는 데 시간이 더 오래 걸린다는 것은 앞에서 여러 번 이야기했다. 아기는 엄마가 옆에 있는지 계속 확인할 것이다. 어떤 아기는 침대를 무서워해서 악을 쓰면서 운다. 그런 경우 나는 아기 방에 공기침대를 들여놓고 적어도 하룻밤을 지낸다. 수면 문제가 최근에 생겼다면 다음 날 밤에는 공기침대를 치울 수 있을 것이다. 대부분은 3일째가 되면 치울 수 있다. 하지만 만일 오래된 문제라면 3일 간격으로 공기침대를 아기침대에서 조금씩 멀리 놓는다(문에 가깝게).

경우마다 조금씩 다르게 한다. 때로 나는 중간에 의자를 이용한다. 즉, 일단 방에서 공기침대를 치우고 나면 아기침대 옆에 의자를 놓고 앉아 있다가 아기가 잠이 들면 방에서 나간다. 다음 며칠에 걸쳐 의자를 아기침대에서 조금씩 멀리 놓는다(358쪽 엘리엇의 이야기 참고).

아기침대에서 잔 적이 없다면 어린이침대로 시작한다

만성적인 수면 문제가 있다면 지금이라도 혼자 자는 법을 가르쳐야 한다. 만일 지금까지 아이를 데리고 잤다면 곧바로 어린이침대에 재우는 것으로 시작한다(346쪽 참고). 낮에 아이와 함께 침대나 침구 쇼핑을 하러 가자. 아이가 좋아하는 캐릭터나 디자인이 있는 것으로 고르자. 집에 돌아가서 함께 침구 정리를 하자. 첫날 밤에는 엄마가 아이 방에서 함께 잔다. 아이는 새 침대에서, 엄마는 옆에 공기침대를 놓고 잔다. 그 다음에 점차 공기침대를 치우고 며칠 동안 의자를 놓고 앉아서 잠들 때까지 지켜본다. 마침내 아이가 침대에서 혼자 자게 될 것이다. 만일 밤에 깨어나서 엄마를 찾아오면 말을 시키지 말고 조용히 다시 아이 침대로 데리고 가자. 만일 이런 일이 반복되면 아기 방문에 울타리를 설치하고 방에서 나오지 말라고 강조한다. 한 번이라도 다시 아이를 데리고 자면 문제가 더 커질 것이다. 아이가 방에서 나오지 않고 아침까지 잘 자면 상을 주는 방법도 생각해 보자(368~372쪽 애덤의 이야기 참고).

어쨌든 아이가 자기 자리에서 자도록 하면 된다. 루크는 부모와 함께 잤을 뿐 아니라 엄마나 아빠의 귀를 잡지 않으면 잠이 들지 않았다. 루크가 유일하게 혼자서 잠이 드는 장소는 서재에 놓인 소파였다. 그들은 하는 수 없이 새로 어린이침대를 들여놓은 아기 방으로

"밤에 자다가 일어나서 밖으로 나온다."

그 소파를 옮겼다. 루크는 2년 동안 침대를 거부하고 소파에서 잤다. 그 소파에서 자야만 잠이 잘 오고 안전하게 느꼈기 때문이다.

부모들은 때로 아기가 갑자기 '침대를 무서워할 때' 그 이유를 알지 못한다. 레슬리는 18개월이 된 사만다가 2달 전까지는 '밤새' 잘 잤다고 말했다. "다른 곳에서는 잠을 자지만 침대에 내려놓으면 즉시 깨어나 울다가 기침을 하고 토하기도 합니다." 아이가 "무서워한다." 또는 "비명을 지른다."는 말에서 나는 즉시 사만다의 부모가 퍼버법을 시도했는지 의심했다. 아니나 다를까 그들은 한 번 이상 퍼버법을 시도한 적이 있었다. "그 방법을 시도해서 며칠 밤은 효과를 보았습니다." 하지만 레슬리는 그것 때문에 문제가 일어났다는 생각은 하지 못했다. 18개월의 아이가 충격을 받으면 신뢰를 회복하기가 더 어렵다. 아이에게는 침대 칸살이 자신과 엄마 사이를 가로막는 장벽이고 침대는 감옥처럼 느껴질 것이다. 우리는 사만다를 아기침대에 다시 재우는 대신 어린이침대로 바꿔 주기로 했다.

"아기침대를 무서워한다."

아기가 울면 가 봐야 하지만 데려와서 함께 자지는 말자

아기가 찾아오면 곧바로 자기 방으로 돌려보낸다. 낮에도 방문을 노크하고 들어오는 것을 가르쳐야 한다. 나는 규칙과 체계가 아이에게 해롭다고 생각하다가 결국 곤경에 빠지는 부모들을 수없이 보았다. 그런 생각은 터무니없다! 아기가 크면 문을 노크하는 법을 가르쳐야 한다. 부모가 먼저 아기 방에 들어갈 때 본보기를 보이자. 이것은 존중과 경계에 관한 문제다. 그리고 만일 아기가 갑자기 들어오면 말한다. "엄마 방에 들어올 때는 노크를 해야지."

만일 아이가 침대를 무서워한다면 신뢰감을 회복해야 한다. 아이 방에 공기침대를 들여놓고 며칠 동안 함께 자야 할 것이다. 하지만 언제까지나 그곳에서 자면 안 된다. 공기침대는 아이가 혼자 잘 수 있을 때까지 잠시 이용하는 도구일 뿐이다.

대개 아이가 밤에 엄마를 찾아오는 것은 어느 날 갑자기 일어나는 일이 아니다. 오랜 임기응변식 육아의 결과다. 단지 아기가 걸어 돌아다니기 시작하면서 문제가 더 커졌을 뿐이다. 부모들은 때로 아기의 수면 문제에 대해 부정한다. 예를 들어, 다음과 같은 이메일을 받았을 때 나는 그 내용이 사건의 전모가 아니라는 것을 눈치 챘다.

> ♥ 엘리엇은 밤에 혼자 자지 않습니다. 아이 방에 놓인 퀸사이즈 매트리스에 우리가 함께 누워야 합니다. 잠이 든 후에도 엘리엇은 2~3시간마다 깨어나서 우리를 찾아옵니다. 그러면 우리는 다시 아이 방으로 데려가서 함께 잡니다. 도와주세요! 남편과 저는 휴식이 필요합니다! 아이 방이 미닫이여서 잠글 수도 없습니다. 우리 아이는 4달 동안 산통 때문에 쉬지 않고 울었는데, 얼마나 더 우는 소리를 들어야 할지 모르겠습니다. 어떻게 하면 아이가 혼자 자도록 할 수 있을까요? 엘리엇은 워낙 얕은 잠을 자는 아이입니다. 도와주세요!

> **"아이가 밤에 자다 깨면 엄마를 찾아온다."**

산드라와 그녀의 남편은 18개월이 된 아기를 데리고 자지 말라는 내 권유를 따르고 있는 것 같다. 하지만 그들은 엘리엇이 혼자 잠이 들 수 있도록 가르치지는 못했다. 이제 여러분도 이 엄마의 이메일에서 몇 가지 단서를 찾아서 몇 가지 질문을 할 수 있을 것이다. 무엇보다 왜 아기 방에 퀸사이즈 매트리스를 갖다 놓게 되었을까? 아마 처음에 엄마가 아이와 함께 잤던 것 같다. 그리고 이제 아빠는 엄마가 다시 돌아오기를 바라고 있다.

이런 경우는 부모가 이미 아기 방에서 자고 있으므로 공기침대가 아니라 곧바로 의자를 이용하라고 제안하겠다. 취침 시간이 되면 의자를 방에 들여놓고 말한다. "엄마(또는 아빠, 누구든 쉽게 항복하지 않는 사람)는 네가 잠이 들 때까지 옆에 있을 거야." 3일 후에는 아이 방에 들어가서 취침의식을 하기 전에 엘리엇이 눈치를 채지 못하게 슬그머니 의자를 30센티미터 정도 미닫이 쪽으로 옮겨 놓는다. 3일마다 의자를 점점 문 쪽으로 옮겨 놓는다. 그리고 엘리엇을 안심시킨다. "엄마는 아직 의자에 앉아 있단다." 마지막으로 의자를 치우면서 말한다. "오늘 밤에는 의자를 내놓을 거다. 하지만 네가 잠이 들 때까지 내가 옆에 있을 거야." 그리고 아기에게 말을 걸지 말고 1미터쯤 떨어져서 서 있는 것으로 약속을 지킨다. 의자를 밖으로 치울 때쯤이면 아기는 혼자 잠이 들 수 있게 될 것이다. 아이가 자다가 깨서 나오면 다시 방으로 데려가서 눕히고 말한다. "기분이 언짢은가 보구나. 하지만 금방 잠이 올 거야." 그리고 다시 어느 정도 거리를 두고 서서 말한다. "엄마 여기 있다." 하지만 눈을 마주치거나 대화를 하거나 엘리엇이 어떤 식으로 꾀를 부리지 못하도록 해야 한다. 침대에서 일어나면 말없이 '눕히기'를 해서 다시 눕힌다. 아이가 방에서 나오지 못하게 하려고 문을 잠그면 안 된다. 대신 방문에 울타리를 설치하자.

만일 아기가 전부터 '잠투정'을 했다면 내력을 분석하고 존중하는 것이 중요하며 지레 겁을 먹지 말자

"언제까지 이렇게 해야 하는지 모르겠다."

산드라의 이메일에서 행간을 읽어 보라(359쪽 참고). "사실 아이가 4달 동안 산통 때문에 쉬지 않고 울었는데, 얼마나 더 우는 소리를 들어야 하는지 모르겠다."는 말에 주목하자. 내가 산통을 가진 아기의 엄마를 많이 만나 봐서 그런지 모르지만, 내게는 산드라가 4달 동안 겪은 힘든 경험에서 회복하지 못한 것처럼 보인다. 아직도 조마조마한 기분인 것 같다. 또한 아이가 잠투정을 하는 이유는 잠자는 법을 배우지 못했기 때문일 것이다. 엄마는 아이의 수면 문제를 단지 "얕은 잠을 잔다."라고 표현했다. 아기는 이제 18개월이 되었는데, 부모는 아직도 겁에 질려 있다. 언제까지 이렇게 겁에 질려 있을 것인가? 과거에 느꼈던 불안감에 지금도 발목이 잡혀 있다. 죄책감, 분노, 걱정이 이들을 무기력하게 만든다. 나는 항상 부모들에게 상기시킨다. "모두 지난 일이고 지금이 중요합니다. 과거를 지울 수는 없지만 잘못은 만회할 수 있어요. 마음을 단단히 먹어야 합니다."

깨워서 재우기 방법으로 수면 시간을 늘린다

깨워서 재우기(244쪽 '습관적으로 깬다', 245쪽 상자글 참고)는 유아들에게도 유효한 방법이다. 나는 아이가 아침에 너무 일찍 깨거나 밤에 습관적으로 깬다고 할 때 이 방법을 제안한다. 어떤 경우에는 깨워서 재우기를 첫 단계로 사용하기도 한다. 예를 들어, 17개월이 된 맥과 4주가 된 브록의 엄마 카렌은 맥이 두 번 자는 낮잠을 한 번만 자게 하

두 번의 낮잠을 한 번으로 바꾸기

★ 1~3일 오전 낮잠을 15~30분 늦게 9시 45분이나 10시에 재운다.

★ 4~6일 가능하면 30분 늦게 10시 30분에 재우고, 간식을 9시나 9시 30분에 준다. 2시간 내지 2시간 30분 동안 자고 나면 1시경에 점심을 준다.

★ 7일에서 끝날 때까지 3일마다 낮잠 시간을 조금씩 늦추어 간다. 오전 10시에서 10시 30분경에 간식을 주고 11시 30분에 재운다. 2시경에 잠에서 깨면 점심을 준다. 며칠은 오후 시간을 힘들게 보내야 할 것이다.

★ 목표 결국 아기는 10시까지 깨어 있다가 점심을 먹고 잠시 놀다가 오후에 한 번 오랜 단잠을 잘 것이다. 그 후에도 오전에 잠깐씩 낮잠을 자는 날이 있을 것이다. 융통성이 필요하지만 오전 낮잠은 1시간 이상 재우지 않도록 한다.

**"아이가 너무 일찍 일어
나고 오전에 피곤해진다."**

는 법을 알고자 했다. 하지만 맥이 매일 아침 6시에 일어난다는 말을 듣고 나는 그 문제부터 가장 먼저 해결해야겠다고 생각했다. 안 그러면 낮 12시에서 1시까지 버틸 수 없을 것이고 오후가 되면 너무 피곤해져서 낮잠을 잘 자지 못할 것이다. 그래서 우리는 가장 먼저 아침에 좀더 늦게까지 재우기로 했다. 그 다음에 오전 낮잠 시간을 점차적으로 늦출 수 있었다. 나는 맥이 보통 깨는 시간보다 1시간 먼저 방에 들어가서 새벽 5시에 깨우라고 제안했다. "그러죠 뭐." 대부분의 부모들은 깜짝 놀라서 나를 쳐다보는데, 그녀는 예상 밖으로 선뜻 그러마고 했다. 그리고 덧붙여서 말했다. "갓난아기가 있기 때문에 어차피 일찍 일어나야 하거든요." 나는 맥을 깨워서 기저귀를 갈고 곧바로 다시 재우라고 했다. "하루를 시작하기에 너무 이른 시간이니까 좀더 재우세요." 맥은 완전히 깨지는 않을 것이고 아마 조금 보채다가 다시 잠이 들 것이다. 이렇게 하면 적어도 아침에 너무 일찍 깨는 습관에서 벗어날 수 있다. 목적은 아이를 아침 7시까지 재워서 오전에 활발하게 놀도록 하는 것이었다.

점차적으로 변화를 도모한다

**"두 번의 낮잠을
한 번으로 합친다."**

어떤 부모들은 아기에게 새로운 일과에 적응할 시간을 주지 않고 너무 빨리 움직인다. 유아는 기억력이 발달해서 갑작스러운 변화에 금방 적응하지 못하므로 너무 서두르는 것은 좋은 방법이 아니다. 카렌은 맥이 하루아침에 오전 낮잠을 생략하고 오후에 한 번만 자기를 바랐다. 하지만 맥은 오전에 낮잠을 자지 못하면 너무 피곤해져서 차 안에서 잠이 들었고 게다가 잠을 설쳤다. 따라서 점차적으로 오전 낮잠 시간을 늦추어야 했다.

일단 오전의 낮잠 시간을 조금 늦게 재우는 것으로 시작해서 다음 단계로 넘어갔다(361쪽 상자글 참고). 보통 9시 30분에 자던 오전 낮잠을 10시나 적어도 9시 45분에 자게 했다. 그리고 3일 후에 다시 15분이나 30분 간격으로 시간을 늦추었다. 그리고 마침내 오전 간식을 먹고 나서 깨어 있다가 점심을 먹었다. 이것은 금방 되지 않았다. 1달 정도 걸렸고 며칠 동안 후퇴를 해서 다시 일찍 일어나거나 오전 낮잠을 자기도 했다. 이것은 정상적인 과정이다. 습관을 바꾸는 것은 쉽지 않을 뿐더러, 방금 동생이 태어난 새로운 환경에 적응하지 못하고 있었다.

꾸준히 일관성을 가지고 한다

만일 어떤 식으로든 임기응변식 육아를 해 왔다면 아기는 잠이 잘 안 오거나 자다가 깼을 때 엄마를 찾을 것이다. 그리고 엄마가 지금까지 하던 것과 다르게 하면—예를 들어, 새벽 3시에 일어났을 때 수유를 하지 않고 다시 재우면—저항할 것이다. 새로운 방법을 유지하면서 확신과 일관성을 보여야 한다. 주저하고 망설이면 아이가 감지한다. 그러면 더 크게 울고 더 자주 깨면서 더욱 저항할 것이고 결국 엄마를 항복하게끔 만들 것이다.

> "하룻밤 해 보고 포기했다."

아기를 위로하는 것과 응석을 받아 주는 것은 다르다

유아기는 특히 변화가 심하므로 어느 때보다 부모가 자주 안심을 시켜야 한다. 유아가 되면 보통 낮잠을 하루 1번 자게 되는데, 이것은 하루아침에 되는 일이 아니다. 오전에 낮잠을 안 자다가도 어느 날은 자기도 한다. 게다가 유아의 세계에는 여러 가지 새로운 일들이 일어난다. 아기는 점점 성장하고 독립적이 되는 중이지만 여전히 엄마 아빠가 옆에서 안심을 시켜 주어야 한다. 나는 어느 정도로 해야 과잉보호가 되지 않는지 몰라서 고민하는 부모들의 심정을 이해한다.

"낮잠을 자고 나서
투정을 부린다."

• 우리 로베르토는 거의 2돌이 되었는데, 언제부턴가 낮잠을 자고 깨면 1시간씩 울고불고합니다. 아이를 달래려고 다양한 방법들을 사용해 보았습니다. 옆에 있으면 안아 달라고 팔을 내밀지만 안아 주면 다시 내려놓으라고 발버둥을 칩니다. 목이 마르다고 해서 물을 주면 안 마십니다. 마치 자기 자신도 무엇을 원하는지 모르는 것 같습니다. 아기를 혼자 두고 모른 체하기도 했지만 역시 소용이 없습니다. 잘 때는 팔다리를 접고 엎드려서 자는데, 보통 적어도 2~3시간을 잡니다. 잠에서 깨면 더 난리를 피우고, 이럴 때 누가 집에 오거나 무슨 소리가 나면 정말 아무도 못 말립니다. 오전에 깨어 있을 때는 잘 놉니다. 이런 아이가 또 있나요? 급기야는 아기가 자고 있거나 자려고 할 때는 아무도 집에 오지 못하게 하는 지경에 이르렀습니다.

이 엄마는 오로지 한 아기를 보고 있지만 나는 수천 명의 아기를 보았다. 무엇보다 로베르토는 심술쟁이 아기인 것 같다. 심술쟁이 아기는 낮잠을 자다 깨면 잠투정이 심하다. 하지만 어떤 타입이든 모든 아기들은 잠버릇이 있다. 게다가 로베르토는 전형적인 유아기에 있다. 아기를 달래는 것이 중요하다. 아기를 달래는 것은 응석을 받아 주는 것과 다르다. 아기를 이해하고 안정시키는 것이다. 잠에서 깨면 정신이 맑아질 때까지 시간을 주는 것이 필요하다. 아기를 잠시 안아 주면서 말한다. "지금 너는 잠이 덜 깼어. 엄마랑 같이 있다가 준비가 되면 아래층으로 내려가자." 내 짐작에는 엄마가 너무 서두르는 바람에 오히려 시간이 더 걸리는 것 같다. 뭔가를 억지로 강요하지 말고 기다리면 아이는 잠시 앉아 있다가 장난감을 발견하고 손을 뻗을 것이다. 또는 "아, 이제 정신이 드네요."라고 말하는 듯이 엄마를 올려다보고 방긋 웃을 것이다.

2~3년이 되도록 수면 문제가 있다면 부모가 지금까지 어떻게 해 왔는지 돌아보자

이 장을 시작하면서 인용한 연구 조사를 보면 아이들의 수면 문제가 만연한 것을 알 수 있지만 그렇다고 방법이 없는 것은 아니다. 우리 사회의 속도 경쟁이 아이들에게까지 영향을 미치고 있지만 무엇보다 부모의 태도가 중요하다. 어떤 부모들은 아기가 크는 것을 원하지 않는다. 그들은 아이를 과잉보호하고 스스로 원해서 데리고 잔다. 자신에게 물어보자. 나는 정말 아기가 크는 것을 보고 싶은가? 아기가 독립적이 되기를 바라는가? 아이가 아직 어린데, 이런 질문을 한다는 것이 이상하게 들릴 수 있다. 하지만 아이에게 자유를 주고 독립심을 가르치는 것은 운전면허를 받을 나이가 될 때까지 기다릴 수 있는 문제가 아니다. 지금부터 차근차근 기초를 마련하고 사랑과 보살핌을 주고, 책임감도 가르쳐야 한다. 혼자 자지 못하는 아이는 혼자 놀지 못한다는 것을 기억하자. 혼자 잘 자는 아기는 깨어 있을 때도 엄마에게 매달리거나 칭얼거리거나 떼를 쓰지 않는다.

또한 임기응변식 육아를 해 왔거나 가족이 함께 자는 방법을 선택한 부모들도 종종 아이가 유아가 되면 마음이 바뀐다(372~375쪽 니콜라스의 이야기 참고). 둘째 아이를 가질 생각을 하고 있거나 엄마가 다시 직장에 나갈 계획을 할 수도 있다. 이런 부모들에게서 엄청나게 많은 이메일을 받고 있다. 특히 아직 아기를 데리고 자는 부모들은 이제 수면 문제를 바로잡아야겠다는 것을 깨닫는다. 나의 웹사이트에 올라온 다음 게시글에서 이런 부모들의 절박한 심정을 읽을 수 있다.

> "엄마 아빠 침대에서 아기를 내보낼 수 없다."

♥ 우리 아기는 19개월인데, 항상 우리가 데리고 잡니다. 이제 동생이 태어날 것이므로 변화가 필요합니다! 아기를 혼자 울게 내

버려 두는 방법은 너무 가슴이 아파서 못할 것 같은데…… 누구 좋은 방법을 알고 있나요?

아이가 한 명일 때는 '크면 나아지겠지.' 또는 '통과 의례일 뿐이야.'라고 합리화하기가 쉽다. "아직도 아기 때문에 밤에 깨요?"라는 말을 듣고 싶지 않아서 사실을 감추기도 한다. 하지만 동생이 태어날 예정이거나 수면 부족으로 직장 일에 지장이 생기면 언제쯤 밤에 충분히 잠을 잘 수 있을지 걱정이 되기 시작한다. 하지만 여기에 함정이 있다. 부모가 밤에 충분히 잘 필요가 있다고 해서 아이가 밤새 잘 준비가 되는 것은 아니다. 특히 지금까지 적절한 조치를 취한 적이 없다면 이제 처음부터 시작해야 한다.

때로 부모들은 스스로 자신을 속인다. 많은 부모들이 "모든 가능한 방법을 다 시도해 보았다."고 말한다. 클라우디아는 다음 이메일에서 보는 것처럼 아기에게 좋은 수면 습관을 들이기 위해 온갖 노력을 기울였다고 주장한다. 여기서도 우리는 행간을 읽을 필요가 있다.

> "모든 방법을 시도해 보았지만 우리 아이는 아직도 밤새 자지 않는다."

♥ 안녕하세요. 저는 에드워드를 밤새 재우려고 안 해 본 방법이 없습니다. 하지만 이제 더 이상 어떻게 해야 할지 모르겠습니다. 취침 시간에는 99퍼센트는 울지 않고 혼자 아주 잘 잡니다. 보듬어 주거나 수유를 하지 않아도 됩니다. 노리개젖꼭지는 물지 않으며, 다만 애지중지하는 '젖소 인형'을 안고 잡니다.
에드워드는 항상 밤에 아무 때나 깨서 우리를 부릅니다. 잠시 기다리면서 아이가 다시 잠이 드는지 보면 가끔 혼자 잠이 들기도 하죠. 하지만 안절부절못하고 보채는 날이 더 많습니다. 그러면 둘 중에 한 사람이 들어가서 말을 걸지 않은 채 아기가 자리에 누워 있는지, 인형을 갖고 있는지 확인합니다. 그리고 컵으로 물을 약간 먹인 다음 방에서 나옵니다. 그러면 아이는 대개 다시 잠이 듭니다. 이것은 대수롭지 않게 들릴지 모르지만 저는 직장에 나가야 하고 아기가 잠들고 나면 저녁에 집안일을 해야 하는데, 밤에 두 차례 이상 잠에서 깨면 정말 힘이 듭니다. 때로는 잠이 다시 오지 않아서 아침까지 밤을 꼬박 새기도 합니다.

아기 방에 들어가 보지 않으려고 하면, 결국 아기가 울다가 눈물 콧물로 범벅이 된 채 침대 안에서 일어나 흥분하기 때문에 다시 달래서 재울 수가 없게 되죠.

클라우디아는 잘하고 있는 것이 많다. 취침의식을 지키고, 먹여서 재우는 것을 피하고 있으며, 아기가 애착을 갖는 인형을 안긴다. 반면에 내 조언을 잘못 이해하고 있다. 아이를 안아서 재우는 것과 보듬는 것은 다르다. 솔직히 말해 이 엄마는 융통성이 없는 편이다. 반면 아기가 깰 때마다 물을 주어 본의 아니게 임기응변식 육아를 하고 있다. 에드워드에게는 물을 마시는 것이 버팀목이 되었다. 무엇보다 마음에 걸리는 부분은 '아기 방에 들어가 보지 않으려고 해도'라는 말이다. 다시 말해 이 엄마는 한 번 이상 에드워드를 울게 내버려 두었을 것이다. 아기가 '흥분하기 때문에 다시 달래서 잠을 재울 수 없는' 것은 당연하다. 나는 이 엄마에게 에드워드가 혼자 잠이 들지 못하는 1퍼센트의 밤에는 어떻게 하는지 묻고 싶다. 그런 날은 아기가 울다가 지치도록 내버려 두는 것은 아닌지 모르겠다. 어쨌든 일관성이 없는 것을 알 수 있다. 에드워드는 자다가 깼을 때 스스로 다시 잠이 드는 법을 배우지 못했을 뿐 아니라 엄마가 들어올지 안 올지 몰라서 불안해 하고 있다.

어디서부터 시작해야 할까? 무엇보다 아이의 신뢰감을 회복해야 한다. 우선 아이 방에 공기침대를 들여놓고 옆에서 자다가 아이가 깨면 다시 재우라고 하겠다. 이렇게 하면 아기가 깨서 어떻게 하는지 정확하게 볼 수 있을 것이다. 점차적으로 방에서 공기침대를 치운다

(356~357쪽 참고). 하지만 에드워드가 울면 들어가서 '눕히기'를 한다. 아기가 일어설 때까지 기다렸다가 즉시 다시 눕힌다. 또한 시피컵을 침대에 넣어 주고 목이 마를 때 스스로 찾아 마시도록 해서 물을 달라고 하는 습관을 고쳐야 한다.

이제 에드워드의 부모는 1~2주일 동안 잠을 못 자더라도 이 문제를 해결하겠다고 굳게 마음을 먹어야 한다. 안 그러면 몇 년을 더 잠을 못 잘지도 모른다.

나는 두 건의 사례를 자세히 소개하면서 이 장을 마무리하겠다. 둘 다 2돌이 된 아이의 경우로 해결하기가 무척 까다로웠다.

애덤, 악몽 같은 아기

마를린은 처음에 애덤에 대해 이야기를 하면서 울음보를 터트렸다. "악몽이에요. 아니 우리 아기가 악몽입니다." 그녀는 자신의 2돌이 된 아기를 이렇게 표현했다. "자기 침대에서 자지 않으려고 하고, 밤에 2~3번씩 깨어나서 돌아다닙니다. 때로는 우리 침대로 들어와서 자려고 하고 때로는 물을 달라고 합니다." 좀 더 질문을 해 보니 애덤이 씩씩한 아기라는 것을 알 수 있었다. "버릇을 고쳐 보려고 하면 항상 힘 겨루기가 되고 남편과 저는 도저히 당할 수가 없습니다. 애덤은 고집이 세고 자기 마음대로 해야 합니다. 혼자 노는 것 같아서 방에서 나오려고 하면 떼를 쓰면서 울고 못 나가게 합니다. 분리불안을 느낄 나이는 지나지 않았나요? 때로는 정말 돌아버릴 것 같습니다."

무엇보다 애덤은 씩씩한 아기일 뿐 아니라 한창 미운 짓을 할 나이다. 나는 금방 이것이 단순한 힘 겨루기가 아니라 2년 동안 점점 더 확대된 임기응변식 육아의 결과라는 것을 알았다. 애덤의 부모는 처음부터 아이를 인도하기보다 아이에게 끌려 다녔다. "이런저런 전문

> "밤에 깨어나서 돌아다니고 종종 엄마 아빠 침대로 기어오른다."

가들의 조언을 따랐지만 아무것도 효과가 없었죠."라는 말에서는 그들이 계속해서 규칙을 바꿨다는 것을 알 수 있다. 그리고 지금은 애덤이 모든 것을 좌지우지하고 있었다. 어떤 아기는 선천적으로 다른 아기들보다 좀더 드세다. 그리고 씩씩한 아기가 좀더 고집이 세다. 하지만 씩씩한 아기라고 해도 협조하고 따라오도록 가르칠 수 있다 (이 점에 대해서는 다음 장에서 좀더 자세히).

나는 또한 그들이 '전문가의 조언'을 따르는 중에 퍼버법을 사용했을 것이라고 의심했다. 안 그러면 2돌이나 된 아기가 왜 그렇게 엄마에게서 떨어지지 않으려고 하겠는가? 마를린은 쉽게 고백을 했다. "하지만 그 방법도 소용이 없었습니다. 3시간 동안 울다가 토했어요." 나는 이 말을 들으면서 화가 나는 것을 꾹꾹 참았다. 3시간 동안 아이를 울리다니! 마를린은 '애덤이 말을 잘 듣고 시키는 대로 하고 밤새 잘 자게 하는' 것에 관심이 있었지만 무엇보다 우선적으로 신뢰를 회복해야 했다. 3시간 동안 울었다는 것이 모든 문제의 원인은 아니지만 분명 아주 중요한 원인이었다.

문제가 복잡했으므로 다소 시간이 걸리고 용의주도한 계획이 필요했다. 애덤에게는 분명 심각한 행동 문제가 있었지만 무엇보다 잠이 부족한 아기를 훈련시킬 수는 없다. 가장 먼저 기본으로 돌아가서 취침의식을 살펴야 한다. 물론 책을 읽고 보듬어 주는 것 말고도 작은 쟁반에 물컵을 담아서 침대 옆에 놓아 주고 자다가 깨서 목이 마르면 스스로 물을 마시도록 가르쳐야 한다.

무엇보다 신뢰를 회복하는 것이 중요했다. 마를린은 아이 방에 공기 침대를 놓고 처음 3일 동안 애덤이 잘 때 옆에서 같이 잤다. 그녀는 처음에 아기와 함께 저녁 7시 30분에 잠자리에 드는 것을 불편해 했다. "잠이 오지 않으면 책과 손전등을 가져가서 아이가 자는 동안 책을 읽으세요."라고 내가 제안했다. 4일째 밤에 엄마는 애덤이 잠이 든 후에 방에서 나왔다. 그리고 몇 시간 후에 아기가 깼을 때 곧바로 들어가서 아침까지 그곳에 있었다. 다음 날 밤에는 밤새 깨지 않고 잤다.

　나는 또한 처음 1주일 동안 애덤을 특별히 자상하게 보살피라고 설명했다. 아이가 깨어 있는 동안 엄마가 그를 위해 옆에 있다는 것을 보여 주어야 했다. 다행히 그녀는 다른 일은 잠시 미루고 애덤에게 집중할 수 있었다. 그녀는 애덤과 함께 놀다가 아무렇지도 않게 말했다. "엄마 화장실에 갔다 올게." 처음에 애덤은 저항을 했지만, 우리는 미리 준비해 둔 것이 있었다. 나는 마를린에게 주머니에 타이머를 넣고 다니라고 했다. "이 타이머가 울리면 엄마가 돌아올 거야."라고 그녀는 애덤에게 타이머를 주면서 말했다. 2분 후에 돌아온 엄마를 보고 애덤은 긴장한 표정이었지만 미소를 지었다.

　두 번째 주부터 마를린은 애덤이 자기 방에서 놀고 있을 때 이런저런 이유를 말하고 5분 정도 나갈 수 있었다.("엄마는 나가서 밥이 다 되었는지 봐야겠다." "전화를 받아야겠다." "건조기를 돌리고 와야겠다.") 그리고 아이 방에서 공기침대를 치웠다. 저녁을 먹는 동안 아빠가 슬그머니 내놓았다. 그날 밤 평소처럼 취침의식을 한 다음 마를린은 아이에게 설명을 했다. "오늘 밤에도 항상 하는 것처럼 이를 닦고 책을 읽고 밤인사를 하는 거다. 그리고 불을 끈 다음에 엄마가 한참 동안 네 옆에 앉아 있을 거야. 하지만 타이머가 울리면 방에서 나갈 거야." 그리고 애덤이 잠이 들려고 할 때 타이머가 울리지 않도록 3분 후로 맞추어 놓았다.

　당연히 첫날 밤에 애덤은 엄마가 문을 닫고 나오자마자 울음을 터트렸다. 엄마는 들어가서 다시 타이머를 맞추었다. "엄마는 몇 분 동안 옆에 앉아 있다가 나갈 거야." 이렇게 몇 번을 되풀이했다. 애덤은 울어도 소용이 없다는 것을 알자 침대에서 나와서 거실로 나갔다. 엄마는 아무 말 없이 그를 데리고 다시 방으로 들어갔다. 첫날 밤에는 2시간이나 걸려서 겨우 재울 수 있었다. 하지만 둘째 날 밤에는 단번에 성공했다.

다음에는 타이머를 사용해서 낮에 애덤이 자기 방에서 혼자 놀도록 했다. 애덤은 점차 혼자 노는 것에 익숙해졌다. 우리의 목표는 애덤이 새벽 6시에 깨어나서 엄마 아빠 방으로 들어오지 않도록 하는 것이지만, 우선 자기 방에서 혼자 노는 것에 익숙해지도록 해야 했다. 그들은 이것을 일종의 게임으로 만들었다. "자, 이 타이머가 울릴 때까지 네가 방에 있을 수 있는지 보자." 잘 하면 금별 스티커를 주고 다섯 개가 모이면 전에 가 보지 않은 공원에 데려갔다.

마지막으로 애덤에게 미키마우스 디지털시계를 선물로 주는 의식을 했다. 그리고 아침 7시에 알람이 울리면 침대에서 나와도 좋다고 했다. 그들은 알람이 어떻게 작동하는지 가르쳐 주고 말했다. "이렇게 벨이 울리면 일어나서 방에서 나와도 좋다는 거야." 가장 중요한 부분은 부모 방의 시계를 애덤의 시계보다 30분 일찍 6시 30분에 맞추어 놓는 것이다. 첫날 아침 그들은 먼저 깨어 있다가 아이 방에서 알람이 울리는 소리를 듣고 곧바로 들어갔다. "정말 잘 했다. 알람이 울릴 때까지 침대에 있었구나. 상을 받을 자격이 있네!" 다음 날 아침에도 똑같이 했다. 3일째가 되는 아침에 그들은 아이 방에 들어가지 않고 애덤이 어떻게 하는지 지켜보기로 했다. 애덤은 알람이 울릴 때까지 방에서 나오지 않았고 그들은 다시 한 번 칭찬을 아끼지 않았다.

애덤이 모든 면에서 협조적이 된 것은 아니다. 그는 다른 일에서는 여전히 꾀를 부리고 부모를 시험했다. 하지만 이제 적어도 부모는 아이에게 끌려 다니지 않고 아이를 이끌어 가고 있었다. 애덤이 떼를 쓸 때 두 손 들고 항복하지 않았다. 그들은 계획을 세워서 단계적으로 아이의 버릇을 고쳐 갔다. 다음 몇 달 동안 애덤은 때로 잠자리에 들지 않으려고 하고 여전히 가끔씩 밤에 깨곤 했지만 마를린이 처음 나에게 연락을 했을 때보다는 훨씬 더 잠도 잘 자고 행동도 얌전해졌다. 다음 장에서 보겠지만, 아기가 지나치게 피곤하거나 잠이 부족하면 항상 행동 문제가 일어난다.

니콜라스, 아직 엄마젖을 먹고 자는 아기

"젖을 먹어야 잠이 든다. 아직도 엄마 아빠가 데리고 잔다. 동생이 태어날 예정이다."

니콜라스의 이야기는 요즘 점점 증가 추세에 있는 어떤 현상을 반영하고 있다. 아이들이 두 돌이 넘도록 아직 엄마젖을 먹을 뿐 아니라 젖을 물려야 잠을 자는 것이다. 애니는 니콜라스가 23개월일 때 나에게 전화를 했다. "우리 아기는 밤이나 낮이나 젖을 물리지 않으면 잠을 자지 않습니다." 나는 왜 그렇게 늦게까지 문제를 방치했는지 물었다. "글쎄요. 우리는 처음부터 아기와 함께 자기로 했고, 지금까지 특별히 어려움을 느끼지 못했습니다. 하지만 방금 임신 4주가 된 것을 알았습니다. 동생이 태어나기 전에 니콜라스가 젖을 떼고 혼자 잘 수 있도록 해야 할 것 같습니다."

나는 앞으로 갈 길이 멀기 때문에 지금 당장 출발해야 한다고 설명했다. 우선 나는 "젖떼기를 할 생각이 있는 것이 확실한가요? 남편이 도와줄까요?"라고 물었다. 이 두 가지는 문제를 해결하는 열쇠가 될 수 있었다. 애니는 즉시 젖떼기를 해야 했다. 낮에는 아이가 엄마젖을 원할 때마다 다른 활동이나 간식에 주의를 돌릴 수 있으므로 좀더 쉬울 것이다. 하지만 밤에는 아빠가 중요한 역할을 해야 한다. 나는 이런 경우 항상 아빠나 다른 사람의 도움을 구하도록 한다. 엄마가 갑자기 젖을 주지 않으면 아이가 당황할 것이다. 하지만 아빠에게는 그런 기대를 하지 않는다.

또한 23개월이나 된 아이를 아기침대에서 재우는 것은 적당하지 않았다. 나는 어린이침대를 사주고 방문에 울타리를 설치하라고 제안했다. 이 문제에는 신속한 해결책이 없다고 나는 설명했다. 적어도 2주일은 걸릴 것이다. 다음은 내가 이 가족을 위해 설계한 계획안이다.

1일에서 3일까지

가장 먼저 엄마 아빠 사이에서 자던 니콜라스를 옆에서 혼자 자도록 했다. 애니와 그랜트는 새로 어린이침대를 구입했다. 그들은 우선 매트리스만 가져가서 아빠 옆쪽에 놓았다. 첫날 밤에 니콜라스는 울면서 계속 그들의 침대로 기어올라 엄마 옆으로 가려고 했다. 그럴 때마다 아빠가 그를 다시 매트리스에 내려놓고 '눕히기'를 했다. 니콜라스는 악을 쓰면서 울었다. 아이 얼굴에 충격과 분노가 확연하게 드러났다. 마치 '도대체 왜 이러는 거죠? 우리는 2년 동안 같이 잤잖아요.'라고 말하는 듯했다.

그날 밤은 모두 뜬눈으로 밤을 지새웠다. 나는 애니에게 다음 날 밤에는 사랑방에 가서 자라고 제안했다. 니콜라스가 그들의 침대에 기어오를 때 차라리 엄마가 그 자리에 없는 것이 나을 것 같았다. 또한 엄마는 갑자기 젖을 뗐기 때문에 자신의 몸을 돌봐야 했다. 몸에 꼭 맞는 브라를 착용하고 휴식을 충분히 취해야 했다. (만일 애니가 한밤중에 남편을 '구하러' 달려가게 될까 봐 겁이 난다고 말했다면 나는 친정이나 친구 집에 가서 자라고 했을 것이다.)

둘째 날 밤에도 그랜트는 첫날 밤처럼 니콜라스를 자기 자리에서 자게 했다. 니콜라스가 아무리 죽어라고 울어도 그는 계속 '눕히기'를 했다. 나는 그랜트에게 니콜라스를 침대에 올려놓지 말고 자신이 매트리스로 내려가서, "엄마는 여기에 없다. 내가 손을 잡아 주겠지만 너는 네 침대에서 자야 한다."라고 말하게 했다. 그랜트는 잘 해냈다. 니콜라스는 두세 번 떼를 쓰다가 그대로 잠이 들었다. 셋째 날 밤에는 좀더 수월했지만 아직 안심할 수는 없었다.

4일에서 6일까지

넷째 날에 나는 니콜라스가 자기 침대에서 자는 것을 칭찬해 주고 상으로 침구와 베개를 고르게 하라고 제안했다. 니콜라스는 좋아하는 바니 캐릭터를 선택했고 엄마는 이제 그의 매트리스를 침대에 올리고 새 침구로 꾸미자고 설명했다.

그날 밤 그랜트는 바니 침구로 꾸민 니콜라스의 침대 옆에 공기침대를 갖다 놓았다. 그리고 방문에 울타리를 설치했다. 니콜라스는 예상대로 안절부절못했지만 아빠가 옆에서 계속 안심시켰다. 그랜트는 니콜라스가 침대에서 내려오려고 할 때마다 다시 눕혔고 아이는 다시 오뚜기처럼 일어났다. 나는 그랜트에게 단호한 태도를 유지하라고 경고했다. "'눕히기'가 장난이 되지 않도록 조심하세요." 때로 이 단계에서 아기는 이렇게 생각할 수 있다. "와, 이거 재미있는걸. 내가 일어나면 아빠가 눕히고." 나는 그랜트에게 아이와 눈을 맞추지 말고 말을 걸지도 말라고 했다. "이제는 신체 접촉만으로 충분합니다."

7일에서 14일까지

7일째 밤부터 공기침대를 문 쪽으로 옮겨 가기 시작했다. 나는 그랜트에게 설명했다. "공기침대를 밖으로 내놓기까지 다시 1주일이 걸릴 수 있습니다. 단호하고 일관되게 해야 합니다. 마침내 준비가 되었다고 생각하면 거짓말을 하거나 몰래 빠져나가려고 하지 말고 '오늘 밤에 아빠는 내 방에 가서 자야겠다.'고 말하세요."

애니는 지금까지 한 역할이 별로 없었다. 젖떼기를 해야 할 경우에는 항상 아빠의 도움을 받는 것이 수월하다. 그리고 일단 아빠가 시작하면 끝까지 계속해야 한다. 무엇보다 2년 동안 니콜라스는 엄마젖을 물고 잠을 잤다. (아빠의 도움을 받지 못하는 상황이라면 적어도 엄마젖이 더 이상 문제가 되지 않을 때까지 3일 정도 누군가의 도움을 받아야 한다. 안 그러면 중도에 포기하기 쉽다. 169쪽 상자글 참고)

결국 젖떼기는 1주일 만에 성공을 했지만 2주가 지나도 아빠는 여전히 니콜라스의 방에서 공기침대를 놓고 자야 했다. 애니는 덕분에 자유로워졌지만 그랜트는 점점 지쳐 갔다. 결국 그들은 다시 아이를 데리고 자기로 했다. 적어도 니콜라스는 더 이상 엄마젖에 의지해서 잠이 들지 않았다. "우리는 아이와 함께 자는 것이 편합니다. 우리는 계속해서 니콜라스를 데리고 자기로 했어요. 동생이 태어나면 요람에 재우면 될 겁니다."

나는 종종 원래 목표에 못 미치는 결과에 만족하는 부모들을 보았다. 그 이유는 더 이상 노력을 하고 싶지 않거나, 실제로 효과가 있을 것이라고 믿지 않거나, 마음이 바뀌는 것이다. 아마 니콜라스 부모의 경우에는 3가지 이유가 모두 작용했을 것이다. 부모들이 내리는 결정에 대해 내가 '감 놓아라 대추 놓아라' 할 수는 없다. 사실 나는 항상 고객들에게 말한다. "각자 자신의 가족에게 맞는 방법으로 하면 됩니다."

8장

유아 길들이기

정서적으로 건강한 아이로 키우기

행복한 아이 만들기

"우리 아이는 지금까지 천사 아기였습니다." 캐럴은 2돌이 된 코트니의 이야기를 하면서 강조했다. "하지만 어느 날부터 갑자기 자기 뜻대로 안 되면 떼를 쓰기 시작했습니다. 안아 달라거나 어떤 장난감이 갖고 싶다거나 다른 아이가 타고 있는 그네를 자기가 타겠다고 막무가내로 떼를 씁니다. 남편과 저는 어떻게 해야 좋을지 몰라서 쩔쩔매고 있습니다. 우리는 사랑과 관심, 그리고 2돌이 된 아이가 원하는 필요한 것은 모두 주려고 노력했습니다."

부모들이 아이의 행동에 대해 '뜬금없다'는 의미로 말할 때마다 나는 의심스러운 생각이 든다. 어떤 가족의 변화나 충격적 사건을 겪지 않는 한, 아이들의 정서적인 반응은 아무 예고 없이 나타나지 않는다. 십중팔구 떼쓰기는 처음에 사소한 감정 폭발로 시작되지만, 만일 아무도 그런 행동이 용납되지 않는다는 것을 가르치지 않으면 점점 자라면서 못 말리는 떼쟁이가 된다.

"아기가 떼를 쓰기 시작하면 어떻게 하나요?"라고 나는 캐럴과 테리가 코트니의 감정 폭발에 어떻게 대처하는지 알아보기 위해 물었다. 아기도 감정을 느낀다. 중요한 것은 부모가 반응하는 방식이다. "전에 이런 행동을 했을 때 하지 못하게 주의를 준 적이 있나요?"

"없습니다." 캐럴이 말했다. "그럴 필요가 없었죠. 우리는 아이를 항상 즐겁게 해 주려고 최선을 다해요. 무시당하거나 버림받은 것처럼 느끼지 않도록 하려고요. 아이를 울리지 않으려고 애썼습니다. 아이가 원하는 것은 항상 주었다고 생각합니다. 그래서 행복하게 잘 지냈어요."

며칠 후 나는 30대 후반의 잉꼬 부부를 실리콘밸리에 있는 그들의 수수한 집에서 다시 만났다. 그래픽 디자이너인 캐럴은 코트니가 1돌이 될 때까지 집에서 지내다가 이제는 1주일에 이틀 반을 일하고, 테리는 하드웨어 상점을 운영하고 있었다. 그러나 집에서 보내는 시간이 많았다. 주말에는 가족이 함께 저녁 식사를 하려고 노력했다. 코트니는 오래 기다린 끝에 얻은 귀한 아이였고 그들이 하는 이야기를 들어 보니 분명 아이 중심으로 생활하고 있었다.

빨간 곱슬머리의 귀여운 코트니는 나이에 비해 말을 잘했고, 명랑하고 사랑스러운 아이였다. 나를 자기 방으로 안내하는 아이를 보면서 엄마가 말한 바로 그 아이인지 의심스러울 정도였다. 일단 아이 방에 들어가 보니 캐럴과 테리의 말대로 아이가 원하는 것은 뭐든지 해 준 것이 틀림없었다. 꼬마 소녀의 침실에는 장난감 가게의 창고보다 더 많은 물건들이 쌓여 있었다! 선반에는 시중에 나와 있는 교육자료와 장난감이 가득했다. 한쪽 벽을 가리고 있는 책장에는 그림책이 하나 가득 꽂혀 있고, 다른 쪽 벽에는 텔레비전과 오디오가 있었다. 특히 할리우드 감독이라도 부러워할 만한 비디오 선집을 소장하고 있었다!

코트니와 단둘이 잠시 시간을 보냈을 때 캐럴이 와서 말했다. "트레이시 아줌마를 모시고 지금 서재로 가야겠다. 아빠와 할 이야기가 있단다." 코트니는 엄마 말이 끝나자마자 소리를 지르기 시작했다. "안 돼요! 트레이시 아줌마는 나랑 놀 거예요." 내가 몇 분 후에 다시 돌아오겠다고 달랬지만 코트니는 막무가내였고 급기야 바닥에 주저앉아서 발버둥을 쳤다. 캐럴이 살살 달래면서 안으려고 했지만 코트니는 작은 야생 동물 같았다. 나는 엄마와 아빠가 어떻게 하는지 두고 보기로 했다. 코트니가 우는 소리를 듣고 아빠가 쏜살같이 뛰어 들어왔다. 이런 상황에서 많은 부모들이 그렇듯이, 캐럴은 어쩔 줄 모르고 응급 처방을 했다. "알았어, 코트니. 트레이시 아줌마는 안 나 가신단다. 너도 우리와 함께 서재에 갈래? 우리는 차를 마시고 너는 과자를 먹으면 되겠다."

나는 지금까지 캐럴과 테리 같은 부모들을 많이 만났다. 그들은 아이에게 모든 것을 주지만 한 가지 주지 않는 것이 있다. 그것은 바로 경계다. 설상가상으로 그들은 코트니가 화가 나거나 슬퍼하면 기분을 풀어 주려고 장난감을 사 주었다. 그리고 코트니가 조금만 저항하는 기색을 보이면 금방 항복하기 때문에 점점 더 아이에게 휘둘리게 되었다.

캐럴과 테리는 내가 '행복한 아이 만들기'라고 부르는 유행병의 희생자들이다. 이 병은 특히 늦둥이를 둔 부모와 일하는 부모들이 잘 걸리지만, 나이와 경제력과 지리와 문화를 초월한 보편적인 현상이다. 나는 미국뿐 아니라 세계 각국을 여행하면서 요즘 부모들이 아이를 행복하게 해 주려고 노력하다가 응석받이로 만드는 것을 보았다. 하지만 이 세상에 누구의 인생도 항상 행복할 수는 없다. 따라서 부모는 아이에게 다양한 감정을 이해하고 소화할 수 있도록 도와주어야 한다. 안 그러면 아이 스스로 자신을 위로하고 세상 살아가는 방법을 배우는 기회를 박탈하는 것이다. 아이들은 규칙을 지키고, 다른 사람들과 소통하고, 한 가지 활동에서 다른 활동으로 전환할 수 있어야 하며, 이 모든 능력은 정서적 건강이 바탕이 된다.

따라서 부모들은 아이를 무조건 행복하게 해 주기보다 '정서적으로 건강하게' 키우기 위해 힘써야 한다. 아이의 감정을 보호하기보다 세상을 살아가면서 혼란, 지루함, 실망감, 도전을 극복할 수 있는 힘을 길러 주어야 한다. 그러자면 경계를 정해 주고, 감정을 이해하고 조절하는 법을 가르쳐야 한다. 아이가 부모를 믿고 따라오도록 해야 한다.

정서 건강은 부모와의 유대감을 강화해 준다. 왜냐하면 아기가 세상에 태어나는 날부터 발달하는 신뢰 능력을 길러 주기 때문이다. 부모에 대한 신뢰는 자라는 아이들에게 필수적이다. 무엇보다 아이들은 두렵거나 화가 나거나 흥분했을 때 의지를 하고 하소연을 할 수 있는 부모가 필요하다.

이 장에서는 정서 건강에 필요한 구성 요소와 코트니의 막무가내식 떼쓰기와 같은 감정 폭발을 조절하는 것이 왜 중요한지 그 이유, 그리고 아이가 감정을 통제하지 못할 때 부모가 어떻게 해야 하는지에 대해 알아보기로 하겠다. 또한 부모가 한 발짝 뒤로 물러서서 아이를 있는 그대로 객관적으로 바라보고, 아이가 감정을 부정하는 것이 아니라 이해할 수 있도록 도와주는 것이 얼마나 중요한지 보게 될 것이다.

감정 폭발을 일으키는 위험 요인

아이들의 정서는 특히 1년에서 3년 사이에 크게 발달하지만 어떤 단계에서도 변하지 않는 한 가지 주제는 부모의 지도와 경계가 필요하다는 것이다. 우리는 아이들에게 선과 악, 옳고 그름을 구별하고 자신의 감정을 이해하고 통제하는 법을 가르쳐야 한다. 안 그러면 강력한 감정을 느낄 때 속수무책이 될 것이다. 특히 어떤 경계나 한계에 부딪치게 되면 쉽게 좌절하고 '감정 폭발'을 경험하게 될 것이다.

아이가 감정 폭발을 경험할 때 자신에게 무슨 일이 일어나고 있는지 모른다면 감정이 고조되는 것을 막을 힘이 없다. 당연히 감정 폭발을 잘하는 아이들은 종종 따돌림을 받는다. 아마 모두들 이런 아이들을 알고 있을 것이다. ("우린 놀이 그룹에서 어떤 아이가 너무 난폭하게 행동해서 그만둬야 했어.") 그리고 그것은 불쌍한 그 아이의 잘못이 아

감정 폭발을 일으키는 위험 요인

기질과 정서적·사회적 유형	환경적 요인	발달 문제	부모의 행동
★ 기질 (심술쟁이 아기, 씩씩한 아기, 예민한 아기) ★ 정서적·사회적 유형 (원미하지만 내성적이거나, 성미가 급하거나, 지나치게 예민하거나)	★ 집이 아이에게 안전하지 않다. ★ 스트레스를 해소할 장소가 없다. ★ 가정에 변화나 혼란이 있다.	★ 분리불안 ★ 표현력이 부족한 시기 ★ 미운 3살 ★ 이가 나오는 시기	★ 부모가 객관적이지 못하고 주관적이다 (394쪽 상자글) ★ 아이의 잘못된 행동을 애초에 근절하지 않는다. ★ 일관성이 없다. ★ 부부가 서로 다른 기준을 갖고 말다툼을 한다. ★ 힘든 상황에 대비해서 아이를 미리 준비시키지 않는다.

* 기질 유형은 85~90쪽, 정서적·사회적 유형은 382~385쪽 참고

니다. 아무도 그에게 감정 조절을 가르쳐 주지 않은 탓이다. 물론 원래 감정 표현이 활발한 씩씩한 아기인지도 모르지만 기질이 반드시 운명적인 것은 아니다. 감정 폭발은 또한 다른 사람들에게 제어되지 않은 감정과 불만을 전가하는 폭력으로 이어질 수 있다.

위의 표에서 감정 폭발을 유발하는 4가지 요소를 볼 수 있다. 아이의 기질, 환경적 요인, 발달 문제 그리고 아마 가장 중요한 것은 부모의 행동이다. 이 4가지 위험 요인은 함께 작용하며 때로는 한 가지 요인이 지배적이다.

아이들의 정서적·사회적 유형

기질에 따라 좀더 감정 폭발을 하기가 쉬운 아이들이 있다. 예민한 아기, 씩씩한 아기, 심술쟁이 아기는 뭔가에 마음의 준비를 시키려면 보다 세심한 주의가 필요하다. 예를 들어, 제프(390쪽에서 다시 만난

다)는 새로운 상황에 적응하기 위해 좀더 시간이 필요한 예민한 아기였다. 마음의 준비가 되기 전에 엄마가 다른 아이들과 어울리라고 등을 떠밀기라도 하면 울음을 터트렸다. 또한 아이들은 세상에 태어날 때 갖고 나오는 각자의 선천적 기질과 더불어 사람들과 관계를 통해 정서적 · 사회적 유형이 발달한다.

편안한 성격의 아이는 사람들과 잘 어울린다

이런 아이는 버릇을 가르치면 쉽게 배운다. 자기 것을 기꺼이 나누어 갖는다. 고분고분하다. 예를 들어, 불평을 하지 않고 장난감을 치운다. 종종 그룹의 리더가 되지만 일부러 주도권을 쥐려고 하지 않아도 다른 아이들이 자연적으로 따른다. 이런 아이는 특별히 사회성을 가르칠 필요가 없다. 자연스럽게 사람들과 어울리고 대부분의 상황에 쉽게 적응한다. 주로 천사 아기나 모범생 아기가 해당하지만 씩씩한 아기도 넘치는 에너지를 적절한 활동과 관심으로 이끌면 이런 아이로 자랄 수 있다.

수월하지만 내성적인 아이는 혼자 있는 것을 좋아하다

다치거나 피곤하지 않으면 평소에 잘 놀고 불필요하게 울지 않는다. 다른 아이들이 노는 모습을 유심히 지켜본다. 장난감을 갖고 있다가 좀더 공격적인 아이가 그것을 원하면 즉시 양보한다. 다른 아이들이 행동하는 방식을 보고 겁을 먹기 때문이다. 예민한 아이만큼 겁이 많지는 않지만 어떤 상황에 있는지 주의해서 지켜볼 필요가 있다. 다른 아이들과 새로운 환경에 접할 기회를 주는 것은 좋지만 옆에서 지켜보아야 한다. 아이가 혼자 있는 것을 좋아한다고 걱정하지 말자. 혼자서도 놀 수 있을 정도로 자신감이 있다고 여기자. 원만한 아이들과 놀이 그룹을 마련해서 사회성을 길러 주자. 천사 아기와 모범생 아기뿐 아니라 심술쟁이 아기도 이 유형에 속할 수 있다.

극도로 예민한 아이는 그에 걸맞게 행동한다

아주 사소한 자극에도 정서적으로 불안해진다. 어릴 때 많이 안아 주어야 했을 것이다. 새로운 상황을 만나면 엄마 곁에서 떠나지 않는다. 엄마 무릎에 앉아서 다른 아이들이 노는 것을 구경만 하고 어울리지 않는다. 쉽게 울음을 터트린다. 아이들이 가까이 다가오거나, 장난감을 뺏거나, 엄마가 다른 아이에게 관심을 보이면 불안해 한다. 투정을 부리고 잘 토라진다(세상에 대해 화가 나 있는 것 같다). 또한 쉽게 짜증을 낸다. 새로운 상황에서는 적응할 시간을 주는 것이 필요하다. 주로 예민한 아기와 일부 심술쟁이 아기가 이 범주에 포함된다.

충동적인 아기는 에너지가 넘친다

매우 적극적이고 공격적이며 충동적이 되기도 한다. 유아는 대부분 뭐든지 자기 것이라고 생각하지만 이런 아이는 좀더 완강하다. 힘이 세고 붙임성이 좋으며 활달하다. 원하는 것을 얻기 위해 다른 아이를 때리거나 물거나 발로 차는 등 어떤 식으로든 힘을 사용한다. 만일 억지로 뭔가를 나누어 가지라고 강요하면 소리를 지르면서 떼를 쓸 것이다. 골목대장 노릇을 한다. 에너지를 발산할 수 있는 활동이 필요하다. 무엇이 아이를 자극하는지 잘 알아 두고 통제력을 잃어 버릴 것 같은 신호가 보이면 미리 제지를 하는 것이 중요하다. 충동적인 아이들은 행동수정 요법으로 버릇을 고칠 수 있다. 주로 씩씩한 아기가 이 범주에 속하지만 때로 심술쟁이 아기도 그럴 수 있다.

기질은 잘 변하지 않지만 정서적 · 사회적 능력은 아이가 크면서 계속 발달한다. 수월하지만 내성적인 아이는 어느 날 마침내 자신의 '껍질을 깨고' 나온다. 충동적이던 아이는 유치원에 갈 무렵이 되면 유순해질 수 있다. 하지만 이 모든 변화는 부모의 지도가 필요하다. 따라서 부모와 아이 사이의 '궁합'이 중요하다. 부모와 아이는 성격상 서로 충돌할 수도 있고 융화가 잘 될 수도 있다. 부모는 시간이 지날수록 아이를 좀더 분명하게 파악하고 다양한 상황에서 아이가 어떻게 반응하는지 알게 된다. 또한 부모들은 자신을 돌아보고 스스로 어떤 약점을 갖고 있으며 어떤 상황에서 감정을 폭발하는지 아는 것이 중요하다. 395~402쪽에서 설명하겠지만, 성숙하고 객관적인 부모의 필수 조건은 아이에게 최선의 도움을 주는 방식으로 행동하는 것이다.

환경적 요인

아이들은 1년에서 3년 사이에 이해력과 자의식이 크게 발달하면서 환경 변화에 특히 민감하게 반응한다. 어른들은 2돌이 된 아기가 부모의 이혼이나 가족의 죽음과 같은 일이 일어났을 때 얼마나 이해를 하겠느냐고 생각할지 모르지만 아이들의 정서는 스펀지와 같다. 그들은 부모의 감정을 감지하고 뭔가 변화가 생겼다는 것을 눈치 챈다. 새집으로 이사를 하거나, 엄마가 임신을 하거나, 엄마가 직장에 다시 나가서 일과가 바뀐다거나, 부모 중 한 사람이 1주일 동안 독감으로 앓아 누워 집에 있다거나 하면, 이 모든 것이 아이의 정서에 영향을 준다.

같은 맥락에서, 아이가 새로운 놀이 그룹을 시작하거나 새로운 아이들을 만나거나 하면 그 여파로 더 많이 울거나, 공격적이 되거나, 엄마에게 매달릴 수 있다. 어른과 마찬가지로 9개월밖에 안 된 아이들 사이에도 궁합이 있다. 당신의 아이가 공격을 하는 쪽이거나 당하는 쪽이거나 간에, 아이들끼리 자꾸 싸움이 일어난다면 두 아이는 서로 맞지 않는 것이다. 아이가 좋아하고 싫어하는 사람이 있다는 것을 인정하자. 가족도 마찬가지다. 아이가 할아버지나 숙모를 좋아하지 않을 수 있다. 친해질 시간을 주되 강요하지 말자.

이 세상은 언제 무슨 일이 일어날지 모른다. 아이를 온실 속에서 안전하게 키우라는 말이 아니다. 아이를 지켜보면서 언제 지도와 보호가 필요한지 살펴야 한다는 것이다.

한편 유아는 에너지를 발산할 안전한 장소가 필요하다. 만일 부모가 계속 따라다니면서 참견을 하고 잔소리를 하면 아이는 욕구불만이 되고 폭발할 지경에 이를 것이다. 깨지기 쉽거나 귀중한 물건은 아이 손이 닿지 않는 곳에 치워 두고, 허락을 받아야 만질 수 있는 물건들이 있다는 것을 가르치자. 또한 보다 흥미롭고 도전을 유도하는 환경을 만드는 것이 중요하다. 오래된 장난감은 새것으로 바꾸고, 게임을 함께 하고, 안전 사고에 대해 걱정하지 않고 아이가 마음껏 탐험하고 실험할 공간을 마련해 주자. 특히 추운 겨울 날씨에는 집 안에 웅크리고 있으면 정서 불안이 되기 쉬우므로 따뜻한 옷을 입혀서 밖에 데리고 나가 맑은 공기를 마시며 공을 차거나 뛰어다니거나 눈사람을 만들면서 놀게 하자.

발달 문제

특히 정서적으로 변화가 심한 시기가 있다(사실 유아기는 항상 그렇지만!). 물론 아이의 성장 발달은 막아서도 안 되고 막을 수도 없다. 하지만 아이가 감정을 조절하기 어려운 상황에 있지 않은지 계속 지켜보아야 한다.

분리불안

앞에서 말했듯이, 분리불안은 보통 7개월경에 시작되며 일부 아이들은 18개월까지 지속된다. 아니면 거의 모르고 지나갈 수도 있다. 이 시기에는 특히 아이의 신뢰를 얻기 위해 조심해야 한다(106~109쪽 참고). 만일 다른 아이들과 어울릴 준비가 되지 않았을 때 억지로 등을 떠밀면 역효과가 날 수 있다. 적응할 시간을 주자. 아이의 감정을 존중하고 지나치게 활동적인 아이보다는 얌전한 아이 몇 명과 놀 기회를 마련해 주자.

표현력 부족

아이가 아직 어휘력이 부족해서 원하는 것을 충분히 표현할 수 없는 시기는 아이나 엄마에게 힘든 시간이 될 수 있다. 아이가 찬장을 가리키면서 칭얼거린다고 하자. 아기를 안고 말하자. "네가 원하는 것을 손으로 가리켜 봐라. 아, 건포도를 달라는 거구나. 건포도라고 말할래?" 아직 말을 따라 하지는 못하더라도 말을 배우려면 듣는 것이 중요하다.

급성장기와 기동성의 증가

앞에서 아이가 먹고 자는 문제와 관련해서 이야기했듯이, 급성장기와 기거나 걷는 것과 같은 신체 발달이 아이의 수면에 방해가 될 수 있다. 잠을 충분히 자지 못하면 다음 날 좀더 예민해지고 공격적이 되거나 기분이 언짢아질 수 있다. 전날 밤에 잠을 설쳤다면 좀더 차분한 하루를 보내게 하자. 너무 힘든 도전 과제를 주지 말자.

이가 나는 시기

이가 날 때는 신경이 예민해져서 감정을 폭발하기 쉽다(206쪽 상자 글 참고). 하지만 아이를 안쓰럽게 생각해서 제멋대로 행동하도록 내 버려 두면서 뭐든지 "이가 나는 중이라서 그래요."라고 변명하면 점 점 더 응석받이가 될 것이다.

미운 3살

이 시기에는 부모들이 아이의 행동에 대해 "종잡을 수가 없다."고 말한다. 마치 시시각각 변하는 것 같다. 한 순간은 고분고분하고 살 갑게 행동하다가 다음 순간에는 떼를 쓰고 심술을 부린다. 변덕이 죽 끓듯 한다. 잘 놀다가도 갑자기 울고 비명을 지르기 시작한다. 하지 만 아무리 미운 3살이라고 해도 일찍부터 감정 발달을 도와주면 그다 지 힘들지 않게 통과할 수 있다. 어느 때보다 아이의 감정 폭발에 대 비하고, 경계를 확고하게 지키고, 아이가 할 수 있는 것과 해서는 안 되는 것을 구분하도록 도와주는 부단한 노력이 필요하다.

부모의 행동

위의 요소들은 모두 아이를 감정 폭발의 위기로 몰고 갈 수 있지만 만일 4가지 요인을 중요한 순서대로 말하라고 하면, 나는 문제 해결 에 있어서 가장 중요한 것으로 '부모의 행동'을 가장 먼저 꼽을 것이 다. 어떤 시기에나 아이의 반항, 공격, 떼쓰기에 부모가 어떻게 대처 하느냐에 따라 그러한 행동이 사라지거나 지속될 수 있다.

객관적인 부모와 주관적인 부모

394쪽의 상자글에서 나는 아이의 욕구를 이해하고 움직이는 객관적인 부모와 자신의 감정에 따라 움직이는 주관적인 부모를 구분했다. 주관적인 부모는 아이와 아이의 행동을 편견을 갖고 보기 때문에 적절하게 반응하기가 어렵다. 사실 주관적인 부모는 아무런 반응을 보이지 않거나 잘못 대처함으로써 본의 아니게 문제를 지속시킨다. 어떤 부모도 자신의 아이가 다른 아이를 때리거나 거짓말을 하거나 물건을 집어던지는 것을 바라지 않을 것이다. 하지만 그런 행동을 보고도 그냥 지나친다면 면죄부를 주는 것이나 마찬가지다.

이중 잣대

집에서 새는 바가지는 밖에서도 샌다는 속담이 있다. 나는 종종 부모들이 아이가 버릇없는 행동을 해도—예를 들어, 음식을 던지고, 공격적으로 행동하고, 떼를 쓰고 해도—웃어넘기는 것을 본다. 그들은 아이의 그런 행동을 보고 귀엽다거나 성장 과정이라거나 기백이 있다고 생각한다. 게다가 자신들의 반응이 아이의 행동을 부추긴다는 것을 모른다. 그러다가 밖에 나갔을 때 아이가 버릇없이 행동하면 당황한다. 집에서 아이가 음식을 던지는 것을 보고 내버려 두면 음식점에 갔을 때 얌전하게 행동하기를 어떻게 기대할 수 있는가? 아이는 엄마 아빠가 왜 어느 날은 웃어넘기고, 어느 날은 안 웃는지 이해하지 못한다. 그래서 "왜 안 웃는 거예요? 어제는 웃었잖아요."라고 말하듯 같은 행동을 반복한다.

부모의 양육 방식이 서로 다른 것(또 다른 형태의 이중 잣대)은 아이를 감정 폭발의 위기로 몰고 갈 수 있다. 한쪽 부모는 너무 너그러워서 아이가 하는 행동은 뭐든지 재미있거나 쿨 하거나 남자답다고 생각하고, 다른 한쪽 부모는 예의범절을 가르치려고 애쓴다. 예를 들어, 아이가 놀이터에서 다른 아이를 때리는 것을 본 엄마가 걱정을 하자 아빠는 대수롭지 않게 말한다. "자기 방어는 할 줄 알아야지. 아이를 겁쟁이로 키우려는 거요?" 아이가 보는 앞에서 논쟁을 하는 것도 좋지 않다.

아이들은 물론 상내방에 따라서 다른 행동을 보인다. 하지만 '거실에서 먹지 않기'로 규칙을 정해 놓고 엄마가 밖에 나가자마자 아빠가 아들과 함께 소파에 누워 과자를 먹는다면, 게다가 "엄마가 화를 낼 테니까 우리 여기서 먹었다고 말하지 말자."라고 말하는 것은 훌륭한 부모의 태도가 아니다.

마음의 준비 부족

아이에게 부담이 되는 상황에서 준비할 시간을 주지 않으면 본의 아니게 아이를 감정 폭발로 몰고 갈 수 있다. 아이의 눈을 통해 보면 다른 아이들과 노는 것에서부터 병원에 가거나 생일 파티에 참석하는 것까지 항상 힘든 상황이 포함되어 있다. 예를 들어, 내 친구는 2돌이 된 손자의 생일 파티를 열어 주겠다고 제안했다. 나는 그날 그 집에 일찍 도착해서 사람들이 뒤뜰에 성을 세우고 500개 정도의 헬륨 풍선을 달고 있는 광경을 지켜보았다. 그것은 어른이 보기에는 근사했지만 꼬마 제프는 그날 오후 아무것도 모르고 부모의 손에 이끌려 뒤뜰에 나왔다가 기겁을 하고 울기 시작했다. 그곳에는 해적 차림을 한 남자와 많은 아이들—아이 또래는 거의 없고 더 큰 아이들만—과 30명 정도의 어른들이 모여 있었다. 사람들이 아무리 달래도 제프는 울음을 그치지 않았다. 다음 날 그의 할머니가 말했다. "이 녀석이 은혜를 모르고 파티 내내 내 침실에서 보냈지 뭐야." 은혜를 모른다고? 제프는 이제 2돌이고 아무도 그에게 생일 파티를 한다고 말해 주지도 않았다. 아이에게서 어떤 반응을 기대했는가? 놀란 것이 당연하다. 나는 내 친구에게 말했다. "솔직히 말해, 그 파티가 누구를 위한 거였지?" 그녀는 겸연쩍은 표정으로 나를 쳐다보았다. "무슨 말을 하는지 알아. 어른들과 좀더 큰 아이들이 더 좋아하더군."(110쪽 상자글 '신뢰감을 무너트리는 행동들' 참고)

주관적인 부모란?

나는 부모들이 "우리 아이는 말을 듣지 않아서 걱정이다."라고 하는 말을 들으면 마치 자신은 아이의 행동에 대해 아무 책임이 없다는 듯이 들린다. 내가 이 장을 시작하면서 말했듯이, 너무 많은 부모들이 요즘 아이를 행복하게 해 주려고 노심초사하면서 아이가 하자는 대로 끌려 다닌다. 그들은 아이를 제약하면 미움을 받을 것 같아서 걱정한다. 또한 버릇없는 행동은 애초에 근절해야 한다는 것을 모르고 있다. 그러다가 결국 문제가 생겨도 우유부단하고 일관성 없이 행동한다. 게다가 나쁜 버릇은 시간이 갈수록 고치기가 어렵다. 부모가 통제력을 상실하면 피차 불행해진다.

　부모가 정서적으로 건강하지 못하면 아이에게 정서 건강을 가르칠 수 없다. 나는 정서 건강에서 가장 중요한 핵심은 감정에 휘말리지 않고 한 발 뒤로 물러나 상황을 평가할 수 있는 객관성이라고 생각한다. 객관적인 부모를 만나기는 쉽지 않다. 아이의 행동 문제로 내게 상담을 요청하는 엄마 아빠들은 대부분 주관적인 부모들이다. 그들은 아이에게 도움을 주기보다는 자신의 감정에 따라 행동한다. 그렇다고 해서 감정을 무시하라는 말이 아니다. 객관적인 부모는 자신의 감정을 아주 잘 알고 있지만 주관적인 부모처럼 감정에 휘말리지 않는다.

예를 들어, 18개월의 헥터는 신발 가게의 카운터 위에 놓인 커다란 어항 속에 가득 든 막대사탕을 보고 하나 달라고 떼를 쓰기 시작한다. 주관적인 부모는 그 순간 이런 생각을 한다. "이런, 우리 아이가 소동을 피우지 말아야 할 텐데." 그래서 헥터와 거래를 한다("집에 가서 무설탕 막대사탕을 줄게."). 엄마는 오랫동안 이런 실랑이를 해 오면서 헥터가 떼를 쓸 때마다 당황하고 죄책감도 느낀다("내가 아이를 이 지경으로 만들었다."). 헥터가 칭얼거리다가 울기 시작하면 엄마는 점점 더 창피하고 야속하다("이 녀석이 나를 이렇게 힘들게 하다니."). 아이가 바닥에 주저앉아서 주먹으로 엄마의 발등을 내려치기 시작하자 그녀는 사람들 앞에서 아이와 실랑이를 하는 것이 창피해서 항복을 한다.

주관적인 부모는 아이의 감정에 반응하기보다 자신의 감정에 반응한다. 아이가 하는 모든 행동에서 자신의 모습을 보기 때문이다. 따라서 아이의 기질을 받아들이지 못하고("평소에는 천사 같아요.") 종종 아이의 감정을 무시한다("막대사탕이 뭐가 좋다고 그러니? 입맛만 버리지."). "안 된다."라고 사실대로 말하는 것을 두려워한다.

주관적인 부모는 아이와 자신을 동일시하기 때문에 아이의 감정을 자신의 것처럼 느낀다. 주관적인 부모가 아이의 감정, 특히 분노나 슬픔에 적절히 대처하지 못하는 이유는 자기 자신도 강력한 부정적 감정을 처리하지 못하거나 아이에게서 자신의 모습을 보기 때문이다. 결국 그들은 분명한 경계를 정해 주지 못하고 부모라기보다 친구처럼 행동한다. 아이의 자존심을 세워 준다는 명목으로 끊임없이 설득하고 합리화하고 구슬린다. "부모로서 너의 이런 행동은 용납할 수 없다."고 말하지 못한다.

어떤 엄마가 "우리 아이는 아빠(또는 할머니) 말은 잘 듣지만 내 말은 안 듣는다."라고 말한다면 그녀는 아마 주관적인 부모일 것이다. 그녀는 아이에게 지나친 기대를 걸고 있는지 모른다. 아이가 할 수 있는 것이 아니라 자신이 원하는 것을 아이가 해 주기를 기대한다. 부모는 자신이 아이에게 거는 기대가 현실적인지 아닌지 반성할 필요가 있다. 아이는 단순히 작은 어른이 아니다. 충동 조절을 배우기까지 많은 세월이 걸린다. 아이가 아빠 말을 잘 듣는다면 그 이유는 아마 아빠가 아이에게 무엇이 옳고 그른지 가르치고, 그 선을 넘지 않도록 하기 때문일 것이다. 따라서 이 엄마는 자신에게 물어봐야 한다. "남편(또는 할머니)은 하는데, 나는 하지 못하는 것이 무엇인가?"

주관적인 부모 밑에서 자라는 아이는 잔꾀와 떼쓰기에 능해진다. 부모가 언제 일관성을 잃고 허물어지는지 알고 있다. 이것은 아이가 나빠서가 아니다. 단지 입씨름을 하고 고집을 피우고 꾀를 부리고, 그래도 안 되면 떼를 써서 원하는 것을 얻어 내도록 배운 것이다. 결국 주관적인 부모들은 작은 일에서도 곤란을 겪는다.

엄마가 "자, 이제 장난감 치울 시간이다."라고 하자 아이는 "싫어요!" 하고 소리친다. 엄마는 다시 "자, 치우자. 내가 도와줄게."라고 하면서 장난감을 집어서 선반에 올려놓기 시작한다. 아이는 여전히 움직이지 않는다. "어서 치워라. 엄마 혼자서 다 하지 않을 거야." 그래도 아이는 꼼짝도 하지 않는다. 시계를 보니 저녁상을 차릴 시간이 되었다. 아빠가 곧 집에 올 것이다. 엄마는 말 없이 나머지 장난감들을 치운다. 차라리

회피성 발언

주관적인 부모들은 종종 아이의 잘못을 대신하여 변명하거나 합리화한다. 하지만 문제의 본질을 회피하는 것은 아이의 정서 건강에 도움이 되지 않을 뿐 아니라 문제점을 지속시킨다. 손님이 오거나 아이와 함께 외출을 하면 종종 이런 변명을 한다.

"우리 아이는 배가 고프면 이런 식이죠."
"오늘 기분이 좋지 않은 것 같군요."
"알다시피 미숙아로 태어나서……."
"집안 내력이에요."
"이가 나오는 중이라……."
"우리 아이는 착하고 무척 사랑스럽지만……." (훌륭한 아이라는 것을 인정하지만 아이의 성격을 진심으로 받아들이지 못하고 자신들이 꿈꾸는 아이가 되기를 바란다.)
"보통 때는 천사 같아요."
"아빠가 늦게 퇴근하니까 그동안 아이와 단둘이 있는 시간이 많은데, 계속 안 된다는 말을 하고 싶지 않아요."
"피곤한가 봐요. 밤에 잠을 충분히 자지 못했거든요."
"지금 기분이 좋지 않아요."
"걱정하지 않아요. 크면 달라지겠죠."

직접 하는 것이 더 빠르고 쉽다. 하지만 이 엄마는 언행일치를 보여 주지 않았고, 떼를 쓰면 말을 듣지 않아도 된다고 아이에게 가르치고 있는 것이다.

주관적인 부모는 아이가 통제가 되지 않을 때 혼란스럽고 당황하고 죄의식을 느낀다. 그래서 화를 냈다가 과다한 칭찬을 했다가 오락가락한다. 그리고 자신이 지니치게 엄한 부모 밑에서 자랐다면 자신의 아이를 그런 식으로 키우고 싶어 하지 않는다. 그리고 아이가 어떤 식으로 행동을 잘못하면 객관적으로 증거를 수집해서 확인하기보다 못 본 체하거나 합리화하는 경향이 있다(393쪽 상자글 '회피성 발언' 참고). 아니면 아이를 설득하고 회유한다. 그러다가 안 되면 태도를 돌변하여 화를 낸다. 그러고는 아이가 자신을 너무 밀어붙여서 화가 났다고 생각한다. 하지만 그것은 사실 부모 자신의 가슴에 묻어두었던 원망이 한순간 용암처럼 뿜어져 나온 것이다.

결론은 주관적인 부모들이 임기응변식 육아를 한다는 것이다. 부모가 아이의 요구에 항복하면 아이는 힘을 느끼고 나쁜 행동을 반복

주관적인 부모와 객관적인 부모는 어떻게 다른가?

주관적인 부모	객관적인 부모
★아이의 감정에 휘말린다.	★아이를 자신의 일부가 아니라 독립된 존재로 바라본다.
★자신의 감정에 반응한다.	★상황에 반응한다.
★아이의 행동에서 자신의 모습을 보기 때문에 종종 죄책감을 느낀다.	★아이의 행동을 설명할 단서를 찾고 증거를 수집한다(398~402쪽 참고).
★아이의 행동을 변명하고 합리화한다.	★새로운 정서적 능력을 가르친다(문제 해결, 원인과 결과, 타협, 감정 표현).
★무슨 일이 있었는지 조사하지 않는다.	★결과에 대해 책임지도록 가르친다.
★아이에게 나쁜 행동이 용납될 수 있다고 가르친다.	★칭찬을 적절하게 이용해서 맡은 일을 잘 하도록 격려하고, 친절, 나누기, 협동심 같은 사회성을 길러준다.
★과다하고 과분한 칭찬을 한다.	

한다. 한편 부모는 아이에게 휘둘리면서 부모로서 자긍심과 자존심을 잃고 아이뿐 아니라 주변 사람들 모두에게 화를 낸다. 결국 피차에 도움이 되지 않는다.

객관적인 부모 되기

위의 주관적인 부모에 대한 묘사에서 자신의 모습을 발견했다고 하더라도 용기를 갖기 바란다. 지금까지 해 온 방식을 바꿔 보겠다고 마음을 먹는다면 객관적인 부모가 되는 법을 배울 수 있다. 일단 객관적인 부모가 되면 좀더 자신감이 생긴다. 더불어 아이는 부모의 자신감을 감지하고 도움이 필요할 때 의지할 수 있다는 것을 알고 좀더 안전하게 느낄 것이다.

객관적인 부모가 되기 위해서는 무엇보다 P.C. 부모가 되어야 한다. 아이의 기질을 받아들이고 아이가 어떤 발달 단계를 통과하고 있는지 알아야 한다. 객관적인 부모는 아이의 장단점을 알고 미리 준비를 해서 문제가 발생하지 않도록 한다. 또한 참을성을 갖고 아이가 문제를 극복하는 것을 지켜본다. 가르치는 일은 시간이 걸린다는 것을 알고 있다. 예를 들어, 내 웹사이트에 어느 엄마가 16개월이 된 자신의 아들이 놀이 그룹에서 다른 아이를 떠밀고 장난감을 뺏는다고 걱정하는 글을 올렸다. 어느 객관적인 엄마('아이제이어의 엄마')가 다음과 같은 답글을 올려서 자신의 대처 방법을 공개했다.

♥ 우리 아들은 16~17개월인데, 다른 아이들과 놀 때는 제가 옆에 있어야 한다고 생각합니다. 당분간은요! 아직 다른 아이들과 장난감을 나누어 갖고 어울려 노는 것을 가르쳐야 합니다. 저는 아이 옆에 앉아서 정확하게 어떻게 해야 하는지 가르칩니다. 만

일 아이가 공격적이 되려고 하면 손을 잡고 친구들에게 친절해야 한다고 설명하면서 부드러운 손길로 만지도록 합니다. 장난감을 뺏으려고 하면 손을 잡고, "안 돼. 공은 지금 빌리가 갖고 놀잖아. 너는 트럭을 갖고 놀아라. 공을 갖고 싶으면 기다려야 한다."라고 설명합니다. 기다리지 못하고 다시 뺏으려고 하면, 또다시 그의 손을 잡고 설명을 하죠. 그리고 만일 세 번째로 시도를 하면 이이를 안고 자리를 떠납니다. 벌을 주는 것이 아니라 단지 관심을 돌려서 의도하지 않은 행동을 하지 못하도록 합니다.

이 시기에는 문제를 예방하고 버릇을 가르치는 것이 중요합니다. 아이들이 반드시 거쳐 가는 이 시기가 되면 어떻게 행동해야 하는지 가르쳐야 합니다. 1년은 걸리겠죠! 오랜 시간과 많은 인내와 다짐이 필요합니다. 아이들은 아직 자신의 충동을 통제하지 못하지만 지금 많은 도움을 줄수록 나중에 수월해집니다.

아이제이어의 엄마처럼 객관적인 부모는 아이에게 올바른 행동을 가르치는 것이 자신의 책임이라고 생각한다. 저절로 되는 일이 아니다. 물론 어떤 아이들은 천성적으로 좀더 원만하고 사람들과 잘 어울리고 자극에 대한 면역력이 강하다. 하지만 아이들의 이런 차이와 관계없이, 부모는 아이의 첫 스승이다. 객관적인 부모는 주관적인 부모처럼 아이를 구슬리고 회유하지 않는다. 아이가 떼를 쓸 때는 무슨 말을 해도 통하지 않는다. 부모가 가장 잘 알고 있다는 것을 보여 주어야 한다.

신발 가게에서 막대사탕을 달라고 졸랐던 헥터의 이야기로 돌아가 보자. 객관적인 부모는 단호하게 말한다. "막대사탕이 먹고 싶은 것은 알겠지만 먹으면 안 된다." 아니면 미리 준비한 간식을 대신 준다(어디를 가나 유아를 유혹하는 것들이 있으므로 간식을 준비해서 갖고 다닌다). 헥터가 계속 고집을 부리자 엄마는 처음에 무시를 하고, 그래도 안 되자 가게에서 데리고 나간다("네가 조용해진 다음에 신발을 사야겠다."). 아이가 울음을 그치자 엄마는 그를 안아 주고 감정을 다스린 것에 대해 칭찬해 준다("잘 참았다. 착하구나.").

객관적인 부모는 자신의 감정에 대해 솔직하지만 아이 탓으로 돌리지는 않는다("너 때문에 창피하다."). 단, 아이의 행동과 관련해서 느끼는 감정을 이야기한다("때리면 안 된다. 그러면 엄마가 아프고 슬프다."). 무엇보다 객관적인 부모는 행동하기 전에 생각한다. 만일 아이가 놀다가 다른 아이와 싸운다면 우선 무슨 일이 있었는지 증거를 수집하고 상황을 올바로 평가하고 나서 행동한다. "엄마 미워."라는 아이의 말에(아이들은 대부분 자신이 원하는 것을 갖지 못하면 이런 식으로 한다.) 객관적인 부모는 걱정하거나 죄책감을 느끼지 않는다. 꿋꿋하게 입장을 지킨다. "네가 얼마나 화가 났는지 알지만 안 되는 것은 할 수 없다." 그리고 모든 것이 끝났을 때 아이가 감정을 다스린 것에 대해 칭찬을 해 준다.

분명 유아와 함께 하는 생활은 지뢰밭을 걷는 것처럼 아슬아슬하다. 특히 장난감을 치우거나, 식탁에 앉히거나, 목욕물에서 꺼내거나, 잠자리에 드는 것처럼 활동을 바꿀 때 언제 문제가 터질지 모른다. 아이가 피곤하고 주위에 다른 아이들이 있거나 익숙하지 않은 환경에 있을 때는 좀더 다루기가 힘들다. 하지만 어떤 상황에서도 객관적인 부모는 미리 계획하고 관리하며 매순간을 가르치는 기회로 이용한다. 야단을 치는 것이 아니라 상냥하고 차분하게 지도한다. (402~408쪽에

개구쟁이 길들이기

♥아이의 행동에 대해 솔직하게 이야기하자. 아이가 정말 자격이 있을 때만 칭찬을 해 주는 것도 포함된다.

♥유아에게는 설득이 잘 통하지 않는다. 대신 합리적인 경계를 정해 주고 안전하게 탐험할 수 있도록 해 준다.

♥말보다 행동으로 보여 주어야 한다. 감정 폭발이 일어나기 전에 개입을 한다. 또한 부모가 본보기를 보인다.

아이를 존중하면서도 나쁜 버릇을 고쳐 주는 것은 부모의 임무다.

서 나의 F.I.T. 전략을 참고하자.)

증거 수집하기

부모들이 잘 하는 세 가지 거짓말이 있는데, 그 중 하나가 "아이가 크면 달라진다."는 말이다. 물론 어떤 행동이 두드러지게 나타나는 시기가 있고, 382쪽의 표에서 보듯이, 종종 성장 발달이 감정 폭발의 원인이 되기도 한다. 하지만 만일 공격적인 행동과 같은 특별한 문제를 그대로 방치하면, 원인이 되는 발달 시기가 끝난 후에도 계속될 수 있다.

나는 최근에 영국에 사는 18개월의 맥스가 화가 날 때마다 머리를 부딪친다고 해서 상담을 한 적이 있었다. 맥스를 만나 보니 이마가 상처투성이고 부모는 걱정이 태산이었다. 맥스의 행동은 집안 식구들을 온통 공포에 떨게 만들었을 뿐 아니라, 부모는 그러다가 아이가 영구적인 손상을 입지 않을까 걱정했다. 그들은 맥스가 머리를 박을 때마다 달려가서 관심을 보였고, 그러면서 맥스의 그런 행동을 부추겼다. 그 결과 맥스는 작은 폭군이 되었고, 화가 나면 아무 데나 머리를 박는 것으로 가엾은 부모를 위협했다. 맥스는 성장 발달이 일부 원인이었다. 맥스는 이해력에는 문제가 없었지만 어휘력이 크게 부족했다. 끊임없이 화를 내는 이유는 자신이 원하는 것을 표현하지 못했기 때문이었다. "아이가 크면 달라질까?" 그럴 수도 있다. 하지만 그동안 아이의 떼쓰기를 중지시켜야 한다(421~423쪽에서 맥스 이야기를 다시 하겠다).

발달 문제, 환경적 요인, 기질(맥스는 씩씩한 아기였다) 등과 같은 어떤 요인들이 그 원인일 텐데, 우선은 아이가 공격성을 드러내거나(때리고, 물고, 던지고, 떠밀고), 자주 떼를 쓰거나, 다른 부적절한 행동(거짓말, 도둑질, 사취)을 할 때는 우선 전체 그림을 보고 다음과 같은 질문을 해서 증거를 수집해야 한다. 이 행동은 언제 시작되었는가? 무엇이 보통 이런 행동을 촉발하는가? 지금까지 부모는 아이의 이런 행동에 대해 어떻게 대처해 왔는가? 그냥 내버려 두었는가? '통과 의례'라고 일축했는가? "아이들은 다 그렇다."는 식으로 합리화를 했는가? 가정이나 사회적 상황에서 아이를 불안하게 만드는 새로운 일이 일어나고 있는가?

여기서 분명히 짚고 넘어갈 점이 한 가지 있다. 증거를 수집하는 목적은 아이를 야단치기 위해서가 아니다. 아이의 행동을 설명하는 단서를 찾아서 긍정적이고 적절한 방식으로 감정을 조절하도록 가르치기 위한 것이다. 객관적인 부모는 거의 본능적으로 증거를 수집한다. 왜냐하면 항상 아이와 아이의 행동 사이에서 전후 관계를 살피기 때문이다. 예를 들어, 나의 오래된 고객인 다이앤이 얼마 전에 전화를 해서 2돌 반이 된 딸 앨리시아가 몇 주일 전부터 악몽을 꾸기 시작하고, 좋아하던 체조 수업에도 가지 않으려고 한다고 걱정했다. 갑자기 전혀 딴 아이가 된 것 같다고 했다.

우리가 '천사 아기'라고 불렀던 앨리시아는 태어난 지 4주부터 아주 잘 잤고 젖니가 나올 때도 아무 문제가 없었다. 하지만 요즘 들어 갑자기 밤에 깨어나서 악을 쓰며 울기 시작했다. 나는 즉시 아이의 사회 생활에 새로운 변화가 있었는지 물었다. "잘 모르겠어요." 다이앤이 대답했다. "처음에는 체조 수업을 좋아하는 것 같았어요. 그런데 학기 중간이 되면서 아이를 교실에 두고 나오려고 하면 질색을 해요." 이러한 행동 역시 앨리시아답지 않았다. 앨리시아는 어떤 활동에 데려가도 아무 문제가 없었다. 하지만 지금은 분명 "나를 두고 가지 말아요."라고 외치고 있었다. 엄마는 일종의 분리불안인 것 같다고 했지만 그럴 시기는 이미 지났다. 그래서 나는 아이의 활발한 상상력 속에서 무슨 일이 일어나고 있는지 알기 위해 엄마에게 증거를 수집해 보라고 말했다. "세심하게 관찰을 하세요. 아기가 혼자 방에서 놀 때 주의를 기울여 보세요."

며칠 후에 다이앤은 내게 전화를 해서 아주 중요한 단서를 찾았다고 말했다. 앨리시아가 인형에게 "걱정 마, 티파니. 매슈가 널 뺏어가지 못하게 할 거야. 약속할게."라고 하는 말을 들었다는 것이다. 앨리시아의 체조반에 매슈라는 사내아이가 있었다. 다이앤은 교사와 이야기를 해 보고 매슈가 아이들을 다소 괴롭히는데, 몇 번 앨리시아를 표적으로 삼았다는 것을 알게 되었다. 그 교사는 매슈를 야단치고 앨리시아를 달래 주었지만 그 사건이 분명 큰 충격으로 남은 것 같았다. 이런 사실을 알고 나니 갑자기 또 다른 앨리시아의 행동이 눈에 들어왔다. 지난 몇 주 동안 앨리시아는 작은 배낭에 짐을 꾸리곤 했다. 그 안에 인형 티파니와 자질구레한 물건들과 아기 때부터 안고 자서 다 헤진 강아지 인형 '우피'를 넣었다. 그리고 그 배낭을 갖고 있지 않으면 불안해 했다. "한 번은 배낭이 없이 집을 나갔다가 집에 두고 온 것을 알고 다시 돌아가야 했습니다." 나는 다이앤에게 다행스런 일이라고 말하면서 앨리시아는 위안물로 자신을 무장할 수 있을 만큼 융통성이 있고 지혜로운 아이라고 설명했다.

우리는 다이앤이 발견한 증거를 바탕으로 계획을 세웠다. 다이앤은 앨리시아가 인형과 나누는 대화에 합류했다. 다이앤은 "우리 티파니랑 같이 체조를 해 볼까?"라고 말하며 체조 수업 때 티파니를 옆에 세워 두자고 제안했다. 앨리시아는 그 말에 금방 솔깃해졌다. 다이앤은 체조 수업에 대해 이런저런 이야기를 하다가 이번에는 티파니에게 물었다. "그런데 매슈는 어떤 아이니?"

"우린 그 아이를 좋아하지 않아요, 엄마."라고 앨리시아가 대답했다. "나를 때리고 티파니를 뺏으려고 해요. 저번에는 티파니를 갖고 가서 벽에 던졌어요. 이제 우리는 다시 거기 가지 않을 거예요."

이런 식으로 다이앤은 앨리시아가 마음을 열게 했다. 다이앤은 체조반 선생님과 매슈의 엄마를 만나서 매슈가 더 이상 앨리시아를 때리거나 티파니를 뺏지 못하게 하겠다는 약속을 받았다. 앨리시아는 이제 엄마가 자신을 지켜 준다는 것을 알게 되었다.

또 다른 예로, 외동 아이인 27개월이 된 줄리아는 당하는 쪽이 아니라 공격하는 쪽이었다. 엄마 미란다는 줄리아가 "아무 이유 없이 사람을 때린다."고 걱정했다. 아마 같은 동네에 사는 세스라는 아이를 흉내 내는 것 같다고 했다. "세스는 골목대장이고 장난감을 독차지하려고 합니다. 둘이 놀 때는 제가 세스에게 '나누어 가져라, 장난감을 줄리아에게 돌려 줘라.' 하고 계속 옆에서 타일러야 하죠."라고 엄마가 설명했다.

나는 줄리아의 행동에 대해 좀더 이야기해 보라고 했다. "글쎄요. 지난 몇 달 동안 화를 잘 냈어요. 놀이터에 가면 다른 아이들에게 '오지 마.' 하고 소리를 칩니다. 때로는 아무 이유 없이 주먹을 휘두르기도 하고 다른 아이가 장난감을 뺏으려고 할 때마다 때립니다. 몇 주일 전에 한 아이가 미끄럼틀에 올라오니까 우리 아이가 '안 돼.'라고 외치면서 그 아이를 밀어내더군요. 세스를 포함해서 모든 아이들에게 부정적으로 반응하는 것 같습니다. 아이들과 놀고 싶지 않은 것 같아요. 다른 아이들이 주변에 있으면 매우 공격적이 되죠."

줄리아의 행동은 세스의 공격성에서 일부 영향을 받았는지도 모른다. 유아들은 분명 다른 아이들의 행동을 흉내 내고 직접 실험을 해 본다. 하지만 나는 미란다가 간과하고 있는 또 다른 요인이 있다고 생각했다. 줄리아는 천성이 씩씩한 아기인 것 같았다. 어떤 아이와 놀든지 줄리아는 충동적으로 행동한다. 줄리아가 아기 때 어땠는지 잠시 이야기를 들어 보니 새로운 단서가 내 생각을 확인해 주었다. "줄리아는 장난감을 갖고 놀다가 짜증을 잘 냈어요."라고 미란다가 인정했다. "예를 들어, 블록을 쌓아 올리다가 무너지면 화를 내면서 다른 것들까지 다 쓰러트리고 던지기도 했습니다." 이런 행동은 다른 아이들과 함께 있을 때도 여전했다. 최근에는 유아 미술과 음악 수업에서도 공격성을 보이기 시작했다. "둘러앉아서 노래를 부르거나 작품을 만들고 있을 때는 아무 일도 없습니다. 그럴 때는 다른 아이들과 서로 주고받을 일이 없어서 그런 것 같습니다. 하지만 재료를 제자리에 갖다 놓는 아이에게 '안 돼.' 하고 소리치면서 괜히 밀치기도 합니다."

미란다는 전화에 대고 한숨을 쉬면서 말했다. "그럴 때마다 저는 '때리거나 밀면 안 된다. 그러면 다른 아이들이 아프다. 소리를 치는 것은 나쁘다.'라고 조용히 타이릅니다. 그리고 다른 방에 데리고 가서 타임아웃을 합니다. 하지만 그래도 소용이 없는 것 같습니다. 특히 다른 아이들과 함께 있을 때 감정을 다스리는 법을 가르쳐야 할 것 같습니다. 아무래도 부모로서 뭔가 잘못하고 있는 것 같아요."

나는 미란다에게 자책을 하지 말라고 말했다. 그녀는 충분한 증거를 수집하지는 못했어도 이제 진실을 보기 시작했다. 미란다는 세스가 줄리아의 장난감을 뺏으면 돌려주라고 타일렀지만 자신의 딸에게는 그렇게 하지 않았다. 줄리아는 세스의 영향을 받았을 수도 있지만, 세스와 놀기 전부터 공격적인 아이가 될 소질이 있었다. 엄마는 줄리아가 다른 아이의 흉내를 내기 시작할 때 개입을 했어야 했다. 공격성은 대개 점점 심해지는 경향이 있다. 줄리아의 행동을 고치기 힘든 이유는 너무 늦게 시작했기 때문이다. 지금이라도 줄리아에게 정서적 F.I.T.를 가르쳐야 했다.

정서적 F.I.T. 가르치기

아들을 출산한 직후에 만난 적이 있는 한 엄마가 얼마 전에 나에게 전화를 했다. "우리 알렉스가 천방지축입니다." 그녀는 19개월이 된 알렉스가 친구 집에 가면 소파 위에서 뛰고 다른 아이들이 갖고 노는 장난감을 뺏고 '강아지처럼' 뛰어다닌다고 했다. 증거 수집을 위해 몇 가지 질문을 해 보니 그녀는 집에서 알렉스가 소파에서 뛰어도 내버려 두고, 엄마 지갑을 잡아채 가도 귀엽게 생각했으며, 종종 거실에서 '잡기 놀이'를 했다는 것을 알 수 있었다. 알렉스의 행동은 그럴 만한 이유가 있었지만 엄마가 책임지고 가르치지 않으면 바뀔 수 없는 문제였다(407쪽 참고).

아이들은 부모가 인내심을 갖고 가르치지 않으면 천방지축이 될 수 있다. 버릇없는 아이를 언제까지 두고 볼 것인가? 우선은 상황이 걷잡을 수 없게 될 때까지 기다리지 말아야 한다. 둘째, 계획을 세워야 한다. 미리 가능한 상황을 생각해 본다. 예를 들어, 만일 놀이 그룹에 데리고 간다면 어떤 일이 일어날 수 있는지 생각해 보자. 우리 아이의 아킬레스건은 무엇인지 생각을 해 두자. 안 그러면 순간의 열기 속에서 차분하게 대처하기 어렵다. 특히 주관적인 부모라면 당혹감과 죄책감 같은 자신의 감정에 휘말리기 쉽다. 객관적인 부모라면 아이를 잘 알고 덩달아서 감정적이 되지 않기 때문에, 아이의 변덕을 좀더 수월하게 다루겠지만 그래도 아이가 떼를 쓸 때는 일관성을 유지하기가 쉽지 않다. 여기 간단한 해결책이 있다. F.I.T.를 떠올리는 것이다.

F.I.T.는 다음 단어들의 머리글자다.
- ♥ 느끼기 Feeling(감정을 인지한다)

과학자들이 F.I.T.의 효과를 인정하다

오리건의 사회성 학습 연구소의 심리 상담사들은 부모들에게 아이들이 보이는 공격성을 다스리는 법에 대해 가르쳤다. 아이가 부모의 한계를 시험하면서 말썽을 부릴 때 그 자리에서 화를 내거나 야단을 치지 말고 한 차례 폭풍이 지나가고 난 후에 대화를 시도하고, 무엇보다 아이가 하는 이야기에 귀를 기울이도록 했다. 이 연구는 아이에게 분노를 분출하도록 허락한 후, 애초에 그 분노를 일으킨 원인에 대해 이야기를 하면 미래의 공격성을 예방하는 데 도움이 된다는 것을 보여 주었다. 아이들은 그 후 충동적인 행동을 덜하게 되었고 학교 성적도 올랐다.

존중받고 존중하기

존중은 양방향 통행이다. 아이에게 합리적인 경계를 정해 주고, 부모의 영역을 지키고, 기본적인 예의를 가르치고 부모를 존중할 것을 요구해야 한다. 부모 또한 아이를 존중해야 한다.

★ 감정을 자제한다. 과잉 반응을 하거나 소리를 지르거나 때리지 않는다. 부모가 먼저 감정 조절의 본보기를 보여야 한다는 것을 기억하자.

★ 아이가 듣는 곳에서 문제점을 이야기하지 않는다. 나는 때로 놀이 그룹에서 엄마들이 둘러앉아 아이들의 나쁜 행동에 대해 이야기하는 것을 본다.

★ 훈육은 벌이 아니라 가르침이 되어야 한다. 아이가 행동의 결과를 책임지도록 하되, 발달 수준에 적절하고 '죄'의 정도에 비례해야 한다.

★ 잘한 행동을 칭찬한다. "나누어 갖기를 잘하는구나.", "말을 잘 듣는구나.", "화를 잘 참는구나." 하고 말해 주면 아이의 정서 지능에 도움이 된다(79쪽 참고).

• 개입하기 Intervening
• 말하기 Telling(기대하는 것과 어떻게 행동해야 하는지 이야기한다)

간단히 말해, F.I.T.는 아이가 뭔가를 느낄 때 그 감정을 확인하고 적절한 행동을 하도록 도와주기 위해 우리 자신을 환기시키는 방법이다. 이것은 아이가 강렬한 감정을 느끼거나 폭발 지경에 있을 때는 물론이고 평소에도 필요하다. 아이의 손을 잡고 걸음마를 가르치는 것처럼 감정을 다스리는 것도 옆에서 도와줄 필요가 있다. 지나치게 공격적인 아이들에 대한 연구를 보면 어떤 아이에게도 기본적인 전제는 통한다는 것을 알 수 있다(왼쪽 상자글 참고).

다음 설명에서 보듯이 F.I.T. 세 가지 모두가 중요하다. 하지만 또한 각각 어려운 점이 있으므로 함정에 빠지지 않도록 조심해야 한다.

느끼기

아이의 감정을 회피하거나 무시하지 않고 인정한다. 아이가 자신이 느끼는 감정을 이해하도록 도와주자. 감정이 폭발할 때까지 기다리지 말자. 일상생활 속에서나("산책을 하니까 기분이 상쾌하구나."), 함께 TV를 보면서("바니는 친구가 집에 가서 슬픈가 보다."), 다른 아이들과 놀고 있을 때("빌리가 장난감을 뺏어서 네가 화가 난 것을 알고 있다.") 감정에 대해 설명한다.

만일 아이가 감정을 주체하지 못하면 현장에서 데리고 나간다. 감정을 진정시킬 시간을 주자. 아이를 무릎에 앉히고 심호흡을 시킨다. 만일 안겨 있기를 거부하고 몸을 비틀면 무릎에서 내려놓고 아이의 감정에 대한 이해를 표시하되("네가 화가 난 것은 알고 있어…… .") 경계를 제시한다("하지만 진정하지 않으면 다시 돌아가서 대니와 놀 수 없다."). 조용해지면 아이를 안아 주고 칭찬해 준다. "잘 참았구나."

감정에 대해 이야기하는 것은 쉽지 않다. 이 장 앞 부분에서 강조했듯이 주관적인 부모들은 때로 아이의 감정은 고사하고 자신의 감정도 주체하지 못한다. 아이의 감정에서 생각하고 싶지 않은 뭔가를 떠올릴 수도 있다. 만일 그렇다면 아이의 감정을 억압하고 싶을 것이다. 우리 자신의 약점을 알면 전쟁에서 절반은 승리한 것이다. 만일 감정에 대해 이야기하는 것이 힘들다면 연습을 하자. 각본을 써서 배우자나 친구와 역할 놀이를 해 보자.

또한 부모들은 거짓말을 하거나 물건을 훔치는 아이의 행동에 대해 사실대로 말하기를 때로 두려워한다. 믿기지 않지만 실제로 유아들은 그런 '죄'를 저지를 수 있으며 잘못을 지적해 주지 않으면 버릇이 된다. 아무도 그런 행동을 하면 안 된다고 말해 주지 않으면서 아이를 나무랄 수는 없다. 예를 들어, 카리사는 3돌이 된 필립에게 절대 장난감 총을 사 주지 않았다. 그런데 어느 날 필립의 침대 밑에서 장난감 총을 네 개나 발견하고 나에게 전화를 했다. 충격을 받은 카리

아이를 보호하라!

나는 종종 부모들이 다른 아이가 자신의 아이를 물거나 밀어내거나 때리거나 장난감을 뺏는다고 걱정하는 이야기를 듣는다. 그들은 어떻게 하면 자신의 아이를 공격적인 아이에게서 보호하고 나쁜 버릇을 배우지 않도록 하느냐고 묻는다.

그 답은 간단하다. 다른 놀이 그룹을 찾아보자. 아이들은 분명 다른 아이들의 행동을 보고 배운다. 게다가 아이는 세상이 안전하지 않다는 생각을 갖게 될 것이다. 괴롭힘을 당하면 자신감을 잃기 쉽다.

그리고 만일 아이가 당하는 현장을 목격한다면 반드시 개입해야 한다. 안 그러면 "미안하지만 네가 알아서 해라."는 식이 된다.

사는 아들이 다른 아이들에게서 그 장난감 총들을 뺏은 것이 틀림없다고 생각했다. 하지만 그녀가 어디서 났느냐고 묻자, 필립은 친구가 거기 두고 간 거라고 했다.

카리사는 내게 말했다. "아이가 그렇게 말하는데 거짓말하지 말라고 따질 수 없었어요. 우리 아이는 겨우 3살이고 훔치는 것이 뭔지도 모르잖아요." 많은 부모들이 이런 식으로 생각하지만 내가 카리사에게도 말했듯이, 만일 그런 행동을 보고도 모른 체하면 아이들이 거짓말이나 도둑질을 하면 안 된다는 것을 어떻게 배울 것인가? 어떤 조치를 취하기 전에, 먼저 훔치거나 거짓말을 하는 것이 나쁜 행동이며 다른 아이들에게 피해를 준다는 것을 가르쳐야 한다(407쪽 참고).

개입하기

특히 유아들에게는 부모가 말보다 행동으로 많은 것을 보여 주어야 한다. 아이의 바람직하지 못한 행동을 지적하고 그만두게 해야 한다. 예를 들어, 내가 시청자 참여 프로그램에 출연한 적이 있었는데 그때 한 엄마가 질문을 했다. "우리 아이는 3돌이 된 사내아이인데 어떻게 하면 얌전하게 행동하도록 할 수 있을까요? 밖에 데리고 나가면 천방지축으로 날뜁니다." 나는 그녀에게 가장 먼저 한계와 경계를 정해 주어야 한다고 말했다. 천성적으로 활달한 아이들이 있다. 씩씩한 아이들과 충동적인 정서적·사회적 유형을 가진 아이들이 그렇다. 하지만 엄마가 아이를 천방지축이라고 말하는 것을 보면 단순히 기질의 문제가 아닌 것 같다. 어떻게 행동해야 하는지 가르치지 않은 것이다. 훈육은 온화하면서 단호한 경계를 요구한다. 아이가 말썽을 부리거나 떼를 쓸 때 그런 행동은 용납할 수 없다는 것을 가르쳐야 한다. "밖에 나와서 이런 행동을 하면 안 된다."라고 말하고 그래도 계속 말썽을 부리면 집으로 데려간다. 그리고 다음번에는 미리 준비를 하자. 외출 시간을 좀더 짧게 할 필요가 있을지도 모른다. 어떤 경우든 아이가 너무 힘들어 할 경우에 대비해서 별도의 대안을 준비해 두자.

말하기

만일 아이가 다른 아이를 때리거나 물거나 떠밀거나 장난감을 뺏거나 하면 부모가 즉시 개입을 해야 하고, 또한 어떻게 행동해야 하는지 가르쳐야 한다. 나는 알렉스의 행동에 대해 상담을 하면서 레아에게 F.I.T.에 대해 설명했다. 그녀는 이제부터라도 아들이 말썽을 부릴 때마다 즉시 개입을 하겠다고 약속했다. 그날 오후 알렉스가 엄마 가방에서 거울을 꺼내 갔다. 그녀는 즉시 그 거울을 다시 가져왔고 아이가 느끼는 감정을 인정하면서 동시에 경계를 정해 주었다. "네가 내 거울을 갖고 싶은 건 알지만 이것은 엄마 거다. 엄마는 이 물건을 깨트리고 싶지 않다." 그리고 대안을 제공했다. "대신 우리 같이 가서 네가 갖고 놀 수 있는 것을 찾아보자." 아이를 설득하거나 왜 그 거울을 가질 수 없는지 구구절절 설명할 필요가 없다. 유아들에게는 허용할 수 있는 대안을 제시하는 방법이 가장 효과적이다. 예를 들어, "당근 먹을래, 아이스크림 먹을래?"가 아니라 "당근 먹을래, 건포도 먹을래?"라고 묻는 것이다.

또한 유아들은 행동에 결과가 따라온다는 것을 이해할 나이가 되었다는 것을 기억하자. 잘못을 저지르고 보상을 하지 않는다면 "미안하다."는 말은 아무 의미가 없다. 나는 어떤 아이가 다른 아이를 때리고는 앵무새처럼 자동적으로 "미안하다."고 말하는 것을 볼 때마다 부모가 책임감을 가르치지 않은 탓이라고 생각한다. "미안하다고 말하면 내가 원하는 것은 뭐든지 할 수 있다."고 생각하게 만든 것이다. 나는 카리사에게 필립이 훔쳐 온 총을 모두 돌려주고 사과를 하도록 시키라고 말했다. (다른 아이의 장난감을 망가트리면 자신의 것을 대신 줘야 한다.)

또한 용서를 구하는 사과 편지를 쓰게 할 수 있다. 나는 최근에 3돌 반이 된 꼬마 와이엇이 이웃집 개 루퍼스와 공놀이를 하다가 일어난 일에 대해 들었다. 루퍼스의 주인인 이웃 사람은 그 꼬마에게 언덕 위로 테니스공을 던지지 말라고 말했다. 루퍼스(개)가 공을 찾으려고 가시덤불로 뛰어들면 위험하기 때문이었다. 하지만 어른들이 대화에 열중해 있을 때 와이엇은 언덕 위로 공을 던졌다. 이웃 사람은 루퍼스에게 "그 자리에 있으라."고 명령하고 나서 와이엇에게 엄한 눈길을 보냈다. "내가 공을 던지지 말라고 한 말을 못 들었니?" 와이엇은 우물쭈물 대답했다. "들었어요." 이웃 사람이 말했다. "너 때문에 루퍼스가 공을 잃어버린 거다." 며칠 후 그 이웃 사람은 문 앞에서 서툴게 포장한 꾸러미를 발견했다. 그 안에는 테니스공 2개와 와이엇이 보낸(엄마가 받아 적은) 쪽지가 있었다. "루퍼스의 공을 잃어버리게 해서 죄송합니다. 다시는 안 그럴게요." 와이엇의 엄마는 아들에게 행동을 잘못하면 책임을 져야 한다는 것을 가르치고 잘못을 만회할 기회를 주었다.

정서적 · 사회적 발달 F.I.T.의 적용

2장에서 우리는 아이들의 지능이 발달하면 동시에 감정이 풍부해진다는 것을 알았다(80~85쪽 참고). 이제부터는 1년에서 3년까지 정서적이고 사회적인 발달에 대해 알아보겠다. 부모들은 아이의 지능과 신체 발달과 관련해서 어느 정도가 '정상'인지 알고 싶어 하는 것처럼 아이의 정서적인 능력에 대해서도 알아야 한다. 아이가 무엇을 할 수 있고 할 수 없는지에 대해 알면, 무엇을 도와줄 수 있고 도와줄 수 없는지 알 수 있다. 예를 들어, 8~9개월의 아이가 비디오의 투입구에 과자를 집어넣는 행동을 '바로잡으려면' 말로 해서는 별 효과가 없다. 이 시기의 아이들이 과자를 아무 데나 쑤셔 넣거나 아무 버튼이나 누르는 것은 부모를 화나게 만들려는 의도가 아니다. 새로 발견한 손놀림을 시험해 보고 싶고 불빛과 소리가 신기할 뿐이다. 아이는 그런 식으로 장난감을 갖고 놀며 비디오도 그 중 하나다. 아이가 일부러 이런 행동을 한다고 생각하면 아마 좀더 빨리 인내심을 잃을 것이다. 반면 아이들은 자제력이 없다고 생각해서 2돌이 되도록 "안 된다."는 말을 하지 않거나 경계를 정해 주지 않으면 시간이 갈수록 버릇 고치기가 어려워진다.

1년에서 18개월까지

1돌이 되면 호기심이 많아지므로 탐험할 기회를 주면서 동시에 안전하게 지켜 주어야 한다. 아이는 이런저런 감정을 행동으로 나타낼 것이고 공격적인 행동을 할 수도 있지만 감정 표현이라기보다는 새로 발견한 신체적 능력을 시험해 보는 것에 가깝다. 이제 원인과 결과를 이해한다. 다른 아이를 때려서 울리는 것은 장난감 버튼을 눌러서 소리를 내거나 토끼가 튀어나오게 하는 것처럼 일종의 게임에 가깝다. 따라서 장난감과 사람은 다르다는 것을 가르쳐야 한다. "때리면 안 된다. 그러면 샐리가 아프다. 다정하게 대해야 한다." 다시 말해, 14~15개월이 안 된 아이는 원인과 결과를 완전히 이해하지 못하거나 감정 조절 능력이 부족하므로 부모가 아이의 안내자이면서 양심이 되어야 한다.

이제 아이는 말을 곧잘 하고 많은 단어를 말하지는 못해도 거의 다 알아들으며 때로는 일부러 부모 말을 듣지 않는다! 부모를 '시험'하고 꾀를 부리기 시작한다. 말을 잘 듣기도 하지만 부모의 인내심을 시험하기도 한다. 이 시기에는 많은 아이들이 어휘력이 부족해서 욕구 불만을 '나쁜' 행동으로 표현한다. 타협하거나 설득하려고 하지 말고 애정 어린 방식으로 단호하게 대처해야 한다. 끊임없이 간섭해야 하는 상황을 만들기보다 안전사고에 대비하고, 아이가 어른처럼 행동해야 하는 어려운 자리에는 데리고 가지 말자. 특히 활동적인 아이라면—일찍부터 걷기 시작하고 지나치게 활발하고 충동적인—기어오르고 뛰고 달릴 기회를 주자. 만일 집에서 소파에서 뛰거나 식탁 위로 올라가는 것을 허락한다면 할머니 댁이나 음식점에 가서도 그렇게 해도 된다고 생각할 것이다. 따라서 출발선을 확실하게 지켜야 한다. 우발 사고에 대비하자. 이 나이에는 관심을 돌리는 것이 가장 좋은 전략이다. 만일 아이가 만지면 안 되는 물건이 여기저기 많이 있는 곳에 간다면 아이의 관심과 에너지를 다른 곳으로 돌릴 수 있도록 장난감을 가져가자.

18개월에서 2년까지

18개월은 지능이 획기적으로 발달하는 시기다. 이 무렵에 부모들은 "우리 아이가 갑자기 어른스러워졌다."고 말한다. '나는', '나를', '내 것'이라는 단어를 배우고 자신의 이름을 사용해서 문장을 말하기 시작한다("헨리가 할래요."). 자신을 자주 언급하는 것은 말을 할 수 있을 뿐 아니라 실제로 자의식이 생기기 시작했기 때문이다. 따라서 자기 주장이 강해지고 세상 모든 것이 '내 것'이 된다(414쪽 '유아 놀이의 8가지 규칙' 참고). 또한 지능이 발달하면서 마침내 약간의 자제력이 생긴다(물론 부모의 도움이 필요하다). 만일 어떤 행동을 하면 안 된다는 것을 계속 가르치면("안 된다. 때리거나 물거나 치거나 밀거나 다른 아이의 장난감을 뺏는 것은 안 된다.") 어느 정도 자제력을 보인다. "잠깐 기다려라. 내가 장난감을 가져다 줄게."라고 말하면 기다릴 줄 안다. 하지만 어떤 행동을 하면 안 되는지 분명히 가르치지 않으면 떼를 쓰는 버릇이 생길 것이다. 이제 규칙을 정해야 한다.

아이의 인내심과 수용력이 어느 정도인지 알아서 미리 대비를 하는 것이 중요하다. 또한 자제력은 계속해서 발달한다는 것을 기억하자. 나누어 갖기를 쉽게 배우지 못한다고 해서 심성이 나쁘거나 발달이 늦는 것은 아니다. 사실 유아들은 대부분 기다리거나 참거나 돌려주는 행동을 잘 못한다. 하지만 아이가 느끼고 원하는 것을 짐작해서 경계를 제시할 수는 있다. 예를 들어, 만일 놀이 그룹에서 간식을 돌리는데 아이가 과자를 한 개 이상 집었을 때 객관적인 부모라면, "이런, 다른 엄마들이 내가 아이를 먹보로 키웠다고 생각할 거야. 창피해서 미치겠네. 아니면 우리 아이가 과자 두 개를 집는 것을 보지 못했을지도 모르지."라고 속으로 끙끙거리지 않는다. 그보다는 아이의 감정을 인정하고("과자를 두 개 먹고 싶은가 보구나……"), 동시에 규칙을 말해 주고("하지만 각자 한 개씩 먹어야 한다……"), 확실하게 잘못을 바로잡는다("그러니까 한 개는 다시 갖다 놓아라."). 만일 아이가 "싫어요. 내 과자예요!"라고 하면서 내놓지 않으면 엄마가 직접 과자 두 개를 모두 돌려주고 아이를 데리고 나가면서 말한다. "욕심을 부리지 말고 다 함께 나누어 먹어야 한다." 아이가 감정을 주체하지 못할 때는 옆에서 도와주어야 한다는 것을 기억하자. 만일 아이가 단지 감정을 진정시키지 못해서 자리를 떠야 한다면 '나쁜' 행동에 대해 '벌'을 주는 것처럼 하지 말고 동정적이 되자. "너를 벌주려는 것이 아니라 화가 났을 때 참는 법을 배우도록 도와주려는 거다."

2년에서 3년까지

악명 높은 미운 3살(만 2살)이 되면 어느 날 마치 하룻밤 사이에 다른 아이가 된 것처럼 보일 수 있다.(사춘기의 예고편!) 지금까지 아이에게 경계를 정해 주고 자제력을 가르쳤다면 다행이다. 아직 나누어 갖기와 감정 조절에 서툴지만 3돌이 되면서 점차 나아질 것이다. 하지만 만일 감정을 다스리는 법을 가르치지 않았다면 이 무렵에 부정성과 공격성이 절정에 달한다. 하지만 어떤 아이라도 이 시기에는 요구가 많아지고 마치 사세력이 후퇴를 하는 것처럼 보일 수 있다. 게다가 말이 늦되는 아이라면 욕구 불만의 수위가 더 높아질 것이다. 감정의 기복이 심해서 잘 놀다가도 한순간 발버둥을 치면서 떼를 쓰기도 한다.

그 어느 때보다 부모가 감정 조절의 본보기를 보여 주는 것이 중요해진다. 2돌이 되면 감정 변화가 심하고, 특히 피곤하거나 기분이 언짢으면 막무가내로 떼를 쓴다. 또한 지나친 자극을 더욱 참지 못한다. 하지만 미리 준비를 하면 적어도 감정 폭발을 최소화할 수 있다. 가급적 낮잠 시간에는 데리고 나가지 말고, 활동을 과다하게 하지 말며, 과거 경험에 비추어서 떼쓰기로 이어질 수 있는 상황을 피하도록 한다. 다른 아이들과 어울려서 놀 기회가 있으면 미리 나누어 갖기와 공격적인 행동에 대해 주의를 준다. 아이가 특별히 애착을 갖는 장난감은 치워 둔다. 엄마가 옆에 있을 거라고 안심을 시킨다. 역할 놀이를 통해 연습을 한다. "내가 피터라고 생각하고 내가 네 자동차를 갖고 논다고 하자. 너도 자동차를 갖고 놀고 싶을 때는 어떻게 할래?" 이 시기의 아이들은 상상놀이를 좋아한다. 교대로 갖고

유아 놀이의 8가지 규칙

다음 글은 내가 인터넷에서 발견했는데, 유아의 정서적이고 사회적인 특징을 정확하게 묘사한 것처럼 보여서 소개를 한다. 분명 이 글의 저자는 유아를 키우고 있는 부모일 것이다.

1. 마음에 드는 것이 있으면—그것은 내 것이다.
2. 내 손으로 잡으면—그것은 내 것이다.
3. 너에게서 뺏을 수 있으면—그것은 내 것이다.
4. 좀 전에 내가 갖고 있었으면—그것은 내 것이다.
5. 내 것은 무엇이든 절대 네 것이 될 수 없다.
6. 내가 뭔가를 하고 있거나 만들고 있으면—그 재료는 전부 내 것이다.
7. 내 것처럼 보이는 것이 있으면—그것은 내 것이다.
8. 내 것처럼 생각되는 것이 있으면—그것은 내 것이다.

노는 방법을 제안할 수도 있다. "타이머가 울리면 네 차례가 되는 거다." 또는 "피터가 자동차를 갖고 놀면, 너는 소방차를 갖고 놀아라." 손보다 말을 사용해야 한다는 것을 강조한다.

TV 시청과 컴퓨터 이용 시간을 제한한다. 미국 소아과 학회에서는 2돌 미만의 아기에게 TV를 보여 주지 말라고 하지만 실제로 이 지침을 따르는 가정은 드물다. 2돌이 되면 많은 아이들이 이미 열렬한 시청자가 된다. 적어도 모든 연구에서 TV 화면이 분명히 아이들, 특히 씩씩한 아이들이나 충동적인 아이들을 자극한다는 것이 증명되었다 (그리고 7장에서 말했듯이 아이들에게 공포심을 줄 수 있다). 대신 밖에서나 실내에서 활발하게 놀 기회를 마련해 주자. 이제 집안일이나 요리를 함께 할 수도 있다. 안전하고 수월한 과제를 주고 인내심을 갖고 지켜보자. 아이들에게는 모든 것이 학습 경험이다.

마지막으로, 협력을 하거나 나누어 갖거나 어려운 과제를 끝까지 수행하는 등 바람직한 행동을 했을 때는 무엇을 잘했는지 말해 준다. "도와줘서 고맙구나.", "나누어 갖기를 잘하는구나.", "열심히 해서 혼자 탑을 쌓았구나."

유아기의 비행

부모들은 항상 아이의 감정 폭발을 어떻게 다루어야 하는지에 대해 구체적으로 설명해 주기를 원한다. 다른 아이를 때리면 어떻게 하나요? 떼를 쓸 때는? 이로 무는 행동은? 지금까지 이 책을 읽었으면 간단한 해결책은 없다는 것을 알 것이다. 행동 문제는 항상 다음의 4가지 위험 요인 중에서 1~2가지 이상이 복합적으로 작용한다(382쪽 표 참고).

떼쓰는 아이

페기가 보낸 다음 이메일에서는 아이들이 흔히 하는 떼쓰기의 유형을 볼 수 있다.

♥ 2년 반이 된 우리 딸 케리는 뭐든 자기 마음대로 하려고 떼를 씁니다. 나는 당신의 책뿐 아니라 다른 책에서 배운 방법들을 시도했는데, 그 중 한 가지는 일관되게 실천해 왔습니다. "우는 것은 아무 소용이 없다."고 말하는 거죠. 우리 아이는 태어날 때부터 수월한 아이가 아니었지만 요즘은 모든 일에서 짜증을 부립니다. 그래서 별로 좋아하는 장난감을 치워 두거나, 타임아웃을 하거나, 공원에서 놀다가 중간에 데리고 오기도 했습니다. 케리는 무척 고집이 세고 완강합니다. 이런 식으로 얼마나 더 오래 견딜 수 있을지 모르겠습니다. 아이를 유치원 종일반에 보내고 직장에 다시 나가는 것도 생각해 보았지만 그러면 낮에 잠시 편해질지 몰라도 문제가 해결되는 것은 아닙니다. 케리는 다른 사람들과 잘 지냅니다. 아마 저한테 문제가 있는 것 같습니다.

무엇보다 이 엄마는 아이가 '자기 마음대로 하려는' 것이 유아들의 정상적인 행동이라는 것을 모르고 있다. 케리의 떼쓰기가 일부 임기응변식 육아의 결과라는 것은 맞는 말이다. 여러 가지 방법들을 시도해 보았다는 말에서 그동안 일관적이지 못했다는 것을 알 수 있다. 케리는 엄마가 자신에게 무엇을 기대하는지 몰라서 혼란스러울 것이다. 엄마 외에 "다른 사람들과는 잘 지낸다."는 말에서 짐작할 수 있다.

케리가 "첫날부터 수월한 아기가 아니었다."는 것은 맞는 것 같다. 이런 기질 때문에 감정 폭발을 하기 쉬운 것이다. 하지만 페기는 분명 주관적인 부모다. 확실한 증거를 찾아보거나 스스로 책임을 지려고 하지 않고 아이 탓만 하고 있다. 이제 아이의 내력을 돌아보고, 무엇보다 지금까지 케리가 떼를 쓸 때 자신이 어떻게 반응했는지 생각해 보아야 한다. 또한 엄마로서 어떤 태도를 취하고 있는지 돌아보아야 한다. 아마 그녀는 케리가 태어났을 때 갑자기 아이를 키우기가 얼마나 힘든지 알고 충격을 받았는지도 모른다. 그리고 그런 감정에 대해 죄책감을 느꼈을 것이다. 이유가 무엇이든 케리에게 경계를 정해 주지 않은 것이 문제다. 그래서 먼저 엄마의 태도부터 바꿔야 한다. 만일 엄마가 케리에게 다른 식으로 접근한다면 케리 역시 변화할 것이다. 다만 힘 겨루기를 오래 해 왔다면 하루아침에 바뀌기를 기대할 수는 없다.

아이를 데리고 외출을 할 때는 먼저 계획을 세우자. 아이에 대해 알고 미리 준비를 해서 떼쓰기를 피하는 것이 최선이다. 아마 간식과 장난감을 준비할 필요가 있을 것이다. 그래도 문제가 생기면 아이가 느끼는 감정을 설명해 준다("네가 화가 난 것을 알고 있다."). 유아들은 "울어도 소용이 없다."는 말이 무슨 뜻인지 모른다. 좀더 구체적으로 말해야 한다. "네가 울음을 그칠 때까지 엄마와 함께 이곳에 있어야겠다." 실랑이를 하지 말자. 엄마가 안전하게 지켜 줄 것이라는 믿음을 주어야 한다("네가 진정을 할 때까지 내가 옆에 있을 거야."). 그래도 진정이 되지 않는다면 현장에서 데리고 나간다. 아이가 떼쓰기를 그치고 감정을 다스리면 칭찬을 해 준다("화를 잘 참았다. 착하구나.").

엄마가 케리를 멀리하고 원망하는 대신 함께 노력한다면 떼쓰기는 줄어들 것이다. 행간을 읽어 보면 엄마가 매우 화가 나 있고 더구나 우유부단하다. 그리고 케리는 엄마에게서 거리감을 느끼기 때문에 떼쓰기를 이용해서 관심을 끌려고 하고 있다. 일단 행동을 잘해서 인정을 받기 시작하면 더 이상 부정적인 방식으로 엄마의 관심을 요구하지 않을 것이다.

무는 아이

1돌이 안 된 아기의 무는 행동은 종종 모유 수유를 할 때 시작된다. 엄마들은 보통 아기가 젖꼭지를 물면 "아야!" 하고 소리치면서 본능적으로 아기를 밀어낸다. 이런 반응에 아기는 겁을 먹게 되고 이후로 무는 버릇이 사라지기도 한다. 유아들이 무는 이유에는 몇 가지가 있다. 증거를 수집해 보면 보통 정확한 이유를 알 수 있다. 나의 웹사이트에 올라온 다음과 같은 사례를 보자.

• 우리 아이 라울은 1년이 되었는데, 사람을 물기 시작했습니다. 피곤할 때는 더합니다. 물면 안 된다고 말하고 내려놓으면 다시 덤벼듭니다. 장난인 줄 압니다. 이런저런 방법을 시도해 보았고 야단을 치면서 입을 찰싹 때려 보기도 했지만 무는 버릇을 고칠 수 없습니다. 이런 아이가 또 있나요?

사실 많은 부모들이 같은 일을 겪는다. 우선 아기가 피곤해 하는 신호를 읽어서 사람을 무는 단계로 가지 못하게 막아야 한다. 라울이 피곤할 때 더 심하다는 것을 보면 아마 욕구 불만과 지나친 자극의 결합이 원인인 것 같다. "장난인 줄 안다."는 말에서는 과거 언젠가 아이가 무는 것을 보고도 엄마가 웃어넘기지 않았는지도 의심스럽다. 어떤 아이들은 관심을 끌기 위해 물기도 한다. 젖니가 나오는 것과 관계가 있을 수도 있고, 뭔가가 마음에 들지 않거나 원하는 것을 얻지 못할 때 물기도 한다.

여기서 증거를 수집하는 것이 왜 중요한지 알 수 있을 것이다. 일단 라울의 행동에 대해 모든 가능한 이유를 생각해 보았으면 이제 원인을 제거하는 조치를 취할 수 있다. 충분한 휴식을 취하게 하고, 물려고 할 때 어떤 모습인지 알아 두고, 물렸을 때 절대 웃으면 안 된다. 아이가 물 때마다 그 이유가 무엇이든 아이를 즉시 내려놓고 나서 규칙을 말해 주고 어떻게 느끼는지 이야기한다. "물면 안 된다. 그러면 엄마가 아프다." 그리고 더 이상 상대하지 말고 그냥 가 버린다. 아무리 부모라도 아이에게 물리면 화가 날 수 있으므로 잠시 자리를 떠나서 감정을 추스르도록 하자.

자기 방어를 위해 무는 아이도 있다. 어느 엄마는 2돌이 된 딸이 자기 담요를 가져가는 아이들을 물어서 걱정이라고 이메일을 보냈다. "두 번 그런 일이 있었는데, 그때마다 야단을 치고 다른 아이들에게서 떼어 놓았습니다. 잘 때만 담요를 주어야 할까요?" 내가 그 꼬마 소녀라면 나도 물고 싶을 것이다. 우선 아이의 담요를 다른 아이가 가져가지 못하게 해야 한다. 하지만 이 엄마는 이유를 무시하고 무조건 아이만 야단치고 있다. 그 담요는 아이에게 누구와도 나누어 가질 수 없는 특별한 물건이다.

물론 가장 흔한 경우는 아이가 화가 나서 무는 것이다. 식사 후에 손을 씻어 주려고 하자 아이가 화를 내면서 엄마 손을 문다고 하자. 아이가 무엇 때문에 화가 났는지 전후 상황을 고려해야 한다. 너무 오래 유아용 식탁의자에 앉아 있어서 화를 내는 것이라면 다음부터는 좀더 일찍 내려놓는다. 그리고 싱크대에서 손을 씻어 줄 수 있다. 다른 아이에게 괴롭힘을 당하다가 물 수도 있으므로 함께 노는 모습을 살펴보는 것도 중요하다.

어떤 부모들은 아이의 무는 행동을 대수롭지 않게 여긴다. "그게 뭐가 그렇게 큰일이지? 애들은 원래 다 그런 법이야."라고 하는 말을 종종 듣는다. 문제는 무는 버릇이 더 심각한 형태의 공격성으로 이어질 수 있다는 것이다(422쪽 '해리슨의 사례' 참고). 특히 무는 습관이 몇 달 동안 계속되었고 엄마 아빠가 어깨나 종아리를 몇 번 물렸다고 하자. 아이는 부모가 느끼는 불안감을 감지하고 우쭐해질 수 있다. 따라서 아이에게 물렸을 때 감정적이 되지 말고 침착하고 냉정한 태도를 보이는 것이 중요하다.

또한 유아들이 무는 느낌을 좋아할 수 있다는 것을 기억하자. 따뜻한 살 속에 이를 파묻는 것이 재미있을지도 모른다. 나는 만성적으로 무는 아이에게 스포츠용품 가게에서 파는 스트레스볼을 사 주라고 제안한다. 그것을 '무는 공'이라고 부르고 주머니에 넣고 다니다가, 아이가 "엄마를 물어야지!"라는 얼굴로 다가올 때 꺼내면 된다. 어떤 엄마는 요리를 하고 있을 때 아들이 뒤에서 종아리를 물기 때문에 항상 조리대 위에 치아발육기를 놓아둔다고 했다. 그녀는 아들이 오는 것을 보면 치아발육기를 주면서 말한다. "엄마를 물면 안 된다. 대신 이걸 물어라." 아이가 치아발육기를 물면 그녀는 손뼉을 치면서 칭찬을 해 준다.

때로 어떤 사람들은 아이가 물 때 입을 때려 주라고 한다. 하지만 나는 공격성을 또 다른 공격성으로 대응해서는 안 된다고 믿는다. 부모는 아이의 본보기가 되어야 한다. 아이는 엄마 아빠가 해서는 안 된다고 말하는 행동을 부모 스스로 하는 것을 보면 혼란을 느낀다.

때리는 아이

무는 것과 마찬가지로 때리고 치고 하는 행동 역시 순진한 동기에서 시작된다. 9개월이 된 제이크의 엄마 주디가 보낸 이메일을 보면, 집을 아이가 안전하게 놀 수 있는 곳으로 만드는 것이 중요하다는 것을 알 수 있다.

• 우리 아들 제이크는 기어 다니고 일어서기 시작한 지 3주 정도 되었습니다. 탁자 위에 놓인 물건과 화초 등을 만지면 안 된다는 것을 어떻게 가르쳐야 하는지 궁금합니다. 또한 악의로 하는 것은 아니지만 사람 얼굴을 때리는 버릇이 있어서 다른 아이들과

놀 때 옆에서 지켜봐야 합니다. 우리 아이는 아주 착하고 말썽을 부리지 않습니다. 단지 누군가의 얼굴을 때리면 안 된다는 것을 모를 뿐이죠. 아이 손을 잡고 쓰다듬어 주라고 가르쳐도 다시 또 때립니다. 아직 너무 어려서 그런 걸까요?

주디는 잘 하고 있다. 제이크는 단지 세상에 대해 궁금해 하고 있을 뿐이다. 제이크에게 자제력이 어느 정도라도 생기려면 아직 반년은 더 기다려야 하지만 지금부터라도 옳고 그른 행동을 가르쳐야 한다. 다른 아이나 애완동물을 때리려고 하면 지금까지 해 왔던 것처럼 손을 잡고 쓰다듬어 주라고 가르친다. 다시 말하지만, 유아의 공격적인 행동은 호기심에서 비롯된다. 어떤 반응이 있는지 시험해 보는 것이다. 그럴 때마다 "때리면 안 된다. 그러면 애니가 아프단다."라고 가르쳐야 한다.

안전 문제와 관련해서, 9개월이 된 아이에게 자제력을 기대하는 것은 비현실적이다. 나는 집에 있는 물건들을 몽땅 치우는 것은 찬성하지 않는다. 아이들은 물건과 함께 생활하면서 어떤 것은 함부로 만지면 안 된다는 것을 배울 필요가 있다. 단, 위험 부담이 크거나 아이가 다칠 수 있는 물건들은 치우자. 아이에게 물건들을 보여 주면서 설명한다. "이것은 엄마와 함께 있을 때만 만져야 한다." 아이들은 직접 만져 보고 살펴보면 호기심이 사라지고 얼마 안 가 싫증을 낸다. 대신 아이가 갖고 놀 수 있는 물건들을 주자. 두드리거나 소리를 내거나 분해할 수 있는 것이면 좋아할 것이다. 남자 아이들은 특히 뜯어 고치는 것을 좋아하니까 장난감 연장을 하나 사 주자.

던지는 아이

던지는 행동은 침대 안에서 장난감을 밖으로 던지거나 식탁에서 음식을 던지면서 시작된다. 이때 아이가 던진 것을 집어 주면 "음, 이거 재미있구나."라고 생각하고 계속 던진다. 아니면 다음 이메일에서 보듯이 누군가(주로 집에서 함께 시간을 보내는 엄마)에게 장난감을 던지는 것에서 시작되는 것을 알 수 있다.

♥ 우리 아들 보는 지금 18개월인데, 6개월 전부터 물건을 던지기 시작했습니다. 장난감이나 음식을 던지고 사람에게도 던집니다. 누구를 다치게 하려는 것은 아니지만 힘이 세기 때문에 맞으면 아픕니다. 어쨌든 그만두게 해야 합니다. 음식을 던지면 식사를 중지시키고 식탁에서 내려놓습니다. 하지만 장난감을 던질 때는 "장난감을 엄마에게 던지지 마라. 그러면 엄마가 아프다." 하고 말하고 그것을 뺏는 것 외에는 어떻게 해야 할지 모르겠습니다. 그러면 다른 장난감을 던지니까요! 그렇다고 장난감을 몽땅 치워 버릴 수도 없는 노릇이죠.

이 엄마 역시 잘 하고 있다. 보는 친구들을 해코지하려는 것이 아니라 던지기라는 새로 발견한 능력을 시험해 보는 중이다. 어쨌든 이 엄마는 던지는 행동을 중단시켜야 한다는 것을 알고 있다. 문제는 아이에게 다른 대안을 제시하지 않는 것이다. 다시 말해, 던지기를 하면 안 되는 상황과 해도 되는 상황을 가르칠 필요가 있다. 무엇보다 던지기를 완전히 중단시킬 수는 없다. 게다가 보는 사내아이다.(성을 구분하는 것이 아니다. 던지기를 좋아하고 훌륭한 운동 선수가 되는 소녀도 많다. 단지 내 경험에 따르면 보통 사내아이들에게서 던지는 '문제'가 생긴다는 것이다.) 따라서 보가 적절한 장소에서 던지기를 할 기회를 주는 것이 필요하다. 밖에서 공을 차고 던지면서 놀게 하자. 만일 한겨울이라면 체육관에 데려갈 수 있다. 어쨌든 집 안에서는 던지는 것이 허락되지 않는다는 인식을 심어 주는 것이 중요하다.

보는 평생의 1/3이나 되는 6개월 동안 던지기를 해 왔으므로 아마 내 짐작에는 던지는 행동을 이용해서 장난을 하거나 엄마를 조종하는 법을 배웠을 것 같다. 따라서 장난감을 치워 버리는 것만으로는 문제를 해결할 수 없다. 아이 방에서 데리고 나와 거실처럼 지루한 장소에 데려가서 함께 앉아 있는다(나는 아이 혼자 타임아웃을 하게 하는 것은 찬성하지 않는다. 112쪽 상자글 참고). 18개월이므로 무엇을 하면 안 되는지 금방 깨우칠 것이다(218~219쪽 음식 던지기 관련 참고).

머리 박기, 머리카락 쥐어뜯기, 코 파기, 자신 때리기, 손톱 물어뜯기

머리 박기를 포함한 유아의 이상한 버릇들은 보통 일종의 자기 위안 방법이며 종종 욕구 불만의 표출이다. 드물지만 어떤 신경 장애의 전조일 수도 있다. 하지만 대개는 무해하고 아주 흔하게 나타나며, 혹자는 머리 박기를 하는 아이가 20퍼센트나 된다고 추정한다. 대부분은 위험하기보다 성가신 행동 정도이며 언제 그랬냐는 듯이 갑자기 사라지기도 한다. 문제는 아이가 머리를 박거나 자기 얼굴을 때리거나 코를 파거나 손톱을 물어뜯는 행동이 부모들을 불안하게 만든다는 것이다. 하지만 부모가 걱정을 하거나 화를 낼수록 아이는 "이렇게 하면 엄마 아빠의 관심을 끌 수 있다."는 것을 알게 되고 처음에는 자기 위안으로 시작한 행동이 꾀를 부리는 방법이 되어 버린다. 그러므로 아이의 이런 행동은 모른 체하는 것이 상책이고 또한 아이가 다치지 않도록 해야 한다.

앞에서 18개월이 된 맥스가 머리를 박는 이야기를 했다(398쪽 참고). 그는 처음에 욕구 불만으로—원하는 것을 충분히 말로 표현할 수 없어서 그랬겠지만—머리 박기를 시작했다. 하지만 얼마 안 가서 그것이 부모가 일손을 멈추고 자신을 구하러 달려오게 만드는 확실한 방법이라는 것을 알게 되었다. 내가 만났을 때 맥스는 집에서 왕으로 군림하고 있었다. 그는 먹지도 않고 잠도 안 자고 고함을 지르고 때리고 하면서 천방지축으로 행동했다. 맥스는 자신이 머리 박기를 하는 순간 모든 규칙과 경계가 느슨해지고 마음대로 할 수 있다는 것을 알고 있었다.

우리는 아이의 안전을 위해 작은 빈백 체어bean bag chair를 들여

해리슨의 사례 : 점점 더 공격적이 되는 아이

분명 좀더 다루기 어려운 아이도 있다. 이런 아이의 부모는 경계심을 갖고, 인내하고, 일관성 있고, 창의적이 되어야 한다. 로리는 어느 날 2돌이 된 아들에게 물렸다고 내게 전화를 했다. 로리는 아이를 야단쳤다. "아야. 그러면 아프다. 물면 안 된다." 하지만 해리슨은 계속했고 속임수까지 썼다. 엄마를 안아 주는 체하다 갑자기 물었다. 이때 로리가 처신을 잘못했다. "엄마가 말했지. 물면 안 된다고 했지."라고 확실하게 가르쳐야 했지만 몸을 피하기만 하고 그냥 넘어갔다.

며칠 후에 놀이 그룹의 어느 엄마가 전화를 해서 해리슨이 다른 아이의 얼굴을 물었다고 했다. 로리는 아이를 주시하고 있다가 물려고 할 때마다 "안 된다."고 말하기 시작했다. 하지만 해리슨은 이제 공격성을 새로운 형태로 바꿔서 발로 차는 행동을 하기 시작했다. 엄마는 미칠 것 같았다. "안 된다고 말하는 것도 질렸습니다. 더 이상 아이와 편안한 시간을 보낼 수가 없습니다. 게다가 장난감을 무기로 다른 아이들을 때리기 시작했기 때문에 아무도 우리 집에 오지 않으려고 합니다."

해리슨이 갈수록 공격적이 되는 이유는 그가 감정 폭발을 하기 쉬운 몇 가지 조건을 갖추고 있기 때문이었다. 그는 씩씩한 아이였고, 이제 미운 3살이 되었으며, 지금까지 엄마가 일관성 있게 반응하지 않았던 것이다. 이제부터 엄마는 아이가 느끼는 감정을 확인하고, 규칙을 설명하고, 필요하면 현장에서 데리고 나가야 한다.

하지만 효과가 금방 나타나지는 않을 것이다. 나는 로리에게 인내심을 갖고 계속하라고 말했다. 또한 아이가 행동을 잘할 때는 칭찬을 아끼지 말라고 했다. '선행' 표를 만드는 방법도 제안했다. 아침에 일어나서 아침 식사 전까지, 아침 식사에서 점심 식사까지, 점심 식사에서 오후 간식까지, 그리고 취침까지, 하루를 4부분으로 나누어서 행동을 잘한 시간에 금별 스티커를 붙여 주는 것이다. 만일 하루에 금별 네 개를 받으면 아빠가 공원에 데리고 가기로 했다. 여름에는 수영을 하러 갔다. 몇 달이 걸렸지만 이제 해리슨은 좀처럼 공격적인 행동을 하지 않는다.

놓고 맥스가 머리를 박기 시작하면 그 의자에 앉혀 놓았다. 일단 위험 요소를 제거하자 맥스가 떼를 쓸 때 모른 체하기가 쉬워졌다. 맥스는 처음에 빈백 체어에 앉히려고 하면 더욱 발버둥을 치면서 저항했지만 우리는 굴하지 않았다. "안 돼, 맥스. 조용해질 때까지 의자에서 나오면 안 된다."

하지만 이후가 더 중요했다. 만일 부모가 아이의 이런 행동에 항복을 하면 대개 아이가 가정을 좌지우지하게 된다. 맥스의 가족은 몇 달 동안 아이에게 인질로 잡혀 있는 것처럼 살아온 상황을 바로잡아야 했다. 맥스는 마음대로 정크푸드를 먹고 가족이 먹는 음식은 거부했으며, 아직도 밤에 자다 깨서 관심을 요구했다. 우리는 그에게 새로운 규칙을 제시하고 더 이상 마음대로 할 수 없다는 것을 보여 주어야 했다.

나는 아이에게 떼를 써도 절대 항복하지 않는다는 것을 직접 보여 주었다. 맥스가 평소처럼 점심을 안 먹고 계속해서 "과자, 과자, 과자."를 외치며 떼를 쓸 때 나는 그의 눈을 똑바로 쳐다보면서 말했다. "안 돼, 맥스. 밥을 먹기 전에는 과자를 줄 수 없어." 맥스는 여간해서 물러서지 않았다. 그는 자기 마음대로 되지 않자 충격을 받고 울기 시작했다. "한 입만 먹어라." 내가 반복했다. (처음에는 적은 양으로 시작해야 한다. 한 입만 먹어도 진전이 있는 것이다!) 결국 1시간 만에 그는 마음이 조금 누그러져서 밥을 한 입 먹었고, 나는 과자를 하나 주었다. 낮잠 잘 시간에도 똑같이 실랑이를 했다. 다행히 점심 시간의 힘겨루기에서 다소 진이 빠졌는지 '안아주기/눕히기'를 몇 번 하자 잠이 들었다. 물론 맥스에게 나는 그의 엄마 아빠처럼 익숙하고 만만한 상대가 아니었다. 하지만 그의 엄마 아빠는 나를 보면서 맥스를 다룰 수 있다는 것을 알았다.

믿기지 않을지 모르지만 맥스는 단 4일 만에 다른 아이가 되었다. 그의 부모는 계속 그가 떼를 쓸 때마다 빈백 체어를 사용했고 식사 시간과 취침 시간을 확실하게 지켰다. 아이들은 규칙이 바뀌었다는 것을 금방 깨닫는다. 맥스는 화가 나면 스스로 빈백 체어로 가기 시작했다. 몇 달 후에는 맥스의 머리 박기가 사라졌고 가정에는 다시 평화가 찾아왔다.

아이 스스로 극복할 수 없는 문제가 있다

지난 10년 동안 아동발달학자들은 어린 시절의 경험이 실제로 아이들의 두뇌 구조를 변화시킬 수 있다는 사실을 알아냈다. 그와 함께 언어 치료와 가족 관계와 작업 치료를 전공하는 심리치료사들이 어린 아이들에게 관심을 돌려 왔고, 초기에 문제점을 확인하고 진단하면 아이가 학교에 들어가기 전에 문제가 심각해지는 것을 막을 수 있다. 일찍 개입하는 것이 중요하다는 것은 맞는 말이다. 문제는 아이들에게 치료를 받게 하는 이유가 부모 자신이 불안하기 때문이거나 아이의 행동을 다른 사람에게 맡겨서 해결하려고 하는 것이다.

잡지 《뉴욕》에는 2004년 1년여 동안 통합운동 장애, 고유수용기, 감각통합 체계니 하는 어려운 전문 용어로 진단을 내리고 집중 치료를 권하는 심리학자, 작업치료사, 언어치료사를 찾아다녔다는 어느 엄마의 이야기가 실린 적이 있다. 맨해튼이란 도시에는 자녀를 훌륭하게 키워서 사업을 물려주려는 막강한 부모들이 살고 있다. 하지만 교육용 장난감들이 폭발적인 인기를 끄는 것에서도 알 수 있듯이, 세계 어느 곳에서나 부모들은 자녀를 비범하게 키우기 위해 열심이다. 그리고 심리치료사들은 그들을 기꺼이 도와준다. 물론 실제로 신경생물학적으로 문제가 있는 아이는 초기에 적절한 도움을 받아야 한다. 그런데 단지 말을 조금 늦게 하거나, 또래보다 서투르거나, 혼자 놀기를 좋아하는 아이들과 어떻게 구분을 할 수 있는가? 또한 아이가 공격적인 행동을 보이기 시작할 때 그것이 언어 장애나 충동조절 장애가 원인인지 어떻게 단정할 수 있는가? 아이가 크면 저절로 그런 증상이 사라질 것인가 아니면 지금 도움을 받아야 하는가?

쉬운 대답은 없다. 물론 어떤 아이가 여러 면(특히 언어)에서 발달이 늦거나 가족 내력에 주의력 결핍 장애나 학습 장애(학습 장애는 언어 장애, 통합 운동 장애, 자폐증, 지각 장애, 정신 지체, 뇌성마비를 포함하는 포괄적 용어)가 있다면 일찍 도움을 받는 것이 좋다. 전문 용어는 부모들이 이해하기가 힘들다. 게다가 의사마다 다른 용어를 사용한다. 부모들은 보통 자신의 아이가 어떤 식으로 유별나다거나 특히 행동 문제가 있다는 것을 안다. 어려운 부분은 그 이유를 알아내는 것이다. 아이들은 각자 다르므로 확실히 하기 위해서는 전문적인 도움을 받는 것이 최선이다.

대부분의 전문가들은 18개월 이전에는 확실한 진단을 내리기가 어렵다고 말하지만, 어떤 시기에나 적절한 도움을 받기 위해서는 검사를 받아 보는 것이 중요하다고 언어치료사인 린 해커는 설명한다. "언어 장애 어린이들은 가장 원시적인 의사소통 수단(신호와 몸짓)에 의지하기 때문에 행동이 거칠어진다. 이해력이 온전한 아이가 때리는 행동을 하는 것은 욕구 불만의 표현이다. 하지만 가르치는 대로 따라 하지 못하는 학습 장애나 충동을 억제하기 어렵고 좌절을 견디는 인내가 부족한 주의력 결핍 장애가 원인이 될 수도 있다." 내가 보기에 "안 된다."는 말을 받아들이지 못하는 것은 일종의 경미한 주의력 결핍 장애처럼 보인다. "안 된다."는 것이 영원하지 않으며 지금 현재에 해당된다는 것을 이해하지 못하는 것이다. 인내심까지 부족한 아이는 "지금은 안 된다."라는 말도 참지 못한다.

해커는 또한 많은 행동 문제들이 부모 때문에 시작된다고 인정한다. "만일 어떤 아이가 종합 검진을 받았는데, 아무 문제가 없고 정상적인 발달 수준에 속한다면 부모와 어떤 관계에 있는지 살펴봐야 한다. 이런 경우에는 무엇이 아이를 힘들게 하는지 알아서 미리 대비하는 것이 필요하다." 하지만 아이가 어떤 신경학적 문제가 있다는 진단을 받는다고 해도 부모의 역할이 아주 중요하다.

누구보다 아이를 가장 잘 아는 사람은 부모라는 것을 기억하자. 스미스 박사는 언어 문제에서 전문가지만 아이는 부모가 가장 잘 아는 법이다. 부모는 매일 하루 종일 아이를 옆에서 보고 있지만 스미스 박사는 진료실에서만 아이를 만난다. 어떤 전문가가 가정 방문을 해서 조사를 한다고 해도 부모만큼 아이에 대해 잘 알 수 없다. 펠리시아는 이사벨라의 2돌 생일 직전에 내게 도움을 청했다. "우리 아이는 말을 잘 하지 않았습니다. 분명 머리 속에서는 많은 일들이 일어나고 있는 것 같은데도 표현을 하지 못했습니다. 그것이 아이를 힘들게 해서 다소 공격적인 행동으로 나타난 것 같습니다."

펠리시아는 자신의 내력 때문에 미리 도움을 구했다고 말한다. "저역시 말이 늦었습니다. 우리 어머니 말로는 내가 2돌이 지나고 3돌이다 되어서 말을 시작했다고 합니다. 지금 제가 사는 동네에서는 3돌이 된 아이를 위해 건강 검진을 해 주고 있습니다. 가정 방문을 하기 때문에 어차피 이용할 수밖에 없죠."

이사벨라는 언어 능력 테스트 결과 "25퍼센트가 기준인데, 그 이상 늦되지는 않습니다. 하지만 놀이 능력에서는 몇 달이 앞서 있습니다. 결국 언어 능력과 놀이 능력의 차이 때문에 치료 대상이 되었습니다."라는 말을 들었습니다. 종종 점수 자체보다는 각각의 능력에서 점수 차이가 큰 것이 문제가 된다. 이사벨라는 1년이 조금 넘게 언어 치료를 받았는데, 지금은 3돌 반 수준의 어휘력을 갖고 있다. 펠리시아는 말한다. "그 치료가 도움이 되었는지, 아니면 단순히 아이 스스로 따라잡은 것인지 확실히 알 수 없습니다. 어쨌든 지금은 많이 나아졌습니다."

유치원에서도 이사벨라의 근육 긴장 저하와 공격성에 대해 추가의 치료를 제안했지만 펠리시아는 거부했다. 보통 부모들은 전문가들이 하라는 것을 거부하기가 쉽지 않다. 이 현명한 엄마는 회상한다. "제가 직접 알아본 결과, 우리 아이가 근육 긴장 저하라는 증거를 찾을 수 없었습니다. 학교에서는 수백, 수천 달러가 들어가는 온갖 치료를 권유했습니다. 하지만 제가 보기에 우리 아이가 화를 잘 내는 이유가 말을 잘 못하기 때문인 것 같았어요. 학교를 납득시키기 위해서 다시 한 번 테스트를 받았는데, 아무 문제가 없는 것으로 나왔습니다. 학교에서는 제 3의 소견을 요구했지만 저는 계속 미루었죠. 이제 우리 아이는 말도 잘하고 공격적인 행동도 사라졌습니다. 정말 다행이죠!"

펠리시아의 이야기에서 우리는 부모와 전문가가 서로 협력해야 한다는 것을 알 수 있다. 어떤 전문가가 얼마나 대단한 학위증을 벽에 걸어 놓았건 간에 분명한 것은 부모는 아이의 운명을 다른 사람의 손에 완전히 맡겨서는 안 된다. 또한 심리치료사가 제안하는 방법을 사용해 보면서 그 어느 때보다 아이를 세심하게 보살펴야 한다. 하지만 많은 부모들이 아이를 안쓰럽게 여기거나 아니면 자포자기한다. 치료에 돈을 쏟아 부어도 아이는 여전히 말썽을 부린다. 다음 제럴딘의 이메일에서 이런 문제점을 볼 수 있다.

♥ 우리 아이는 '모범생 아기'였는데, 크면서 '씩씩한 아이'로 변했습니다. 윌리엄이 거의 2돌 반이 되었을 때 다른 아이들을 때리기 시작했습니다. 결국 선천성 감각통합 장애라는 진단을 받았습니다. 그동안 작업 치료를 받았고, 지금 언어 치료 중에 있으며, 1주일에 5일 유치원에 나갑니다. 때리는 것을 제외하고는 많이 좋아졌습니다. 때리고 물고 하는 아이들이 많이 있다는 것은 압니다. 하지만 우리 아이가 사람을 때리기 때문에 아무 데나 데리고 다닐 수가 없습니다. 자기보다 훨씬 더 큰 아이도 때립니다. 우리 아이에게는 '우두머리 수컷'의 특성이 있는 것 같습니

다. 자기보다 큰 아이들에게 덤비는 것을 좋아합니다. 하지만 이상하게 유치원에서는 그런 행동을 잘 하지 않습니다. 어떤 사람들은 언어 능력이 부족해서 그렇다고 합니다. 그 말에 어느 정도 동의합니다. 때리는 것이 반드시 공격적이거나 방어적인 행동은 아니기 때문입니다. 때로는 다른 아이들에게 말을 거는 방법으로 사용하는 것 같습니다. 그동안 심리치료사들과 학교를 찾아다니면서 상담을 했습니다. 온갖 방법들을 시도해 보았죠. 야단을 치기도 하고, 다른 아이들에게 우리 아이가 때리면 같이 놀지 말라고 시키기도 했습니다. 말로 하는 법을 가르치고, 현장에서 데리고 나오기도 하고, 타임아웃도 해 보았습니다. 모두들 저에게 걱정하지 말라고 합니다. 하지만 저는 지금 임신 7개월 반이고 계속해서 아이에게 안 된다고 말하는 것에 지쳤습니다. 우리 아이는 겁이 없고 내가 야단을 쳐도 꿈쩍도 하지 않는 것 같습니다. 어떻게 해야 할까요?

제럴딘의 처지에 충분히 동정이 간다. 신경생물학적인 기질로 무척 다루기가 어려운 아이들이 있는데, 여러모로 윌리엄은 그런 유형에 들어맞는 것 같다. 또한 언어 표현이 안 되고 원하는 것을 말할 수 없기 때문에 화를 내는 것이다. 또한 위의 이메일에는 몇 가지 단서가 숨어 있다. 제럴딘은 "온갖 방법들을 시도했다."고 했지만 나는 그녀가 아들을 분명하게 보지 못한다는 생각이 든다. 성장 발달이 느린 윌리엄이 모범생 아기였다고 믿기는 어렵다. 또한 엄마가 일관성이 부족했던 것 같다.

엄마는 이메일에서 "우리 아이는 유치원에서 공격적이지 않다."고 했지만 전화로 다시 이야기를 해 보니 윌리엄은 9개월에 이미 공격적인 행동을 보였다는 것을 알 수 있었다. 윌리엄은 엄마를 때리고 남의 물건을 잡아채곤 했다. 하지만 엄마는 그런 행동을 '우두머리 수컷'의 특성 탓으로 돌렸다. 윌리엄은 18개월이 되자 말이 늦되고 산만하고 충동적이라는 것이 분명해졌다. 옷을 입거나 숟가락으로 먹는 법을 배우려고 하지 않았다. 충동 조절이 안 되고 활동 전환에 많은 어려움이 있었다. 취침 시간에는 항상 전쟁을 치렀다. 하지만 부모는 아이가 감각통합 장애라는 진단을 받은 후에도 한동안 아무런 조치를 취하지 않았다. 윌리엄은 이제 엄마를 다루는 법을 알았다. 애교

장애 진단을 받았을 때

만일 학습 장애나 주의력 결핍 장애나 감각통합 장애 등의 진단을 받았다면 전보다 아이를 세심하게 보살펴야 한다.

★ 아이의 감정을 존중한다. 아이가 표현을 하지 못한다면 감정 언어를 배우도록 도와준다. 경계를 정한다. 부모가 기대하는 것을 알게 한다.

★ 일과를 계획한다. 규칙적인 생활을 해서 다음에 무엇이 올지 알 수 있게 한다.

★ 일관성을 보인다. 어느 날은 아이가 소파에서 뛰는 것을 그냥 두고, 다음 날에는 "소파 위에서 뛰지 마라."고 말하면 안 된다.

★ 무엇이 아이를 자극하는지 알아서 미리 피한다. 만일 아이가 뛰어다니면서 놀더니 밤에 잠을 잘 못 이룬다면 좀더 차분한 활동을 시킨다.

★ 칭찬과 보상을 한다. 상을 주는 것이 벌을 주는 것보다 효과적이다. 아이가 행동을 잘하는 것을 보면 칭찬을 해 준다. 상으로 금별 스티커를 붙여 주고 얼마나 잘했는지 확인할 수 있도록 한다.

★ 배우자와 함께 협력한다. 아이의 정서 건강을 우선으로 정한다. 상의하고 미리 계획하고 의견 불일치를 조정한다. 단, 아이 앞에서 하지 않는다.

★ 다른 사람의 도움을 받는다. 아이의 문제점에 대해 이야기하는 것을 꺼리지 말고(아이가 듣지 않는 곳에서), 매일의 상황 속에서 어떤 식으로 문제가 드러나는지 설명한다. 가족과 친구와 다른 아이의 보호자들에게 아이를 다루는 방법을 가르쳐 준다.

를 부려서 원하는 것을 얻지 못할 때는 괴롭히는 방법이 항상 효과가 있었다.

월리엄이 다른 아이들을 때리기 시작하자 제럴딘은 그제야 심각하게 생각하기 시작했다. 하지만 일단 장애 진단이 나오자 그녀는 치료를 받으면 다 해결이 될 것이라고 생각했다. 이것은 부모들이 흔히 하는 오해다. 나는 제럴딘에게 말했다. "물론 치료사가 월리엄의 언어 능력과 운동 능력 그리고 충동 조절까지 도와주겠지만, 만일 집에서 일관되게 버릇을 가르치지 않는다면 아이의 공격성은 계속될 것입니다."

나는 처음에 제럴딘에게 나도 다루기 힘든 아이가 있다고 경고했지만 월리엄이 치료를 받으면서 나아지는 모습을 보고 그녀가 일관성 있게 계속하면 변화가 생길 거라고 느꼈다. 이제 아이를 안쓰러워하는 마음은 접어 두고 단호하게 대처할 필요가 있었다. 또한 때로 한 가지 문제가 해결되면 다른 문제가 나타나기 때문에 마음의 준비를 해야 했다. 또 한편으로는 정성껏 아이를 보살펴야 했다. 월리엄에게 시간 여유를 주고 사전 연습을 시키고 말을 듣지 않으면 어떤 결과가 오는지 미리 경고를 했다. F.I.T.를 사용해서 월리엄에게 말이나 적절한 행동으로 자신을 표현하는 법을 가르치는 것이 필요했다. 그리고 대안을 제공하는 방법을 사용했다. 아이의 공격성을 무조건 억누르려고 하기보다는 사전에 예방하는 것이 중요했다. 마지막으로 나는 행동 수정 방법을 제안했다. 해리슨의 엄마가 했던 것처럼(422쪽 참고) 제럴딘도 월리엄에게 금별 스티커를 상으로 주게 했다. 그리고 아빠를 보다 적극적으로 참여시켰다. 월리엄에게 '우두머리 수컷'의 특성을 발산할 출구를 마련해 주고 그의 행동을 나무라는 대신 적절한 방식으로 표현할 기회를 주라고 했다. 아빠는 열심히 일하는 사람이었지만 1주일에 이틀은 일찍 퇴근을 해서 월리엄과 시간을 보내고, 토요일 오전에는 항상 함께 운동을 하기로 했다. 월리엄이 아빠와 잘 지내면 동생이 태어났을 때 큰 도움이 될 것이다. 나는 또한 제럴딘에게 가족이나 친구의 도움을 받으라고 했다. 윌리엄이 다른 사람에게는 떼를 덜 쓰기 때문이기도 하지만 엄마도 휴식이 필요했다.

처음에 윌리엄은 결코 '수월한' 아이가 될 수 없을 것 같았지만 몇 주일이 지나자 눈에 띄게 달라지기 시작했다. 엄마 말을 좀더 잘 들었고 활동 전환이 쉬워졌다(엄마가 미리 마음의 준비를 시키고 시간 여유를 주었기 때문에). 아이가 화를 내더라도 제럴딘은 이제 걷잡을 수 없게 되기 전에 개입을 할 수 있었다. 제럴딘이 말했다. "제가 끊임없는 긴장 속에서 지내 온 것을 이제 알겠어요. 이제 마음이 좀 편해지니까 아이에게도 좋은 영향을 주는 것 같아요."

확실히 부모가 편안하면 아이의 감정에 좀더 잘 대처할 수 있을 뿐 아니라 아이도 수월해지는 경향이 있다. 요컨대 자비심과 마찬가지로 정서 건강은 가정에서 시작된다!

9장

E.E.A.S.Y.로 하는 대소변 훈련

아기의 대소변 신호 파악하기

변기 공포증

부모들은 아이의 잠버릇과 식습관 문제로 가장 고민을 많이 하지만, 대소변 훈련에 관해서는 생각만 해도 걱정이 앞서는 듯하다. 언제 시작해야 하나요? 어떻게 시작해야 하나요? 저항을 하면 어떻게 하나요? 실수를 했을 때는 어떻게 해야 하나요? 부모들의 질문은 끝이 없다. 부모들은 아이의 신체 발달이 책에서 말하는 기준이나 또래 아이들보다 늦으면 초조해 하기도 하지만, 대체로 아이의 몸과 마음이 균형 잡힌 발달을 할 때까지 참고 기다린다. 하지만 또 다른 성장 단계에 불과한 대소변 훈련에 대해서는 유난히 많은 이야기들이 오고 간다.

통계를 보면 지난 60년 동안 아이들이 대소변을 가리는 시기가 크게 늦어졌다. 그 이유는 일부 아동 중심의 육아 방식 때문이고, 일부는 일회용 기저귀가 너무 좋아져서 대소변을 보고도 불편함을 느끼지 못하게 되었기 때문이다. 그 결과, 1957년에는 18개월에 대소변을 가리는 아이들이 92퍼센트였으나, 2004년의 필라델피아 어린이 병원에서 실시한 조사에서는 그 숫자가 25퍼센트 이하로 떨어졌다. 60퍼센트의 아이들은 3년이 되어야 대소변을 가리고 2퍼센트는 4년이 되어도 대소변을 가리지 못하는 것으로 나타났다.

아마도 아이들이 대소변을 늦게 가리게 되면서 그만큼 부모들이 대소변 훈련에 대해 걱정하는 시간도 늘어난 것 같다. 또는 일찍 대소변 훈련을 시작하는 부모들처럼 대소변 습관을 기본적인 '품행'과

연관시키고 있는지도 모른다. 어떤 경우든지 요즘 부모들은 대소변 훈련을 아이가 앉거나 걷거나 말하는 것을 기다리는 것처럼 거리를 두고 바라보지 못하는 것은 분명하다.

나는 "느긋하게 생각하라."고 말하고 싶다. 사실 대소변 훈련은 지금까지의 다른 성장 발달과 다르지 않다. 대소변 훈련을 성장 발달의 한 단계로 보면 그에 대한 태도가 달라질 수 있다. 이렇게 생각해 보자. 우리는 어느 날 아이가 벌떡 일어서서 보스턴 마라톤에 나갈 준비가 되어 있기를 기대하지 않는다. 성장 발달은 하루아침에 일어나지 않는다. 그것은 진행 과정이며 일회성이 아니다. 그리고 목적지를 향해 가는 길에는 신호와 단계가 있다. 예를 들어, 아이들은 실제로 발걸음을 떼기 오래전부터 혼자 일어서려는 시도를 한다. 자꾸 연습을 하면 곧 버티고 설 수 있을 만큼 다리가 튼튼해진다. 그 다음에는 가구나 엄마 다리를 잡고 걷는다. 그리고 어느 날 뭔가를 잡지 않고 서기 시작한다. 처음에는 한 손을 놓고 서고 그 다음에는 두 손을 다 놓는다. "봐요, 엄마. 아무것도 안 잡았어요!"라고 말하는 듯이 엄마를 쳐다본다. 엄마는 활짝 웃으면서 칭찬한다. "잘 했다, 우리 아기!" 아이는 계속 연습을 해서 마침내 다리 힘이 충분히 세지고 자신감이 생기면 혼자 걷기 시작한다. 엄마는 두 팔을 벌리고 응원을 하거나 손을 잡고 아이가 몇 걸음을 더 옮기도록 도와준다. 1~2주 후에는 "이제 나 혼자 걸을 수 있어요."라고 말하는 듯이 엄마 손을 거부한다. 하지만 프랑켄슈타인처럼 뒤뚱거리며 불안하게 걷는다. 방향을 바꾸거나 장난감을 집으려고 하다가 엉덩방아를 찧는다. 그렇게 몇 달이 지나면 완전히 똑바로 서서 걷고, 물건을 들고 다니고 뛰고 달리기도 한다. 돌아보면 아이가 걷기 시작한 지 4~5개월이 된 것을 알게 된다. 걷기는 다른 성장 발달과 마찬가지로 독립을 향해 좀더 나아갔다는 신호다. 마침내 혼자 힘으로 걸음마를 하는 아이의 표정은 의기양양해 보인다. 아이들은 새로운 능력을 배우고 싶어 하고,

부모는 아이의 그런 모습을 보고 대견해 한다.

대소변 훈련의 과정도 마찬가지다. 아이들은 실제로 화장실에 가기 오래전부터 기저귀를 빼고 변기를 사용할 준비가 되었다는 신호를 보내기 시작한다. 하지만 부모들은 종종 그 신호를 무시한다. 아기가 불편함을 느끼지 못하는 것도 문제의 일부다. 요즘 나오는 일회용 기저귀들은 너무 흡수가 잘 되어 아이들이 젖었다는 것을 거의 느끼지 못한다. 또한 부모들이 너무 바빠서 대소변 훈련에 전념할 시간과 여유가 없다. 대소변 훈련을 시키기 전에 아이가 충분히 '성숙'할 때까지 기다리라는 전문가들의 의견도 '서두르지 않아도 된다.'는 생각을 부추긴다. 문제는 너무 오래 기다리는 것이다.

9개월에 E.E.A.S.Y.로 시작하기

소수의 전문가들은 대소변 훈련에 대해 엄격한 입장을 고수하고 있지만(437쪽 상자글 참고), 일반적인 생각(대부분의 책과 많은 소아과 의사의 의견)은 2돌 이전에는 대소변 훈련을 해도 소용이 없으며 어떤 아이들은 3돌이 가까워서야 대소변을 가린다는 것이다. 육아 전문가들은 걷기나 말하기에서 '빠르거나' '늦는' 아이가 있듯이 어떤 아이는 좀더 일찍 대소변을 가린다는 것을 인정하면서도 부모들에게 아기가 준비가 되었을 때까지 기다리라고 조언한다. 아이가 무엇을 훈련하고 있는지 이해할 수 있고 괄약근이 충분히 성숙했을 때 해야 한다는 것이다.

영국에서는 미국보다 몇 달 일찍 대소변 훈련을 시작하지만, 나는 처음 유아들을 상담하기 시작했을 때부터 일반 상식에 따라 18개월부터 하라고 부모들에게 권유했고, 나의 첫 책에서도 그렇게 말했다. 하지만 요즘은 대소변 훈련에 대한 연구들을 읽어 보고 다른 문화권에

대소변 훈련에 대한 의견

육아와 관련된 모든 주제는 어느 한쪽으로 기울어지는 경향이 있다. 언제나 그렇듯이 양쪽의 의견 모두 장점이 있다. 내 이론은 그 중간 어딘가에 속한다.

★ 아이 중심의 대소변 훈련 "늦게 하는 것이 좋다."고 하는 1960년대 초반에 근거한 이론으로 대소변 훈련은 오로지 아이에게 달려 있다고 믿는다. 부모는 본보기를 보여 주고, 눈치껏 변기를 사용할 기회를 주되, 절대 강요하지 말아야 한다는 것이다. 아이가 준비가 되면 변기를 사용하겠다고 요구할 것이다. 하지만 4돌이 될 때까지 기다려야 할지도 모른다.

★ 기저귀를 채우지 않는 문화 1950년대 이전 미국에서는 훨씬 일찍 대소변 훈련을 시작했으며 원시 문화에서는 갓난아기 때부터 기저귀를 채우지 않고 배변 욕구와 감각을 인식하도록 가르친다. 신호가 보이면 변기 위로 아이를 안고는 쉬– 소리를 냄으로써 조건 반사를 이용해 연습시킨다.

서는 어떻게 하고 있는지 알게 되면서 어느 쪽에도 찬성하지 않는다.

양쪽의 입장에는 각각 긍정적인 면들이 있다. 아이 중심의 접근 방식은 아이가 느끼는 것을 존중하는 것이며, 이것은 《베이비 위스퍼》의 기본 원칙이기도 하다. 하지만 아이가 스스로 '준비'가 되었다고 판단해서 대소변을 가리기를 바라는 것은 바닥에 밥그릇을 놓아 주고 식탁 예절을 배우기를 바라는 것과 같다. 아이를 지도하고 사회성을 가르치지 않는다면 부모가 하는 일은 무엇인가? 게다가 2년에서 2년 반 사이에 시작하는 것은 내가 보기에 이미 '늦었다.' 미운 3살이 되면 반항심이 생기기 때문에 말을 듣지 않고 자기 마음대로 하려고 하므로 훈련을 시키기가 어렵다.

나는 기저귀를 채우지 않는 문화에서 아기의 신호를 보고 쉬– 하는 소리로 사인을 주는 방법에 대해 반대하지 않는다. 나 역시 아이가 새로운 능력을 연습해서 터득하는 기회를 주어야 한다고 믿는다. 그리고 미국에서는 대소변 훈련을 보통 36개월과 48개월에 시작하지만

대소변 훈련에 대한 학자들의 의견

대소변 훈련을 언제 시작해서 언제 끝내야 하는지에 대한 학문적인 연구 자료는 별로 없지만, 최근에 펜실베이니아 아동 병원의 연구에 따르면 연습을 일찍 시작하면 시간은 좀더 걸릴지 몰라도 일찍 대소변을 가리는 것으로 드러났다. 영국 비뇨기과 학회지에는 2000년에 벨기에 학자들이 실시한 '증가하는 어린이 배변 문제'에 관한 연구가 실렸다. 그 결과는 다양한 연령대의 부모 321명의 대답을 분석한 것이다. 첫 번째 그룹은 60세 이상의 부모, 두 번째 그룹은 40~60세, 그리고 세 번째 그룹은 20~40세의 부모로 구성되었다. 첫 번째 그룹에서는 대부분 아이들이 18개월 이전에 대소변 훈련을 시작했고, 그들 중 절반은 12개월에 시작했다. J. J. 빈다엘러와 E. 바커르는 "대부분의 학자들은 대소변 조절은 연습으로 속도를 낼 수 없다고 믿고 있다."고 지적했다. 하지만 그들의 연구 결과는 분명히 그러한 이론과 다르게 나왔다. 첫 번째 그룹에서는 18개월에 대소변을 가린 아이들이 71퍼센트였던 것에 비해, 2년 이후에 대소변 훈련을 시작한 세 번째 그룹에서는 17퍼센트밖에 되지 않았다.

이것보다 좀더 일찍 해야 한다는 의견에 동의한다. 《현대 소아학》 2004년 3월 호에서 콜로라도 의대 소아과 교수는 "다른 문화권에서는 50퍼센트 이상의 아이들이 1년 무렵에 대소변을 가린다."고 했고 또한 이러한 접근을 옹호하는 사람들은 80퍼센트의 아이들이 12개월에서 18개월 사이에 대소변을 가린다고 주장했다. 하지만 현대에 살고 있는 우리가 원시 문화에 기초한 육아 방식을 따라가기는 어렵다. 아기를 변기 위로 안고 있으라고 권하는 것은 현실에 맞지 않는 것 같다. 또한 나는 아이가 어느 정도 자제력이 생기고 말을 알아듣고 연습 과정을 이해할 수 있을 때 해야 한다고 믿는다. 내 생각에는 혼자 앉지 못하는 아이를 변기에 올려놓는 것은 너무 이르다.

그래서 나는 중간 입장을 취해서 9개월 무렵에 혼자 변기에 안전하게 앉을 수 있게 되면 대소변 훈련을 시작하라고 권한다. 나의 계획을 따른 많은 아이들이 1돌 무렵에는 낮 시간에 대소변을 가리게 되었다. 물론 그렇지 못한 아이도 있었지만 적어도 또래 아이들이 시작할 때쯤에는 대소변을 가린다.

대소변 훈련에 대한 일반 상식, 즉 대소변 훈련은 늦게 해도 된다는 것은 일회용 기저귀로 이득을 보는 회사들이 조장해 왔다. 이 때문에 많은 부모들이 눈에 보이는 신호를 무시한다. 예를 들어, 나의 웹사이트에 15개월이 된 여아의 엄마가 올린 다음 게시글에서도 알 수 있다.

• 지난 2달 동안 우리는 제시카를 취침 전에 아기변기에 앉혔습니다. 아이가 원하기 때문입니다. 대개는 아무 일도 일어나지 않지만 이따금 소변을 봅니다. 우연히 시간이 맞은 거죠! 하지만 이상한 일이 있어요. 지난 주부터 낮에 가끔 새 기저귀를 갖고 와서 바닥에 펴 놓고 그 위에 눕기 시작했습니다. 처음에는 그냥 웃기다고 생각하고 별 생각 없이 지나치려고 했는데, 기저귀를 살펴보았더니 정말 응가를 했더군요!
이것은 6일 정도 계속되었고 이제는 내가 "응가했니?" 하고 물으면 "네." 또는 "쉬." 하고 말하는데, 그때마다 항상 맞습니다. 또한 기저귀에 싸지 않았을 때는 절대 새 기저귀를 갖고 오지 않습니다. 이것은 대소변 훈련을 할 준비가 되었다는 신호인가요? 제가 9월까지 집에 함께 있기 때문에 대소변 훈련을 시작하기에는 적당하다고 생각됩니다. 저는 준비가 되지 않은 아이에게 억지로 대소변 훈련을 시키고 싶지 않습니다. 다른 의견이 있나요?

안타깝게도 제시카의 엄마는 책과 기사, 인터넷 사이트에서 보았던 대소변 훈련에 대한 글 때문에 눈앞에 뻔히 보이는 신호를 무시하고 있다. 다른 엄마들까지 "18개월 전에는 시작하지 말라."고 가세한다. 예를 들어, 어느 엄마는 답글로 이렇게 적었다. "네. 그것이 신호일지도 모르지만, 내 생각에 아이가 볼일을 보기 전이 아니라 후에 말을 한다면 아직 대소변 훈련을 시작할 때가 되지 않은 것 같습니다. 게다가 대부분은 쉬가 아니라 응가를 한 거군요. 하지만 아이가 자각을 하고 있으므로 언젠가는 방법을 알아서 터득할 거예요."
아이가 알아서 방법을 터득한다고? 제시카는 겨우 15개월이다. 아이가 혼자 숟가락질을 하고, 옷을 입고, 다른 아이들에게 어떻게 행동해야 하는지 스스로 깨우칠 때까지 내버려 둘 것인가? 그러지 않기를 바란다. 대소변 훈련은 하루아침에 되는 일이 아니다. 대소변 훈련은 아이의 자각으로 출발하는 것인데, 제시카는 분명 자각을 하고 있다. 볼일을 보고 나서 엄마에게 이야기를 하는 이유는 지금까지 아무도 어떻게 해야 하는지 가르쳐 주지 않았기 때문이다. 이제부터 설명을 하고 본보기를 보여 주어야 한다. 아이가 대소변 훈련을 시작할 준비가 되었다는 모든 신호를 보일 때까지 기다리라는 말은 터무니없다. 제시카는 엄마의 도움을 구하고 있다. (441쪽에서 점검표를 제시했다. 아이가 반드시 완전히 준비가 되어야 하는 것은 아니라는 점을 분명히 해 둔다.)

적어도 이 세상 아이들 중에 절반은 1돌이 되기 전에 대소변을 가린다. 하지만 내가 9개월부터 시작하라고 말하면 많은 엄마들이 미심쩍어 한다. 나는 9개월이 된 아기의 일과에 대소변 시간을 포함시킨다. 아이에게 대소변에 대한 의식을 심어 주기 위해서다. 먹고 활동하고 자고 하는 시간이 있는 것처럼 대소변을 위한 시간을 따로 만든다. 음식을 먹거나 마신 후에 20분이 지나면 변기에 앉힌다. 요컨대 E.E.A.S.Y., 즉 먹고 eating, 배설하고 elimination, 활동하고 activity, 자고 sleep, 엄마를 위한 시간 you을 갖는 일과를 진행하는 것이다. 유아가 되면 점점 엄마 시간이 줄어든다. 단, 아침에는 먹는 시간과 대소변 시간의 순서가 바뀐다. 아침을 먹기 전에 먼저 변기에 앉힌다 (444~446쪽 계획안 참고).

9개월에서 1년 사이에는 아직 배설에 대한 자제력이나 자각이 부족하다. 따라서 대소변을 가르친다기보다는 훈련한다는 표현이 적절하다. 대소변을 볼 때가 되었거나 신호가 보일 때 변기에 앉히면(보통 먹은 후에) 가끔은 성공할 것이다. 실수는 성공의 어머니라고 하지 않는가. 아이는 점차 변이 나오려는 느낌을 받고 괄약근을 푸는 법을 배운다. 아이가 혼자 서거나 걷기 시작할 때 그랬듯이 옆에서 응원을 해 주자. 아직은 엄마 말을 잘 듣는 나이 (미운 3살이 되면 말을 듣지 않는다)므로 칭찬을 해 주면 배설 행위가 중요하다는 것을 깨닫게 될 것이다.

대소변 훈련을 일찍 시작하는 것은 아이가 괄약근을 조절해서 기저귀가 아닌 변기에 대소변을 보는 연습을 시키는 것이다. 이것 또한 어떤 능력을 습득하는 법을 배우는 것이다. 반면에 2년이 될 때까지 기다리면 이미 기저귀에 배설하는 것에 익숙해졌기 때문에 배설 욕구를 새롭게 자각해야 하고 변기에 대소변을 보아야겠다는 의지가 필요하게 된다. 대소변 훈련을 시키지 않는 것은 아이가 걷기를 바라면서도 '때'가 될 때까지 기다리면서 계속 아기침대 안에 두는 것과 같다. 걸을 준비가 되기 위해서는 몇 달에 걸쳐 다리에 힘을 기르면서 협응 능력을 배워야 한다.

이번에는 9개월에서 15개월 사이나 이후에 시작하는 대소변 훈련 계획에 대해 설명하고 마지막으로 대소변 훈련을 할 때 흔히 부딪치는 문제점들에 대해 알아보겠다.

기저귀는 언제쯤 완전히 뗄 수 있을까? 나로서는 알 길이 없다. 언제 대소변 훈련

대소변 훈련 점검표

미국 소아과 학회에서는 부모들을 위해 다음과 같은 지침을 제시하고 있다. 아마 다른 책이나 인터넷에서 비슷한 점검표를 수백 가지 볼 수 있을 것이다. 다음 목록을 보면서 각자 자신의 아이는 어느 수준인지 점검을 해 보자. 관찰력이 뛰어난 부모라면 아이가 걷거나 옷을 혼자 벗을 줄 알고 기저귀 대신 속옷을 입고 싶어 하기 오래전부터 얼굴 표정과 자세에서 소변이나 대변을 보고 있다는 것을 눈치 챌 것이다. 또한 아이들은 성장 속도뿐 아니라 젖은 기저귀를 참는 정도도 각각 다르다. 일반 상식과 아이에 대해 알고 있는 정보를 활용하자. 대소변 훈련을 시작하기 위해 다음 기준을 모두 충족시켜야 하는 것은 아니다.

★ 낮에 적어도 2시간 정도 기저귀가 말라 있거나, 낮잠을 자고 나서도 말라 있다.
★ 대변이 규칙적이고 예측 가능해진다.
★ 얼굴 표정, 자세, 말에서 대변이나 소변을 보려고 한다는 것을 알 수 있다.
★ 간단한 지시에 따를 수 있다.
★ 화장실에 다닐 수 있고 옷을 내릴 수 있다.
★ 기저귀에 대변을 보면 불편해 하고 갈아주기를 원한다.
★ 변기를 사용하려고 한다.
★ 기저귀 대신 속옷을 입고 싶어 한다.

을 시작하고, 부모가 얼마나 열심히 인내심을 갖고 하느냐에 달려 있다. 또한 아이의 성격과 신체 조건, 그리고 가정에서 일어나는 여러 가지 요인들이 작용한다. 내가 말할 수 있는 것은 아이를 유심히 관

찰하고, 계획대로 실천하고, 대소변 훈련을 다른 성장 발달과 마찬가
지로 생각하고 있다면 그다지 어렵지 않다는 것이다.

출발하기 9개월에서 15개월까지

만일 내가 제안하는 대로 9개월에서 15개월 사이에 대소변 훈련을
시작한다면 몇 가지 준비 신호들이 보일 것이다(441쪽 상자글 참고).
하지만 이런 신호를 볼 수 없다고 해도 상관없다. 아이가 혼자 앉을
수 있다면 시작할 준비가 된 것이다. 대소변 훈련은 아이가 배워야
하는 많은 새로운 능력(컵으로 마시기, 걷기, 퍼즐 맞추기) 중의 하나일
뿐이다. 미리 겁부터 먹지 말고 흥미로운 도전이라고 생각하자.

준비물

나는 아기변기보다 일반 변기 위에 올려놓는 변기 시트를 선호한
다. 이 시기에는 아이들이 말을 잘 듣고 참여하고 싶어 하기 때문에
웬만하면 저항을 하지 않는다. 대변을 볼 때 작은 발판을 딛고 올라
가게 하면 아이가 안전하고 편하게 느낄 것이다. 9개월에서 15개월
이면 아직 혼자 변기에 오르내리기 어려우므로 독립심을 길러 주기
원한다면 작고 튼튼한 발판을 마련해 주자. 이 발판은 아이가 변기에
오르내리거나 세면대에서 이를 닦고 손을 씻을 때도 사용할 수 있다.

공책에 아이의 배변 습관에 대해 기록하자(441쪽 '대소변 훈련 점검
표' 참고). 인내심을 비축하자. 다른 바쁜 일이 있거나 이사를 하거나
휴가를 가거나 가족 중에 누가 아프거나 할 때는 시작하지 말자. 또
한 오래 걸릴 수 있다고 각오를 하자.

준비하기

대소변 훈련은 아이와 아이의 일과를 주의 깊게 관찰하는 것으로 출발한다. 아기 울음과 신체 언어를 이해하는 엄마라면 9개월이 될 무렵에는 아이가 대소변을 보기 직전에 어떻게 행동하는지 알게 될 것이다. 예를 들어, 아이들은 두 가지를 동시에 하지 못하기 때문에 대변을 볼 때는 먹기를 중단한다. 어떤 신호를 보내는지 살펴보자. 아직 걸음마를 하지 않는 아이라면 얼굴에 힘을 주거나 찡그리면서 재미있는 표정을 짓는다. 배설에 집중하기 위해 하던 일을 멈춘다. 걸음마를 시작했다면 구석이나 의자 뒤에 숨는 아이도 있다. 기저귀를 들여다보거나 만져 보기도 한다. 어떤 행동을 하는지는 아기에 따라서 다르다. 관심을 갖고 보면 아이가 배설을 할 때 어떤 모습인지 알게 될 것이다.

기록하자. 전후 배경과 일과를 참작하는 것도 도움이 된다. 많은 아기들이 9개월이 되면 매일 거의 같은 시간에 대변을 본다. 유동식을 먹으면 종종 20~30분 후에 소변을 볼 것이다. 이런 지식에 관찰을 더하면 대충 언제쯤 변을 보는지 짐작할 수 있다.

아이가 아직 말을 알아듣지 못한다고 해도 신체 기능에 대해 설명을 해 준다. "응가를 하고 있니?" 또한 부모 자신이 어떻게 하는지도 설명한다. "엄마는 화장실에 간다." 실제로 화장실을 사용하는 것을 보여 주는 방법이 가장 확실하다. 부모가 보여 주는 것이 좋겠지만 항상 그럴 수는 없을 것이다. 남자 아이라도 처음에는 변기에 앉아서 소변 보는 법을 배우므로(처음에는 아빠가 그런 식으로 하는 것을 보여 준다) 엄마를 보고 배워도 상관없다. 아이들은 모방을 통해 배우고 부모가 하는 대로 따라 하려고 한다.

아이가 대소변을 볼 때 자신의 몸에서 일어나는 일을 자각하도록 만드는 것이 중요하다. 하지만 신체의 감각을 말로 설명하는 것은 쉽지 않다. 특히 방광이 찼을 때 느낌은 서로 다를 수 있다. 어떤 엄마는 15개월이 된 아이에게 말한다. "아랫배가 묵직하면 엄마에게 말해라. 그건 쉬를 하러 가고 싶은 거야." 이 엄마는 아이가 '아랫배가 묵직하다'는 의미를 알 때까지 좀더 기다려야 할 것이다. 그 의미를 알려면 경험이 필요하다.

계획안

처음 2주일 동안, 아이가 아침에 눈을 뜨면 곧바로 변기에 앉힌다. 이것을 아침 의식의 일부로 포함시킨다. 방에 들어가서 아이를 한 번 안아 주고 커튼을 올리고 말한다. "잘 잤니? 우리 아기." 아기를 침대에서 꺼내면서 말한다. "자, 화장실에 갈 시간이다." 대소변을 보고 싶은지 물어보지 말고 무조건 변기에 앉힌다. 이제 이를 닦는 것은 취침의식의 일부이고, 화장실에 가는 것(그리고 사후에 손을 닦는 것도)은 아침 기상 의식의 일부다. 물론 밤 사이에 기저귀에 소변을 보았다면 아침에 쉬를 하지 않을 수도 있다. 변기에 앉혀 두는 시간은 5분을 넘지 않도록 한다. 그동안 엄마는 아이의 눈높이에 맞추어서 옆에 쪼그리고 앉거나 걸상 위에 앉는다. 책을 읽어 주거나 노래를 불러 주거나 하루를 어떻게 보낼 것인지 이야기한다. 소변을 보면 확인을 해 준다("와, 너도 엄마처럼 변기에 소변을 보는구나."). 그리고 아낌없는 칭찬을 해 준다(이 경우 나는 예외로 과다한 칭찬을 하라고 허락한다). "착하다, 우리 아기."가 아니라 "변기에 소변을 잘 보는구나."라는 식으로 행동 자체에 대해 언급한다. 또한 혼자 씻는 법을 가르친다. 대소변을 보지 않으면 변기에서 내려서 새 기저귀를 채우고 아침

> **배변 조절**
>
> 보통 아이들은 다음과 같은 순서로 괄약근을 조절하게 된다.
>
> 1. 밤 시간 대변   2. 낮 시간 대변
> 3. 낮 시간 소변   4. 밤 시간 소변

식사를 준다.

나는 아기변기나 변기 시트 앞에 가리개가 있는 것은 아기의 고추가 걸릴 수 있고 고추를 아래로 내리고 변기 안에 소변을 보도록 하는 법을 가르쳐 줄 수 없기 때문에 선호하지 않는다. 처음에는 엄마가 대신 아기 고추를 잡아 주어야 할 것이다. 좋은 방법은 다리 사이에 고추를 넣고 넓적다리를 오므리게 하는 것이다. 이 시기에는 대변을 본 후에 엄마가 닦아 줄 필요가 있지만 어떻게 하는지 가르쳐 주고 직접 해 보도록 시키자. 여아의 경우는 앞에서 뒤로 닦도록 가르친다.

유동식을 먹으면 20분 후에 변기에 앉힌다. 또한 식사 후나 보통 대변을 보는 시간에 맞추어서 변기에 앉힌다. 또한 목욕을 하다가 욕조 안에서 실례를 할 수도 있으므로 목욕 전에 변기에 앉힌다. 항상 같은 말을 사용해서 아이로 하여금 신체 감각과 화장실을 연결하도록 유도한다. "화장실에 가자. 기저귀를 벗자. 내가 변기에 앉혀 줄게." 하루 몇 번 화장실에 가는 것을 일과에 포함시켜서 익숙해지도록 하자. 대소변 후에 손을 씻는 것도 잊지 않도록 한다.

처음 몇 주일 동안 천천히 그리고 꾸준히 하자. 나는 처음 시작할 때 하루에 한 번씩만 변기에 앉히는 방법에는 반대한다. 생각해 보자. 우리는 아침 식사 전 혹은 목욕하기 전 하루 한 번만 화장실을 사용하는가?

연습의 목적은 배설 욕구를 느끼면 변기를 찾아가서 앉도록 하는 것이다. 1돌 이전에는 괄약근 조절이 완전하지 못할 수 있다(444쪽 상자글 참고). 하지만 미성숙한 괄약근일지라도 아이가 인식할 수 있는 신호를 보낸다. 따라서 변기에 앉혀 그 감각을 느끼고 괄약근 조절을 연습할 기회를 줄 수 있다.

인내심이 필요하다고 말한 것을 기억하자. 한두 주일 사이에 되는 일이 아니다. 하지만 아이가 변기에 익숙해지면 어느새 대소변 훈련을 재미있게 생각해서 엄마가 말하지 않아도 먼저 화장실에 가겠다고 할 것이다. 셸리는 최근에 1돌이 된 타이런의 대소변 훈련을 시작했는데, 몇 주일 후에 내게 전화를 해서 하소연을 했다. "우리 아이가 끊임없이 변기에 앉겠다고 하고, 한 번 앉으면 일어나지 않습니다. 솔직히 질렸습니다. 물론 화를 낼 수는 없지만, 타이런이 그렇게 변기에 앉아 있는 것은 시간 낭비입니다."

나는 셸리에게 아무리 화가 나거나 지루해도 계속해야 한다고 말했다. "처음에는 시행착오를 하겠지만 아이가 자기 몸을 자각할 수 있도록 도와야 합니다. 지금 그만두면 안 됩니다." 이런 경우는 매우 흔하다. 무엇보다 아기에게 변기는 매우 흥미진진한 경험이다. 변기 안에는 물이 들어 있고 손잡이를 누르면 물이 소용돌이를 일으키며 내려간다. 신기하다! 화장실에 앉아서 볼일을 보는 것은 아이에게 별로 중요하지 않다. 하지만 그러다가 결국은 볼일을 볼 것이다. 아이가 성공을 하면 복권에 당첨된 것처럼 기뻐하자. 엄마가 함께 기뻐하는 것이야말로 아이가 필요로 하는 것이다. 엄마가 응원을 열심히 하면 아이는 더 잘하고 싶어 한다.

1주일 동안 낮에 실수를 하지 않고 대소변을 가리면 기저귀를 떼고 속옷을 입힌다. 나는 팬티형 기저귀 역시 아이가 젖은 것을 느끼지 못하기 때문에 사용하지 않는다. 밤에도 대소변을 가리려면 보통 몇 주일이나 몇 달이 더 걸린다. 그리고 밤에 대소변을 가리기 시작해도 2주일 정도는 더 기저귀를 채우는 것이 안전하다.

초반에 기회를 놓쳤다면 어떻게 하나?

어떤 엄마는 아직도 미심쩍어 하고 있을지도 모른다. 9개월에서 1년은 대소변 훈련을 하기에 너무 어리다고 느낄 수 있다. 11개월이 된 해리는 "쉬."를 말하고 또한 기저귀에 응가를 하기 싫어하는 듯이 보였다. 그런데 내가 곧바로 훈련을 시작하라고 말하자 엄마는 거부감을 나타냈다. "이렇게 어린 아이에게 어떻게 훈련을 시킬 수 있죠?" 그녀는 해리가 적어도 18개월이나 2년이 될 때까지 기다리겠다고 했다. 그것은 그녀의 선택이고 여러분도 그렇게 할 수 있다. 단, 계획을 약간 달리해야 할 것이다. 2년이 넘도록 기다린다는 것은 대소변 훈련과 함께 유아기의 행동 문제를 감당해야 한다는 것을 의미한다.

그때가 되면 좀더 일찍 시작할 것을 그랬다고 후회할지도 모른다 (459쪽 세이디 이야기 참고). 당연히 아이의 나이에 따라 조금씩 다른 전략이 필요하다. 아이가 알아서 할 때까지 두 손 놓고 기다릴 수는 없다. 다음은 15개월이 지나서 대소변 훈련을 시작할 때를 위한 제안이다. 이 장의 마지막 부분에서는 대소변과 관련해서 어떤 문제들이 있는지 알아보겠다.

아직은 말을 잘 듣는 시기 16개월에서 23개월까지

이 시기는 내가 두 번째로 대소변 훈련을 시작하기에 적절하다고 생각하는데, 그 이유는 아이들이 아직 고분고분하기 때문이다. 대체로 앞서와 같은 방식으로(442~446쪽 참고) 진행을 하면 되는데, 이제 아이가 말을 잘 알아듣기 때문에 의사소통이 좀더 수월할 것이다. 또한 방광이 커져서 소변 보는 횟수가 예전보다 줄어들고 괄약근 조절도 좀더 잘한다. 요령은 언제 어떻게 그러한 조절을 행사해야 하는지 알게 만드는 것이다.

벌거벗겨 놓고 훈련하기?

많은 책과 전문가들은 대소변 훈련을 여름에 시작하라고 제안한다. 여름에는 아이를 벌거벗겨 놓거나 적어도 아랫도리를 입히지 않아도 되기 때문이다. 나는 동의하지 않는다. 그것은 아이가 음식을 혼자 먹지 못한다고 식사 때마다 벌거벗기는 것과 같다. 우리는 아이들에게 현실에서 문화인답게 행동하는 법을 가르쳐야 한다. 단, 목욕하기 전에는 예외다.

준비물

442쪽에서 설명한 아이용 변기 시트를 준비한다. 한 번에 5분 이상 변기에 앉아 있지 않도록 한다. 화장실에서 읽을 수 있는 대소변 훈련에 대한 책이나 아이가 좋아하는 책을 몇 권 준비해도 좋다. 아이를 쇼핑에 데리고 가서 팬티를 고르게 하자. 엄마 아빠가 입는 것과 같은 것이라고 강조하자. 실수를 할 것이므로 적어도 8벌은 사야 한다.

준비하기

만일 아이가 응가나 쉬를 하기 전에 어떤 모습인지 아직 모른다면 이제부터 관찰을 해 보자. 어떤 아이들은 좀더 분명한 신호를 보낸다. 배설 전에 아이가 어떤 모습인지 공책에 적어 두자. 또한 대소변 훈련을 시작하기 전에는 기저귀를 좀더 자주 갈아 주어서 '젖은 느낌'에 좀더 민감해지게 만든다. 이 시기에는 유동식을 먹고 나서 보통 40분 후에 소변을 본다. 대소변 훈련을 시작하기 1주일 전부터 40분마다 젖었는지 확인하고 갈아 준다.

또한 기저귀를 갈아 주는 시간을 이용해서 대소변에 대해 이야기하며 그 절차를 분명하게 알게 한다("응가를 했구나."). 아이가 기저귀를 잡아당기면 "쉬를 했나 보구나. 기저귀를 갈자."라고 말한다. 특히 화장실 사용법을 보여 주는 것이 중요하다("화장실에 와서 아빠가 어떻게 쉬를 하는지 볼래?"). 화장실 사용에 대한 책을 읽어 주거나 비디오를 보여 준다. 나는 또한 기저귀에 싼 응가를 어디에 버리는지 화장실에 데려가서 보여 주라고 제안한다.

어떤 전문가들은 인형을 변기에 앉히라고 한다. 하지만 나에게는 인형을 변기에 올려놓는 것은 별 의미가 없는 것처럼 보인다. 만일 그 방법이 효과가 있다면 좋지만 이 시기의 아이들은 아직 상징적인 의미를 이해하지 못할 수 있다. 아이들은 이야기를 듣고 직접 사람이 하는 것을 보면서 배운다. 그리고 엄마와 아빠가 하는 대로 따라 하고 싶어 한다. 화장실 사용법을 가르치려면 직접 부모가 어떻게 하는지 보여 주는 방법이 가장 효과적이다.

계획안

앞에서 설명했듯이, 아이가 아침에 일어나면 곧바로 변기에 앉힌다. 그리고 기저귀가 아닌 속바지나 배변 훈련용 면 팬티를 입힌다. 실수를 했을 때 젖은 것을 아는 것이 중요하다. 그래서 앞서 말했듯이 나는 팬티형 기저귀는 좋아하지 않는다. 식사나 간식과 음료를 먹고 나서 30분 후에 변기에 앉힌다. 다시 말하지만, "싫어요."라는 대답을 듣고 싶지 않다면 "화장실에 갈래?"라고 묻지 말자. 또 이 시기의 아이들은 놀이를 매우 진지하게 생각한다는 점에 유의하자. 아이가 블록 쌓기에 열중하고 있을 때는 중간에 방해를 하지 말고 끝날 때까지 기다리자.

변기에 5분 이상 앉혀 놓지 않는다. 옆에서 책을 읽어 주거나 노래를 불러 주는 것으로 관심을 다른 곳으로 돌리자. 강요하지 말자(단, 물을 내리는 것으로 요의를 느끼게 할 수 있다!). 아이는 이제 좋아하고

> **시피컵 사용과 대소변 훈련**
>
> 요즘에는 아이들이 내용물이 흘러나오지 않는 시피컵을 들고 다니면서 마실 수 있기 때문에 목이 마르냐고 계속 묻지 않아도 된다. 시피컵에 물이나 주스를 담아 줘도 된다. 단, 대소변 훈련을 할 때는 예외다. 들어간 것은 나오게 되어 있다! 일정한 시간(식사 후 또는 간식으로 2시간 간격으로)에 음료를 주고 마시게 하면 적어도 마신 것이 언제쯤 나올지 예측할 수 있다.

싫어하는 것을 분명히 표현할 수 있고, 특히 2돌이 되어서 시작한다면 저항을 할지도 모른다. 성공을 했을 때 칭찬을 아낌없이 해 주면 훈련에 가속도가 붙을 것이다. 만일 아이가 저항하면 아직 준비가 되지 않은 것이다. 2주일 정도 기다렸다가 다시 시도하자.

실수를 했을 때는 가볍게 넘어가자. "괜찮아. 다음번에 잘하자."라고 격려한다. 변기에 응가한 것을 넣고 물을 내리는 것을 보여 주자. 2돌이 안 된 아이들은 보통 '고약한 냄새가 난다' 또는 '더럽다'는 생각을 하지 못한다. 어른들의 부정적인 반응이 아이로 하여금 수치심을 느끼게 만든다.

힘 겨루기 피하기 2년에서 3년 이후까지

준비와 계획은 기본적으로 같지만 2돌이 지나면 종종 대소변 훈련에서 힘 겨루기를 해야 한다. 아이가 점점 더 독립적이 되고 스스로 할 수 있는 일이 많아지면서 부모 말을 듣지 않기 때문이다. 이제 개성이 뚜렷해지고 좋아하고 싫어하는 것이 분명해진다. 어떤 아이들은 기저귀에 변을 보면 참지 못하고 갈아 달라고 요구한다. 분명 훈련을 시키기가 좀더 쉽다. 아이가 협조적이고 말을 잘 들으면 대소변 훈련도 무난히 진행된다. 하지만 만일 계속 힘 겨루기를 한다면 동기 유발 장치를 만들어서 관심을 돌리자.

어떤 부모들은 대소변 훈련 표를 만들어서 성공할 때마다 금별 스티커를 붙여 준다. 아니면 평소에 주지 않는 초콜릿이나 작은 사탕을 상으로 준다. 단지 변기에 앉는 것에 대해 상을 주는 것은 효과가 없다. 변을 보았을 때만 상을 주자. 상을 주는 방법이 아니더라도 각자 자신의 아이에 대해 알고, 가장 효과적인 방법을 사용하면 된다. 어떤 아이는 상 받는 것에 별 관심이 없을 수도 있다.

꾸준히 일관성 있게 한다면 결국 성공할 것이다. E.E.A.S.Y.에 따라 매일의 일과에 화장실에 가는 시간을 포함시킨다. "이제 점심을 먹고 음료수도 마셨으니까 쉬를 하고 손을 씻자." 말을 좀더 잘 알아들으므로 일단 아이가 변의를 인식하게 되면, "참았다가 화장실에 가서 볼일을 보아야 한다."고 가르친다.

종종 부모들은 "아이가 대소변 훈련 준비가 되었는지 어떻게 아나요?"라고 묻는다. 다음 이메일도 같은 질문을 하고 있다.

♥ 2돌이 된 우리 아이는 화장실에 데리고 가려면 한바탕 전쟁을 치러야 합니다. 어떤 친구들은 아직 준비가 되지 않았다고 말하지만 내 생각에는 방금 유아기가 시작되어서 그런 것 같습니다. 포기해야 할까요? 그렇다면 언제 다시 시작해야 할까요?

대부분의 아이들은 2돌이 되면 대소변 훈련 준비가 되지만 반항심이 생기는 시기이기도 하다. 하지만 넘을 수 없는 벽은 아니다. 부모들이 하는 가장 큰 실수는 중단했다가 시작하고 중단했다가 시작하고 하는 것이다. 이런 태도는 언제나 바람직하지 않으며, 특히 아이가 2돌이 넘으면 더 힘들어진다. 아이는 이제 무슨 일이 일어나고 있는지 알고 대소변 훈련을 이용해서 꾀를 부릴 수 있다.

대소변 훈련을 놓고 실랑이를 하지 말자. 하지만 만일 아이가 저항을 한다면 하루 이틀 정도만 중단을 한다. 하루가 중요하다. 만일 1~2주일을 더 기다린다면 저항이 더 심해질 수 있다. 꾸준히 시도하자. 강요하지도 포기하지도 말자. 여러 가지 보상을 이용해서 대소변 훈련을 즐거운 경험이 되도록 하자. 단, 변기에 앉았다가 일어나는 것만으로는 칭찬을 하거나 상을 주지는 말자. 30분 후에 다시 시도한다. 만일 그 사이에 실수를 하더라도 가볍게 넘어간다. 또 깨끗한 속옷을 준비해 두고 스스로 갈아입도록 한다. 소변을 누는 데 실수를 하면 갈아입으면 된다. 만일 대변을 누는 데 실수를 하면 욕조에 데리고 가서 스스로 옷을 벗고 씻으라고 한다. 이것은 벌을 주는 것이 아니라 결과를 알게 하는 방법이다. 큰일이 난 것처럼 반응하지 말자. 옆에서 도와주고 스스로 씻도록 시킨다. 야단을 치거나 창피를 주지 말자. 단지 책임을 분담할 필요가 있다는 것을 보여 주기만 하면 된다.

참고로 실수가 의도적이었는지 아닌지 알아보자. 만일 대소변을 이용해서 관심을 얻으려는 것이라면 다른 방식으로 긍정적인 관심을 보여 주어야 한다. 예를 들어, 아이와 단둘이 보내는 시간을 좀더 갖는다. 빨래를 갤 때 아이에게 양말의 짝을 맞추도록 하는 것처럼 특별히 할 일을 준다. 정원 한 귀퉁이나 화분에 꽃을 가꾸도록 한다. 아이가 키우는 화초가 자라는 것을 보면서 말해 주자. "꽃이 너처럼 무럭무럭 자라고 있구나."

부모 자신의 기질과 반응도 주의해야 한다. 특히 엄마가 감정적이 되면 아이가 감지를 하고 힘 겨루기를 할 수 있다.

아이가 발버둥을 치고 물고 악을 쓰고 등을 휘고 떼를 쓰는 등의 저항에 대비하자. 선택 조건을 제시하자. "화장실에 내가 먼저 갈까? 아니면 네가 먼저 가겠니?" 또는 "여기 앉아 있는 동안 내가 책을 읽어 줄까, 아니면 네가 직접 보겠니?" 다시 말해 대소변을 유도하는 선택이어야 한다. "TV를 30분 보고 나서 화장실에 갈까?"라는 식의 질문을 하면 안 된다.

밤에도 같은 규칙을 사용한다. 아기가 2주일 동안 밤에 기저귀에 대소변을 하지 않았다면 속옷이나 잠옷 아랫도리를 입힌다. 취침 전에는 물이나 다른 유동식을 제한한다. 이 시기에는 아직 밤에 실수를 하지만 일단 낮에 대소변을 가리게 되면 조만간 밤에도 가릴 것이다. (부모들이 밤 시간에 대해서 질문을 많이 하지 않는 것에서도 미루어 짐작할 수 있다.)

내가 상담한 사례들은 대부분 대소변 훈련을 너무 늦게 시작한 것이 원인이었다(아래의 '대소변에 관련된 문제점' 참고). 만일 4돌(이때가 되면 95퍼센트의 아이들이 대소변을 가린다)이 되도록 대소변을 가리지 못한다면 소아과 의사나 소아 비뇨기과 의사를 찾아 신체적인 문제가 없는지 알아보자.

대소변에 관련된 문제점

다음은 나의 웹사이트와 고객 파일에서 찾은 몇 건의 실례들이다. 나는 항상 부모들에게 가장 먼저 두 가지 질문을 한다. "언제 대소변 훈련을 시작했는가?" 그리고 "꾸준히 했는가?" 나는 대소변 문제가 적어도 일부는 사후 관리를 잘못해서 일어난다고 생각한다. 시작했다가 아이가 저항을 하면 중단했다가 다시 시작하는 식으로 계속하다 보면 어느새 힘 겨루기가 된다. 다음 사례에서 그러한 문제점들을 볼 수 있다.

"22개월이 되었지만 아직 준비가 되지 않은 것 같다."
♥ 우리 아이는 지금 22개월인데, 지난 주부터 "쉬."라고 말하기 시작했습니다. 하지만 쉬를 할 것인지 이미 했는지 물으면 이렇다 저렇다 대답이 없습니다. 아직 대소변 훈련 준비가 되지 않은 것 같습니다. 기저귀가 대소변으로 가득해도 상관하지 않습니다. 화장실에 아기변기를 갖다 놓았지만 세면대에 올라가는 발판으로만 사용하고 있습니다. 우리 아이가 '쉬'의 의미를 알고 말하는 것인지 모르겠습니다. 그래도 "쉬."라고 말할 때 변기에 앉혀야 할까요? 우리는 "화장실에 간다."고 말하고 화장실 사용법을 보여 주고 있습니다. 어느 정도 기초 작업을 하고 있는 중

입니다. 팬티용 기저귀를 입히는 것은 언제가 좋을까요? 아직은 일반 기저귀를 사용하고 있습니다. 대소변을 가리게 되면 팬티형 기저귀를 입힐 생각입니다.

카슨은 모든 것을 알 만한 나이가 되었다. 카슨은 대소변을 깔고 앉아 있는 것을 크게 개의치 않을지 모르지만 배변을 화장실에 가서 해야 한다는 것은 충분히 이해할 수 있을 것이다. 나로서는 "아직 준비가 되지 않은 것 같다."는 말에 동의할 수 없다. 카슨은 분명 '쉬'라는 말의 의미를 알고 있을 것이다. "아이를 변기에 앉혀 본 적이 있는가?"라고 묻고 싶다. 아마 없을 것 같다. 이 엄마는 무엇을 기다리고 있는 것일까? 유동식을 먹고 40분 후에 변기에 앉히는 것부터 시작하자. 또한 세면대에 올라갈 때 사용하는 작은 발판을 따로 마련하자. 안 그러면 변기가 어디에 쓰는 물건인지 어떻게 알겠는가? 나는 아기 변기보다는 일반 변기 위에 유아용 시트를 올리는 것을 선호한다. 카슨은 이미 엄마 아빠가 그 변기를 사용한다는 것을 알고 있으므로 금방 익숙해질 것이다. 이 엄마에게는 대소변 훈련에 많은 인내가 필요하다고 말해 주겠다. 아이가 알아서 하기를 기다리기보다 좀더 적극적으로 연습을 시킬 필요가 있다.

"2돌 반이 될 때까지 1년 동안 시도를 했지만 아직 대소변을 가리지 못한다."
♥ 벳시는 2돌 반이 되었습니다. 18개월경에 대소변 훈련을 시작했죠. 지금은 팬티형 기저귀를 입히고 있습니다. 어떤 날에는 화장실에 가지 않겠다고 울고불고합니다. 어제는 저녁 식사 내내 흠뻑 젖은 기저귀를 차고 앉아서 아무 말도 하지 않았습니다. 어쩌다 기분이 내키면 변기를 사용할 때도 있습니다. 외출을 했을 때는 화장실에 가겠다고 하지만 보통 이미 볼일을 보고 나서 이

야기를 합니다. 어떻게 해야 대소변을 가리게 할 수 있을까요?

18개월이나 1돌이 넘은 후에 대소변 훈련을 시작한 아이가 '기분이 내킬 때만' 변기를 사용한다면, 특히 여자 아이라면(여아가 보통 남아보다는 더 빨리 배운다), 나는 부모가 일관성이 없거나 게으르기 때문이라고 생각한다. 일회용 기저귀가 부모들로 하여금 젖은 기저귀를 채워 두는 것에 대한 죄책감에서 벗어나게 해 주는 탓도 있다. 어쨌든 요즘은 많은 부모들이 대소변 훈련을 시작할 동기를 느끼지 못하거나 기저귀보다 나을 것이 없는 팬티형 기저귀로 바꾼다. 나는 벳시 엄마에게 즉시 아이를 데리고 나가서 속옷을 사 주라고 말하겠다. 젖은 면 팬티를 입고 앉아 있으면 팬티형 기저귀와는 달리 불편함을 느끼고 스스로 갈아입으려고 할 것이다.

하지만 나는 이 경우에 또 다른 문제가 있다고 생각한다. 벳시가 화장실에 가지 않겠다고 떼를 쓴다면 내가 하고 싶은 질문이 있다. "아이에게 화장실에 가겠느냐고 묻는가, 아니면 단지 '화장실에 갈 시간이다.'라고 말하고 데려가는가?" 이 나이의 아이들은 무조건 "화장실에 갈 시간이다."라고 말하는 것이 효과적이다. 필요하면 "갔다 와서 우리 같이 소꿉장난하자."라고 동기 부여를 한다. 또한 이 엄마는 1년 동안 했는데도 안 된다고 좌절하고 있는 것 같다. 아이가 다른 일에서도 떼를 쓰는가? 아마 벳시는 기질적으로 고집이 센 아이일 수 있다. 만일 엄마가 다른 일에서도 떼쓰기를 감당하지 못하면 물론 대소변 훈련도 성공하기 어려울 것이다. 2돌 반이 되면 아이 스스로 배변을 조절하게 해야 한다. 아이가 응가를 했을 때 화를 내거나 나무라는가? 그렇다면 엄마는 심호흡을 하고 자신의 행동을 돌아볼 필요가 있다. 위협은 적절한 학습 도구가 아니다. 이런 경우에는 매번 엄마가 개입을 하는 대신 타이머를 맞추어 두고 벨이 울리면 스스로 변기에 앉도록 하는 방법을 사용할 수 있다.

마지막으로 벳시와 같은 아이의 경우 동기 유발 장치가 필요하다. 무엇으로 아이의 마음을 움직일 수 있을까? 금별 스티커를 주고 여러 개 모이면 특별 외출을 할 수 있다. 아니면 식사 후에 주는 박하사탕 하나로도 효과를 볼 수 있다.

"모든 방법을 시도했지만 3돌 반이 되도록 아직 대소변을 가리지 못한다."

• 우리 아들 루이스는 3돌 반이 되었습니다. 지금까지 생각할 수 있는 방법은 모두 시도해 보았지만 대소변 훈련을 거부합니다. 아이는 언제 어떻게 해야 하는지 알고 있으며 겁을 먹은 것 같지는 않습니다. 때로 자진해서 변기로 가기도 하고 비위를 맞춰 주면 가기도 합니다. 하지만 대개는 거부합니다. 벌을 주기도 해 봤지만 상황이 더 나빠지는 것 같아서 그만두었습니다. 사탕, 스티커, 장난감을 상으로 주기도 했습니다. 칭찬을 해 주고 안아 주기도 했습니다. 하지만 그 어떤 방법도 효과가 며칠 이상 가지 않습니다. 기저귀가 젖어서 불편해 하는 경우는 반 정도인 것 같습니다. 무슨 뾰족한 방법이 없을까요?

루이스의 엄마는 벳시의 엄마와 같은 어려움을 겪고 있으므로(문제가 더 오래 되었지만) 이 경우에도 같은 질문을 하겠다(455쪽 참고). 다만 다른 점은 일관성이 부족하다는 것이다. "모든 방법을 시도했다."(이 경우에는 벌을 주는 것까지 포함해서)는 말에서 보통 한 가지 방법이 효과가 나타날 때까지 꾸준히 계속하지 않았다는 것을 알 수 있다. 아마 루이스가 실수를 하면 다시 규칙을 바꾸는 것 같다.

첫째, 한 가지 방법을 택해서 무슨 일이 있어도 계속해야 한다. 또한 엄마가 관리를 해야 한다. 지금은 아이 마음대로 하고 있다. 그는 엄마가 실망하는 모습을 본다. 엄마가 어떻게 반응하는지—타이르는지 상을 주는지 칭찬하는지—알고 그것을 이용해서 꾀를 부린다.

둘째, 루이스에게 속옷을 입혀야 한다(이메일에서는 이야기하지 않았지만 아마 팬티형 기저귀를 입히고 있는 것 같다). 그 다음에는 벳시의 경우처럼 타이머를 이용한다. 놀고 있는 중간에 화장실에 데리고 가지 않도록 한다. 활동에 방해를 받으면 협조를 하지 않을 것이다. 아이 스스로 옷을 벗고 입을 수 있게 연습을 시키자.

'벌'을 주는 것은 효과가 없을 뿐 아니라 오히려 점점 더 변기를 무서워하고 밤에 오줌을 싸는 것처럼 정말 심각한 문제를 만들 수 있다. 게다가 루이스의 나이 정도가 되면 현실 세계에서 충분히 벌을 받는다. 이 시기에는 대부분의 아이들이 대소변을 가리기 때문에 놀이 친구들에게 놀림을 당할 것이다. 엄마까지 다른 아이들과 비교하면서 수치심을 주지는 말아야 한다.

"대소변을 가리던 아이가 갑자기 변기를 무서워한다."
• 우리 딸 케일러는 2돌이 되기 전에 대소변을 가렸습니다. 몇 주일 동안 낮에 대소변을 가렸습니다. 그런데 갑자기 변기를 무서워하기 시작했습니다. 무슨 일이 있었는지 모르겠습니다. 저는 1주일에 3일 회사에 나가는데, 그동안 훌륭한 유모가 돌보고 있습니다. 이런 경우가 흔히 있나요?

아이가 느끼는 두려움을 존중하고 또한 그 원인을 찾아야 한다. 대소변을 가리던 아이가 갑자기 변기를 무서워할 때는 필시 무슨 일이 일어난 것이다. 최근에 변비에 걸린 적이 있는가? 그렇다면 어느 날 배변이 힘들었을 것이고, 다시 변기에 앉기가 두려울 것이다. 섬유질이 풍부한 음식(옥수수, 완두콩, 현미, 서양자두, 과일)을 먹자. 또한 유동식 섭취를 늘린다. 어떤 종류의 변기를 사용하는가? 만일 변기 위에 얹는 유아용 변기 시트를 사용한다면 그 위에 앉았을 때 제대로 자리를 잡지 못해서 미끄러지거나 흔들렸는지도 모른다. 만일 아기 변기를 사용한다면 기우뚱거릴 수도 있다. 발판을 사용하는가? 발판이 없으면 불안하게 느낄 수 있다.

엄마가 없을 때 케일러를 보살피는 사람에게 대소변 훈련 방법을 설명하고—글로 써 주면 더욱 좋다—정확하게 시범을 보였는가? 만일 낮에 다른 사람이 아이를 보살핀다면 엄마가 어떻게 하고 있는지 자세히 설명하고 그대로 따라 하도록 주의를 주는 것이 필요하다. 아이가 팬티에 실수를 했을 때 어떻게 해야 하는지에 대해서도 알려 주었는가? 또한 그 사람이 대소변 훈련을 할 때 어떤 태도를 보이는지 알아보는 것도 중요하다. 특히 보모가 다른 나라 사람이라면 더욱 그렇다. 어떤 사람들은 아이가 팬티에 응가를 하면 놀리거나 심지어 때리기도 한다. 엄마가 없을 때 상황이 어떤지 정확하게 파악하기 어려울 수도 있지만 모든 가능성을 생각해 보고 경계를 해야 한다.

아이가 느끼는 두려움을 존중하자. 케일러에게 물어보자. "뭐가 무서운지 엄마에게 말할 수 있니?" 일단 그 원인을 알면 기본으로 다시 돌아가야 한다. 변기 사용에 대한 책을 읽어 준다. 화장실에 데리고 가서 선택 조건을 제시한다. "네가 먼저 할래, 내가 먼저 할까?" 변기를 무서워하면 엄마가 먼저 변기 위에 앉고 무릎 위에 아이를 앉힌 다음, 엄마의 다리 사이로 대소변을 보게 한다. 엄마가 인간 변기 역할을 하는 것이다. 하지만 이것을 오래 하지 않아도 될 것이다. 2돌이 된 아이들은 '어린이'가 되고 싶어 하므로 두려움이 사라지면 곧 혼자 앉으려고 할 것이다.

때로 아이들은 공중 화장실을 두려워하므로 집을 나서기 전에 대소변을 보게 한다. 대소변 훈련을 하는 동안은 밖에서 너무 오래 있지 않도록 한다.

"출발은 순조로웠으나 중간에 후퇴를 했다."

• 우리 아들 에릭은 처음에 대소변 훈련을 잘 따라 하는 것 같았지만 새집에 이사를 하고 나서 매번 화장실에 갈 때마다 실랑이를 하기 시작했습니다. 뭐가 잘못된 걸까요?

대소변 훈련을 시작하고 나서 금방 이사를 했는가? 에릭의 엄마는 타이밍을 잘못 맞춘 것 같다. 이사를 하거나 동생이 태어나거나 어떤 변화의 와중에 있을 때—예를 들어, 이가 나오거나 병치레를 한 후에—대소변 훈련을 시작하는 것은 바람직하지 못하다. 가정에 뭔가 새로운 일이 있는가? 부부 싸움을 하거나, 보모가 바뀌거나, 집에서나 놀이 그룹에서 아이를 힘들게 하는 일이 있어도 방해를 받을 수 있다.

원점으로 돌아가서 처음부터 다시 시작하자.

"신호를 놓쳤더니 뒤늦게 전쟁을 치르고 있다."

• 세이디는 17개월과 20개월 사이에 몇 가지 신호를 보였지만 동생이 태어날 예정이어서 뒤로 미루었습니다. 동생이 태어난 후에 세이디는 확실하게 준비가 되었고 몇 번 자진해서 변기에서 볼일을 보기도 했습니다. 하지만 저는 작은아이를 돌보느라 세이디의 대소변 훈련에 집중할 수가 없었습니다. 그래서 지금은 아이가 스스로 하지 않으면 억지로 시키다가 한바탕 전쟁을 치릅니다.

세이디 엄마는 솔직하며 가족에 큰 변화가 있는 시기 전후로 대소변 훈련을 하는 것은 좋은 생각이 아니라는 것을 알고 있다. 하지만 대소변 훈련에 대한 두려움 때문에 다른 방법이 있다는 것을 보지 못하고 있다. 세이디는 17개월 무렵에 신호를 보이기 시작했다. 만일 그 시점에—동생이 태어나기 전에—엄마가 계속했다면 세이디는 대소변을 가리게 되었을지도 모른다. 어쨌든 그렇게 되지 않았다. 세이디는 이제 2돌이 넘었고 특히 갓난아기가 있는 지금 시작하는 것은 좀더 어렵다. 하지만 '억지로 시키다가 한바탕 전쟁을 치르는' 것 외에도 다른 해결책이 있다.

세이디는 분명 배울 준비가 되었고 엄마와 말도 통하므로 다음과 같은 계획을 세워서 해 보라고 제안하겠다. 1주일 동안 세이디의 배변 습관을 관찰하면서 화장실 사용에 대해 이야기한다. 화장실에 함께 가서 변기 사용법을 보여 준다. 또한 세이디를 데리고 나가서 속옷을 산다. 동생 기저귀를 갈면서 지나가는 소리로 이야기하자. "세이디는 엄마처럼 화장실에 갈 수 있으니까 이제 더 이상 기저귀가 필요하지 않다. 아기 기저귀를 갈아 주고 나서 우리는 화장실에 가자." 또한 세이디가 대소변을 볼 만한 시간에 맞추어 함께 화장실에 가서 선택 조건을 제시한다면("네가 먼저 할래, 아니면 엄마가 먼저 할까?") 힘 겨루기가 훨씬 줄어들 것이다.

"변기에 앉아서 시늉만 하고 기저귀에 볼일을 본다."
♥ 에이미는 변기에 앉아서 볼일을 보는 시늉만 합니다. 속옷을 입혀 놓아도 때가 되면 기저귀를 채워 달라고 해서 볼일을 봅니다. 소아과 의사는 에이미가 기저귀를 채워 줄 때까지 기다리는 것을 보면 분명 대소변을 가릴 수 있다고 말합니다. 하지만 억지로 변기에 앉히지는 말라고 했습니다. 강요를 할수록 자기 방식대로 할 것이라고 하더군요. 지금 7살인 큰아이는 매우 쉽게 대소변을 가렸습니다. 에이미는 저처럼 고집이 세서 그런가 봅니다.

위의 게시글에 답글을 올린 어떤 엄마는 기저귀에 구멍을 뚫어서 변기에 앉히라고 제안했다. 그렇게 해서 도움이 될 수도 있겠지만,

내가 보기에 에이미는 3돌이나 되었고 똑똑하고 독립적인 아이다. "나처럼 고집이 세다."는 엄마의 말에서 대소변 문제가 두 사람 사이에 벌어지는 유일한 전쟁이 아니라는 것을 알 수 있다. 다른 일에서도 힘 겨루기를 하고 있는가? 그렇다면 에이미는 자기 나름대로 꾀를 부리는 새로운 방법을 찾은 것이다. 나는 집에 있는 기저귀를 모두 치워 버리라고 제안하겠다. 에이미가 기저귀를 달라고 하면, "이제 기저귀는 없다. 하나도 안 남았어. 대신 화장실에 가자."라고 말한다. 아이가 2돌이라면 억지로 강요하지 말라는 의사의 말이 일리가 있지만 3돌이라면 더 이상 기다릴 수 없다. 어떤 아이들은 약간 등을 떠밀어 주는 것이 필요한데, 에이미가 아마 그런 아이일 것 같다.

"소방 호스처럼 소변을 뿌린다."

안 봐도 뻔하다! 남자 아이들의 대소변 훈련은 종종 '차라리 안 하느니만 못한' 결과를 낳는다. 앉아서 소변을 보도록 해도 반드시 문제가 해결되지는 않는다. 일단 고추를 사용해서 사격 연습을 하는 재미를 붙이면 말리기 어렵다. 어느 아빠는 이런 점을 이용해서 아들의 대소변 훈련의 속도를 높였다. 변기 안에 시리얼을 넣고 맞추게 했고 만일 빗나가서 밖으로 흘리면 청소를 시켰다. 어떤 엄마는 유아용 변기나 변기 시트를 사용하지 않고 일반 변기 위에 돌아앉아서 볼일을 보도록 하는 방법으로 훈련을 했다.

"딸아이가 서서 쉬를 하겠다고 한다."

아빠나 오빠가 하는 것을 보고 그럴 수 있다. 남자와 여자가 어떤 식으로 소변을 다르게 보는지 가르치고 엄마가 직접 보여 준다. 그래도 떼를 쓰면 소변을 보다가 변기 밖으로 흘리면 청소를 해야 한다고 경고한다. 한 번 해 보면 다리에 소변이 흘러내리는 것이 싫어서 그만둘 것이다.

"변기에 한번 앉으면 일어나지 않는다."

♥ 우리 딸은 18개월이 되었을 때 대소변 훈련에 큰 관심을 보여서 시작을 했습니다. 그런데 때는 겨울이고, 아이가 잔병치레를 하고, 동생이 태어나고 하면서 몇 차례 시작을 했다가 그만두곤 했습니다. 이제 23개월이 되었고 다시 시작해 보려고 합니다. 지금 생각하면 처음에 몇 가지 중대한 실수를 했습니다. 중간에 그만두기도 하고, 변기에 앉아서 1시간씩 책을 읽게 내버려 두기도 했죠. 다른 아이들도 3분이 지나도록 변기에서 일어나지 않으려고 하나요? 이번에 다시 시작한다면 좀더 준비를 잘 하고 싶습니다. 전에는 변기에 한번 앉으면 일어나지 않으려고 했고 실랑이를 하고 싶지 않아서 내버려 두곤 했습니다. 아이 스스로 일어나게 하는 방법이 있으면 가르쳐 주세요.

아이가 23개월이라면 우선 타이머를 사용할 것을 권한다. 변기에 앉히면서 "벨이 울리면 쉬나 응가를 했는지 확인하자."고 말한다. 만일 변기 안에 아무것도 없으면, "나중에 다시 하자."라고 말하고 일어나게 하자. 하지만 더 큰 문제가 있다. 이 엄마는 대소변 훈련에서 실랑이를 피하려고 아이가 하자는 대로 내버려 두고 있다. 틀림없이 다른 부분에서도 양보를 하고 있을 것이다.

대소변 훈련에 대한 결론

어느 엄마는 소아과 의사에게 아이가 3돌이 되어도 대소변을 가리지 못한다고 걱정을 했더니, 그 의사가 "아직 기저귀를 차고 다니는 어른을 보셨나요?"라고 해서 다소 안심이 되더라는 이야기를 했다. 물론 아이들은 언젠가는 대소변을 가린다. 아이가 충분히 준비가 되고 부모가 모든 일을 제쳐 두고 집중해서 가르치면 며칠 만에 배울 수도 있다. 반면 1년 이상이 걸릴 수도 있다. 만일 1,000명의 육아 전문가가 있다면(물론 더 많이 있지만), 아마 대소변 훈련에 대해 1,000가지 이야기를 할 것이다. 몇 개월만 지나면 대소변 훈련을 시작하라는 사람도 있고 아이가 스스로 알아서 할 때까지 기다리라는 사람도 있다. 이런저런 이야기를 들어 보고 각자 자신의 아기와 생활 방식에 맞는 조건을 선택하면 된다. 다른 부모들에게 어떤 방법이 좋을지 들어 보자. 그리고 어떤 방법을 선택하든지 느긋하게 생각하고 웃음을 잃지 말자. 불안해 할수록 실패할 확률이 높아진다. 이 장의 결론은 전방을 지키는 전사들(대소변을 훈련하는 중에 있거나 대소변 훈련을 완수한 엄마들)이 내 웹사이트의 게시판에 올린 주옥 같은 지혜를 소개하는 것으로 대신하겠다.

- 변기 사용에 대해 끊임없이 잔소리를 하지 말라. 우리 부부는 절대 강요하지 않았고 잘했을 때는 많은 칭찬과 격려를 해 주었다.
- 대소변 훈련에 관한 책을 보면 요령을 배울 수 있다.
- 동생이 태어나거나, 탁아소에 맡기거나, 새 친구를 사귀거나, 주말 여행을 갈 때처럼 어떤 변화가 있을 때는 시작하지 말자. 그런 일들로 대소변 훈련이 흐지부지되면 한참씩 후퇴를 하게 된다.
- 옷을 벗겨 놓을 수도 있지만 아이가 실수를 했을 때 창피해 하는 것 같다.
- 아이가 독립된 인격체임을 기억하자. 스스로 알아서 하는 것처

럼(엄마가 뒤에서 통제를 하고 있지만) 느끼도록 해 주면 좀더 긍정적인 결과를 얻을 수 있다.

• 아이가 뭔가를 배우고 있는 것처럼 엄마 역시 아이를 가르치는 법을 배우는 중이라는 것을 기억하자. 중간에 몇 번 실수를 하더라도 너무 자책은 하지 말자.

• 현실은 책에서 읽은 것처럼 쉽지 않다. 임신이나 출산이나 모유 수유 등 쉬운 일이 있었는가?

• 정해진 시간 내에 끝내려고 하지 말자. 아이는 걸음마를 배울 때도 많은 실수를 했고 대소변 훈련도 마찬가지다.

• 대소변 훈련을 하고 있다고 사람들에게 말하지 말라. 안 그러면 그들이 매일 야단을 치거나 '조언'을 하겠다고 괴롭힐 것이다. 완전히 끝난 다음에 발표를 하자. 단, www.babywhisperer.com과 같이 성공과 실패의 경험을 공유할 수 있는 훌륭한 커뮤니티에 참여하면 많은 응원과 유익한 도움을 받을 수 있을 것이다.

10장

할 만하다 싶으면
모든 것이 변한다!

12가지 핵심 질문과 해결 원칙

불가피한 육아 법칙

나는 공저자와 함께 이 책의 목차에 대해 상의하면서 우선 핵심 주제들(일과를 수립하는 것, 자고 먹는 것, 행동 문제)을 모두 다루고 나서 마무리는 어떻게 할 것인지 생각했다. 이 책은 문제 해결법에 관한 것이지만 부모들이 마주치는 모든 문제들에 대해 어떻게 요점 정리를 할 것인가?

그러던 어느 날 제니퍼가 4개월이 된 아들 헨리 때문에 상담을 하러 왔다. 헨리는 E.A.S.Y. 일과에 수월하게 적응한 밝은 성격을 가진 천사 아기였고 밤에 5~6시간을 깨지 않고 잤다. 그런데 갑자기 새벽 4시에 일어나기 시작했다. 나는 일단 아기가 배가 고프지 않도록 조치를 취한 후에 깨워서 재우기 방법(245쪽 상자글 참고)을 해 보라고 제안했다. 제니퍼는 내 제안에 대해 미심쩍어 하면서 돌아갔다. 그녀는 며칠 후 밤에 우연히 헨리가 습관적으로 깨는 시간보다 1시간 전인 새벽 3시에 개가 짖는 소리에 잠에서 깼다. 그리고 어차피 그 시간에 잠에서 깬 김에 내가 가르쳐 준 방법을 해 보기로 했다. 제니퍼는 헨리를 깨웠다가 다시 재우는 방법으로 새벽 4시에 깨는 수면 주기를 깨트렸다. 그러자 헨리는 곧바로 예전의 수면 습관으로 돌아갔다. 내가 이 이야기를 하는 이유는 다른 데 있다. 우리가 마지막 장을 어떻게 쓸지 고심하고 있다는 것을 알고 그녀가 말했다. "'할 만하다 싶으면 모든 것이 변한다.'라는 주제는 어떨까요?"

멋진 생각이었다! 그녀는 직접적인 체험을 통해 육아의 불가피한 본질을 통찰하고 있었다. 즉, 그 무엇도 오래 지속되지 않는다는 것이다. 무엇보다 육아는 요구 조건뿐 아니라 '결과'가 계속해서 바뀌는, 지구상에서 유일한 일이다. 현명하고 유능한 엄마 아빠는 아이의 발달에 대해 이해하고 가장 효과적인 육아 방법을 사용하겠지만, 그렇다고 해도 언제나 순항을 하는 것은 아니다. 모든 부모가 가끔씩 당황하는 일이 벌어진다.

우리는 부모들에게 이메일을 보내 어떤 상황에서 도움이 필요한지 물어보았다. 그리고 에리카에게서 다음과 같은 답장을 받았을 때 우리가 방향을 제대로 잡았다는 확신이 들었다.

- 수월하게 잠이 드는 법을 배웠는가 싶었는데, 이번에는 계속 보채고 울면 부모가 옆에 있어 준다는 것을 알아낸다.
- 아무것이나 잘 먹고 야채를 좋아하게 되었나 싶었는데, 이제는 과자에 맛이 들고 자신이 좋아하는 것을 표현할 수 있다는 것을 알게 된다.
- 컵으로 흘리지 않고 먹는 법을 배웠는가 싶었는데, 뱉어 내는 재미를 발견한다.
- 색칠하는 것을 좋아하는가 싶었는데, 종이에만 색칠을 할 수 있는 것은 아니라는 것을 알게 된다. 벽이며 바닥이며 탁자가 화판이 된다.
- 책 읽기를 좋아하는가 싶었는데, DVD와 만화에 빠진다.
- 말을 알아듣기 시작했나 싶었는데, 거부하는 재미를 발견한다.

위의 목록 외에도 얼마든지 추가할 수 있다. 사실 아이를 키우는 과정은 '돌발 상황'의 연속이다. 이것은 불가피한 현실이다. 아이의 성장 발달은 기복이 심하다. 부모들에게는 하루하루가 높은 산을 걸어 오르는 여행과 같다. 가파른 경사를 올라갈 때는 많은 힘이 필요하다. 고원에 도달해서 평탄하게 걷다 보면 또다시 훨씬 더 가파른 비탈이 나타난다. 정상에 오르고 싶으면 계속 가는 수밖에는 다른 도리가 없다.

이 마지막 장에서는 매일의 육아 여행과 어디선가 불쑥 솟아오르는 것처럼 보이는 험난한 지형에 대해 살펴보기로 한다. 아무리 훌륭한 부모라고 해도 비틀거릴 때가 있다. 나는 각 가정마다 무슨 일이 언제 일어날지 예측할 수는 없지만, 적어도 어떤 일이 일어나고 있는지 판단할 수 있는 몇 가지 지침을 제시하고자 한다. 그리고 부모들이 흔히 부딪치는 '돌발 상황'에서 그러한 지침을 어떻게 적용할 것인지 설명하겠다. 일부는 다른 곳에서 다루지 않은 주제들이다. 또 일부는 앞에서 자세히 다루었던 자고 먹고 행동하는 것과 관련이 있다. 이 책을 지금까지 계속 읽었다면 이미 알고 있는 내용도 있을 것이다. 하지만 여기서는 그러한 문제점들의 복합적인 특성을 좀더 큰 그림으로 보는 것에 초점을 맞추겠다.

12가지 핵심 질문

서문에서 설명했듯이 지난 몇 년 사이에 나는 '베이비 위스퍼러'에서 '해결사'로 역할 전환을 했다. 나는 모든 부모들이 해결사가 될 능력을 갖추고 있다고 믿는다. 단지 약간의 지침이 필요할 뿐이다. 문제를 해결하기 위해서는 우리 자신에게 적절한 질문을 해서 문제점의 근본적인 원인을 알아내고 상황을 변화시키는 계획을 세우거나 새로운 상황에 적응해야 한다.

부모들은 종종 아이들의 어떤 행동을 "뜬금없다."고 말한다. 하지만 무슨 일이든지 항상 원인이 있기 마련이다. 밤에 자다가 깨거나, 식습관에 변화가 생겼거나, 시무룩하거나, 다른 아이들과 어울리지 않거나, 아이가 새로운 행동이나 태도를 보이는 데는 모두 원인이 있기 마련이다.

하지만 부모들은 그러한 돌발 상황에 실망하고 당황하는 경향이 있다. 그래서 나는 부모들이 한 발짝 뒤로 물러서서 무슨 일이 일어나고 있는지 분석하는 방법으로 12가지 핵심 질문을 고안했다. 이 책에서 나는 지금까지 어떤 식으로 특별한 문제점을 해결하는지 보여주고 여러분도 나처럼 생각하는 훈련을 할 수 있도록 많은 질문들을 제시했다. 하지만 여기서는 아이들이 갑자기 '돌발 행동'을 하는 원인을 알아내기 위해 질문을 12가지로 정리했다. 대부분의 문제점을 보면, 아이의 성장 발달, 부모가 하고 있는 (또는 하고 있지 않는) 무

12가지 핵심 질문

1. 아이가 앉거나 걷거나 말하는 등의 새로운 능력을 배우고 있거나, 어떤 새로운 행동의 원인이 되는 성장 단계를 통과하고 있는가?
2. 이 새로운 행동이 아이의 성격과 부합하는가? 그렇다면 또 어떤 다른 요인(발달, 환경, 부모)이 발단이 되어서 그 행동을 부추겼는지 정확히 지적할 수 있는가?
3. 일과가 바뀌었는가?
4. 먹는 음식이 바뀌었는가?
5. 새로운 활동을 하고 있는가? 그렇다면 그 활동이 아이의 기질과 나이에 적절한가?
6. 수면 패턴(낮이나 밤)이 바뀌었는가?
7. 평소에 안 하던 외출이나 여행이나 가족 휴가를 하고 돌아왔는가?
8. 젖니가 나오고 있거나, 어떤 사건(작은 사고라도)이나 병이나 수술에서 회복하는 중인가?
9. 부모 또는 아이와 가까운 어떤 어른이 아프거나 평소보다 바쁘거나 감정적으로 힘든 시간을 보내고 있는가?
10. 부부 싸움을 했거나, 보모가 바뀌었거나, 동생이 태어날 예정이거나, 이직이나 이사를 했거나, 가족의 병이나 죽음과 같은 아이에게 영향을 줄 수 있는 어떤 일이 있었는가?
11. 아이의 어떤 행동에 계속 양보를 함으로써 본의 아니게 그 행동을 점점 더 강화했는가?
12. 최근에 어떤 육아 방법이 '효과가 없다.'고 생각해서 새로운 방법으로 바꾸었는가?

엇, 그리고 일과의 변화나 가정 환경 같은 몇 가지 요인들이 동시에 작용한다. 때로는 어떤 일이 일어나고 있는지, 무엇을 먼저 해결해야 하는지 알기가 쉽지 않을 수 있다. 하지만 12가지 핵심 질문에 대답을 해 보면, 어떤 것은 문제점과 무관하게 보인다고 해도, 좀더 나은 해결사가 될 수 있을 것이다.

12가지 질문들을 복사해서 답을 써 보자. 미리 주의를 줄 것이 있다. 어떤 질문은 부모의 책임에 관한 것이므로 답을 쓰면서 죄책감을 느낄 수 있다. 내 의도는 엄마들이 "이런, 우리 아이가 집안을 휘젓고 다니게 만든 장본인은 바로 나였구나."라고 인정하게 만들려는 것이 아니다. 앞에서도 말했듯이 죄책감은 누구에게도 도움이 되지 않는다. 반성하고 자책하는 대신 원인을 알고 상황을 변화시키는 일에 마음과 에너지를 투자해야 한다. 어떤 문제든지 원인을 알면 기본으로 돌아가서 해결을 할 수 있다. 이제 12가지 질문들을 좀더 자세히 들여다보고, 실제 사례들을 통해 여러 가지 돌발 상황을 해결하는 실마리를 찾아보기로 하자.

성장 발달의 여파

첫 번째 질문은 성장 발달 변화에 관한 것이다.

1. 아이가 앉거나 걷거나 말하는 등의 새로운 능력을 배우고 있거나, 어떤 새로운 행동의 원인이 되는 성장 단계를 통과하고 있는가?

아이들의 성장 발달로 일어나는 변화는 불가피한 것이다. 어느 부모도 피해 갈 수 없고 막으려고 해서도 안 된다. 그런데 정말 황당한 일은 아이들이 종종 하루아침에 바뀐다는 것이다. 우리 집 작은딸 소피는 어느 날 밤 천사처럼 잠이 들었는데, 다음 날 아침에 깨어나서 악마가 되었다. 우리는 누군가 진짜 소피를 데려가고 가짜를 두고 갔다고 생각했다. 갑자기 고집불통이 되고 자기 주장을 하고 독립적이 되었다. 물론 우리 딸만 그런 것이 아니다. 나는 많은 부모들에게서 어느 날 밤 식구들이 모두 잠들어 있는 사이에 외계인이 몰래 들어와서 아이를 작은 괴물로 바꿔 놓은 것이 틀림없다고 이야기하는 이메일과 전화를 받는다.

아이들의 성장 발달 과정에서 일어나는 변화에 대처하는 요령은 느긋하게 받아들이는 것이다. 부모들은 아이의 갑작스러운 행동에 당황해서 일과를 까맣게 잊어버리기 쉽다. 하지만 불안정한 시기일수록 규칙적인 일과를 유지하는 것이 중요하다. 또한 임기응변식 육아에 의지하지 않도록 주의해야 한다. "갑자기 하루 종일 떼를 쓴다." (486~490쪽 참고)에서는 아이의 성장 발달뿐 아니라 몇 가지 다른 요인으로 갑자기 문제가 발생하는 것을 볼 수 있다. 아이들은 새로 터득한 기술을 가장 가까운 부모에게 시험해 본다. 그리고 부모가 어떻게 반응을 하는지 보고 효과가 있다고 판단하면 계속 이용하고 강화한다.

때로는 꾹 참고 힘든 시간이 지나가기를 기다리는 수밖에 없다. 이렇게 마음을 먹으면 아이가 부모를 공격하는 것이 아니라 세상을 탐험하고 자기 주장을 펼치는 것으로 이해할 수 있다. 아이가 위험한 상황에 처하거나 다른 사람에게 피해를 주지 않는 한 종종 모른 체하는 것이 상책일 때가 있다. 하지만 때로는 부모의 도움이 필요하다. 예를 들어, 만일 아기가 한때 혼자서 잘 하다가 갑자기 요구가 많아졌다면 그것은 부모라는 존재가 필요하다는 것을 알 만큼 성숙했다는 의미가 될 수 있다. 아니면 단지 오래된 장난감에 싫증이 났기 때문일 수 있다. 아이들은 일단 뭔가를 터득하면 좀더 어려운 과제에 도전할 준비가 된다.

종종 행동 문제처럼 보이는 것은 성장 발달의 변화 때문이므로 아이의 새로운 욕구와 능력을 수용할 수 있도록 일과를 조정하거나 조치를 취하면 해결이 된다. 제이크의 엄마 주디는 아들이 귀중품에 손을 대거나 사람을 때리지 못하도록 가르쳐야겠다고 생각했다(418쪽 참고). 하지만 사실 제이크의 문제는 성장 발달과 관련된 것이었다. 나는 어떤 부모들이 아이가 "갑자기 말썽을 부린다."고 하는 말을 들으면 아이의 성장 발달에 맞는 변화가 필요한 것이 아닐까 생각한다. 나는 주디에게 아이가 안전하게 놀 환경을 마련해 주고 끊임없이 "안 된다.", "만지지 마라." 하는 잔소리를 하지 말라고 조언했다. 제이크에게는 자유롭게 새로운 운동 능력을 연습하고 에너지를 발산할 안전한 공간이 필요하다. 엄마는 단지 옆에서 아이가 폭력적이 되는지 살펴보고, 이 특별한 발달 단계가 지나가기를 기다리는 수밖에 없다. 만일 엄마가 부주의하고 무심하면 제이크의 공격성은 더욱 심해질 수 있다. 그리고 이러한 문제의 진짜 원인은 제이크가 성장하고 있으며 독립적이 되고 있다는 증거이므로 창피해 할 일이 아니다.

아이에 대해 알기

두 번째 질문은 내가 부모들에게 항상 이야기하고 이 책에서 거듭 강조하는 중요한 원칙과 관련이 있다. 부모는 자신의 아이에 대해 알아야 한다는 것이다.

2. 이 새로운 행동이 아이의 성격과 부합하는가? 그렇다면 또 어떤 다른 요인(발달, 환경, 부모)이 발단이 되어서 그 행동을 부추겼는지 정확히 지적할 수 있는가?

부모들은 "물론 아이는 독립된 존재이므로 인격을 존중해야 한다."고 말할 것이다. 하지만 부모가 아이의 기질을 인정하는 것은 말처럼 쉽지 않다(99쪽 '왜 어떤 부모들은 알지 못할까?' 참고). 아이들이 커 가면서, 특히 바깥세상에 나가서 다른 아이들과 함께 어울리며 새로운 사회적 상황에 부딪혔을 때 부모들은 종종 본의 아니게 곁길로 빠진다.

휴스턴에 사는 유능한 변호사 수전은 내가 로스앤젤레스에서 출판 기념 사인회를 할 때 처음 만났다. 수전은 에마를 낳고 좀더 많은 시간을 딸과 보내기 위해 근무 시간을 줄였다. 하지만 에마는 활달하고 달변인 엄마처럼 사교적인 성격이 아니었다. 수전은 에마가 22개월이 되었을 때 자신의 딸에 대한 진실과 마주해야 했다. 에마는 음악을 좋아했지만, 수전이 "오늘은 우리의 첫 음악 수업에 가는 날이다." 라고 말하자 소파 뒤로 가서 숨었다. 처음에 수전은 그런 행동이 장난인 줄 알았고 음악 수업과 아무 상관이 없다고 생각했다. 하지만 수업에 갔을 때 에마는 결국 울음을 터트렸다. 수전은 "우리 아이가 어젯밤 잠을 충분히 자지 못한 것 같다."고 생각했고 다른 엄마들에게도 그렇게 말했다. 하지만 계속 몇 주일이 지나도 에마가 달라지지 않자 수전은 내게 전화를 했다.

12가지 핵심 질문에 답을 한 후에 수전은 에마가 태어날 때부터 민감한 아기였다는 것을 기억했다. 하지만 그녀는 항상 아이가 크면 달라질 것이라고 말했고, 그렇게 믿고 싶어 했다. 그녀는 아이가 다양한 사회적 상황을 접해서 수줍음을 극복할 수 있도록 도와주려고 노력했다. 아이가 저항할수록 수전은 더 강하게 밀어붙였다. "짐보리에서 아이가 계속 내 무릎에 올라오려고 하면 '자, 가서 다른 아이들과 놀아야지.'라고 말하면서 밀어냈죠. 안 그러면 어떻게 사회성을 배우겠습니까?" 사실 수전이 갑작스럽다고 말하는 에마의 저항은 줄곧 거기에 있었지만, 그 신호에 그녀가 주의를 기울이지 않았을 뿐이다.

하지만 이제 성장 발달로 생긴 변화 때문에 모든 진실이 수면 위로 떠올랐다. 이제 2돌이 된 에마는 자기 주장을 하고 거부할 줄 알게 되었다. "엄마, 이건 나에게 너무 부담스러워요!"

이 경우에 기본으로 돌아가는 것은 수전이 에마의 민감한 특성을 인정하는 것을 의미했다. 그녀는 아이 등을 떠밀기 전에 에마가 새로운 상황과 아이들에게 적응할 시간을 주어야 했다. "수업을 완전히 그만두어야 할까요?"라고 수전이 내게 물었다. 나는 절대 아니라고 말했다. 그것은 에마에게 뭔가가 두렵거나 어렵고 힘들어지면 그만두어도 된다고 가르치는 셈이다. 나는 에마를 음악 수업에 다시 데리고 가되, 준비가 될 때까지 엄마 무릎에 앉아 있게 하라고 제안했다. 그러다 몇 주일이 지나고 학기가 다 끝나 버린다고 해도 어쩔 수 없다.

하지만 그동안 수전은 교사에게 수업 시간에 부르는 노래 목록을 받아다가 집에서 아이와 함께 연습을 할 수 있을 것이다. 수줍어하는 아이라도 미리 무엇을 해야 하는지 알면 최선을 다하고 계속할 마음이 생긴다. 또한 수업에 사용하는 악기(트라이앵글, 탬버린, 마라카스 등)를 빌리거나 사 주어 친숙해지도록 하는 방법도 고려해 볼 수 있다. 그러다가 어느 날 수업 시간에 에마가 참여하고 싶어 하는 눈치가 보이면 엄마도 함께 바닥에 내려가 앉으라고 내가 말했다. "아이가 엄마 곁을 떠나지 않으려고 하면 그냥 두세요. 아이에게 필요로 하는 시간을 준다면 언젠가는 스스로 용기를 낼 것입니다."

일과에서 벗어나지 않도록 주의하라!

다음 질문들을 해 보면 어떤 사건이나 상황이 일과에 혼란을 주는지 알 수 있다.

3. 일과가 바뀌었는가?

4. 먹는 음식이 바뀌었는가?

5. 새로운 활동을 하고 있는가? 그렇다면 그 활동이 아이의 기질과 나이에 적절한가?

6. 수면 패턴(낮이나 밤)이 바뀌었는가?

7. 평소에 안 하던 외출이나 여행이나 가족 휴가를 하고 돌아왔는가?

8. 젖니가 나오고 있거나, 어떤 사건(작은 사고라도)이나 병이나 수술에서 회복하는 중인가?

규칙적인 일과는 가정의 안정을 위한 기본적인 조건이다. 일과가 없거나 불규칙할 때 일어나는 문제에 대해서는 앞에서도 이야기했다. 하지만 아무리 계획적이고 의식적인 부모라고 해도 일과를 유지할 수 없을 때가 있다. 젖니가 나오거나, 아프거나, 여행을 할 때는 평소의 일과를 지키기가 어렵다. 음식, 활동, 수면 습관이 바뀌거나 엄마 자신에게 문제가 생기는 등 E.A.S.Y. 중의 어느 한 가지에 변화가 생겨도 마찬가지다. 하지만 무엇이 일과를 방해하는지 알면 언제라도 다시 '정상'으로 돌아갈 수 있다.

무슨 일이 있어도 일과를 회복해야 한다. 예를 들어, 만일 수면 습관이 바뀌었다면 '안아주기/눕히기'를 사용해서 다시 제자리로 돌아가게 한다(6장 참고). 엄마가 다시 직장에 나가면서 보육원이나 다른 사람이 아이를 돌보게 되면 일과가 달라져서 아이가 보챌 수 있다. 아이를 돌보는 사람에게 일과를 설명해 주고 적어 주자. 그리고 엄마 역시 아기와 함께 있는 시간에는 일과를 지켜야 한다.

또한 어떤 갑작스러운 변화는 아이의 욕구가 달라지고 좀더 독립적이 되어서 새로운 일과가 필요하다는 신호일 수 있다. 예를 들어, 아이가 갑자기 3시간이 아니라 4시간 주기로 먹거나(60쪽 상자글 참고), 오전 낮잠을 자지 않을 수 있다(361쪽 참고). 시간을 거꾸로 돌리려고 하지 말고 아기의 성장 발달에 맞추자. 유동식에서 고형식으로 전환을 하고 있다면(4장 참고) 새로운 음식이 맞지 않아서 배가 아플 수도 있다. 그렇다고 해서 다시 유동식으로 돌아가지는 말자. 새로운 음식을 좀더 천천히 줄 필요가 있다.

그 어느 때보다도 아이가 아플 때는 일과를 지키기가 어렵다. 아이가 젖니가 나거나 다치거나 병이 나면, 부모는 '불쌍한 우리 아기' 신드롬에 빠진다(자세한 예는 490쪽 참고). 그래서 밤에 늦게까지 놀게 하거나 데리고 잔다. 그로 인한 장기적인 결과는 생각하지 않는다. 그러다가 몇 주일 후에 당황한다. "우리 아이가 왜 이럴까요? 잠도 안 자고 잘 먹지도 않고 툭 하면 떼를 쓰고 웁니다." 그 이유는 최근의 변화로 일과가 뒤죽박죽이 되고 경계가 허물어졌기 때문에 이제 아이는 다음에 무엇이 올지 모르기 때문이다. 아이가 아플 때는 당연히 좀더 각별한 애정과 보살핌을 주어야 하고 불편함을 덜어 주어야 하지만 가능하면 일과를 유지해야 한다.

어떤 변화는 예측 가능하다. 예를 들어, 여행을 갔다가 돌아오면 적어도 그 여파가 며칠에서 1주일까지 지속된다. 특히 나이가 어릴수록 2~3주 동안 휴가를 갔다 돌아오면 '집'에 대한 기억을 잊어버리고 "여기가 어디지?"라고 의아해 할 수 있다. 여행을 하는 동안 임기응변식으로 지냈다면 문제는 더 심각하다. 마샤는 18개월이 된 베서니를 데리고 바하마 여행을 갔을 때를 회상한다. "호텔에서 아기침대가 있다고 광고를 했지만 막상 가니 침낭을 주더군요. 그것은 놀이울이나 다름없었고 베서니는 그 안에서 잠을 자지 않으려고 했기 때문에 하는 수 없이 우리가 데리고 잤습니다."

마샤는 집에 돌아온 후 며칠 밤 동안 '안아주기/눕히기'를 해서야 겨우 베서니를 자기 침대에 재울 수 있었다. 하지만 미리 계획을 한다면 좀더 나중에 수월해질 수 있었을 것이다. 숙박할 곳에 전화를 해서 아기침대가 있는지 알아보자. 여행 가방을 살 때는 아기가 좋아하는 장난감과 옷, 그리고 집을 생각나게 하는 것들을 챙겨 가자. 여행 중에 익숙하지 않은 환경이더라도 최대한 평소와 같은 식사 시간과 취침 시간을 지킨다면 집에 돌아왔을 때 덜 힘들 것이다.

가정 환경을 보호한다

다음 두 가지 질문은 가정에서 일어나는 좀더 크고, 종종 좀더 영구적인 변화에 관한 것이다.

9. 부모 또는 아이와 가까운 어떤 어른이 아프거나 평소보다 바쁘거나 감정적으로 힘든 시간을 보내고 있는가?
10. 부부 싸움을 했거나, 보모가 바뀌었거나, 동생이 태어날 예정이거나, 이직이나 이사를 했거나, 가족의 병이나 죽음과 같은 아이에게 영향을 줄 수 있는 어떤 일이 있었는가?

아이들은 스펀지처럼 주위에 있는 모든 것을 흡수한다. 연구에 따르면 갓난아기도 부모의 감정 상태와 환경의 변화를 감지한다. 만일 부모가 불안해 하면 아이도 불안해 한다. 집안 분위기가 혼란스러우면 아기는 회오리바람 속에 갇혀 있는 듯이 느낄 것이다. 물론 부모들도 어려운 시간이 있고 큰 변화를 겪기도 한다. 이러한 변화를 막을 수는 없지만 적어도 그 영향이 아이에게 미치지 않도록 노력할 수는 있다.

그래픽 디자이너인 브리짓은 마이클이 3돌이 되었을 때 친정어머니가 암으로 고생하다가 세상을 떠났다. 어머니를 극진히 사랑한 그녀는 상실감에 빠졌다. 몇 주일 동안 브리짓은 어둠 속에 누워 울고 화내면서 보냈다. "어머니가 돌아가실 때 마이클은 막 유아원에 들어

갔습니다." 그녀가 설명했다. "그래서 오전에는 적어도 3시간 동안 집에 혼자 있었습니다. 오후에 정신을 차리고 아이를 데리러 가곤 했죠. 게다가 임신을 했다는 것을 알았습니다."

어느 날 브리짓은 마이클의 유아원 교사에게서 전화를 받았다. 마이클이 다른 아이들을 때리면서 "죽여 버리겠다."고 말했다는 것이다. 브리짓은 자신에게 12가지 핵심 질문을 해 보고, 마이클이 엄마의 슬픔에 반응하고 있다는 것을 알았다. "하지만 어쩌겠습니까? 저는 슬퍼할 시간이 필요해요." 그녀가 말했다.

나는 브리짓에게 물론 그렇다고 안심을 시켰다. 하지만 또한 그녀는 마이클의 감정도 고려할 필요가 있었다. 마이클 역시 할머니를 잃었다. 게다가 브리짓은 '정신을 차리고' 아이를 데리러 갔다고 말했지만 3돌이 된 꼬마는 엄마 눈이 충혈되고 부어 있는 것을 보면서 그녀가 느끼는 슬픔을 흡수할 뿐 아니라 마치 엄마가 사라져 버린 것처럼 느꼈을 것이다. 마이클이 유아원에서 보이는 공격성을 해결하기 위해서는 가정의 분위기를 바꿔야 했다.

브리짓은 마이클에게 할머니에 대해 지금까지 마음에 묻어 두었던 이야기를 하기 시작했다. 그녀는 할머니가 없어서 매우 슬프다고 고백을 했다. 그리고 마이클도 감정을 표현하도록 격려했다. 마이클도 할머니가 보고 싶다고 했다. 브리짓은 두 사람이 함께 할머니와 보낸 행복했던 시간을 기억하는 것이 도움이 된다는 것을 알았다. "할머니가 너를 데려가곤 했던 공원이나 호수에 가서 오리들에게 먹이를 주면 어떨까?" 하고 그녀가 제안했다. "그러면 할머니를 좀더 가까이 느낄 수 있을 것 같구나."

가장 중요한 것은 브리짓이 자신의 감정을 돌보기 시작했다는 사실이다. 그녀는 유족 모임에 나가서 다른 사람들과 감정을 나눌 수 있었다. 브리짓이 점차 기분이 나아지고 아들에게 솔직하게 이야기를 하게 되자 마이클도 원래의 원만하고 협조적인 아이로 돌아갔다.

임기응변식 육아 만회하기

마지막 두 가지 질문은 임기응변식 육아에 관한 것이다.

11. 아이의 어떤 행동에 계속 양보를 함으로써 본의 아니게 그 행동을 점점 더 강화했는가?

12. 최근에 어떤 육아 방법이 '효과가 없다'고 생각해서 새로운 방법으로 바꾸었는가?

임기응변식 육아는 부모가 일관성 없이 아이에 대한 '규칙'을 계속 바꾸는 것을 말한다. 예를 들어, 어느 날 밤에는 아이를 데리고 자고, 다음 날에는 혼자 울다가 지치게 하는 식이다. 또는 새로운 상황을 마주했을 때 미봉책에 의지한다. 버팀목을 사용해서 아기를 재운다거나 아기가 울 때 문제의 원인에 대해 생각할 겨를도 없이 곧바로 안는다.

이 책에서 거듭 말했듯이, 임기응변식 육아는 어떤 문제의 주요 원인이 될 수도 있고 어떤 변화가 일어났을 때 문제를 계속 지속시키기도 한다. 미봉책으로는 어떤 문제도 해결할 수 없다. 마치 환자에게 병원균을 죽이는 항생제를 투여하지 않고 일회용 반창고만 붙이는 것과 같다. 그렇게 해서 상처에서 피를 멈추게 할 수 있을지는 모르지만 병원균이 아직 몸속에 있기 때문에 완전히 낫지는 않는다. 조만간 더 악화가 될지도 모른다. '돌발 상황'의 경우도 마찬가지라고 말할 수 있다. 어떤 문제는 터지자마자 사라지기도 한다. 하지만 어떤 문제는 부모가 잘못 이해하거나 잘못 다루면 좀더 심각한 문제로 이어질 수 있다.

어떤 부모들은 이런 사정을 의식하지 못하고 계속해서 일회용 반창고를 붙인다. 양보를 하고 타이르고 경계를 늦춘다. 어느새 아이는 자기 침대에서 자지 않으려 하고 함부로 행동하고 집안 어른들을 자기 마음대로 주무른다.

또 어떤 부모들은, 특히 내 책을 읽은 후에, 자신이 임기응변식 육아를 했다는 것을 뼈저리게 깨닫는다. 그들은 내게 전화를 해서 말한다. "아이를 안고 흔들어서 재우면 안 된다는 걸 이제 알았어요." 또는 "나중에 후회를 하지 않으려면 지금이라도 무슨 수를 써야 할 것 같아서 전화를 했습니다."

다음 이메일은 임기응변식 육아가 처음에 어떻게 시작되며 돌발 상황이 자칫 복잡한 문제로 발전할 수 있다는 것을 보여 준다.

♥ 우리 레베카는 지금 13개월인데, 밤에 잠을 잘 이루지 못한 지가 1달이 되었습니다. 캘리포니아에 사는 오빠 집에 갔다가 돌아온 후에 남편과 나는 노리개젖꼭지 사용을 그만두기로 했습니다. 그때까지 레베카는 낮잠을 잘 때만 노리개젖꼭지를 사용하고, 깨어 있을 때는 사용하지 않았습니다. 우리는 아이가 울면 담요를 주고 위안을 삼도록 했습니다. 그러다가 2주일 정도 감기를 앓았습니다. 그러고는 3일 밤을 전처럼 혼자 잠이 들었는데, 하필 어금니가 나오는 바람에 모든 것이 엉망이 되었습니다. 매일 밤 적어도 1시간씩 울다가 겨우 잠이 듭니다. 노리개젖꼭지 없이는 못 자는 것 같습니다. 계속해서 혼자 잠이 들도록 내버려 두어야 할까요, 아니면 (안고 재우지는 않더라도) 들어가서 달래줘야 할까요? 도와주세요.

이 경우에는 평소의 일과를 유지할 수 없게 만든 일련의 사건들이 있었다. 여행을 다녀왔고, 감기에 걸렸고, 이제 정상으로 돌아가는가 싶었는데 이가 나오기 시작했다. 그리고 부모까지 노리개젖꼭지를 치우는 것으로 가세를 했다. 캘리포니아에 다녀오자마자 노리개젖꼭지를 치우지 말고 몇 주일만 더 기다렸다면 이런 어려움들을 겪지 않았을지도 모른다. 아이들은 여행 후에 제자리로 돌아오려면 평소에 의지하던 것들이 필요하다. 레베카에게 노리개젖꼭지는 버팀목이 아니었다. 입에서 빠지면 부모가 입에 물려 준 것이 아니라 혼자서 다시 입에 넣을 수 있었다. 낮에 입에 물고 다니지도 않았다. 다시 말해 서둘러서 포기하게 만들 이유가 없었다. 하지만 그것 때문에 레베카가 잠자는 법을 '잊어버린' 것 같지는 않다. 그보다는 여행을 하는 동안 취침 시간이 바뀌었기 때문인 것 같다.

게다가 아이를 "울게 내버려 두었다."는 것을 보면 퍼버법을 사용해서 재우려고 시도했던 것 같다. 규칙적인 일과에서 벗어났고 노리개젖꼭지를 치웠을 뿐 아니라 규칙을 바꾼 것이다. 게다가 독감에 걸리는 바람에 적어도 그 여파가 갑절로 커졌을 것 같다.

이런 경우 기본으로 돌아가는 것이 필요하다. '안아주기/눕히기'를 해서 잠자는 법을 다시 가르쳐야 한다. 또한 아이에게 무조건적인 위안이 필요한 시기다. 아이가 아프거나 놀라거나 평상시와 다른 환경에 있을 때는 부모가 옆에 있어 주어야 한다.

계획하기 12가지 문제 해결 원칙

'돌발 상황'에 부딪히면 심호흡을 한 번 하자. 12가지 핵심 질문을 해 보고 객관적인 부모의 눈으로 상황을 바라보자(395~397쪽 참고). 그리고 다음의 12가지 문제 해결 원칙을 바탕으로 행동 계획을 세운다. 이 책을 처음부터 읽었다면 대부분에 익숙해져 있을 것이다. 이것은 어려운 첨단과학 이론이 아니다. 상식을 활용하고 충분히 생각하는 것이 중요하다.

12가지 문제 해결 원칙

1. 문제의 근본 원인을 밝힌다.
2. 무엇을 가장 먼저 해결할지 판단한다.
3. 기본으로 돌아간다.
4. 바꿀 수 없으면 받아들여라.
5. 이 방법은 장기적인 해결책인가?
6. 아이가 필요로 할 때 위안을 해 준다.
7. 상황을 주도한다.
8. 항상 아이가 오게 하지 말고 아이에게 간다.
9. 계획을 끝까지 이행한다.
10. P. C. 부모가 되자.
11. 나 자신을 보살핀다.
12. 경험에서 배운다.

1. 문제의 근본 원인을 밝힌다

12가지 핵심 질문을 해 보자. 솔직하게 대답한다면 이 시점에서 무엇이 아이에게 영향을 주고 있는지 알게 될 것이다.

2. 무엇을 가장 먼저 해결할지 판단한다

종종 이것이 가장 중요하다. 예를 들어, 만일 젖니가 나오거나, 방 안 온도가 낮거나, 소화기 장애가 있거나 해서 아이가 3일 연속 밤에 자다가 깬다면 나쁜 수면 습관으로 발전할 수 있다. 이럴 때는 가장 먼저 아이가 겪는 고통을 해결해 주어야 한다. 마찬가지로, 만일 퍼버법을 시도했다가 아이가 갑자기 자기 침대를 무서워한다면 혼자 자는 방법을 가르치기 전에 우선 신뢰를 회복해야 한다(246~250쪽 참고).

어떤 경우에는 쉬운 것부터 하나씩 처리해 가는 것이 편리하다. 이를테면 가족이 모두 모이는 해변 별장에서 여름을 보내고 왔다고 하자. 아이는 그동안 매일 저녁 9~10시까지 깨어 있다가 집에 돌아와서도 같은 특권을 기대한다. 또한 사촌형들과 놀면서 공격성을 배우게 되어 놀이 그룹 친구들에게 시험을 해 본다. 이때는 물론 공격적인 행동을 바로잡아야 하지만 잠을 일찍 재우는 것이 우선이다.

3. 기본으로 돌아간다

모노폴리 게임에는 "곧장 감옥으로 가시오.", "통과하지 마시오." 라고 씌어 있는 카드가 있다. 아이를 키우는 일도 그럴 때가 있다. 원점으로 돌아가서 다시 시작해야 한다. 일단 어쩌다가 길을 벗어났는지 분석을 하고 진로를 바로잡고 나서 새로운 전략을 시도해야 한다. 만일 아이의 기질을 무시했다면 이번에는 아이의 특성에 맞게 계획을 세워야 한다. 만일 일과에서 벗어났다면 E.A.S.Y.를 기억하자. 아이에게 혼자 자는 법을 가르쳤는데, 몇 주일 후에 다시 문제가 생겼다면 '안아주기/눕히기'를 사용해서 다시 제자리로 돌린다.

4. 바꿀 수 없으면 받아들여라

나는 '평온한 마음을 위한 기도'를 무척 좋아한다. "주여, 제가 변화시킬 수 없는 일들을 받아들이는 평온을, 제가 변화시킬 수 있는 일들을 변화시키는 용기를, 그리고 그 둘을 구분할 수 있는 지혜를 허락하십시오." 어떤 상황은 그냥 인정하고 견디는 수밖에 없다. 예를 들어, 어떤 엄마는 아침에 출근을 할 때마다 아이와 전쟁을 치러야 하지만 일을 해서 돈을 벌어야 한다. 어떤 엄마는 아이가 사회성이 부족하다고 실망을 하지만, 아이는 원래 그렇게 태어났다. 어떤 엄마는 아이를 혼자 감당하기 힘들어서 도움이 필요하지만, 남편은 일하느라고 바쁘다. 아이가 갑자기 머리를 박고 떼를 쓰기 시작했지만…… 소아과 의사는 그냥 모른 체하라고 말한다. 이럴 때는 한 걸음 뒤로 물러서서 시간이 해결해 주기를 기다리는 수밖에 없다.

5. 이 방법은 장기적인 해결책인지 판단한다

처음에 출발선을 확실하게 지키지 않으면 임기응변식 육아의 함정에 빠지기 쉽다. 어떤 방법이 장기적인 해결책이 아닌 미봉책에 불과하거나 아이 스스로 하는 것보다 부모가 하는 일이 더 많다면—예를 들어, 아이 입에 노리개젖꼭지를 넣어 주기 위해 밤새 뛰어다녀야 한다면—다시 생각할 필요가 있다.

6. 아이가 필요로 할 때 위안을 해 준다

아이가 평소보다 부모의 보살핌을 좀더 필요로 할 때가 있다. 급성 장기를 통과할 때나, 움직임이 많아지거나, 바깥세상에 나가서 사람들과 만나거나, 젖니가 나거나, 감기에 걸리거나 하면 아이가 지치고 혼란스러울 수 있다. 임기응변식 육아에 빠지지 않는 것도 중요하지만, 아이가 넘어질 때 옆에서 잡아 주는 것도 필요하다. 위안은 아이에게 정서적인 안정감을 준다.

7. 상황을 주도한다

어떤 상황에서도 아이가 모든 것을 좌지우지하지 못하도록 해야 한다. 아이가 아플 때 안타깝고 걱정스럽고 불쌍한 것은 당연하다. 위에서 말했듯이 좀더 위안을 해 주어야 한다. 하지만 너무 지나쳐서 아이가 원하는 대로 해 주거나 제멋대로 행동하도록 허락해서는 안 된다. 그렇게 되면 가정의 질서가 무너지고 분명 나중에 후회하게 될 것이다. 게다가 남들에게 호감을 주지 못하는 아이가 된다.

8. 항상 아이가 오게 하지 말고 아이에게 간다

예를 들어, 아이가 아파서 걱정이 되면 아이 방에 공기침대를 갖다 놓고 함께 잔다(356~358쪽 참고). 아이 버릇을 잘못 들여서 몇 주일이나 몇 달 동안 시달리는 것보다 당장 며칠 밤 불편하게 지내는 것이 낫다.

9. 계획을 끝까지 이행한다

당장 효과가 보이지 않거나 후퇴를 했다고 포기하지 말자. 방법을 자꾸 바꾸면 아이에게 혼란을 줄 뿐이다.

10. P.C. 부모가 되자

계획을 끝까지 관철하기 위해서는 부모의 인내와 의식이 필요하다. 만일 여러 문제가 동시에 생기면—예를 들어, 수면 문제와 먹는 문제를 해결해야 한다면—한 가지씩 천천히 하자. 서두른다고 되는 일이 아니다.

11. 나 자신을 보살핀다

비행기에서 승무원이 설명하는 안전 수칙을 생각해 보자. "어린이와 함께 여행하는 부모들은 산소마스크를 자신이 먼저 쓴 후에 아이에게 씌워 주십시오." 매일의 육아에서도 마찬가지다. 부모가 숨을 쉴 수 없다면 어떻게 아이를 보살피고 안내할 수 있겠는가?

12. 경험에서 배운다

같은 문제가 약간씩 변형된 형태로 되풀이되기도 한다. 저번에 어떻게 대처했는지 기억하자. 기록을 해 두면 더욱 좋다. 그러면 패턴이 보이기 시작할 것이다. 예를 들어, 다가오는 행사에 아이를 충분히 준비시키지 못하면 문제가 생길 수 있다. 예를 들어, 아이가 놀이 그룹에 다녀온 후에 항상 기분이 언짢아진다면, 다음 번에는 준비를 철저히 해서 아기가 힘들지 않도록 배려하자. 놀이 시간을 줄이거나 좀더 편안한 놀이 친구들을 선택할 수 있을 것이다.

마지막으로 위의 12가지 문제 해결 원칙들을 어떻게 일상생활 속에서 적용할 수 있는지 설명하겠다. 어떤 경우에는 서너 가지 원칙이 동시에 필요하다. 맨 처음에 실례로 든 "갑자기 하루 종일 떼를 쓴다"에서는 12가지 원칙을 거의 모두 사용해야 했다. 이야기가 조금 길고 장황하지만 이 사례를 보면 문제가 얼마나 복합적인지 알 수 있다. 부모들이 종종 어디서부터 시작해야 할지 모르는 것도 이런 이유 때문이다.

"갑자기 하루 종일 떼를 쓴다"

어떤 문제는 '하룻밤' 사이에 갑자기 나타난 것처럼 보이지만 알고 보면 여러 가지 원인들이 숨어 있다. 도리언이 어떤 온라인 모임에 보낸 메일에는 이러한 복합성이 잘 묘사되어 있다.

• 지금 20개월인 앤드루는 항상 활달하고 의젓한 아이였는데, 요 며칠 사이에 완전히 딴 아이가 된 것 같습니다. 갑자기 유일하게 할 줄 아는 말이 "싫어요!"가 되었습니다. 뭐든지 자기 마음대로 하려고 하고 도와주려고 해도 화를 내고 저항을 합니다. 음식이나 물건을 던지기도 합니다. 전에도 그런 행동을 한 적이 있지만 이제는 막무가내입니다. 하지 말라고 해도 계속합니다. 하루 종일 반항을 합니다. 이 이메일을 보내는 이유는 제 자신의 반응이 걱정스럽기 때문입니다. 저번 날에는 아이에게 정말 화가 나서 이성을 잃어버릴 것 같았습니다. 제가 임신한 것을 알았는데 그래서 예민해진 탓도 있는 것 같습니다.(너무 빨리 임신을 해서 아

이에게는 아직 말하지 않았습니다.) 아이가 하는 행동들이 '미운 3
살'의 초기 신호라고 생각하지만 너무 갑자기 변하니까 당황스럽
습니다. 이런 경험을 한 분들이 있는지, 어떻게 하면 수월하게
넘길 수 있는지 궁금합니다.

앤드루가 만 2살이라는 중요한 전환기를 맞이한 것은 사실이다. 이
시기에는 반항을 하고 고집을 부린다. 그리고 이러한 변화는 분명 하
루아침에 일어날 수 있다. 게다가 엄마는 아들의 기질을 감당하지 못
하는 것이 아닌지 의심스럽다. 엄마는 앤드루가 "항상 매우 활동적이
고 의젓했다."고 묘사하면서도 "전에도 그런 행동을 한 적이 있다."고
인정한다. 아마 앤드루가 어떤 아이인지 잘 모르는 것 같다. 앤드루
처럼 씩씩한 아이는 부모가 온화하지만 단호하게 대처할 필요가 있
다. 평화를 유지하기 위해서든, 아이를 행복하게 해 주고 싶어서든
간에 아이를 달래고 타이르다가 결국 양보하는 것은 일종의 임기응
변식 육아이며, 아이의 시험적인 행동을 강화해서 폭군으로 변하게
만든다. 만일 처음에 아이의 잘못된 행동을 보고 웃는다면 본의 아니
게 그러한 행동을 부추길 수 있다. 아이는 자꾸 같은 행동을 반복하
면서 부모가 다시 웃어 주기를 바랄 것이다. 하지만 이제 아무도 즐
거울 수 없다.

행간을 읽어 보면 앤드루의 '새로운' 행동은 몇 가지 요인에서 비
롯된 것이 분명해 보인다. 성장 발달, 부모의 반응, 임기응변식 육아,
그리고 도리언이 임신을 해서 이제 가정에 변화가 임박한 것도 포함
된다. 앤드루는 아기에 대해 모를지라도 분명 엄마의 불안감을 감지
하고 있을 것이다. 엄마 역시 임신으로 몸과 마음에 변화가 생겨 아
이의 행동에 좀더 예민하게 반응하고 있다. 따라서 이러한 위기를 해
결하기 위한 계획은 모든 요인을 감안하고, 지금까지 해 온 임기응변
식 육아를 중단하는 것이다.

> 문제의 근본
> 원인을 밝힌다.

분명 앤드루의 행동이 중심 사건이므로 문제 해결을 어디서부터 시작해야 하는지 판단하는 것은 어렵지 않다. 그의 행동을 통제하지 못하는 이유는 단지 미운 3살이 되었기 때문만은 아니다. 짐작컨대 부모가 일관성 있게 가르치지 않았기 때문에 이제 걷잡을 수 없게 된 것이나. 하지만 지금이라도 바로잡을 수 있다(그리고 십대 아이가 아니므로 좀더 수월하다!). 매우 힘들겠지만 엄마 아빠가 꿋꿋하게 입장을 지켜야 한다.

부모는 아이의 첫 스승이라는 것을 잊지 말자. '훈육'의 목적은 처벌이 아니라 아이가 옳고 그른 것, 허용이 되는 것과 안 되는 것을 구분하도록 가르치는 것이다. 아이가 말썽을 부릴 때는 그로 인해 누군가 해를 입지 않는 한 관심을 보이지 말자. 예를 들어, 엄마에게 소리를 지른다면 조용한 목소리로 말한다. "그렇게 고함을 지르면 너와 이야기하지 않겠다." 그리고 말한 대로 실천해야 한다. 조용해질 때까지 아이를 상대해 주지 말자. 마찬가지로 앤드루가 식탁의자에 앉아서 음식을 던지기 시작하면 즉시 그를 내려놓고 말한다. "음식을 던지면 안 된다." 몇 분 기다렸다가 다시 앉힌다. 또다시 같은 행동을 하면 이번에는 아이를 데리고 나간다. 만일 장난감을 던지면, 던지지 말라고 말해야 한다. 떼를 쓰면 아이의 손을 부드럽게 잡아서 무릎에 앉히고 뒤에서 안아 주면서 말한다. "네가 진정을 할 때까지 내가 여기 같이 있을 거다." 일어나려고 발버둥을 치고 때리고 더욱 크게 소리를 지른다고 해도 물러서면 안 된다.

지금까지 앤드루의 부모는 미봉책을 사용해 왔다. 이제는 장기적인 해결책으로 가야 한다. 앤드루가 권위에 끊임없이 도전하는 상황에서 이것은 쉽지 않은 일이다. 하지만 아무리 힘들어도 밀고 나가야 한다. 양보하는 것이 더 쉽게 느껴지거나 이 상황이 절대 바뀌지 않을 것처럼 보여도 마음을 다잡고 계속해서 앞을 바라보고 가야 한다.

앤드루는 원래 씩씩한 아이이므로—기질은 갑자기 변하지 않으므

무엇을 가장 먼저 해결할지 판단한다.

기본으로 돌아간다.

상황을 주도한다.

이 방법이 장기적인 해결책인지 판단한다.

로―아이의 특성에 맞는 환경을 조성해야 한다. 안전하면서 활발하게 놀 기회를 마련하자. 밖에서 뛰어다니면서 에너지를 발산할 기회를 주자. 비슷한 성향의 아이들과 놀이 그룹을 주선하자. 아이가 조용히 앉아 있어야 하는 곳에는 데리고 가지 말자.

앤드루의 부모는 또한 미래의 사건을 예상하고 방지할 방법을 생각해야 한다. 무엇이 그를 흥분하게 만드는지, 걷잡을 수 없게 되기 전에 어떤 모습을 하고 어떻게 행동하는지 알아야 한다. 너무 배가 고프거나 특히 너무 피곤해지지 않도록 한다. 지나치게 피곤하면 잠을 못 잘 수 있으므로 저녁에는 차분한 활동을 시킨다. 씩씩한 아이는 지나친 자극을 받거나 피곤하면 떼를 쓰는 경향이 있다.

적어도 앤드루의 버릇없는 행동의 일부는 엄마의 관심을 얻기 위한 것이므로 긍정적인 방식으로 엄마의 관심을 구할 수 있도록 가르쳐야 한다. 나는 엄마에게 전화벨이 울리지 않고 TV가 없는 곳에서 모든 것을 제쳐 두고 아들과 함께 보내는 시간이 얼마나 되는지 생각해 보라고 했다. 아이들은 엄마가 정말 '그 자리에' 있는지, 딴 곳에 마음이 가 있는지 금방 알아차린다. 도리언은 앤드루에게만 전념할 시간을 마련할 필요가 있다. 엄마와 단둘이 보내는 시간을 갖는 것은 동생이 태어나면 더욱 중요해진다. 도리언은 직장에 다니는 엄마이고(바꿀 수 없는 또 다른 요인이다) 눈코 뜰 새 없이 바쁘기는 하지만, 아침에 출근하기 전이나 퇴근하고 집에 와서 아이와 함께 보내는 시간을 갖는다면 아이가 떼를 쓰는 일이 줄어들 것이다. 또한 행동을 잘하는 것을 보면 그때그때 칭찬을 해 줄 필요가 있다. 감정을 자제했을 때도 칭찬을 해 주자.

만일 엄마 아빠가 꾸준히 일관성을 갖고 대하면 앤드류는 그 메시지를 이해하고 부모가 말하는 것을 믿고 따르게 될 것이다. 후퇴를 해도 흔들리지 말고 계속하자. 어떤 날은 아이가 좀더 협조적이고, 어떤 날은 다시 뒷걸음질을 치는 것처럼 보일 수 있다.

바꿀 수 없으면 받아들여라.

경험에서 배운다.

아이가 필요로 할 때 위안을 해 준다.

계획을 끝까지 이행한다.

P.C. 부모가 되자.

부모 역시 행동을 조심해야 한다. 특히 도리언은 돌발 상황에서 거의 미칠 지경이 된다고 고백하고 있다. 하지만 나는 도리언이 아들의 행동을 참고 견디기가 힘들다는 것도 이해한다. 그녀는 할 일이 산더미 같다. 직장에 나가면서 아이를 키우고 있으며 게다가 임신 중이다. 하지만 그럴수록 좀더 앞을 멀리 내다볼 필요가 있다. 만일 앤드루가 어떤 아이인지 기억하고 장점을 살려 주고 약점을 보완해 주는 식으로 대처한다면, 3돌이 될 무렵에는 반항적이고 공격적인 행동이 줄어들 것이다. 또한 아이를 좀더 주의해서 관찰할 필요가 있다. 씩씩한 아이들은 보통 폭발을 하기 전에 분명한 신호를 보낸다. 목소리가 커지거나 소리를 지르거나 점점 화를 내고 물건을 잡아채기도 한다. 이럴 때는 감정이 폭발하여 공격적이 되기 전에 개입해야 한다(413~423쪽 참고). 아이를 주의 깊게 관찰하고 관심을 돌리고 허용된 범위 내에서 선택권을 준다면 문제를 사전에 방지할 수 있을 것이다.

나 자신을 보살핀다.

마지막으로 엄마 자신을 돌봐야 한다. 도리언은 넘치는 호르몬 분비와 앤드루에 대한 걱정으로 '이성을 잃을' 지경에 이른다는 것은 당연하다. 문제는 화를 낼수록 점점 더 어려워진다는 것이다. 아이와 실랑이를 한다고 문제가 해결되지 않는다. 도리언은 무엇보다 자신을 돌봐야 한다. 남편, 부모, 친구들의 도움을 받자. 단 몇 분이라도 자신을 위해 시간을 보내면서 기력을 회복하면 앤드루에게 좀더 차분하게 반응할 수 있을 것이다. 안 그러면 계속해서 아이와 싸우고 실랑이를 하게 된다.

"제자리로 돌아갈 수 없다"

아이들은 아프거나 힘든 일을 당한 후에 곧 회복을 하지만 종종 부모가 헤어나지 못한다. 아이가 병이 나거나 수술을 받거나 사고를 당하는 것은 부모에게는 무엇보다 힘든 일이다. 아이가 안쓰럽고 위로해 주고 싶을 것이다. 젖니가 나오는 것처럼 누구나 겪는 일이라도 걱정이 되는 것이 부모의 마음이다. 하지만 아이를 정성껏 보살피는 것은 중요하지만 동시에 임기응변식 육아로 이어지는 '불쌍한 우리 아기' 신드롬에 빠지지 않으려면 아슬아슬한 줄타기를 해야 한다.

부모들은 아이가 위험한 고비를 넘긴 후에도 그동안 아이의 응석을 받아 주던 습관이 들어서 제자리로 돌아가지 못한다. 10개월이 된 스튜어트의 엄마 린다 역시 이런 문제로 내게 도움을 청했다.

나는 최근에 고향 요크셔에 갔다가 잉꼬 부부인 린다와 조지를 만났다. 린다는 스튜어트가 8개월경에 이가 나오기 시작했다고 설명했다. 이가 나올 때 많은 아이들이 그렇듯이 스튜어트는 콧물을 흘리고 설사를 하고 칭얼거리고 밤에는 자꾸 깼다. 린다는 매일 밤 스튜어트를 안고 흔들어서 재웠다. 몇 주일이 지나자, 엄마 품에 안겨서 자는 버릇이 든 스튜어트는 침대에 내려놓으려고 하면 엄마에게 찰싹 달라붙어서 떨어지지 않았다. 그녀는 스튜어트의 이런 행동에 대해 "우리 아이가 요즘 힘들어 한다." 또는 "젖니가 나오는 중이다."라고 하면서 역성을 들기 시작했다. 그러면서 집에서 나가지도 못하고 감옥살이를 했다.

린다는 스튜어트가 갑자기 밤에 아기침대를 무서워하는 이유가 야경증이 아닌지 의심했다. "스튜어트가 처음 이가 나기 시작할 때 엄마는 어떻게 했나요?"라고 내가 물었더니 린다는 한순간 주저했다. "아, 불쌍한 우리 아기. 처음에는 이가 나오는 줄 몰랐습니다. 감기가 걸린 줄 알았어요. 투정을 부리고 보채는 것이 충분히 잠을 못 자서 그런 줄만 알았어요. 그러다가 뭔가를 무서워하는 것처럼 보였죠."

나는 즉시 린다가 '불쌍한 우리 아기' 신드롬에 빠져 있다는 것을 알았다. 그녀는 스튜어트의 이가 나오고 있는 것을 처음에 몰랐다는 것이 미안했고 자신을 '나쁜 엄마'라고 생각했다. 10개월이 된 아기들이 악몽을 꾸기는 하지만, 문제는 스튜어트의 경우에 젖니가 힘들게 나오는 편이고 엄마가 죄책감을 느끼는 것이다. 남편 조지는 매일 밤 아이 방문 앞에서 서성거리는 아내에게 질려 버렸다. "우리 부부는 저녁을 함께 보낼 수 없습니다." 그가 불평했다. "스튜어트가 자고 있는 동안에도 아내는 문에 귀를 갖다 대고 아이가 깨지 않는지 걱정을 합니다."

이 경우 가장 먼저 무엇을 해야 하는지 결정하기는 어렵지 않았다. 스튜어트를 괴롭히는 통증을 완화시키는 것이다. 해열제를 먹이고 오라젤 치약으로 잇몸을 진정시켰다. 일단 아이가 편안해지자 수면 패턴을 제자리로 돌리기로 했다. 기본으로 돌아가서 나는 '안아주기/눕히기'를 하되 조지가 해야 한다고 강조했다. 엄마가 '불쌍한 우리 아기' 신드롬에 빠져 있을 때 나는 항상 처음에 아빠에게 '안아주기/눕히기'를 시킨다. 그동안 엄마는 휴식을 취할 수 있고, 아빠는 중요한 역할을 하고 있다고 느낄 것이다.

조지는 내가 가르쳐 준 그대로 '안아주기/눕히기'를 했고, 첫날 밤은 스튜어트가 2시간마다 깨는 바람에 지옥 같았지만 끝까지 해냈다. "남편이 대견해요." 린다는 다음 날 자기 같았으면 스튜어트가 매달리자마자 굴복했을 거라고 인정했다. 그녀는 다음 날 밤에도 남편이 하는 것을 보면서 자신도 할 수 있다는 용기를 얻었다(나는 '안아주기/눕히기'를 할 때 항상 이틀씩 교대하라고 제안한다). 1주일 후에 스튜어트는 밤새 잤다.

이런 경우에 많은 엄마들이 그렇듯이 린다가 내게 물었다. "다음에 이가 나올 때 또다시 이렇게 해야 할까요?" 그럴지도 모르지만 이제 경험에서 배웠으므로 이제는 스튜어트가 아프거나 힘들어 할 때 좀 더 자신 있게 대처할 수 있을 것이라고 말해 주었다. 그리고 "만일 이전의 버팀목에 다시 의지한다면 모든 것이 헛수고가 됩니다."라고 경고했다.

"갑자기 욕조를 무서워해요"

마야는 11개월이 된 제이드가 갑자기 목욕을 거부한다고 전화를 했다. "갓난아기 때부터 물을 좋아하던 아이가 갑자기 목욕을 시키려고 하면 비명을 지르고 저항합니다." 이것은 흔히 볼 수 있는 문제지만 많은 부모들을 당황하게 만들기도 한다.

아이가 갑자기 욕조에 들어가는 것을 무서워할 때는 십중팔구 뭔가에 놀랐기 때문이다. 물속에서 미끄러졌거나 눈에 비누가 들어갔거나 뜨거운 수도꼭지를 만졌을 것이다. 따라서 자신감을 되찾는 시간이 필요하다. 비누가 문제라면 며칠 동안 아이 머리를 감기지 말자(아기와 유아는 그렇게까지 더러워지지 않는다!). 만일 물속에서 미끄러져서 겁을 먹었다면 엄마가 함께 목욕을 하면 좀더 안심을 할 것이다. 만일 엄마와 같이하는 것도 거부하면 몇 주일 동안 스펀지 목욕을 시킨다.

욕조가 너무 크게 느껴지거나 목욕탕 안에서 소리가 울리는 것을 두려워할 수도 있다. 이런 경우에는 아이가 종알거리다가 갑자기 눈을 동그랗게 뜨고 "이게 뭐지?"라는 듯한 표정을 짓는 것을 볼 수 있다.

마지막으로, 너무 피곤한 상태에서 욕조에 들어갔을 때 두려움을 느낄 수도 있다. 아이들은 자라면서 점점 더 활발해지고, 목욕 시간은 어느 엄마 말대로 '목욕 파티'가 되면서 물속에서 첨벙거리고 목욕을 시키는 사람을 흠뻑 젖게 만들기도 한다. 하지만 어떤 아이에게는 이런 목욕 파티가 너무 자극적일 수 있다. 그렇다면 일과를 바꿔서 덜 피곤할 때 목욕을 시킨다(351쪽 카를로스 이야기 참고).

만일 아이가 겁을 먹는 이유를 모른다면 기본으로 돌아가자. 물속에서 갖고 노는 장난감(색색의 컵과 주전자)으로 아이를 유혹한다. 그래도 무서워하면 아기욕조에서부터 다시 시작한다. 아이가 욕조 밖에서 물장난을 하는 동안 스펀지로 목욕을 시킨다. "네가 아기일 때 여기서 목욕을 했다."고 말해 주자. 아기욕조에서 좀더 편안해지면 큰 욕조에 물을 한 뼘 정도만 채워서 목욕을 시킨다. 아이를 억지로 앉히지 말자. 몇 달이 걸릴 수도 있지만 결국 극복할 것이다.

"갑자기 낯을 가려요"

베라는 얼마 전에 흥분한 상태로 전화를 했다. 나는 지금 9개월이 된 아들 숀이 갓난아기일 때부터 그녀를 알았다. "트레이시, 우리 아이가 변했어요." 그녀가 말했다. "이렇게 행동하는 것은 생전 처음 봐요."

"어떻게 하는데요?" 숀은 아주 얌전한 아이였는데 도대체 무슨 일로 그러는지 궁금했다. 숀은 태어나자마자 규칙적인 일과에 적응을 했고 엄마가 가끔씩 전화를 해서 아이의 발전에 대해 이야기했지만 질문이나 걱정은 하지 않았다.

"어제 저녁에 숀을 베이비시터에게 맡기고 외식을 나갔습니다. 전에도 여러 번 있었던 일이고 지금까지 아무 문제가 없었습니다. 한참 식사를 하고 있는데 휴대 전화가 울렸습니다. 베이비시터는 친구 집에서 만났는데 매우 상냥하고 유능한 여자입니다. 그녀가 전화를 해서 숀이 자다가 깼다고 하더군요. 그녀는 내가 가르쳐 준 대로 아이를 달래서 다시 재우려고 했답니다. "괜찮아, 숀. 다시 자라." 하고요. 하지만 숀은 그녀를 한 번 쳐다보더니 악을 쓰면서 울기 시작했습니다. 아무리 달래도 그치지 않았죠. 안아 주고 책을 읽어 주고 TV를 틀어 주어도 소용이 없었습니다. 우리는 결국 부랴부랴 집으로 돌아갔습니다. 다행히 몇 분 거리에 있었기 때문에 금방 갈 수 있었는데, 집에 도착하고 보니 아이는 길길이 뛰고 있었습니다. 나한테 달려와서 안기더니 언제 그랬느냐는 듯이 금방 그치더군요. "그레이 부인은 혼쭐이 났습니다. 그녀는 여태까지 자신을 그렇게 싫어하는 아이는 처음 보았다고 하더군요. 무슨 일이 있었던 걸까요? 새로운 사람을 베이비시터로 고용한 것이 처음은 아니었습니다. 분리불안일까요?"

그럴 수도 있다. 많은 아기들이 이 시기에 분리불안이 생긴다(117~121쪽 참고). 하지만 12가지 핵심 질문을 해 보니 또 다른 문제가 있는 것 같았다. 숀은 엄마에게 매달리는 아이가 아니었다. 45분 이상 혼자 놀 수 있었다. 그리고 장을 보러 갈 때는 숀을 앨리스—숀이 태어나기 전부터 그 집에 와서 청소를 해 주고 가끔 베이비시터도 하는—와 함께 집에 두고 가곤 했다. 나는 그레이 부인이 처음 그 집에 왔다는 것을 기억했다. "엄마가 나가기 전에 숀이 그레이 부인과 잠시 함께 있었나요?"하고 내가 물었다.

"아니요, 그럴 수가 없었죠." 베라는 내 질문의 의도를 알아채지 못하고 말했다. "우리는 숀을 평소대로 7시에 재웠습니다. 그레이 부인이 왔을 때는 숀이 자고 있었어요. 그래서 숀이 자다가 깨면 어떻게 해야 할지 말해 주었죠. 하지만 정말 깰 줄은 몰랐습니다."

하지만 숀은 자다가 깼다. 게다가 눈을 뜨고 낯선 사람의 얼굴을 보았다. 아마 어떤 악몽을 꾸거나(9개월에는 가능하다), 다리를 움찔거리다가(숀은 이제 막 걸음마를 시작했다) 잠에서 깼을 것이다. 어쨌거나 눈을 떴을 때 낯선 얼굴이 보였다.

"하지만 전에는 절대 그런 적이 없었어요. 베이비시터가 바뀌어도 별일 없었죠."라고 베라가 부인했다. 나는 그녀에게 숀은 무럭무럭 자라는 중이라고 설명했다. 숀이 더 어릴 때는 어른들을 보아도 차이를 거의 느끼지 못했을 것이다. 아기의 뇌가 새로운 사람을 '낯선 사람'으로 분류하지 않는 동안에는 자다가 깨서 새로운 얼굴을 봐도 놀라지 않는다. 하지만 8~9개월이 되면 신경 회로가 성숙하기 시작한다. 분리불안을 일으키는 성장 발달이 한편으로 낯선 사람을 두려워하게 만드는 것이다. 그레이 부인이 미소를 짓고 보듬어 주었지만 숀에게는 낯선 사람이었다.

이 이야기가 주는 교훈은 세 가지다. 첫째, 부모의 사전에는 '절대'라는 말은 없다. "우리 아이는 밤에 절대 깨지 않는다." 또는 "우리 아이는 사람들 앞에서 절대 떼를 쓰지 않는다."라고 말하면 언젠가는 그 말을 취소해야 할 때가 온다.

둘째, 아이의 입장에서 생각하자. 베라는 좀더 일찍 숀과 그레이 부인을 만나게 했어야 했다. 아마 그날 오후부터 그레이 부인이 숀을 돌보거나 잠시 방문을 해서 얼굴을 익히도록 했더라면 그런 일은 일어나지 않았을 것이다.

셋째, 아이의 발달 단계에 대해 알아 두자. 나는 아이를 어떤 표와 비교하는 것을 좋아하지 않지만 아이들의 지능과 감정 발달이 어느 정도 수준인지 알고 있어야 한다. 아기와 유아는 대개 부모가 생각하는 것보다 많은 것을 이해한다. 부모들은 종종 아이가 '아직 아기에 불과'하므로 기억력, 이해, 분별력이 없을 거라고 생각한다. 이런 생각은 터무니없다.

우주의 조화

이 책에서 나는 부모와 직접 만나거나 전화나 이메일을 통해 상담한 문제를 모두 다루어 보려고 했다. 그리고 부모들이 직접 문제 해결을 위한 행동 계획을 세울 수 있도록 내가 하는 질문과 지하 창고에 보관해 둔 비법을 공개했다. 그런데 이 책에서 모든 문제점과 전략을 읽은 부모라도 어째서 아이가 어느 날 갑자기 매일 새벽 4시에 일어나서 놀자고 하는지, 어째서 1년 동안 잘 먹던 오트밀을 갑자기 거부하는지 그 이유를 모를 수 있다. 중요한 것은 엄마 아빠가 포기하거나 좌절해서는 안 된다는 것임을 잊지 말자!